Edition
Dienstleistungsmanagement

Herausgegeben von
Professor Dr. Stefan Gewald

Bisher erschienene Werke:

Gewald, Hotel-Controlling, 2. Auflage
Gewald (Hrg.), Handbuch des Touristik-
und Hotelmanagement, 2. Auflage
Henschel, Hotelmanagement
Henschel, Internationaler Tourismus
Maurer, Luftverkehrsmanagement, 3. Auflage
Schmidt, Handbuch Airlinemanagement

Luftverkehrsmanagement

Basiswissen

Von
Peter Maurer

3., überarbeitete und erweiterte Auflage

R.Oldenbourg Verlag München Wien

www.maurer-luftverkehrsmanagement.de

Bibliografische Information Der Deutschen Bibliothek

Die Deutsche Bibliothek verzeichnet diese Publikation in der Deutschen
Nationalbibliografie; detaillierte bibliografische Daten sind im Internet
über <http://dnb.ddb.de> abrufbar.

© 2003 Oldenbourg Wissenschaftsverlag GmbH
Rosenheimer Straße 145, D-81671 München
Telefon: (089) 45051-0
www.oldenbourg-verlag.de

Gedruckt auf säure- und chlorfreiem Papier
Druck: Grafik + Druck, München
Bindung: R. Oldenbourg Graphische Betriebe Binderei GmbH

ISBN 3-486-27422-8

Vorwort zur 3. Auflage

Bereits nach einem knappen Jahr ist infolge des raschen Absatzes eine 3. Auflage erforderlich geworden. Neben einer Aktualisierung der Tabellen, Statistiken und Verzeichnisse und der Beseitigung formaler Fehler wurden neue Textabschnitte und Abbildungen aufgenommen. Neu ist ebenfalls die Einrichtung einer Homepage (www.maurer-luftverkehrsmanagement.de).

Ferner bitte ich die Leser und Nutzer des Buches, auch in Zukunft durch Ihre Anregungen zur weiteren Aktualität und Verbesserung beizutragen.

Mein besonderer Dank bei der Überarbeitung des Buches gilt Gerd Beyer, Rainer Böddener, Jens Uwe Boldt, Jens Uwe Gerth, Armin Obert, Erwin Obladen, Petra Pabst, Vicky Scherber, Peter Schnölzer, Jens Christoph Walter und Sabine Wuttke für ihre wertvolle Unterstützung.
Frau Beatrice Fischer hat mir bei zahlreichen Recherchen sowie bei Aktualisierungen und Ergänzungen der Texte, Tabellen und Graphiken geholfen, auch an sie ein besonderer Dank.

Vorwort zur 1. Auflage

Mit dem vorliegenden Buch wird der Versuch unternommen, einen umfassenden Überblick über ökonomische, rechtliche und technisch-operative Aspekte der Unternehmen im Luftverkehr zu geben. Im Sinne einer speziellen Betriebswirtschaftslehre für Luftverkehrsunternehmen liegt das Schwergewicht der Ausführungen auf branchentypischen Sachverhalten und Prozessen. In den drei Teilen
- rechtliche und ökonomische Grundlagen des Luftverkehrs,
- Flightoperations: technische und operative Prozesse,
- zentrale Managementfunktionen von Airlines

wird luftverkehrsspezifisches Basiswissen behandelt. Auch wenn viele Inhalte des Buches alle Typen von Luftverkehrsuntenehmen betreffen, liegt der Schwerpunkt im Passsage-Bereich, Luftfracht bzw. Cargo-Airlines werden nur ergänzend betrachtet. Dargestellt werden typische, allgemeingültige Sachverhalte und Problemstellungen der Airlines und Airports; auf unternehmensspezifische Verfahren, Prozesse und Termini wird nur an den Stellen zurückgegriffen, wo allgemeingültige Verfahren fehlen oder nicht veröffentlicht sind. In diesen Fällen werden in erster Linie die Verfahren der beiden führenden Unternehmen in Deutschland, der Deutschen Lufthansa AG und der Fraport AG dargestellt.

Wie kaum eine andere Branche ist der Luftverkehr international ausgerichtet, eine Betrachtung internationaler Zusammenhänge, Unternehmungen und Veröffentlichungen ist daher unumgänglich.

Es wird nicht der Anspruch erhoben, vollkommen neue Erkenntnisse über Luftverkehrsunternehmen vorzulegen. Die vorliegende Arbeit ist über weite Strecken vor allem eine Zusammenstellung und Systematisierung vorhandener Aussagen, wenn auch an manchen Stellen ergänzt um eigene Sichtweisen und Schwerpunktsetzungen.

Das Buch wendet sich

- als Lehrbuch an Studierende, Auszubildende und Trainees, die sich erstmals mit Luftverkehrsunternehmen befassen, Zugang zu ihrem Berufsfeld finden, über den eigenen Betrieb hinausschauen und einen umfassenden Überblick gewinnen wollen,
- als Handbuch an Praktiker, die mehr über die Hintergründe des Tagesgeschäfts und die Grundstrukturen und Entwicklungen des Luftverkehrs wissen wollen,
- als Informationsquelle an alle am Luftverkehr interessierten Leser.

Um die Lesbarkeit, das Verständnis und Lernen zu verbessern wird an vielen Stellen Graphiken, Beispielen, Bildern und Tabellen der Vorzug vor verbalen Ausführungen gegeben. Englische Fachbegriffe werden aus folgenden Gründen weitestgehend beibehalten: sie sind international gebräuchlich, es gibt meist keine entsprechende deutsche Übersetzung, die führende Fachliteratur ist in englischer Sprache geschrieben und die Arbeitsunterlagen und Verfahren der Airlines und Airports in der Praxis existieren auch bei deutschen Unternehmen zunehmend in englischer Sprache.

Beispiele und Tabellen können nur Momentaufnahmen wiedergeben und veralten sehr schnell, sie dienen zur Einordnung bzw. Vermittlung von grundlegenden Zusammenhängen und Erkenntnissen. Mit den angegebenen Literaturhinweisen und Internetadressen ist es jedoch leicht möglich, den jeweils aktuellen Stand der Information abzurufen.

Aus Wettbewerbsgründen mußten an einigen wenigen Stellen die Quellen der betriebsinternen Daten so abgeändert werden, daß sie keine Rückschlüsse auf die konkrete Unternehmung, aus der die Daten stammen, zulassen. Die an diesen Stellen verwendeten Darstellungen und das Zahlenmaterial selbst wurden unverändert aus der betrieblichen Praxis übernommen.

Mein Dank gilt all denen, die mir in Form von Materialien, Unterlagen, Daten, Informationen und Fachgesprächen Einblicke in ihre Arbeitsbereiche gegeben haben und zum Entstehen dieses Buches beigetragen haben: Birgit Barazi, Susanne Berthold-Neumann, Gerd Beyer, Rainer Böddener, Jens Uwe Boldt, FO Lars Kaulen, Karl Heinz Kleinmann, Karl Heinz Maurer, Armin Obert (Flughafenkoordination der BRD), Peter Osterhage, Petra Pabst, Heinz Poloschek, Cpt. Manfred Rüger, Peter Schnölzer, Ursula Siefen und Cornelia Weinberg.

Mein besonderer Dank gilt Jutta und Lisa Maurer für die Unterstützung bei der Vorbereitung dieses Buches. Frau Sabine Wuttke hat mir bei zahlreichen Recherchen sowie fachlichen und organisatorischen Problemen geholfen; auch an sie ein besonderer Dank.

Köln   Peter Maurer

Inhaltsverzeichnis

Abkürzungsverzeichnis

A mit Nr.	z. B. A340: Airbus Industrie – Flugzeugtyp 340
AB	Airline Business
ABN	Aerodrome beacon
ABS	Anti-Blockier-System
A/C	Aircraft
ACARS	Airborne communications adressing and reporting system
ACC	Area control center
ACI	Airports Council International
ACM	Aircraft condition monitoring
AD	Agent discount (Ticket Designator)
ADF	Automatic direction finder
ADL	Arbeitsgemeinschaft Deutscher Luftfahrt-Unternehmen
ADV	Arbeitsgemeinschaft Deutscher Verkehrsflughäfen
AEA	Association of European Airlines
AFTM	Air traffic flow management
AHS	Aviation Handling Services (Handling Agent)
AIP	Aeronautical Information Publication (Luftfahrthandbuch)
AI(R)	Aero International (Regional)
AIRIMP	IATA reservations interline message procedures
AIS	Aeronautical Information Service (Flugberatungsdienst)
AN	Availibility Mask im Computerreservierungssystem
AOC	Air operator certificate
AOG	Aircraft on ground
AOM	Aeroplane operation manual
AP	Advanced Purchase/Vorausbuchungsfrist (Buchungsrestriktion)
APU	Auxiliary power unit
ARR	Arrival
ASDE	Airport surface detection equipment
ASK	Available seat kilometers
ASR	Airport surveillance radar
ATB	Automated ticket and boarding pass
ATC	Air traffic control
ATFM	Air traffic flow management
ATK	Available tonne kilometers
ATPL	Airline transport pilot licence
ATS	Air traffic services
ATS-FPL	Air traffic services flight plan
AUL	Authorized booking level
AVIH	(live) Animal in hold
B mit Nr.	z. B. B737: Boeing – Flugzeugtyp 737
BAA	British Airport Authority
BAD	Bodenabfertigungsdienste
BADV	Verordnung über Bodenabfertigungsdienste auf Flughäfen
BARIG	Board of Airline Representatives in Germany

BB	Booking survey
BFS	Bundesanstalt für Flugsicherung
BFU	Bundesstelle für Flugunfalluntersuchung
BKN	Broken (Wolkenbedeckungsgrad-Metar)
BLND	Blinde (Special Service Request)
BM	Basic mass
BMV	Bundesministerium für Verkehr
BMVBW	Bundesminister für Verkehr, Bau und Wohnungswesen
BR	BMW, Rolls Royce (Triebwerk-Hersteller Konsortium)
C+N	Condor und Neckermann Touristik
CASA	Computer assisted slot allocation system
CAT	Clear air turbulence
CAT 1-3	Kategorie 1– 3: Betriebsstufen des Instrumenten-Landesystems
CCQ	Cross crew qualification (Airbus Trainingskonzept)
CD	Senioren (Ticket Designator)
CEU	Central executive unit (CFMU)
CFM	General Electric/Snecma (Triebwerk-Herstellerkonsortium)
CFMU	Central Flow Management Unit
CH	Child (Ticket Designator)
CODA	Central Office for Delay Analysis (Eurocontrol)
CRCO	Central Route Charges Office (Eurocontrol)
CRM	Customer relationship management
CRS	Computereservierungssystem
CTOT	Calculated take off time
CUTE	Common Use terminal Equipment (SITA)
CVS	Convertible seat
CYC	Cycle (Flugzyklus)
Db(A)	Dezibel
DBC	Denied boarding compensation
DCM	Dynamic capacity management (Airbus)
DCP	Data collecting points
DEP	Departure
DFS	Deutsche Flugsicherung GmbH
DGR	Dangerous goods regulations
DIST	Distance (OFP)
DL	Gastarbeiter (Ticket Designator)
DME	Distance measuring equipment
DOI	Dry operating index
DOM	Dry operating mass
DOT	Department of Transportation
DVO	Durchführungsverordnung
DVWG	Deutsche Verkehrswissenschaftliche Gesellschaft e.V.
DWD	Deutscher Wetterdienst

EADS	European Aeronautic Defence and Space Company
EASA	European Aviation Safety Agency
EATCHIP	European air traffic control harmonisation and integration program
EATMP	European air traffic management program
EBOT	Estimated off-block time
ECAC	European Civil Aviation Conference
ECM	Engine condition monitoring
EDP	Electronic data processing
EEC	Eurocontrol´s Experimental Center
EG	Europäische Gemeinschaft
EM	Auswanderer (Ticket Designator)
EOBT	Estimated off-block time
EPU	External power unit
ER	Extended range (Flugzeugtyp mit vergrößerter Reichweite)
ERA	European Regions Airline Association
ETIX	Elektronisches Flugticket der Lufthansa
ETOPS	Extended-range twin-engine operations
EU	Europäische Union
EWG	Europäische Wirtschaftsgemeinschaft
EXT	Extension/Ausbreitung (Sigmet)
FAA	Federal Aviation Administration
FAG	Flughafen Frankfurt/Main AG
FAR	Federal aviation requirements
FBO	Flughafenbenutzungsordnung
FC	Forecast (=Taf); Kurzfristige Flughafenwettervorhersage
FCFS	First come, first serve – passenger acceptance rule
FDO	Flight data operations division (CFMU)
FFP	Frequent flyer program
FIR	Flight Information Region (Sigmet)
FlUUG	Flugunfall-Untersuchungsgesetz
FL	Flight level (Flugfläche)
FMG	Flughafen München GmbH
FMS	Flight management system
FQD	Fare quote display in Computerreservierungssystemen
ft	Feet
FT	Forecast (=Long Taf); langfristige Flughafenwettervorhersage
FTL	Frequent traveller
FVW	Fremdenverkehrswirtschaft international
GFK	Grenzwerte für die Koordination/Koordinationseckwerte
GG	Grundgesetz
GOM	Ground operations manual
GP	Glide path transmitter
GPU	Ground power unit

GSE	Ground support equipment
G/S	Groundspeed (OFP)
HALS/DTOP	High approach landing system – Dual threshold operation
hpa	Hectopascal
HPC	High pressure compressor
IAE	International Aero Engines (Triebwerk-Hersteller Konsortium)
IANS	Institute or Air Navigation Services (Eurocontrol)
IATA	International Air Transport Association
ICAO	International Civil Aviation Organisation
ICE	Intercity-Express
ID	Industry discount (Ticket Designator)
IFPS	Integrated initial flight plan processing system
IFR	Instrument flight rules
ILS	Instrument landing system
IN(F)	Kleinkinder (Ticket Designator)
INTERKONT	interkontinental
IT	Informationstechnologie
JAA	Joint Aviation Authorities
JAR	Joint Aviation Requirements
KONT	kontinental
LAM	Landing mass
LBA	Luftfahrt-Bundesamt
LH	Deutsche Lufthansa AG
LIDO	Lufthansa Integrated Dispatch Organisation
LLZ	Localizer
LM	Landing mass
LMC	Last minute change
LPC	Low pressure compressor
LR	Long-range (Flugzeug mit gesteigerter Reichweite)
LSG	Lufthansa Service GmbH
LT	Local time
LTU	Lufttransport Unternehmen
LuftBO	Betriebsordnung für Luftfahrtgerät
LuftGerPV	Verordnung zur Prüfung von Luftfahrtgerät
LuftNaSiG	Luftverkehrsnachweissicherungsgesetz
LuftPersV	Verordnung über Luftfahrtpersonal
LuftVG	Luftverkehrsgesetz
LuftVO	Luftverkehrs-Ordnung
LuftVZO	Luftverkehrs-Zulassungs-Ordnung
LVG	Luftverkehrsgesellschaft

LVL	Level (Flughöhe)
MAC	Mean aerodynamic chord
MAS	Monitor- und Anzeige-System
MCD	Movable class divider
MCR	Mobile crew rest
MCT	Minimum connecting time
MEDA	Medical Assistence (Special Service Request)
MEL	Minimum equipment list
MET	Meteorology/meteorological
METAR	Meteorological aerodrome routine report
MFF	Mixed Fleet Flying (Airbus Familienkonzept)
MLM	Maximum landing mass
MM	Middle marker
MOV	Moving (Sigmet)
MRO	Maintenance, repair, overhaul
MTOM	Maximum take off mass
MZFM	Maximum zero fuel mass
ND	Navigation display
NDB	Non directional beacon
NLF	Nutzladefaktor
NOSIG	No significant change-keine wesentliche Änderung (Metar)
NOTAM	Notice to airmen
NOTOC	Notification to captain
NTP	Normaltarif-Passagier
NTSB	National Transportation Safety Board
OAG	Official Airline Guide
O&D	Origin and destination
OBM	Überbuchungsrate
ODRMS	Origin & destination revenue management system
OEM	Operator´s empty mass
OEM	Original equipment manufacturer
OFP	Operational flight plan
OM	Operations manual
OM	Outer marker
OPR	Operator (Flugzeugbetreiber)
OPS	Operations
PAD	Passenger available for disembarcation
PAX	Passenger
PCN	Pavement classification number
PETC	Pet in cabin
PFD	Primary flight display

PIC	Pilot in command
PIL	Purser (Passenger) information list
PKT	Passenger kilometers transported
PLF	Passenger load factor
POS	Point of sale
PRC	Cruising Procedure (OFP)
PROS	Passenger revenue optimization system
PTS	Plane transport system
PSM	Passenger service manual
QC	Quickchange (Passagierkabine ist in Frachtraum umbaubar)
Radar	Radio detection and ranging
REFU	Remaining fuel (OFP)
REG	Registration (Flugzeugkennzeichen)
RMS	Revenue management system
RPK	Revenue passenger kilometers
RPL	Repetitive flight plan
RPM	Revenue passenger miles
RTK	Revenue tonne kilometers
RVR	Runway visual range
RWY	Runway
SA	Station actuals (= Metar)
SAM	Slot allocation message
SB30	Behinderte (Ticket Designator)
SC	Seeleute (Ticket Designator)
SCC	Schedule coordination conferences
SCR	Slot clearance request
SIGMET	Significant meteorological information
SITA	Société Internationale de Télécommunication Aéronautiques
SITI	Sale inside ticketing inside
SITO	Sale inside ticketing outside
SKO	Seat kilometers offered
SLF	Sitzladefaktor
SMA	Schedule movement advice
SOTI	Sale outside ticketing inside
SOTO	Sale outside ticketing outside
SPC	Scheduling procedures committee
SSR	Secondary surveillance radar
STD	Scheduled time of departure
STOL	Short take-off and landing
STP	Sondertarif-Passagier
SU	Sunday Rule (Buchungsrestriktion)
SZR	Sonderziehungsrechte

TACT	Tactical air traffic flow management
TAF	Terminal aerodrome forecast
TAS	True Airspeed
TGV	Train à grande vitesse
TKO	Tonne kilometers offered
TKT	Tonne kilometers transported
TOF	Take off fuel
TOM	Take Off Mass
TORA	Take-off run available
TP	Tropopausenhöhe
TRK	Track (OFP)
TT	Total (Gesamtflugstunden)
TUI	Touristik Union International
UAC	Upper Area Conrol Center (Eurocontrol)
UK	United Kingdom
UM	Unaccompanied minors
UNO	United Nations Organisation
UTC	Universal time coordinated
VASIS	Visual Approach Slope Indicator System
VDB	Voluntary denied boarding
VFR	Visual flight rules
VIP	Very important person
VO	Verordnung
VOR	VHF Omnidirectional radio range
VTOL	Vertical take-off and landing
WA	Warschauer Abkommen
WAB	Weight and balance
WAP	Wireless application protocoll
WATS	World Air Transport Statistics (IATA)
WCHC	Wheelchair
WLF	Weight Load Factor
W/V	Windrichtung/-geschwindigkeit
YM	Yieldmanagement
ZFM	Zero fuel mass
ZS	Studenten (Ticket Designator)
ZZ	Jugendliche (Ticket Designator)

1 Luftverkehr als Teil des Verkehrssystems

1.1 Verkehrswissenschaftliche Grundbegriffe

Der Begriff **Verkehrswirtschaft** umfaßt die Gesamtheit aller Unternehmungen, Einrichtungen und Tätigkeiten, deren Zielsetzung darin besteht, den Bedarf nach Überwindung der räumlichen Trennung von Personen, Gütern und Nachrichten zu decken. Verkehrswirtschaft im weitesten Sinne umfaßt neben Personen-, Güter- und Nachrichtenverkehr auch den Zahlungsverkehr.

Unter dem Begriff **Luftverkehrswirtschaft** als Oberbegriff werden die Komponenten Luftverkehr, Luftfahrtindustrie und Luftfahrtorganisation zusammengefaßt:

- ✈ **Luftverkehr** bezeichnet alle Vorgänge, die der Ortsveränderung von Personen, Fracht und Post auf dem Luftweg dienen,
- ✈ **Luftfahrtindustrie** beinhaltet alle Einrichtungen zur Produktion und Bereitstellung von Luftfahrzeugen und Infrastruktureinrichtungen (Flughäfen, Flugsicherung),
- ✈ **Luftfahrtorganisation** umfaßt alle Institutionen, die die (rechtlichen) Rahmenbedingungen für die Durchführung des Luftverkehrs gestalten.

Verkehrsmittel sind die technischen Einrichtungen (das „Transportgefäß": Auto, Schiff, Flugzeug, Bahn, Rohrleitung) zur Beförderung von Personen, Gütern und Nachrichten zu Lande, zu Wasser, in der Luft und im Weltraum.

Die Verkehrsmittel werden auf **Verkehrswegen** (Verkehrsinfrastruktur: Airways, Schienen, Straßen, Flüsse, Kanäle, Meere, Pipelines, Flughäfen, Bahnhöfe, Häfen usw.) eingesetzt.

Der Begriff **Verkehrsträger** faßt die Verkehrsunternehmen zusammen, die mit gleichartigen Verkehrsmitteln, auf gleichen Verkehrswegen technisch gleichartige Beförderungsleistungen erstellen.

Begrifflicher Zusammenhang:

Verkehrsträger	Verkehrsmittel	Verkehrsweg/-infrastruktur
Straßenverkehr	PKW/LKW	Straßennetz
Eisenbahnverkehr	Eisenbahn	Schienennetz, Bahnhöfe
Luftverkehr	Flugzeuge	Airways, Flughäfen
Seeschiffahrt	Seeschiffe	Meere, Flüsse, Kanäle, Häfen
Binnenschiffahrt	Binnenschiffe	Flüsse, Kanäle, Häfen
Rohrleitungsverkehr	Pipelines	Pipelinenetz
Nachrichtenverkehr	Kabel, Funkwelle	Kabelnetz, Funknetz

Entscheidungskriterien für die Auswahl von Verkehrsmitteln können sein:

- ✈ Sicherheit (technische Zuverlässigkeit),
- ✈ Gesamtreisezeit,
- ✈ Beförderungsgeschwindigkeit,
- ✈ Kapazität (Mengen-/Massenleistungsfähigkeit),
- ✈ Netzdichte,
- ✈ Bedienungshäufigkeit (Frequenz),
- ✈ Pünktlichkeit (zeitliche Zuverlässigkeit),
- ✈ Art und Umfang der Nebenleistungen,
- ✈ Bequemlichkeit (Service bei Verkauf, Abfertigung, Bordservice),
- ✈ Image des Verkehrsmittels/Verkehrsträgers,
- ✈ Preis/Kosten.

Die Anteile der einzelnen Verkehrsmittel am Personen- und Güterverkehr in Deutschland zeigt folgende Graphik:

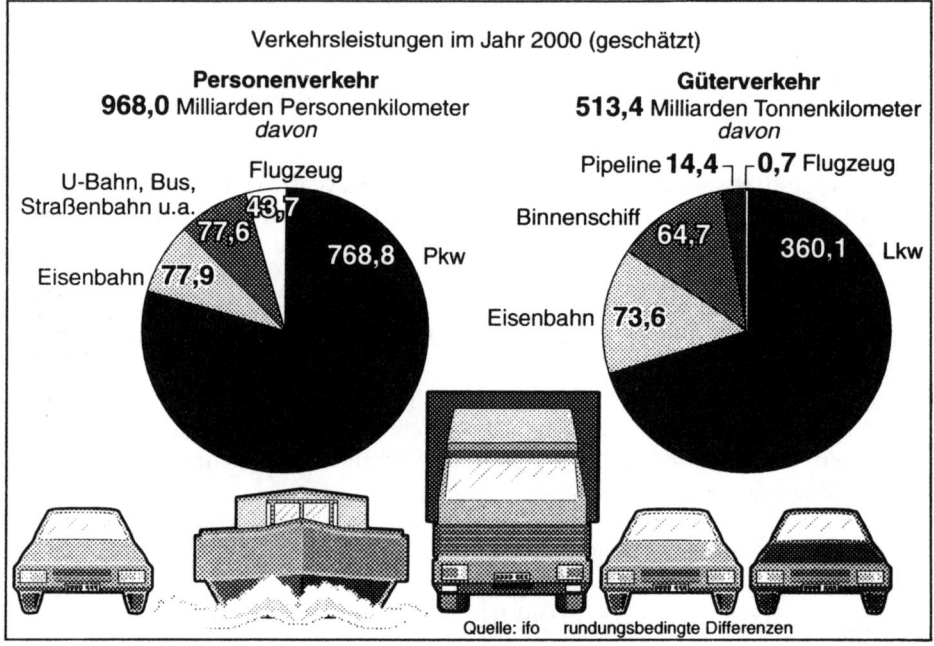

Abb. 1 Leistungen der Verkehrsträger in Deutschland
(Quelle: Statistische Angaben des Ifo Instituts für Wirtschaftsforschung)

Die Anteile der einzelnen Verkehrsmittel bzw. die Aufteilung des Gesamtverkehrs auf die die einzelnen Verkehrsträger bezeichnet die Verkehrswissenschaft auch als **Modal split.**

Für die gesamte EU sieht der Modal split folgendermaßen aus:

Modal split based on passenger kilometers travelled:	
• car	75%
• bus	8%
• railway	6%
• air	5%
• walking	3%
• bicycle	1,5%
• tram & metro	1%
• other	0,5%

Abb. 2 Modal split
(Quelle: Aircraft Technology, Issue 25, January 1997, S. 48)

Erst das **Zusammenwirken der einzelnen Verkehrsträger** in einem ganzheitlichen Verbund kann ein Verkehrssystem wirklich effizient machen. Kein Verkehrsträger ist alleine in der Lage, alle Forderungen eines rationellen Gesamtsystems zu erfüllen. Die jeweiligen Stärken der Einzelsysteme müssen in einzel- und gesamtwirtschaftlich sinnvoller Arbeitsteilung zu einem optimierten Gesamtsystem zusammengefügt werden. Besondere Bedeutung gewinnt dabei ein schneller und sinnvoller Übergang von Personen und Gütern zwischen den verschiedenen Verkehrsträgern.

Die **Verkehrsinfrastruktur** wird meist vom Staat produziert und steht teilweise nur begrenzt zur Verfügung. Der Ausbau der Verkehrsinfrastruktur sollte von Kooperation geprägt sein, deren Grundlage die Systemvorteile der einzelnen Verkehrsträger bilden. Nur das Gesamtverkehrssystem wird auf Dauer effizient und ökologisch vertretbar sein, das die Vorteile der einzelnen Verkehrsträger kombiniert. Hierbei sind unter volkswirtschaftlichen Aspekten zukünftig besonders zu beachten:

    ✈ der Energiebedarf der Verkehrsträger,
    ✈ der Flächenbedarf der Verkehrsträger,
    ✈ der Landschaftsverbrauch,
    ✈ die Schadstoffemissionen,
    ✈ die Gefährdung durch Unfälle oder gesundheitliche Belastungen,
    ✈ der Finanzbedarf des Staates zur Erstellung der Infrastruktur.

Die Verkehrsinfrastruktur eines Landes ist ein wichtiger Standortfaktor; ohne eine leistungsfähige Infrastruktur können Volkswirtschaften im Zeitalter von E-Business, Just-in-time-Zulieferungen, Outsourcing und Lean production im globalen Wettbewerb nicht bestehen.

Infrastrukturträger im Luftverkehr sind neben den Flughäfen die Bodenabfertigungsdienste, Kommunikationseinrichtungen (z. B. SITA) und Flugsicherungseinrichtungen (Radar-, Funknavigationsanlagen, Flugverkehrskontrolle ATC = Air traffic control).

1.2 Substitutionswettbewerb und intermodale Vernetzung

Das Flugzeug steht als Transportmittel in **Konkurrenz** zu anderen Verkehrsträgern und kann durch PKW, Bahn, Bus oder Schiff ersetzt werden. Entscheidende Wettbewerbsfaktoren sind die Reisekosten, die Gesamtreisezeit und die Häufigkeit des Leistungsangebotes (Frequenz). Die Gesamtreisezeit umfaßt als wichtiges Vergleichskriterium die reine Flug- oder Fahrzeit, die Zu- und Abgangszeiten zum und vom Flughafen sowie die Systemzeit, d. h. die Aufenthaltszeit im Flughafengebäude vor der Abreise oder nach der Ankunft.

Der Kernbereich des zeitlichen Wettbewerbs zwischen **Flugzeug und Bahn** liegt zwischen 200 und 500 km, die Bahn hat in diesem Entfernungsbereich jedoch den Vorteil häufigerer Bedienungsfrequenz. Durch den Neu- und Ausbau von Bahnstrecken - vor allem der Hochgeschwindigkeitsstrecken (z. B. ICE in Deutschland, TGV in Frankreich) - kann es zu einer Verkehrsverlagerung auf die Bahn kommen. Unter Berücksichtigung sämtlicher Eincheck- und Wartezeiten (z. B. auf Reisegepäck) sowie des Transfers vom Flughafen zum Stadtzentrum kann eine ICE-Bahnreise (z. B. Hamburg - Frankfurt) mit einer vergleichbaren Flugreise konkurrieren.

Die Arbeitsgemeinschaft Deutscher Verkehrsflughäfen (ADV) sieht die Bahn nicht als Konkurrentin des Luftverkehrs, sondern als **komplementären Verkehrsträger** und versucht die Vernetzung beider Verkehrsträger voranzutreiben. Sie erwartet einen Verlagerungseffekt vom Kurzstrecken-Luftverkehr (z. B. Flugstrecke Köln – Frankfurt, Düsseldorf – Frankfurt oder Nürnberg – Frankfurt) auf die Schiene.

Zusätzlich zur Verbesserung der Schnellverkehrssysteme muß die Bahn vor allem die Schnittstellen zu den anderen Verkehrsträgern optimieren. **Schnittstellen** zwischen Verkehrsträgern entstehen bei der Anreise zum Flughafen mit der Bahn durch das Umsteigen von der Bahn ins Flugzeug. Im Idealfall sollte das Einchecken bereits bei der Bahn und anschließend ein nahtloser Übergang ins Flugzeug möglich sein. Die Beseitigung bzw. Optimierung der Schnittstellen zwischen Verkehrsträgern wird auch unter dem Begriff „Seamless travel" diskutiert. So ist am 1. März 2001 auf der Strecke Stuttgart – Frankfurt unter dem Namen **AIRail Service** ein gemeinsames Projekt von Lufthansa, Deutscher Bahn und Fraport AG eingeführt worden, das Kurzstreckenflüge auf die Schiene verlagert. Die ICE-Verbindungen auf dieser Route können unter LH-Flugnummer gebucht werden, für Check-in und Gepäckaufgabe bis zum endgültigen Reiseziel steht auf dem Stuttgarter Hauptbahnhof ein Lufthansa Schalter zur Verfügung. Das Gepäck wird in Containern befördert, die ein schnelles Umladen in Frankfurt ermöglichen. Auf der ICE-Schnellverbindung Frankfurt-Köln/Bonn-Düsseldorf wird ein ähnlicher Zubringer eingesetzt.

Man kann den gesamten Reisemarkt in Privat- und Geschäftsreisemarkt einteilen. Im Geschäftsreisemarkt der BRD sind **Bus und Schiff** für das Flugzeug keine konkurrierenden Verkehrsmittel, da das Angebot gering und wenig attraktiv ist.

Verkehrs-träger	Stärken	Schwächen
Straßen-verkehr	-sehr flexibel einsetzbar -für Mittelstrecken bis ca. 150 km besonders geeignet -dichtes Straßennetz -kurzfristig erreichbar	-unwirtschaftlich im Stadtver-kehr und auf sehr langen Strecken -hoher Energieeinsatz -hohe Schadstoffbelastung
Eisenbahn	-komfortabel und umweltfreund-lich im Mittelstreckenbereich bis 800 km durch Hochgeschwin-keitszüge -sehr wirtschaftlich bei Güter-transporten	-teilweise veraltetes Strecken-netz -vorhandene Infrastruktur ist vielfach nicht ausreichend
Flug-verkehr	-wirtschaftlich, schnell und komfortabel auf langen Strecken -kann auch abgelegene Regionen kurzfristig miteinander verbin-den	-sehr unwirtschaftlich im Kurz-streckenbereich -verbesserungsbedürftiges Flug-sicherungssystem -Verkehrsrestriktionen wegen mangelnder Flughafenkapazität
Binnen-schiffahrt	-besonders geeignet für den Transport von Massengütern	-Warenumschlag dauert relativ lange -sehr begrenztes kaum ausbau-fähiges Wassernetz
Seeschiff-fahrt	-besonders geeignet für den Transport von Massengütern über sehr langer Strecken	-Güterumschlag dauert lange -hoher Dokumentenaufwand -großer Zeitaufwand

Abb. 3 Verkehrsträger im Vergleich
(Quelle: ARMBRUSTER, J.: Flugverkehr und Umwelt, S. 21)

Neue Kommunikationstechniken (Bildtelefon, Videokonferenzen usw.) könnten künftig einen Teil der Geschäftsreisen überflüssig machen. Die meisten Analysen kommen jedoch zu dem Ergebnis, daß diese Techniken keine großen Auswirkungen auf die Entwicklung des Luftverkehrs haben werden, da vor allem psychologische Gründe weiterhin für die Notwendigkeit des persönlichen Kon-taktes sprechen.

Die Benutzung des **PKWs** nimmt bei Geschäftsreisen mit steigender Entfernung zugunsten des Flugzeugs ab.

Gegenüber dem Flugzeug hat der PKW den grundsätzlichen Vorteil der hohen Flexibilität und der großen Dichte eines flächendeckenden Straßennetzes, d. h. jeder Ort ist zu individuell gestalteten Fahrzeiten erreichbar. Vergleiche hinsichtlich Kosten und Reisezeiten sind schwierig, da z. B. die Kosten vom Fahrzeugtyp und der Anzahl der Mitreisenden und die Reisezeiten von Verkehrssituation und Fahrstil beeinflußt werden. Besonders bei Privatreisen mit mehreren Personen ist der PKW das preisgünstigste und bei Inlands- und Auslandsreisen meistbenutzte Verkehrsmittel.

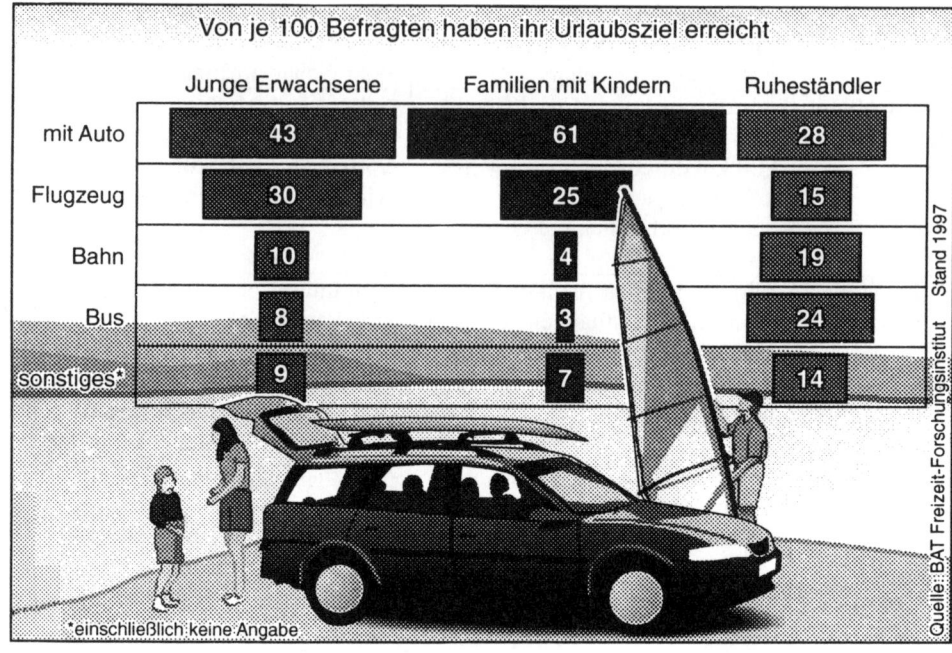

Von je 100 Befragten haben ihr Urlaubsziel erreicht

	Junge Erwachsene	Familien mit Kindern	Ruheständler
mit Auto	43	61	28
Flugzeug	30	25	15
Bahn	10	4	19
Bus	8	3	24
sonstiges*	9	7	14

*einschließlich keine Angabe

Quelle::BAT Freizeit-Forschungsinstitut   Stand 1997

Abb. 4 Bei Urlaubsreisen benutzte Verkehrsmittel
(Quelle: Statistische Angaben des BAT Freizeit-Forschungsinstituts)

Auch beim **Übergang vom PKW ins Flugzeug** entstehen **Schnittstellen** in Form von Gepäcktransport- und Parkproblemen. Diese Schnittstellen versuchen Fluggesellschaften z. B. durch einen **Curbside Check-in** zu optimieren, bei dem die Gepäckaufgabe bereits vor dem Terminaleingang des Flughafens erfolgt. Der Passagier fährt mit seinem PKW an einem mobilen Check-in-Schalter vor, der am Straßenrand vor dem Flughafenterminal aufgebaut ist. Der Passagier spart dadurch den Gepäcktransport vom Autoparkplatz zum Check-in-Schalter. Weitere Maßnahmen zur Optimierung der Schnittstellen PKW/Flugzeug stellen das Valet parking (Parkservice, bei dem ein Mitarbeiter der Fluggesellschaft den PKW in Empfang nimmt und parkt) seitens der Fluggesellschaften und ein ausreichendes Angebot an Parkraum seitens der Flughafengesellschaften dar.

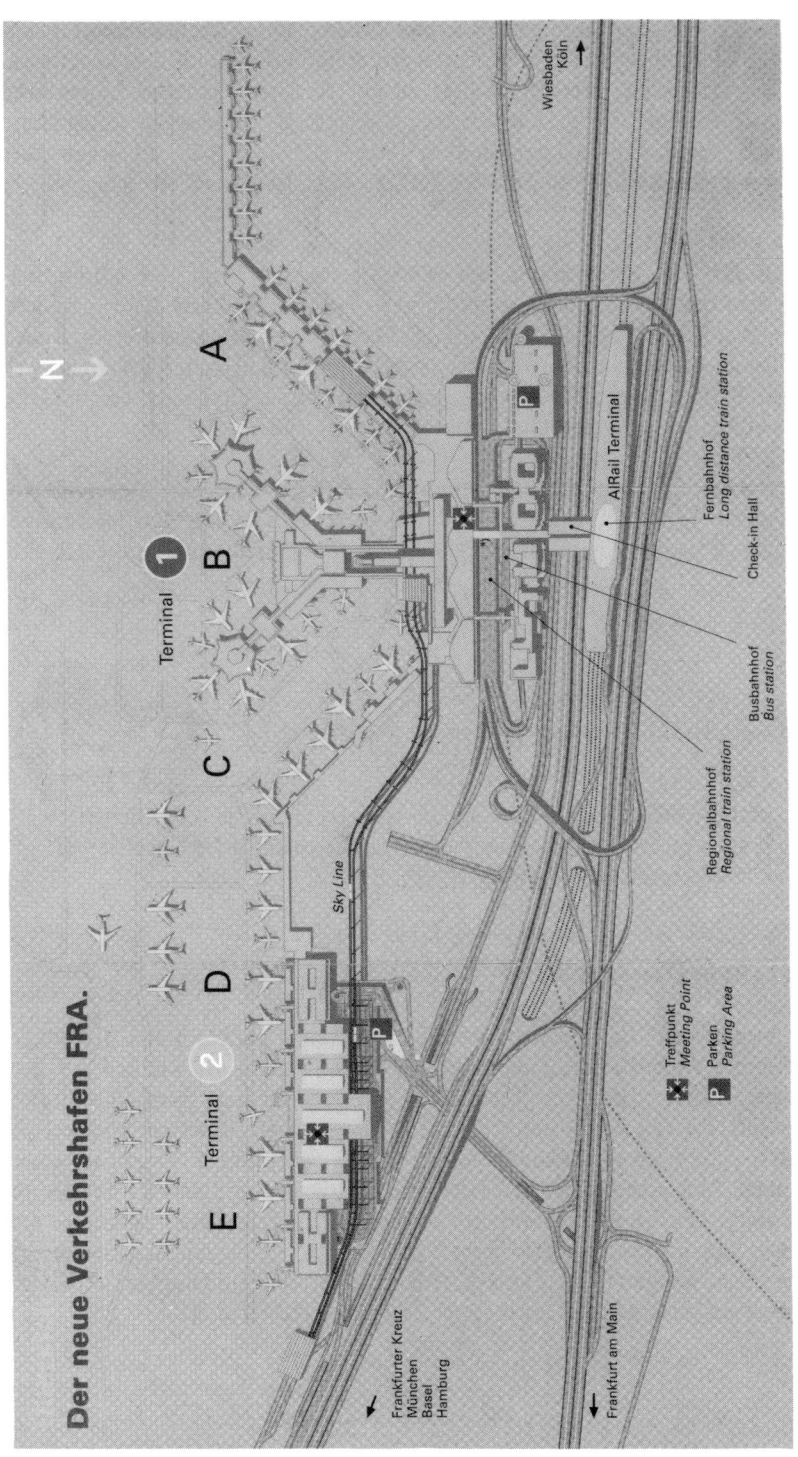

Abb. 5 Verkehrshafen Frankfurt
(Quelle: Broschüre AIRail Terminal Flughafen Frankfurt)

In Zukunft wird es aus ökonomischen und ökologischen Gründen darauf ankommen, die Verkehrssysteme intermodal zu verknüpfen und die jeweiligen Vorteile der einzelnen Verkehrsmittel zu nutzen. Es müssen integrierte Transportnetze Boden/Luft geschaffen werden, mit Bahnhöfen in Flughäfen, harmonisierten Abfahrt-/Flugzeiten und optimalen Übergängen zwischen den einzelnen Verkehrsträgern, wenn man das Ziel des Seamless travel erreichen will.

Ein Beispiel für die Verknüpfung der Verkehrssysteme stellt der **Flughafen Frankfurt** dar, dessen optimale Anbindung an Bodenverkehrssysteme ein entscheidender Wettbewerbsvorteil ist. Er liegt direkt am meistfrequentierten Autobahnkreuz Deutschlands und verfügt über drei Schnittstellen zum Verkehrsträger Schiene: den Fernbahnhof (AIRail Terminal), den Regionalbahnhof (unter dem Terminal 1) und einen Gleisanschluß in der CargoCity Süd.

Die **intermodale Vernetzung** des Flughafens bringt auch die Bezeichnung „**Verkehrshafen**" (**Abb. 5**) zum Ausdruck. Die Anbindung an landseitige Verkehrsträger erweitert das Einzugsgebiet des Flughafens und entlastet die Umwelt.

Hinweis auf **weitere Informationsquellen:**

↛ umfangreiche Veröffentlichungen zu verkehrswissenschaftlichen Fragen bietet die Deutsche Verkehrswissenschaftliche Gesellschaft e.V. (Internetseite: www.dvwg.de)

1.3 Luftverkehrswirtschaft als System

Zentrale Komponenten der Luftverkehrswirtschaft sind nach Pompl die Fluggesellschaften als Anbieter, die Haushalte und Unternehmen als Kunden auf der Nachfrageseite sowie die Consolidators (Ticketgroßhändler) und Agenturen (Reisebüros) als Distributionsorgane. Daneben besteht eine Fülle von staatlichen (Ministerien und Aufsichtsbehörden) und privaten Organisationen (Berufsgruppen, Industrieverbände), die zur Abwicklung des Luftverkehrs notwendig sind. Die Luftfahrtindustrie produziert die zur Durchführung des Luftverkehrs benötigten Geräte wie Flugzeuge, Flugzeugkomponenten, Abfertigungseinrichtungen (z. B. Gepäckförderanlagen) und Bodengeräte (Ground support equipment, z. B. Flugzeugschlepper, Enteisungsfahrzeuge).

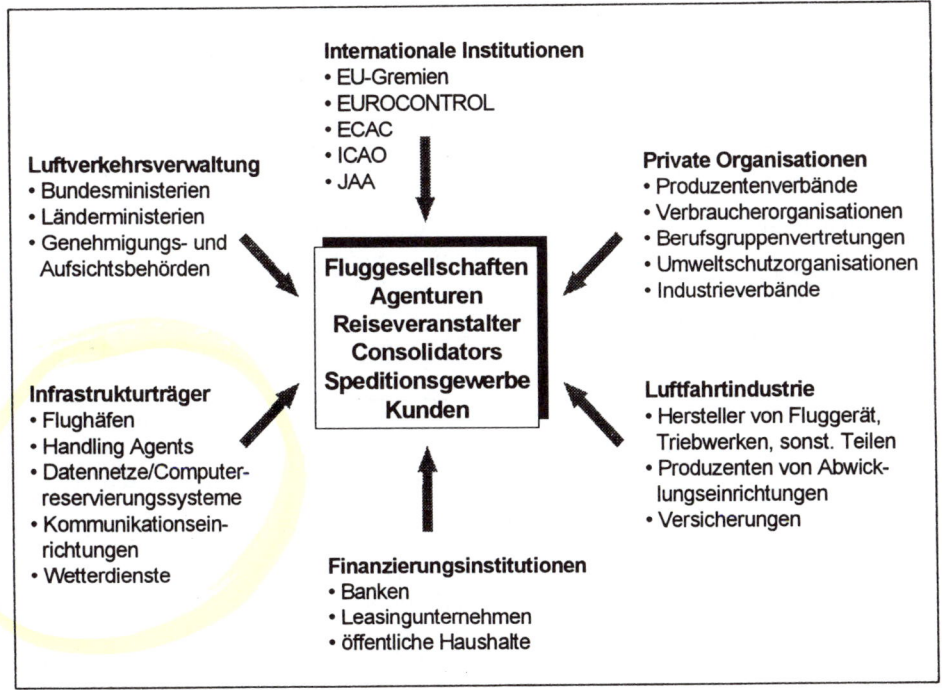

Abb. 6 Das System Luftverkehrswirtschaft
(Quelle: POMPL, W.: Luftverkehr, 4. Aufl., Berlin, Heidelberg 2002, S. 13)

1. 4 Formen des Luftverkehrs

Die **Formen des Luftverkehrs** kann man nach verschiedenen Kriterien einteilen. Weit verbreitet ist die Unterteilung des Luftverkehrs in Charter- und Linienverkehr, die insbesondere von der Regelmäßigkeit des Angebotes abhängt. **Fluglinienverkehr** wird im § 21 Luftverkehrsgesetz (LuftVG) definiert als eine „gewerbsmäßig durch Luftfahrzeuge öffentlich und regelmäßig" durchgeführte Beförderung von Personen und Sachen auf bestimmten Linien.

Der Begriff **Charterverkehr** wird weder im deutschen noch im internationalen Luftrecht (dort wird der Begriff „non-scheduled traffic" benutzt) verwendet; für Flüge innerhalb des europäischen Wirtschaftsraumes wurde 1993 die verkehrsrechtliche Trennung zwischen Linien- und Charterverkehr aufgehoben. Die Bezeichnung Charterverkehr wird in der BRD häufig für Ferienflüge der Touristikcarrier verwendet, ist jedoch für die gegenwärtige Form dieser Verkehrsart in der BRD nicht mehr zutreffend. Von der Anzahl der Passagiere und der Regelmäßigkeit der Bedienung der Hauptreisestrecken her hat sich der Touristik-„Charterverkehr" immer mehr dem Linienverkehr angeglichen.

Merkmale des Linienverkehrs nach § 21 Luftverkehrsgesetz (LuftVG)	
Gewerbsmäßigkeit	auf entgeltliche, geschäftsmäßige Beförderung ausgerichtet
Öffentlichkeit	das Verkehrsangebot muß für alle Nachfrager zu gleichartigen Tarifen und Beförderungsbedingungen zur Verfügung stehen
Regelmäßigkeit	es besteht eine Verpflichtung zur Durchführung der Flüge, der Nachfrager muß sich darauf einrichten können
Linienbindung	es besteht eine Verpflichtung zur Einhaltung von festgelegten Streckenführungen
Betriebspflicht	die Flüge müssen während der Genehmigungspflicht (meist Flugplanperiode) regelmäßig aufrecht erhalten werden
Beförderungs-pflicht	es besteht ein gesetzlicher Beförderungszwang zu den festgelegten Bedingungen
Tarifpflicht	Die Flugpreise und die daran geknüpften Bedingungen sind für alle Nachfrager einheitlich anzuwenden, sie sind meldepflichtig und unterliegen der Kontrolle durch das Bundesverkehrsministerium

Abb. 7 Merkmale des Linienflugverkehrs nach LuftVG
(Quelle: SCHMIDT, G. H. E.: Handbuch Airlinemanagement, S. 171)

Luftverkehrsgesellschaften wie z. B. Thomas Cook (früher: Condor), LTU oder TUI (früher: Hapag-Lloyd) unterscheiden sich heute von „Linienfluggesellschaften" primär durch die angeflogenen Destinationen (Urlaubsgebiete) und die Zielgruppe (Urlauber) und nicht bezüglich Regelmäßigkeit (Flugplan), Öffentlichkeit, Gewerbsmäßigkeit, Vertrieb, Klassenkonzept (Beförderungsklassen) und anderer Kriterien. Diese Fluggesellschaften werden hier als **„Touristikcarrier"** oder **„Touristikfluggesellschaften"** bezeichnet und nicht - wie in der Praxis häufig – als Charterfluggesellschaften. Auch der Branchenverband ADL (Arbeitsgemeinschaft Deutscher Luftfahrt-Unternehmen), der die Interessen der Touristikcarrier vertritt, bevorzugt den Begriff **„touristischer Linienflug"**.

Die in der Literatur anzutreffenden Klassifikationen nach der **Streckenlänge** sind sehr unterschiedlich und nur als subjektive und unverbindliche Abgrenzungen zu verstehen; die Deutsche Lufthansa hat in ihren DEF 90 folgende Abgrenzungen benutzt:

+ **Kurzstrecke:** alle Strecken innerhalb der BRD und ins benachbarte Ausland,
+ **Mittelstrecke:** alle europäischen Strecken über das benachbarte Ausland hinaus sowie Nahost und Nordafrika,
+ **Langstrecke:** Flüge nach Amerika, Asien/Pazifik, und Afrika (außer Nordafrika).

Das Einsatzspektrum vieler Verkehrsflugzeuge zeigt darüber hinaus, daß sich Flugzeuge oft zwei Kategorien zuordnen lassen (z. B. Kurz- bis Mittelstreckenflugzeug), so daß die Grenzen fließend sind.

Die bisher beschriebenen und mögliche weitere Formen des Luftverkehrs lassen sich folgendermaßen einteilen:

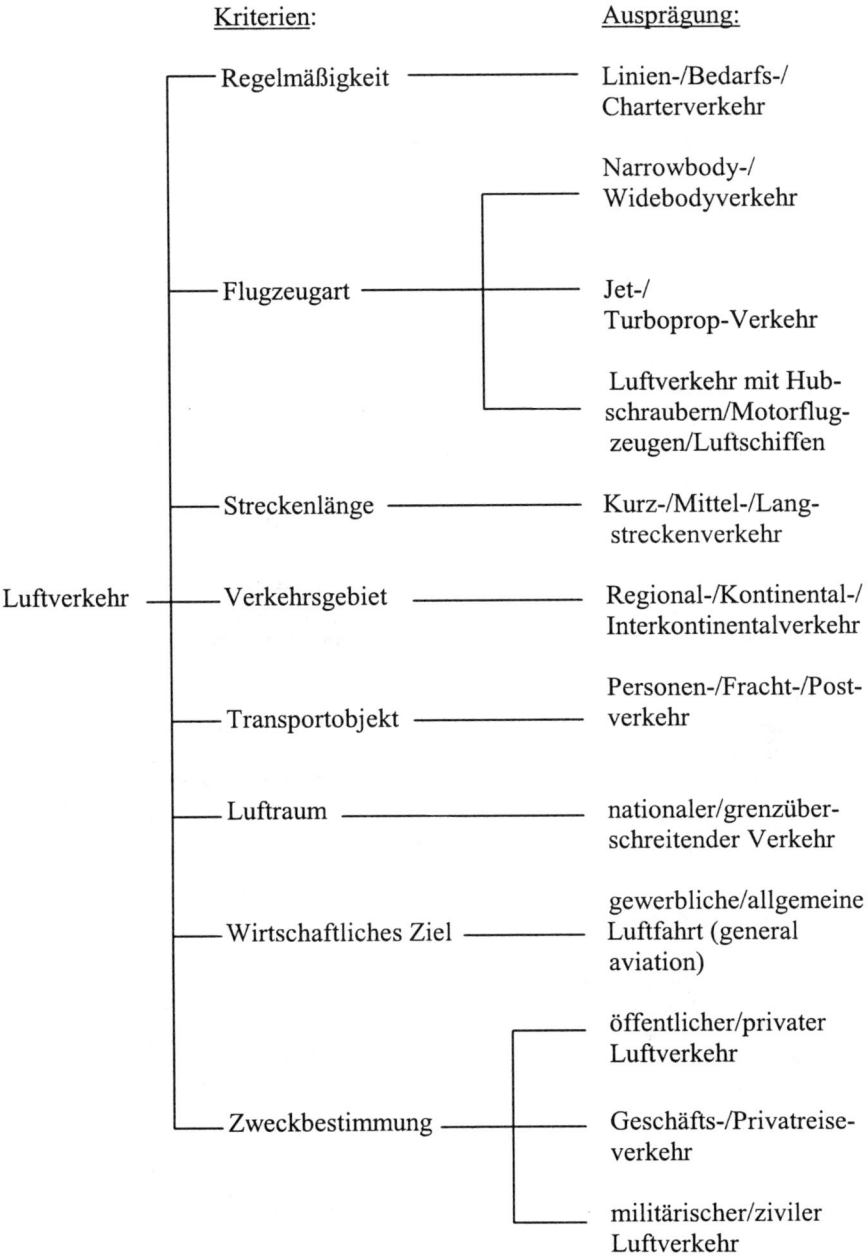

Abb. 8 Formen des Luftverkehrs
(Quelle: STERZENBACH, R.: Luftverkehr, S. 19)

1.5 Deregulierung und Liberalisierungsprozesse im Luftverkehr

Seit den siebziger Jahren in den USA und den achtziger Jahren in Europa wurden die Luftverkehrsmärkte zunehmend **liberalisiert** und **dereguliert.** Diese Deregulierungsprozesse haben bis heute weitreichende Auswirkungen auf die gesamte Luftverkehrsbranche.

Während in **liberalisierten, deregulierten oder freien Märkten** (die Begriffe werden hier weitgehend synonym verwendet) die Preisbildung entsprechend den Marktmechanismen (Gesetze von Angebot und Nachfrage) ohne staatliche Eingriffe geschieht, greift der Staat in **regulierte Märkte** mit einer Fülle von Instrumenten ein. Diese staatlichen Regulierungen können z. B. in Form von Verordnungen, Richtlinien, Genehmigungen oder Mindestpreisen vorgenommen werden. Durch die **Deregulierung** soll der Staatseinfluss aus der Wirtschaft zurückgedrängt werden, um der Privatwirtschaft und den Marktkräften mehr Spielraum zu verschaffen.

Die Instrumente, mit denen der Staat direkt oder indirekt in Märkte eingreifen kann, zeigt folgende Übersicht:

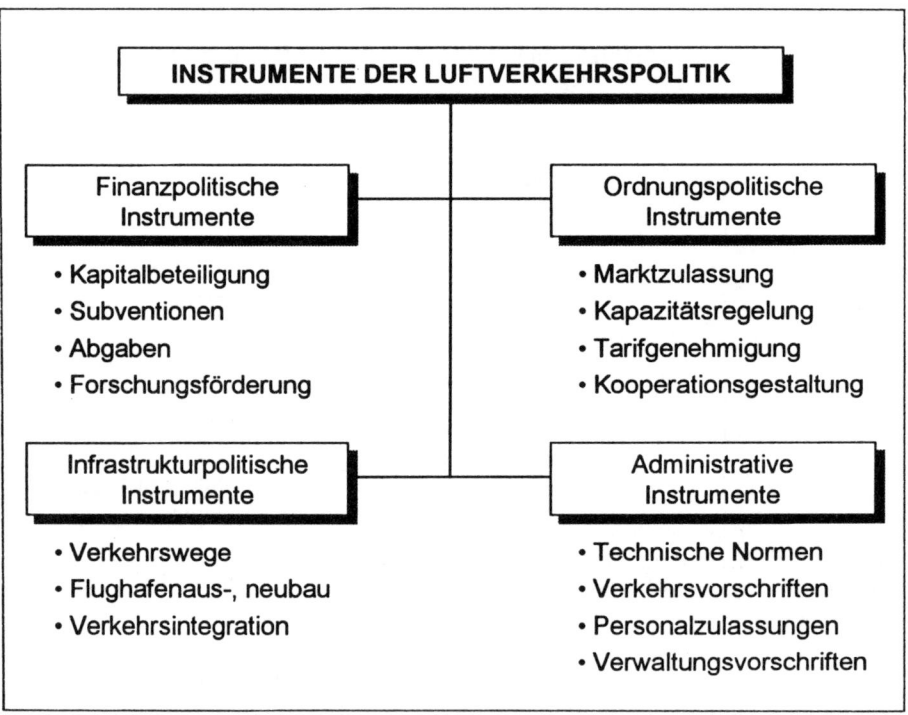

Abb. 9 Instrumente staatliche Luftverkehrspolitik
(Quelle: POMPL, W.: Luftverkehr, 4. Aufl., S. 341)

Negative Effekte der staatlichen Regulierung bestanden in der beschränkten Auswahlmöglichkeit der Konsumenten, in einem hohen Preisniveau, im Schutz
ineffizienter Fluggesellschaften, in der Beschränkung des internationalen Verkehrs
auf Verbindungen zwischen wenigen, festgelegten Städten und im Ausschluß
neuer, innovativer und kostengünstiger Fluggesellschaften vom Markt. Der
Liberalisierungsprozeß im Luftverkehr läßt sich durch folgende Gegenüberstellung charakterisieren:

gestern/heute	künftig
• Reguliertes Umfeld in vielen Regionen	• Weltweite Deregulierung
• Staatseigentum an Fluggesellschaften, Flughäfen und Infrastruktureinrichtungen	• Privateigentum an Fluggesellschaften, Flughäfen und Infrastruktureinrichtungen
• Regulierung von Marktzugang, Tarifen, Kapazitäten und Frequenzen	• Freier Marktzugang, freie Preisbildung, freie Bestimmung der Kapazitäten und Frequenzen
• Schutz der oft staatlichen Fluggesellschaften durch Verhinderung des Wettbewerbs und Subventionen	• Freier Wettbewerb zwischen Fluggesellschaften

Nachfolgend werden **drei Deregulierungsprozesse** behandelt, nämlich die
Liberalisierung

➤ der Flugmärkte in den USA,
➤ der Flugmärkte in Europa,
➤ der Bodenabfertigungsdienste in Europa.

1.5.1 Deregulierung der Flugmärkte in den USA

In den **USA** wurden die entscheidenden rechtlichen Veränderungen mit dem
Airline Deregulation Act of 1978 vorgenommen; hierdurch wurde stufenweise
eine seit 40 Jahren gültige Kontrolle über die Flugpreise und Streckenangebote im
Linienluftverkehr der USA aufgegeben. Wesentliche verkehrspolitische Ziele
waren   Förderung des Wettbewerbs durch freien Zugang der Airlines zu
verschiedenen Märkten und Routen, höhere Flexibilität der Airlines bei der Tarif-
gestaltung durch Wegfall der Genehmigungspflicht und stärkere Hinlenkung der
Airlines zu den Marktbedürfnissen.
Einen kurzen Überblick über die Phasen, Prozesse und Auswirkungen   der
Deregulierung des amerikanischen Flugmarktes gibt Abbildung 10 (bei den
Jahreszahlen handelt es sich um ungefähre Anhaltspunkte), während Abbildung 11
einen Ausschnitt aus dem Konzentrationsprozeß zeigt, der die gesamte Branche
umgestaltet hat und nach einem anfänglichen Neugründungsboom durch
Fusionen, Konkurse und Übernahmen zu neuer Unternehmenskonzentration und
Oligopolbildung geführt hat, die sich bis heute fortsetzt.

Phasen der Deregulierung in der US-Airline-Industrie

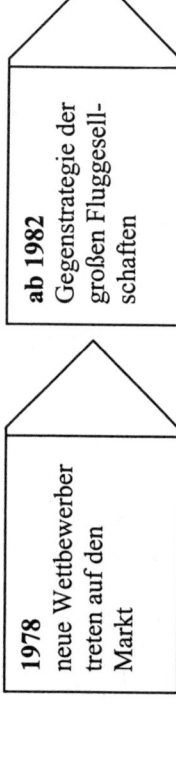

1978
neue Wettbewerber treten auf den Markt

- 87 neue Airlines
- starker Preisdruck durch Preiskämpfe
- fallende Preise, steigende Passagierzahlen
- Verteidigung der Marktanteile der großen Airlines

ab 1982
Gegenstrategie der großen Fluggesellschaften

- durch Preisverfall verstärkter Kostensenkungsdruck für die Fluggesellschaften
- wachsende Unternehmenskonzentration durch Fusionen
- Aufbau von Kooperationen und Allianzen
- Gegenstrategie der Großen:
  - Hub-and-Spoke-Konzepte
  - Kostensenkungsprogramme
  - Ausbau der Computerreservierungssysteme
  - Bonusprogramme zur Kundenbindung
  - Entwicklung von Yieldmanagement-Systemen

ab 1986
Konzentration führt zu regionalen Monopolen

- Regionale Hubs in der Hand einzelner Fluggesellschaften
- Strukturbereinigung durch Betriebsübernahmen (Merger) und Austritte (Konkurse)
- extreme Konzentration

ab 1991
Erholung und Produktivitätssteigerung

- neue Wettbewerber nach Southwest-Vorbild
- große Fluggesellschaften gründen Low-Cost-Töchter (Delta Express, Shuttle by United)
- erneute Konzentration und Oligopolbildung (American, United, Delta, Northwest, Continental)

Abb. 10 Deregulierungsphasen in den USA

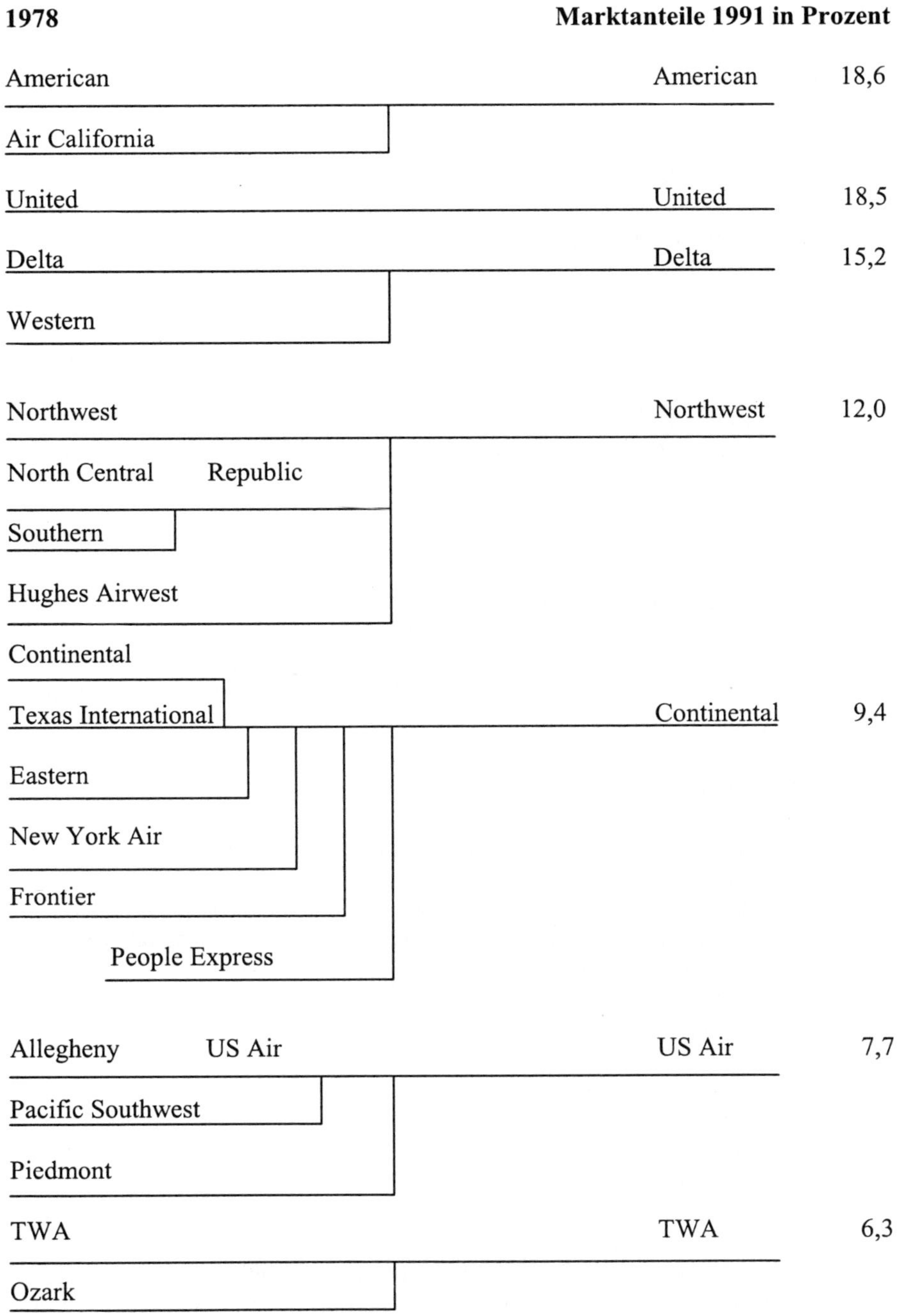

1978   **Marktanteile 1991 in Prozent**

American   American   18,6

Air California

United   United   18,5

Delta   Delta   15,2

Western

Northwest   Northwest   12,0

North Central   Republic

Southern

Hughes Airwest

Continental

Texas International   Continental   9,4

Eastern

New York Air

Frontier

People Express

Allegheny   US Air   US Air   7,7

Pacific Southwest

Piedmont

TWA   TWA   6,3

Ozark

Abb. 11 Konzentrationsprozeß in der US-Airline-Industrie
(Quelle: Lufthansa Jahrbuch 1992, S. 44)

1.5.2 Deregulierung der Flugmärkte in Europa

In **Europa** wurde der Luftverkehr in **drei Liberalisierungspaketen (1987, 1990 und 1992)** dereguliert:

- **1987 (Erste Stufe)**

  -Einführung ermäßigter Flugtarife
  (Margentarife: Discount Tarif 10 – 35% unter Normaltarif, Deep Discount 35 – 55% unter Normaltarif)
  -Einführung des „double disapproval" für diese Tarife
  (Tarife zwischen den Partnerländern gelten automatisch als genehmigt, sofern sie nicht von beiden beteiligten Regierungen innerhalb von 30 Tagen abgelehnt werden)
  - **Abkehr vom strikten Kapazitätsverhältnis** (50 : 50) zwischen den beteiligten Airlines im Nachbarschaftsverkehr

- **1989 (Zweite Stufe)**

  -Erweiterte Margen bei den Tarifen
  (Deep Discount bis 70% unter Normaltarif)
  -Kapazität einer Airline kann während einer Saison innerhalb bestimmter Grenzen erhöht werden (bis 75 : 25% Kapazitätsaufteilung zwischen den beteiligten Airlines)

- **1993 (Dritte Stufe)**

  -Aufhebung aller Beschränkungen hinsichtlich Strecken und Kapazitäten
  -Niederlassungsfreiheit für EU-Gesellschaften (freier Marktzugang) mit Ausnahme der echten Kabotage kann jede **EU-Gesellschaft jede Strecke** innerhalb der EU fliegen

- **1. April 1997**

  -volle Kabotage möglich

Bei der Liberalisierung der Verkehrsrechte ist die EU Vorreiter: dort gibt es bereits einen gemeinsamen Luftraum, der jeder Airline mit Sitz in der EU erlaubt, jede Strecke innerhalb der Gemeinschaft zu fliegen. International gesehen ist der gemeinsame Luftraum innerhalb der EU noch eine Ausnahme. Auf Regierungsebene wird diskutiert, diese Liberalisierung auf den Transatlantikverkehr und die USA auszudehnen. Neue Impulse zur Liberalisierung des transatlantischen Luftverkehrs hat im November 2002 ein Urteil des europäischen Gerichtshofs gesetzt, das in den bilateralen Luftverkehrsabkommen der einzelnen EU-Mitgliedsstaaten mit den USA einen Verstoß gegen die EU-Verträge sieht. Ziel der EU-

Kommission ist es, künftig gemeinsame (multilaterale) Abkommen mit der US-Regierung aushandeln zu können.

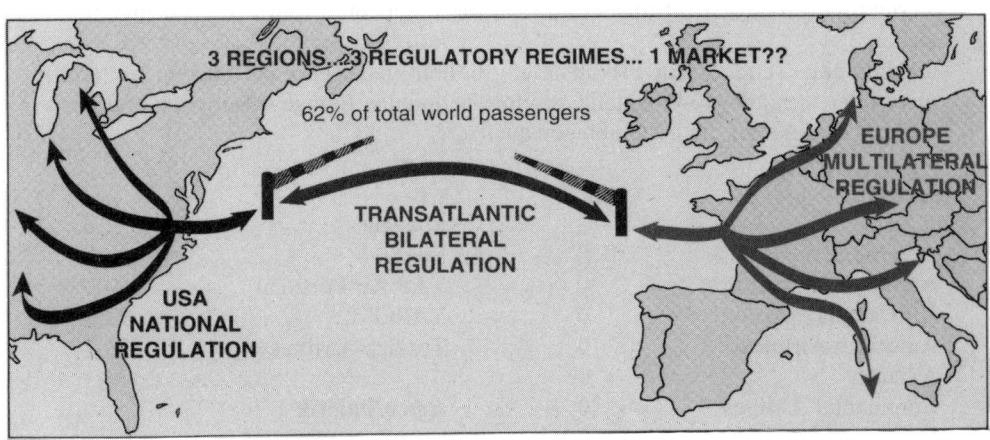

Abb. 12 3 Regions...3 Regulatory Regimes... 1 Market?
(AEA Yearbook 2000, S. II-9)

Viele Regierungen wollen den Einfluss auf ihre **National Carrier** (auch Flag Carrier oder nationale Fluggesellschaften genannt) in einer Mischung aus Protektionismus und nationalem Prestige nicht aufgeben.

Trotz Liberalisierung verhindern staatliche Vorschriften insbesondere grenzüberschreitende Übernahmen und Zusammenschlüsse von Airlines. So sind die Verkehrsrechte (Start- und Landerechte) für ausländische Fluggesellschaften meist in bilateralen Regierungsabkommen geregelt. Diese Abkommen legen fest, in welchem Umfang Fluggesellschaften eines Landes ein anderes Land anfliegen können. Geht aber eine dieser Fluggesellschaften mehrheitlich in das Eigentum eines ausländischen Unternehmens über, droht es die Verkehrsrechte zu verlieren. Die Verkehrsrechte der Deutschen Lufthansa AG z. B. basieren darauf, daß sie mehrheitlich in deutschem Besitz ist. Um dies sicherzustellen, wurde bei der Privatisierung der Lufthansa 1997 das **Luftverkehrsnachweissicherungsgesetz (LuftNaSiG)** verabschiedet. Lufthansa hat deshalb ihre Aktien auf vinkulierte Namensaktien umgestellt. So kann sie jederzeit die Zusammensetzung ihres Aktionärskreises kontrollieren. Das LuftNaSiG sieht stufenweise Maßnahmen vor, den Anteil ausländischer Aktionäre zu begrenzen. Steigt der Anteil ausländischer Aktionäre über die Grenze von 50%, können als letzte Maßnahme ausländische Anleger gezwungen werden ihre Aktien wieder zu verkaufen.

Da die Verkehrsrechte bei der Deutschen Lufthansa AG (Konzern-Muttergesellschaft) liegen, war es auch nicht möglich die Lufthansa Passage Airline in einer eigenen Rechtsform (z. B. als AG) zu verselbständigen, sie hätte dann ihre Verkehrsrechte verloren. Die Lufthansa Passage Airline wird deshalb als „virtuelle Airline" ohne eigene Rechtsform in Form eines Profit Centers innerhalb des Lufthansa Konzerns geführt.

In den USA ist es gesetzlich verboten, daß mehr als 25% der Anteile an einer Airline in die Hand ausländischer Investoren gelangen. Als Argument wird die nationale Sicherheit genannt. So sind US-Airlines verpflichtet im Verteidigungsfall dem Militär Flugzeuge für Truppentransporte zur Verfügung zu stellen.

Obwohl eine Tendenz zur Privatisierung besteht, besitzen viele Staaten weiterhin mehr oder weniger große Anteile an ihren nationalen Fluggesellschaften und üben darüber Einfluß auf die Unternehmen aus:

Amerika   %

Aeromexico	0
Aerolineas Argentinas	0
Air Canada	0
American Airlines	0
Avianca	0
Continental Airlines	0
Delta Air Lines	0
Northwest Airlines	0
United Airlines	0

Europa

Aer Lingus	95
Air France	56
Air Malta	96,4
Alitalia	53
Austrian Airlines	0
British Airways	0
British Midland	0
Croatia Airlines	92,6
CSA Czech Airlines	0
Cyprus Airways	69,6
Finnair	58,4
Iberia Airlines	0
Icelandair	0
JAT Yugoslav Airlines	100
KLM	0
Lufthansa	0
Luxair	23,1
Malév Hungarian Airlines	97,9
Meridiana	0
Olympic Airways	100
SAS	50

Spanair	0
Swiss	72
TAP Air Portugal	100
TAROM	92,6
Turkish Airlines	98,2

Asien/Pazifik

Air China	100
Air-India	100
Air New Zealand	0
All Nippon Airways	0
Cathay Pacific	0
Garuda Indonesia	100
Japan Airlines	0
Korean Air	0
Qantas	0
Singapore Airlines	0
Thai Airways	93

Afrika

South African Airways	100
Egyptair	100
Royal Air Maroc	92,7
Tunisair	74,4

Mittlerer Osten

El Al	100
Emirates	100
Kuwait Airways	100
Saudi Arabian Airlines	100

Abb. 13 Staatliche Beteiligung an Fluggesellschaften
(Quelle: Europäische Airlines aus AEA Yearbook 2002, S. IV – 11 bis IV – 38; alle anderen aus Airline Business Airline Industry Guide 2002/03 S. 59 - 85)

Einige Fluggesellschaften („**Multinational state owned airlines**") befinden sich im Besitz mehrerer Staaten wie z. B. Scandinavian Airlines System (SAS), deren Anteile von Schweden, Norwegen und Dänemark gehalten werden oder Gulf Air, an der Bahrain, Oman, Qatar und Abu Dhabi zu je 25% beteiligt sind.

Die **grundlegenden Tendenzen der neuen Wettbewerbssituation** in liberalisierten Märkten kann man folgendermaßen zusammenfassen:

→ der freie Streckenzugang führt zu Kapazitätserhöhungen durch bisherige und neue Fluggesellschaften; New Entrants greifen mit innovativen Konzepten die bisherigen Anbieter an;

→ durch den Wegfall der genehmigungspflichtigen Tarife wurde die Wettbewerbsfunktion des Preises verstärkt, die Preise werden nicht vorab zwischen den Airlines koordiniert, sondern bilden sich am Markt. Intensivierung des Wettbewerbs und fallende Preise verschärften den Wettbewerb zwischen den Fluggesellschaften;

→ zunehmende Privatisierung verdrängt langsam das Prinzip der staatlich geförderten National Carrier zugunsten erwerbswirtschaftlich ausgerichteter Privatunternehmen;

→ Liberalisierungen in den Vertriebskanälen gefährden die Absatzmärkte;

→ die Aufhebung der Trennung zwischen Linien- und Charterverkehr führt zu einer Angleichung beider Verkehrsarten und damit zu Konkurrenz;

→ zunehmende Globalisierung des Wettbewerbs entsteht durch neue Unternehmensverbindungen (z. B. Allianzen), und technische Verbesserungen (elektronischer Vertrieb, neue Medien);

→ Wandlung des Produktes „Flug" vom Luxusartikel zum Massenkonsumgut; Veränderungen im Nachfrageverhalten der Kunden: verstärkte Auswahlmöglichkeiten zwischen verschiedenen Airlines und deren Produkten, Preissensibilität, geringere Markentreue und globale Orientierung.

1.5.3 Deregulierung der Bodenverkehrsdienste in Europa

Durch die Richtlinie 96/97/EG des Rates vom 15.10.1996 über den Zugang zum Markt der Bodenabfertigungsdienste auf den Flughäfen der europäischen Gemeinschaft wird eine schrittweise **Liberalisierung der Bodenabfertigungsdienste** festgelegt. Diese Richtlinie wurde in der BRD mit der **Verordnung über Bodenabfertigungsdienste auf Flugplätzen (BADV)** vom 10.12.1997 in nationales Recht umgesetzt.

Bis 1998 waren die **Bodenabfertigungsdienste** (§ 2 BADV) auf dem Vorfeld (der „Luftseite" der Flughäfen) reguliert, es bestanden Abfertigungsmonopole der Flughafengesellschaften, während die Abfertigungsdienste im Terminal (auf der

„Landseite" des Flughafens) nicht reguliert waren:

Regulierte Bodenabfertigungsdienste:	**Nicht regulierte Bodenabfertigungsdienste:**
•Gepäckabfertigung	•Administrative Abfertigung am Boden/Überwachung
•Fracht-/Postabfertigung	•Fluggastabfertigung
•Vorfelddienste	•Reinigungsdienste/Flugzeugservice
•Betankungsdienste	•Stationswartungsdienste
	•Flugbetriebs- und Besatzungsdienste
	•Catering
	•Transportdienste am Boden

Die BADV sieht im § 1 eine Liberalisierung der Bodenverkehrsdienste in **mehreren Schritten vom 01.01.1998 bis 01.01.2005** (Auslaufen der letzten Ausnahmeregelung) vor, die von der Größe des Flughafens (Passagier- und Frachtaufkommen) abhängt. Die Anzahl der zugelassenen Anbieter auf einem Flughafen kann aus Platz- oder Kapazitätsgründen für einige Bodenabfertigungsdienste begrenzt werden (§ 3 Abs. 2 und Anlage 5 BADV).

Der Flughafen hat die Vergabe von Bodenabfertigungsdiensten im Amtsblatt der EU auszuschreiben. Die **Auswahl der Abfertigungsunternehmen** (§ 7 und 8 BADV) erfolgt durch den Flughafen bzw. die Landesluftfahrtbehörde (Verkehrsministerium des entsprechenden Bundeslandes) nach Anhörung des Nutzerausschusses.

Der **Nutzerausschuß** (§ 5 BADV) wird von den Nutzern (also allen vertretenen Luftverkehrsgesellschaften) eines Flughafens gebildet und hat ein **Anhörungsrecht** (§§ 5 bis 11 BADV) bei der Bewerbung und Auswahl neuer Anbieter für Bodenverkehrsdienste, vor der Festlegung von Entgelten für die Nutzung von Flughafeneinrichtungen und vor der Festlegung der zentralen Infrastruktureinrichtungen eines Flughafens.

Die **zentralen Infrastruktureinrichtungen** (§ 6 BADV) sind Einrichtungen zur Erbringung von Bodenabfertigungsdiensten, die nicht geteilt oder mehrfach angeschafft werden können. Sie werden von allen Nutzern benötigt und stellen (potentielle) Engpaßfaktoren dar. Beispiele sind: Abfertigungsvorfeld, Abfertigungsschalter, Entsorgungssystem für Fäkalien und Abfall, Versorgungssystem für Frischwasser, Fluggastinformationssysteme, Fluggastbrücken, Frachtumschlag- und Gepäckfördersysteme, stationäre Bodenstromversorgung, Tanklager.

Ziele der Deregulierung der Bodenabfertigungsdienste sind:

→ Intensivierung des Wettbewerbs durch Auflösung der Abfertigungmonopole der Flughafengesellschaften und Markteintritt neuer Wettbewerber (Handlingfirmen wie z. B. Aerogate/Swissport, AHS, Servisair, AviaPartner oder GlobeGround),

→ Senkung der Preise für Bodenabfertigungsdienste und damit Senkung der Betriebskosten der Fluggesellschaften,

→ bessere Anpassung der Dienstleistungen an die Bedürfnisse der Kunden.

1.5.4 Privatisierung von Flughäfen

Im Bereich der **Flughäfen** ist der **Staatseinfluß** weltweit heute schon deswegen groß, weil sich nahezu 98% aller Flughäfen in Staatseigentum oder im öffentlichen Sektor befinden mit dem Effekt, daß dem Staat die Kontrolle über eine funktionierende Luftverkehrsinfrastruktur obliegt.

Da in der BRD der Luftverkehr bisher, ebenso wie bis vor einigen Jahren die Bahn, überwiegend als ein hoheitliches Transportmittel im Sinne eines öffentlichen Gutes betrachtet wurde, waren die deutschen Verkehrsflughäfen im Mehrheitsbesitz von Bund oder Ländern. Inzwischen hat sich aber gezeigt, daß ein privatwirtschaftlich organisiertes Unternehmen effektiver wirtschaftet und schneller auf Veränderungen reagieren kann als ein staatlicher Betrieb. Deshalb werden die staatlichen Kapitalbeteiligungen bei Verkehrsflughäfen durch Privatisierungen künftig schrittweise abgebaut.

Eine **globale Welle von Privatisierungen** zeichnet sich auch aus einem anderen Grund ab. Viele Flughäfen haben aufgrund der wachsenden Flugverkehrsnachfrage ihre Kapazitätsgrenze bereits erreicht oder erreichen sie in nächster Zeit. Um die Flughafeninfrastruktur (Terminal-/Runway-Kapazitäten) zu erweitern sind hohe Investitionen erforderlich. Diese Investitionen sollen künftig durch privates Kapital finanziert werden, um die öffentlichen Haushalte zu entlasten. Die ICAO schätzt den Kapitalbedarf der Airports für den Ausbau der Infrastruktur allein in den nächsten 12 Jahren auf 350 Mrd. US-Dollar (vgl. Airline Business 12/1999, S. 46-48, Deutsche Verkehrswissenschaftliche Gesellschaft, Band 228). Etwa 15 bis 20 Flughäfen, so wird geschätzt, gehen weltweit in den kommenden Jahren jährlich in private Hände über. Airports sind aufgrund ihrer Wertsteigerungspotentiale für Investoren und Anleger interessant geworden, so daß ein Börsengang oder Verkauf an strategische Investoren zunehmend attraktive Möglichkeiten für eine Flughafenprivatisierung darstellen.

Mit dieser Entwicklung geht ein **Funktionswandel der Flughäfen** von öffentlichen Infrastrukturträgern und funktionalen Verkehrsanlagen zu urbanen Zentren und multifunktionalen Dienstleistungsunternehmen einher.

Auch bei den deutschen Flughäfen zeigt sich ein Rückzuges des Bundes aus der luftverkehrspolitischen Infrastruktur der BRD. Zur Zeit sind oder werden folgende Flughäfen (teil-) privatisiert:

> ✈ an der **Flughafen Hamburg GmbH** ist ein Konsortium aus der Hochtief Airport GmbH, Essen, und der Aer Rianta International, Dublin, beteiligt (die Stadt Hamburg bleibt jedoch Mehrheitsgesellschafterin),
>
> ✈ die **Fraport AG**, deren Aktienkapital sich bis 2001 ausschließlich in öffentlicher Hand (Land Hessen 45,2%, BRD 25,9%, Stadtwerke Frankfurt am Main Holding GmbH 28,9%) befand, wurde im Juni 2001 im Rahmen einer Kapitalerhöhung teilprivatisiert (Streubesitz 29%). Die Fraport-Aktie ist die erste deutsche (weltweit neunte) börsennotierte Airport-Aktie. Der Anteil der drei öffentlichen Eigentümer wurde durch den Börsengang reduziert (Land Hessen 32,1%, BRD 18,4%, Stadtwerke Frankfurt am Main Holding GmbH 20,5%). Seit 2001 firmiert der Flughafen Frankfurt (früher FAG: Flughafen Frankfurt/Main AG) unter dem neuen Markennamen und Erscheinungsbild **FRAPORT AG**, Frankfurt Airport Services Worldwide (Internetadresse: www.fraport.de).
>
> ✈ die **Flughafen Düsseldorf GmbH** ist mit einer 50% Beteiligung von Hochtief ebenfalls teilprivatisiert.

Beispiele für **andere börsennotierte Flughäfen** sind die Flughäfen London (BAA: British Airport Authority, seit 1987 börsennotiert, ist die Muttergesellschaft der Londoner Flughäfen Heathrow, Gatwick und Stansted), Wien, Kopenhagen, Rom, Zürich oder Florenz.

Vorteile der Flughafen-Privatisierung beim Wechsel vom öffentlichen in den privaten Sektor werden gesehen in:

> ✈ neuen Finanzierungsmöglichkeiten über die Börsen, die die Investitionen in die Flughafen-Infrastruktur erleichtern,
>
> ✈ einer größeren Eigenkapitalbasis, die es eher ermöglicht Fusionen, Kapitalbeteiligungen oder strategische Allianzen im Ausland einzugehen,
>
> ✈ Synergieeffekten durch den Betrieb mehrerer Flughäfen,
>
> ✈ der Einführung privatwirtschaftlicher Unternehmensstrukturen; Flughäfen können wie privatwirtschaftliche Unternehmen gewinnorientiert geführt werden.

Hinweis auf **weitere Informationsquellen:**

- ✈ DESEL, U.: Zehn Jahre Deregulation. In: Lufthansa Jahrbuch 1988, S. 154-163
- ✈ HANLON, P.: Global Airlines, S. 33-50 und 222-231
- ✈ POMPL, W.: Luftverkehr, 4. Aufl., S. 376-471
- ✈ SCHRADER, H.: Deregulierung des Luftverkehrs in Amerika. In: Lufthansa Jahrbuch 1992, S. 44-53
- ✈ Luftverkehrsnachweissicherungsgesetz
- ✈ Fraport AG (Hrsg.): Zahlen, Daten, Fakten 2002, Frankfurt 2002

1.6 Umweltaspekte des Luftverkehrs

Immer mehr Menschen reisen heute aus privaten oder geschäftlichen Gründen, Mobilität wird zunehmend zu einem wichtigen Bestandteil des Lebens und gewinnt ständig an Bedeutung. Der steigende Bedarf an Mobilität und die damit verbundene Änderung der Verhaltensmuster und Lebensweisen führt zu einer stärkeren Verkehrsnachfrage. Mobilität ist für viele Menschen zu einer Art sozialem Besitzstand geworden, der Begriff „mobil" wird oft mit unabhängig, ungebunden und frei gleichgesetzt.
Auch die Änderung der Produktions- und Vertriebsstrukturen in der Wirtschaft hat zu einer höheren Nachfrage nach Beförderungsleistungen geführt. Gründe hierfür sind z. B.:

- ✈ globaler Absatz und globale Beschaffung von Produkten,
- ✈ just-in-time-Produktion,
- ✈ Verlagerung der Produktion in andere Länder – globale Arbeitsteilung,
- ✈ E-Business und die damit verbundenen logistischen Probleme (z. B. physischer Versand über Internet bestellter Produkte)

Wie andere Verkehrsträger auch belastet der Luftverkehr die Umwelt durch Schadstoff- und Lärmemissionen und verbraucht nicht regenerierbare Ressourcen. Angesichts der Wachstumsprognosen des Luftverkehrs einerseits und der zunehmenden Umweltgefährdung (z. B. Treibhauseffekt, Klimaveränderungen, Ozonloch usw.) andererseits besteht Handlungsbedarf für aktiven Umweltschutz. Die wesentlichen Umweltprobleme des Luftverkehrs lassen sich zu den Problemfeldern Landschaftsverbrauch, Lärmentwicklung, Schadstoffemissionen und Ressourcenverbrauch zusammenfassen.
Der **Landschaftsverbrauch** des Luftverkehrs entsteht fast ausschließlich durch Bau oder Erweiterung von Flughäfen, Navigationsanlagen, Luftfahrtbetriebe und Urbanisierung im Umfeld des Flughafens. Im Gegensatz zu anderen Verkehrsträgern wie Straßen- oder Schienenverkehr weist der Luftverkehr eine

positive Bilanz auf: kein anderer Verkehrsträger erbringt mit so geringem Flächenverbrauch eine so große Verkehrsleistung. Der Anteil des Luftverkehrs ist hinsichtlich des Flächenverbrauchs im Gegensatz zu Straßen- und Schienenverkehr minimal. Die unmittelbaren ökologischen Folgen des Luftverkehrs bleiben lokal auf das Flughafenumfeld begrenzt.

Der von startenden, landenden, rollenden und abbremsenden (Reverser: Schubumkehr beim Abbremsen nach der Landung) Flugzeugen verursachte **Lärm** führt zu einer erheblichen Belastung des Verhältnisses zwischen den Flughafenbetreibern und den Anwohnern. Während der Anlagenlärm des Flughafens (Fahrzeuge, Maschinen) fast immer auf das Gelände des Flughafens beschränkt bleibt, gelangt der Fluglärm (in der Luft und am Boden) in die Umgebung. Fluglärm wird in Dezibel (dB) auf einer logarithmischen Skala gemessen, auf der der Hörschwelle der Wert 0 und der Schmerzschwelle der Wert 130 zugeordnet ist.

Als **Lärmteppich** wird die auf den Boden projizierte Fläche bezeichnet, auf der beim Start eines vollbeladenen Flugzeugs ein Lärmpegel von mindestens 85 dB (A) gemessen wird. Je leiser ein Flugzeug startet, um so kleiner ist der Lärmteppich.
Abbildung 14 zeigt die 85 dB(A) Footprints zweier vergleichbarer Flugzeugmuster: der alten Boeing 737-200 und des neuen Airbus A319.

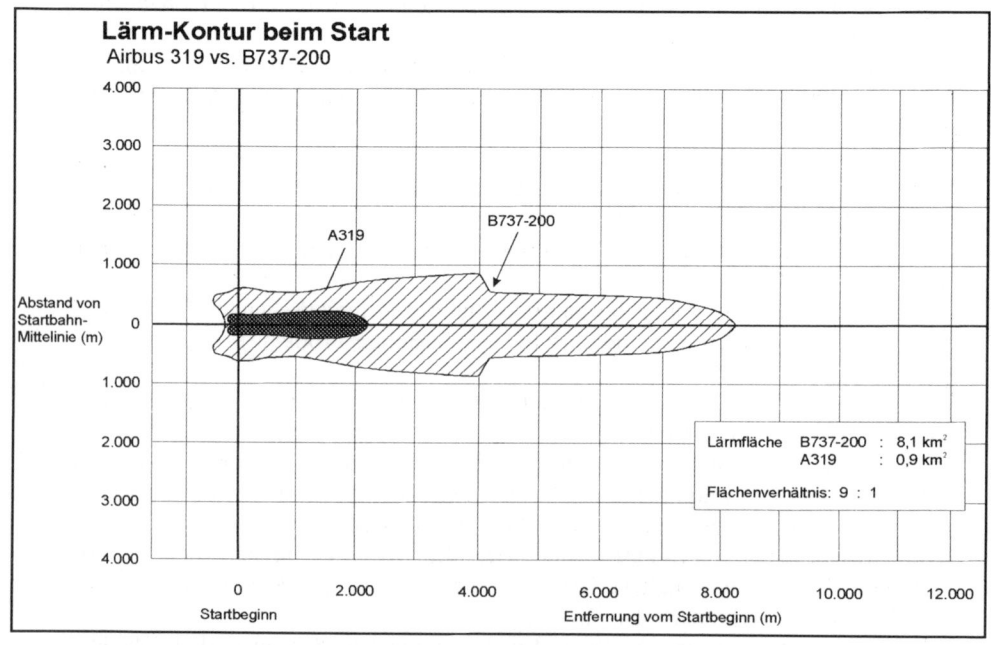

Abb. 14 Beschallte Fläche mit 85 dB (A) beim Start
(Quelle: WALLE, F., SCHAFFRATH, S.: Umweltbericht des Lufthansa Konzerns. In: Deutsche Lufthansa (Hrsg.) , Flightcrewinfo, Heft 3, Frankfurt 1997, S. 34)

Fluglärm kann beim Menschen zu einer Verminderung der Hörschärfe, Störung der Ruhe und Entspannung und Stresswirkungen führen.

Das **Gesetz zum Schutz gegen Fluglärm** von 1971 legt zwei Lärmschutzzonen um Verkehrsflughäfen fest. In der inneren Zone 1 darf keine Genehmigung zum Bau von Wohnungen erteilt werden, in der Schutzzone 2 wird die Bau- und Wohnerlaubnis nur erteilt, wenn Schallschutzeinrichtungen vorgesehen sind. Die ICAO hat die Flugzeugtypen im Anhang 16 **(Annex 16) zum ICAO-Abkommen** in drei Lärmkategorien eingeteilt:

➤ Nicht-zertifiziert: Flugzeugtypen, die vor 1969 gebaut wurden (Beispiele: B707, DC-8, Caravelle),

➤ Chapter 2: Flugzeugtypen, die vor Oktober 1977 musterzugelassen wurden (Beispiele: B747-100, DC-9-30, B737-200, B727),

➤ Chapter 3: Flugzeugtypen, die nach Oktober 1977 musterzugelassen wurden (Beispiele: B747-400, B747-200, MD-11, A340, B767, MD-87, A310, A320).

Die Einführung einer Lärmkategorie 4, die 10 dB (A) unter den Werten nach Chapter 3 liegt, ist von der ICAO 2001 verabschiedet worden und gilt ab 2006 für neue Flugzeuge. (vgl. auch AEA Yearbook 2002, S. IV-5). Nach der EU-Richtlinie (EWG) Nr. 92/14 des Rates von 1992 zur Verringerung der Schallemissionen von Unterschallflugzeugen ist ab 1995 eine Ausmusterung der Chapter 2-Flugzeuge erfolgt; diese Flugzeuge dürfen seit dem 1.4.2002 – mit wenigen Ausnahmen – in der EU nicht mehr eingesetzt werden.

Zur **Reduktion des Fluglärms** können umfangreiche Maßnahmenbündel ergriffen werden, wie z. B.:

➤ Anwendung neuer Triebwerkstechnologien, aerodynamische Verbesserungen am Flugzeug (Airframe),

➤ Verkehrsverlagerung auf andere Verkehrsträger, Verminderung der Verkehrsleistungen,

➤ Schutzzonen in der Umgebung von Verkehrsflughäfen, bauliche Schallschutzprogramme,

➤ Staffelung der Start-/Landegebühren nach Lärm,

➤ operative Maßnahmen im Flugbetrieb wie z. B. Nachtflugverbot (Night curfew), steilere An-/Abflugverfahren, Starts mit reduzierter Triebwerksleistung, Verzicht auf Reverser (Schubumkehr), Flugroutenoptimierung durch exakt festgelegte An-/Abflugrouten mit Umfliegen von dicht besiedeltem Gebiet.

Die **Schadstoffemissionen der Flugzeugtriebwerke** (u. a. Kohlenmonoxid, Kohlendioxid, Stickoxide, unverbrannte Kohlenwasserstoffe) wirken sich eher lang- und mittelfristig aus, die Folgen zeigen sich weitflächig bzw. global (z. B. im Treibhauseffekt). Da der Luftverkehr mit einem verhältnismäßig geringen Anteil am gesamten Schadstoffausstoß beteiligt ist, liegt das Problem eher darin, daß die Schadstoffe in großen Höhen emittiert werden.

Die wichtigsten Maßnahmen zur Reduzierung der Schadstoffemissionen sind der Einsatz moderner Triebwerke und die Senkung des Treibstoffverbrauchs. Dank neuer verbrauchsgünstiger Triebwerke konnte der spezifische Treibstoffverbrauch (gemessen in Litern pro Passagier auf 100 km Flugstrecke) in der Vergangenheit kontinuierlich reduziert werden. So lag der Kraftstoffverbrauch aller Passagierflugzeuge im Lufthansa Konzern (einschließlich Condor) 2001 bei 4,67 Liter je 100 Passagierkilometer. Allerdings werden die Fortschritte bei der Senkung des spezifischen Treibstoffverbrauchs durch das steigende Verkehrsaufkommen im Luftverkehr mehr als kompensiert (siehe unten).

Lediglich geringe Umweltbelastungen dagegen entstehen durch das **Fuel dumping**. Darunter versteht man das notfallbedingte Ablassen von Treibstoff während des Fluges. Nur bei Langstreckenflugzeugen gibt es diese Möglichkeit, im Flug durch Hochleistungspumpen über die Flügelspitzen Treibstoff abzulassen, um das Gewicht des Flugzeugs auf das höchstzulässige Landegewicht zu verringern. Dieses liegt bei einer Boeing 747-400 um 100 Tonnen unter dem maximalen Startgewicht. Da Bremsen und Fahrwerk auf das niedrigere Landegewicht ausgelegt sind, können sie einfacher und leichter gebaut werden. Durch diese Gewichtseinsparungen werden im Laufe eines Jahres pro Flugzeug hunderte Tonnen Kerosin gespart. Das Ablassen des Kerosins geschieht über unbebautem Gebiet in mindestens 1500 Metern Höhe bei einer Mindestgeschwindigkeit von 500 km/h, wobei nie geschlossene Kreise geflogen werden dürfen. Das Kerosin wird durch die Turbulenzen hinter dem Flugzeug verwirbelt, so daß nur ein geringer Teil (ca. 8% des abgelassenen Treibstoffs) den Boden erreicht. Im Umweltbericht 2001/2002 weist der Lufthansa Konzern insgesamt 19 Fälle von notfallbedingten Fuel dumps aus, bei denen insgesamt 601 Tonnen Kerosin abgelassen wurden.

Der **Energieverbrauch** des Luftverkehrs ist wegen des steigenden Verkehrsaufkommens in der Vergangenheit fast kontinuierlich gewachsen. So betrug der Treibstoffverbrauch 2001 allein des Lufthansa Konzerns 5.796.626 Tonnen, eine Steigerung im Vergleich zu 2000 um 1,2%. Durch Überlastung des Luftraums, schlechte Koordination der Flugsicherung und Warteschleifen (Holdings) wird zusätzlich Energie verbraucht. Bei den Passagierflotten der Lufthansa betrugen die Anflugverzögerungen im Jahr 2001 weltweit 19.600 Stunden, wodurch ein Mehrverbrauch von 48.900 Tonnen Treibstoff entstanden ist.

Möglichkeiten zur Senkung des Energieverbrauchs sind:

> ✦ konstruktive Maßnahmen im Bereich der Triebwerkstechnologie (neue Brennkammersysteme) und Airframes (aerodynamische Weiterentwicklungen zur Senkung des Luftwiderstandes),
> ✦ operative Maßnahmen wie Reduzierung der mitgenommenen Kerosinreserven, größere Flughöhen, weniger Warteschleifen,
> ✦ flottenpolitische Maßnahmen (Ersatz alter durch neue Flugzeugtypen),

↗ verkehrspolitische Maßnahmen wie intermodale Vernetzung der Verkehrsträger, Vermeidung von Ultrakurzflügen (z. B. Köln – Frankfurt),

↗ Maßnahmen im Bereich des Netzmanagements (über Hubsysteme sind mit einer geringeren Anzahl von Flügen mehr Verbindungen/ Citypairs darstellbar als bei dezentralen Netzstrukturen von Airlines).

Hinweis auf **weitere Informationsquellen:**

↗ ARMBRUSTER, J.: Flugverkehr und Umwelt

↗ POMPL, W.: Luftverkehr, 4. Aufl, S. 60-90

↗ Aktuelle Umweltberichte der Airlines und Airports wie z. B. Lufthansa Umweltbericht Balance oder Umwelterklärung des Flughafens Frankfurt/Main AG

↗ Internet-Seiten der Unternehmen (zum Teil mit Online-Versionen der Umweltberichte):
www.lufthansa.com
www.frankfurt-airport.de
www.munich-airport.de

2 Betriebstypen und Kooperationen im Luftverkehr

Nachfolgend werden in einem Überblick die zur Zeit in der Praxis vorkommenden Typen und Kooperationsformen von Fluggesellschaften und Flughäfen dargestellt.

2.1 Airlines

Anhand von Merkmalen wie Streckennetz, Flottenpolitik, Kundengruppen, Servicekonzepten und Preispolitik kann man in der Praxis unterschiedliche Betriebstypen von Fluggesellschaften (National Carrier, Touristikfluggesellschaften, Regionalfluggesellschaften oder Low cost carrier usw.) herausstellen, die durch eine große Zahl unterschiedlicher Kooperationsformen (Allianzen, Franchise-Verträge, Codesharing usw.) verbunden sind.

2.1.1 Betriebstypen von Airlines

Die verschiedenen Typen von Fluggesellschaften lassen sich anhand charakteristischer Merkmale näher beschreiben; dabei bleibt festzustellen, daß die Grenzen zwischen den einzelnen Betriebstypen fließend sind bzw. ein Luftverkehrskonzern mehrere Typen betreiben kann, wie z. B. die Lufthansa-Gruppe mit der Lufthansa Passage Airline (internationale Passage Airline), Lufthansa CityLine GmbH (Regionalfluggesellschaft), Lufthansa Cargo AG (Cargo-Airline) oder Thomas Cook (Touristikfluggesellschaft; früher: Condor Flugdienst GmbH).

Einen Einblick in die weltweiten Anteile der einzelnen Airline-Betriebstypen gibt folgende Tabelle:

Airline Business Top 150 airline groups 2001 – analysis by type					
Group type	**Group revenues**		**Top 150 groups**		**Descritpion**
	$ million	**share**	**number**	**share**	
Majors	223.555	71,5%	35	23,3%	Mainline carriers above $ 2 billion
Flag-carriers	31.654	10,1%	44	29,3%	National carriers below $ 2 billion
Cargo	25.257	8,1%	9	6,0%	Cargo/express operations
Independents	17.347	5,5%	29	19,3%	Non-aligned, non-flag
Leisure	6.911	2,2%	13	8,7%	Charter airline operations
Regional	4.330	1,4%	11	7,3%	Regional airlines
Low-cost	3.717	1,2%	9	6,0%	Budget model independents
TOTAL	312.770	100,0%	150	100,0%	

(Note: Based on the ranking of the Top 150 airline groups by revenues Airline Business September 2002)

Abb. 15 Weltweite Anteile der einzelnen Airline-Betriebstypen
(Quelle: SERPEN, E.: Flag bearers, Flag carriers strategy. In: Airline Business, October 2002, S. 77)

Hierbei ist jedoch zu beachten, daß die Anteile sich auf eine Auswahl aller Airlines beziehen. Als Grundgesamtheit wurden die nach Umsatz 150 größten Fluggesellschaften der Welt gewählt. Die größte Gruppe stellen hier die mittelgroßen National Carrier (mid-sized flag carriers) mit 29% dar, allerdings erwirtschaften sie nur 10% der gesamten Umsätze während die 35 größten Airlines (Majors) 70% des Gesamtumsatzes erzielen.

2.1.1.1 Internationale Passage Airlines

Die größte und bedeutendste Gruppe unter den Betriebstypen von Airlines stellen die **„Internationalen Passagier Linienluftverkehrsgesellschaften"** - im Lufthansa-Konzern die **„Lufthansa Passage Airline"** dar. In der Literatur wird diese Gruppe von Fluggesellschaften auch als **Netzwerk-Carrier** bezeichnet, da sie im Unterschied zu Touristik- oder Low-cost-Fluggesellschaften ein Streckennetz mit aufeinander abgestimmten Anschlussflügen anbietet. In Ermangelung einer einheitlichen Terminologie sollen sie im folgenden als **„Internationale Passage Airlines"** bezeichnet werden (engl. auch: **Major airlines**).

In vielen Ländern sind sie zunächst als staatlich geförderte **nationale Flag carrier** entstanden, die sich zum Teil auch heute noch bis zu 100% im Staatsbesitz befinden (mehr oder weniger große Staatsanteile an den nationalen Fluggesellschaften weisen heute noch auf: TAP, Olympic, Alitalia, Air France, Air Lingus u.a. siehe Abb. 13). Obwohl einige Länder noch am Konzept des National carriers im Staatsbesitz festhalten, besteht in den meisten anderen Staaten eine Privatisierungstendenz, die das Prinzip des staatlich geförderten (subventionierten) nationalen Carriers zugunsten kommerziell ausgerichteter Privatunternehmen verdrängt. In den USA hat sich der Staat, im Gegensatz zu anderen Ländern, selbst nicht an Fluggesellschaften beteiligt, so daß diese grundsätzlich Privatunternehmen sind.

Als **Merkmale der internationalen Passage Airlines** lassen sich herausstellen:

- international bekannter (Marken-) Name,
- globale Marktpräsenz, zumindest jedoch Präsenz in mehreren Kontinenten,
- großer Marktanteil und starke Marktpräsenz im Heimatmarkt,
- tendenziell eher im oberen Preissegment angesiedelt,
- traditionell starke Position im Marktsegment des Geschäftsreiseverkehrs,
- Linienflugverkehr (daneben heute auch oft Regional-/Touristikflugverkehr, der oft von Tochtergesellschaften durchgeführt wird),
- nationales und internationales Streckennetz, Interkontinentalverkehr,
- starke Präsenz auf dem Heimat-Hub (Lufthansa: Frankfurt, British Airways: London Heathrow, Air France: Paris, Charles de Gaulle, KLM: Amsterdam), der zugleich Hauptflughafen des jeweiligen Landes ist,

✈ meist Full-Service-Carrier mit gehobenem oder hohem Service-
niveau im 2-/3-Klassen-Konzept,
✈ Einsatz von Flugzeugtypen mit einer Kapazität über 100 Sitzplätzen,
✈ oft - außer in den USA - als National flag carrier entstanden.

Einen Überblick über die größten Fluggesellschaften der Welt geben neben
Statistiken der IATA und anderer Luftfahrtorganisationen jährlich die Zeitschriften Air Transport World und Airline Business.

Hinweis auf **weitere Informationsquellen:**

✈ IATA, World Air Transport Statistics, 46 th Edition, June 2002
www.iata.org
✈ Air Transport World, „The World Airline Report", July 2002
www.atwonline.com
✈ Airline Business, Top 100 Financial and passenger ranking
www.airlinebusiness.com
✈ Airline Business, Top 200 Airline ranking by passenger traffic,
September 2002
✈ Lufthansa, Weltluftverkehr und Konkurrenz, Ausgabe 2002

Zu beachten ist bei allen Ranglisten, daß der Platz, den eine Airline einnimmt, von
dem Indikator abhängt, nach dem die Rangliste sortiert ist. Nimmt man die
Gesamtzahl der Passagiere, die eine Airline befördert hat, so ergibt sich die
Reihenfolge nach Abbildung 16: auf den vorderen Plätzen befinden sich nur US-
amerikanische Fluggesellschaften wegen des großen Inlandsflugmarktes der USA
und dem damit verbundenen hohen Anteil an Passagieren, die Inlandsflüge
gebucht haben.
Sortiert man die Fluggesellschaften danach, wieviele Passagiere sie auf
grenzüberschreitenden, internationalen Flügen befördert haben, ergibt sich eine
andere Rangfolge: auf Platz 1 liegt dann Lufthansa gefolgt von British Airways
und Air France. Aus Abbildung 16 ist ferner ersichtlich, daß man wiederum zu
einer völlig anderen Reihenfolge gelangt, wenn man die Airlines nach
Flottengröße oder Beschäftigtenzahl sortiert.
Unterschiedliche Rangplätze einer Airline und Abweichungen der einzelnen
betriebswirtschaftlichen Indikatoren in den verschiedenen statistischen Quellen
lassen sich darüber hinaus durch die statistische Basis erklären, die der
Herausgeber der Statistik gewählt hat. So schwankt z. B. die Flottengröße oder
Beschäftigtenzahl einer Airline, je nach dem Stichtag im Laufe eines
Geschäftsjahres, der zugrunde gelegt wurde. Große Unterschiede im statistischen
Material entstehen auch, wenn Tochterfirmen einbezogen werden; so verändern
sich alle Indikatoren stark, je nachdem ob Flottengröße, Passagier- oder
Beschäftigtenzahl nur für die Muttergesellschaft (z. B. Lufthansa Passage Airline)
oder die gesamte Gruppe (z. B. Lufthansa Passage Airline, Lufthansa CityLine,
Thomas Cook/Condor) ermittelt werden.

IATA Members´ Rankings 2001 - The Top Fifty (Auszug, gekürzt):

Ranking 2001	Airline	Total Passengers (million)	Employees	Fleet size
1	Delta Air Lines (USA)	93 437	64 652	588
2	American Airlines (USA)	78 115	92 360	712
3	United Airlines (USA)	75 413	84 113	537
4	US Airways (USA)	56 114	34 116	340
5	Northwest Airlines (USA)	55 259	46 161	444
6	Lufthansa	44 191	39 272	372
7	All Nippon Airways	43 045	13 542	141
8	Air France	43 021	59 160	367
9	Continental (USA)	42 374	41 003	343
10	British Airways	34 577	55 308	296
11	Japan Airlines	32 472	16 552	133
12	Iberia Airlines (Spain)	25 245	26 254	144
13	Alitalia	24 514	21 255	154
14	Air Canada	23 220	37 143	254
15	SAS (Scandinavia)	23 063	21 140	190
16	Japan Air System	21 756	4 925	85
17	Korean Air Lines Co. Ltd.	21 484	16 820	120
18	TWA (USA)	20 727	k.A.	168
19	Qantas (Australia)	20 164	26 993	126
20	America West Airlines	19 559	13 219	146
21	China Southern Airlines	18 478	18 808	111
22	Thai Airways	17 662	25 806	81
23	Malaysia Airline System	16 311	21 974	96
24	KLM	15 916	27 009	129
25	Singapore Airlines	14 696	14 458	101
26	Alaska Airlines	13 638	11 025	102
27	Saudi Arabian Airlines	12 836	24 259	129
28	TAM Linhas Aereas (Brazil)	11 859	7 994	84
29	Cathay Pacific (Hongkong)	11 177	14 473	75
30	Varig (Brazil)	10 744	17 323	96
32	Turkish Airlines	9 905	11 242	69
33	Ryanair (Ireland)	9 395	1 465	39
39	Bmi British Midland (UK)	6 730	5 165	57
40	Hapag Llyod	6 728	2 186	37
41	Emirates	6 426	8 947	37
42	Garuda Indonesia	6 349	9 441	43
43	Finnair	6 169	8 970	57
44	Olympic Airways	6 128	7 114	60
45	SAA-South African Airways	6 123	10 202	61

Abb. 16 IATA Members Rankings 2001 – The Top Fifty, ranked by total scheduled passengers carried (Quelle: IATA World Air Transport Statistics, 46th Edition, 2002, S. 48 ff)

Durch die weltweite Deregulierung und Liberalisierung des Luftverkehrs (siehe Kapitel 1.5) und die veränderten Wettbewerbsbedingungen haben im Bereich der internationalen Passage Airlines in den letzten Jahren folgende Entwicklungen stattgefunden:

➢ strategische Neupositionierung als Full-Service- (z. B. Lufthansa Aviation Group) oder Nischen-Carrier,

➢ Reorganisation und Umstrukturierungen der Unternehmungen (z. B. als Spin off: Ausgliederung von Unternehmensteilen als selbständige Unternehmen, bei Lufthansa in Form der Lufthansa Technik AG oder der Lufthansa Cargo AG),

➢ Kostensenkungs-Programme (Lufthansa: Programm 15, D-Check),

➢ zunehmende Bedeutung des Yieldmanagements, der Buchungssteuerung und des Hub- und Netzmanagements,

➢ Entwicklung neuer Kooperationsformen und Allianzen, um als „Global Player" im Wettbewerb bestehen zu können,

➢ durch Aufhebung der Trennung zwischen Linien- und Charterverkehr Angleichung der beiden Verkehrsarten und damit zunehmende Konkurrenz zwischen Passage Airlines und Touristikcarriern,

➢ zunehmende Privatisierung der Passage Airlines mit hohem Staatsanteil.

2.1.1.2 Touristikfluggesellschaften

Die Gruppe der **Touristikcarrier (engl. Leisure carrier, Charter carrier)** wird in Veröffentlichungen auch als **Ferienflieger, Ferienfluggesellschaften** oder Charterfluggesellschaften bezeichnet. Der Branchenverband der Touristik-Carrier (ADL) verwendet daneben den Begriff „touristischer Linienflug" (siehe Kap. 1.4). Hintergrund ist, dass der Begriff Charter einen verkehrsrechtlich als Gelegenheitsluftverkehr durchgeführten Flug bezeichnet, während die meisten Ferienflüge heute unter Linienrechten durchgeführt werden.

Die folgenden Ausführungen beziehen sich vorwiegend auf den deutschen Markt für Touristikflug. Ferienfluggesellschaften werden im Lexikon der Tourismuswirtschaft als Fluggesellschaften definiert, die vorwiegend Reiseziele anfliegen, die Urlaubsziele der Deutschen sind. **Merkmale der Touristikcarrier** sind:

➢ das Angebot richtet sich an das Marktsegment der Urlauber, ein besonders preiselastisches Nachfragesegment, das stark auf Preisänderungen reagiert,

➢ die Flugkapazitäten werden sowohl über Reiseveranstalter als Hauptvertriebspartner in Form von Pauschalreisen (Package tours oder Inclusive tours) als auch über Einzelplatzverkäufe (Single seat) direkt an Endverbraucher vermarktet (z. B. bei Thomas Cook: Condor Individuell),

✈ die Beförderung wird sowohl im Bedarfsluftverkehr („Charter") als auch (heute fast überwiegend) im Linienluftverkehr mit Sommer- bzw. Winterflugplan angeboten,

✈ die Destinationen sind Urlaubsziele der deutschen Touristen (mit dem Kerngeschäft der „Europäischen Warmwasserdestinationen"),

✈ in der Regel werden nur Strecken mit relativ auslastungs- sicherem Punkt-zu-Punkt-Verkehr in Form von **Charterketten** angeboten (unter Charterketten versteht man Serien von Hin- und Rückflügen zwischen zwei Destinationen, über die insbesondere Pauschalreisende an festen Wochentagen hin- und zurückbefördert werden),

✈ bezüglich Preisbildung, Strecken und Kapazitäten unterlagen die Touristikcarrier schon in der Vergangenheit im allgemeinen wenig Regulierungen,

✈ in der Regel kann mit einem hohen Sitzladefaktor kalkuliert werden (z. B. durch die Struktur der Aufenthaltsdauer: ein, zwei oder drei Wochen),

✈ Luftfrachtverkehr wird nur als Nebentätigkeit angesehen,

✈ als Beförderungsklasse wird bisher im Einklassenkonzept überwie- gend „Economy" angeboten, einige Fluggesellschaften bieten im Zweiklassenkonzept eine gehobene Beförderungsklasse (z. B.: Thomas Cook: „Condor Comfort Class", LTU: „First Comfort" seit Winterflugplan 1998) mit mehr Beinfreiheit und besserem Service an,

✈ Einsatz von Kundenbindungsprogrammen (Thomas Cook: Miles & More, LTU: LTU Card, Air-Berlin: Air-Berlin-Card),

✈ aus Gründen der Kapazitätsauslastung werden bei den Flugzeug- umläufen sehr kurze Turnaround-Zeiten auf den Umkehrstationen angestrebt.

Fluggesellschaft	Passagiere 2001 (Millionen)	Flotte 2002 (Zahl der Flugzeuge)	Zugehörigkeit zu Reisekonzernen
Thomas Cook (ehemals Condor)	8,5	56	Integrierte Konzernfluggesell- schaft der Thomas Cook AG (ehemals C&N-Touristik: Condor und Neckermann)
LTU	6,6	25	REWE-Touristik-Gruppe (Reiseveranstalter: ITS, DER, Tjaereborg)
TUI (ehemals Hapag-Lloyd)	7,1	29	Integrierte Konzernfluggesell- schaft der TUI AG (ehemals Preussag AG)
Aero Lloyd	3,5	14	Unabhängig
Air Berlin	5,5	30	Unabhängig
Germania	1,1	20	Unabhängig

Abb. 17 Deutsche Touristikcarrier
(Quelle: Internet-Seiten der Fluggesellschaften und der ADL)

Traditionell sind die Touristikcarrier entweder Teil integrierter Reisekonzerne (wie z. B. Thomas Cook Group Airlines oder TUI Group Airlines) oder stark von den **Reiseveranstaltern** abhängig, über die sie einen großen Teil ihrer Flugkapazität vermarkten.

Ein Beispiel für die starke Abhängigkeit von Reiseveranstaltern liefert Germania, die als unabhängige Fluggesellschaft seit 1998 einige ihrer Flugzeuge in TUI-Design (Bemalung, TUI-Logo, Uniformen, Bordmagazin) ausgestattet hat, nur der Schriftzug „operated by Germania" weist noch auf den Besitzer der Maschine hin.

Im Konzentrationsprozeß der letzten Jahre hat sich durch Fusionen und Unternehmenskäufe in der Tourismusbranche Europas der Trend zur Industrialisierung der bislang mittelständisch geprägten touristischen Branche mit der Bildung **vertikal integrierter Reisekonzerne** fortgesetzt. Diese Konzerne produzieren mit aufeinander aufbauenden Produktionsstufen die gesamte touristische Wertschöpfungskette über eigene Fluggesellschaften, Hotelketten, Reiseveranstalter und Reisebüroketten. Beispiele für vertikal integrierte Touristik-Konzerne sind TUI AG, Thomas Cook AG oder MyTravel (früher Airtours) in Großbritannien. Sie stellen das Produkt Urlaub aus einer Hand zusammen. Dabei wird ein großer Teil des Reiseveranstaltervolumens auf den eigenen integrierten Carriern befördert („inhouse-flying").

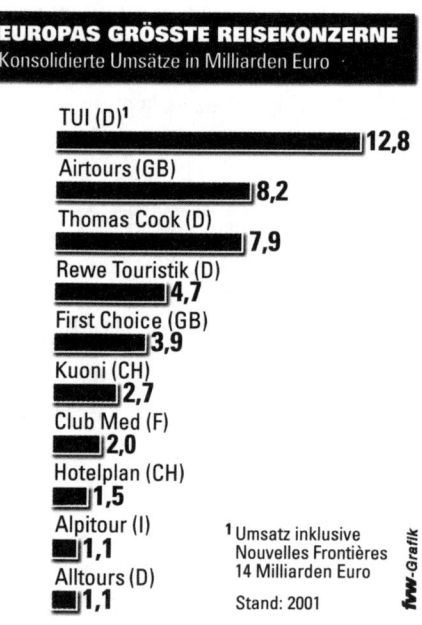

Abb. 18 Europas größte Reisekonzerne
(Quelle: fvwdokumentation, Europäische Veranstalter 2001, Beilage zur FVW International, Heft 14, Hamburg 2002, S. 1) (Anmerkung: Airtours UK seit Februar 2002: Mytravel)

Hintergrund dieser Entwicklung ist die Industrialisierung. In der klassischen Reisebranche war der Reiseveranstalter die entscheidende und bestimmende Größe; er verstand sich als Organisator von Reisen, während die Investitionen in den Händen von Hotelbetrieben und Airlines lagen. Mit zunehmender Industrialisierung der Branche haben sich Management- und Produktions-strukturen verändert. Der klassische Reiseveranstalter hat als reiner Dienstleister die Produkte von Lieferanten (Hotelbetriebe und Fluggesellschaften) gebündelt und über seinen eigenen Vertrieb oder Fremdvertrieb abgesetzt.

Der **Thomas-Cook-Konzern** ist in seiner heutigen Form aus der 1997 durch die Deutsche Lufthansa AG (Muttergesellschaft von Condor) und Karstadt-Quelle (Muttergesellschaft des Reiseveranstalters NUR Touristik) gegründeten C&N Condor&Neckermann Touristik AG entstanden, in die Lufthansa 90% ihrer Anteile an Condor und Karstadt-Quelle 90% ihrer Anteile an NUR Touristik einbrachten. Nach der Übernahme der britischen Thomas Cook Holdings Ltd. erfolgte im Juni 2001 die Umfirmierung der C&N Touristik AG in Thomas Cook AG.

Im Sommer 2002 sind die Flugzeuge von Condor umlackiert worden, seitdem tragen sie Farben und Markenzeichen des Thomas Cook-Konzerns, lediglich der Schriftzug „powered by Condor" weist auf den traditionsreichen früheren Markennamen der Fluggesellschaft Condor hin. Im deutschen Markt ersetzt der Markenname „Thomas Cook" die Marken Terramar, Kreutzer und Condor. Auf allen europäischen Märkten, auf denen der Konzern vertreten ist, wurden die Carrier ebenfalls auf Thomas-Cook-Design umgestellt. Auch die konzerneigenen Reisebüros, die Service-Schalter auf den Flughäfen und die Transferbusse in den Zielgebieten wurden auf die neue Marke umgerüstet.

Ähnlich hat die TUI AG die Lackierung ihrer Flugzeuge mit TUI-Design und - Logo geändert.

Hintergrund dieser Design-Änderung bei den Carriern war das neue einheitliche Branding, eine globale Dachmarkenstrategie, die die Zugehörigkeit zum jeweiligen integrierten Touristikkonzern zeigen soll. Die Touristikkonzerne fokussierten sich dadurch auf ihre bekanntesten Reisemarken TUI und Thomas Cook. Weniger Einzelmarken senken den Marketingaufwand. Durch die Markenzusammenführung sollen die einzelnen Produktionsstufen (Hotels, Fluggesellschaften, Reiseveranstalter und Reisebüros) des integrierten Konzerns in der Markenkommunikation besser und einheitlicher positioniert werden. Die Markenpolitik der Konzerne steht auch für die weiter vorangetriebene vertikale Integration der Konzerne. Die optische Zusammenfassung der Airlines beider Konzerne markiert den Weg zu einer homogenen operativen Plattform für die Carrier. Beide Konzerne besitzen ein zentrales Hotel- und Zielgebietsmanagement sowie ein zentrales Kapazitätsmanagement für eine integrierte Planung und Steuerung des Flugbetriebs.

So ist das **TUI-Airline-Management** in Hannover die zentrale Organisationseinheit der TUI-Konzernfluggesellschaften, mit deren Hilfe die Carrier der Gruppe stärker integriert werden. Die einzelnen Fluggesellschaften werden als Profit Center geführt, das TUI-Airline-Management fasst Backoffice-Funktionen wie Flottenbeschaffung, Flottenmanagement, Flugbetrieb, Einkauf (z. B. von Treibstoff, Abfertigungsleistungen, Catering, Ersatzteilen und Versicherungen) und Planung der Instandhaltung zusammen.

Die beschriebene Airline Plattform des TUI-Konzerns stellt möglicherweise nur eine Zwischenlösung auf dem Weg zu einer integrierten europäischen Ferienfluggesellschaft dar, die heute aus verkehrsrechtlichen Gründen noch nicht möglich ist (siehe Kap. 1.5.2 und 6.2).

Internationales Ranking der Touristikfluggesellschaften 2001 – Auszug :

Rank	Airline operation	Country	Passengers thousands	Traffic RPK million
1	TUI Group Airlines	Europe	18 884	
	Britannia Airways	UK	8 300	16 000
	Hapag-Lloyd	Germany	7 073	15 886
	BritanniaAirways AB	Sweden	1 570	6 042
	Corsair	France	1 349	5 635
2	Thomas Cook Group Airlines	Europe	15 354	42 469
	Condor	Germany	6 798	21 353
	JMC	UK	5 728	14 633
	Condor Berlin	Germany	1 681	3 797
	SunExpress	Turkey	1 147	2 686
3	MyTravel Airways	UK	7 154	19 630
4	Air 2000	UK	7 029	18 886
5	LTU	Germany	6 239	16 230
6	Air Berlin	Germany	4 558	8 823
7	Monarch Airlines	UK	4 092	11 852
8	Jet Airways	India	4 008	3 083
9	Aero Lloyd	Germany	3 500	7 380
11	Volare Group	Italy	2 874	4 591
13	Spanair	Spain	2 339	4 661
14	Futura	Spain	2 112	5 142
15	Transavia	Netherlands	2 069	4 755
16	Martinair	Netherlands	1 801	8 650
17	Tunisair	Tunisia	1 636	2 412

Abb. 19 Touristikfluggesellschaften – internationales Ranking
(Quelle: Airlines ranked by charter passenger numbers – 2001 Auszug aus Airline Business, October 2002, S. 68)

Hinweis auf **weitere Informationsquellen**:

- ✈ Geschäftsberichte und Internetseiten der Touristikcarrier:
  www.hapag-lloyd.com und www.hlf.de
  www.airberlin.de
  www.ltu.com
  www.thomascook-flug.de
  www.aerolloyd.de
  www.germaniaairline.de
- ✈ Internetseiten des Branchenverbandes ADL (Arbeitsgemeinschaft
  deutscher Luftfahrtunternehmen www.adl-bonn.de),
- ✈ Leisure travel, Vertical shift. In: Airline Business, October 2002,
  S. 64-68 (mit Ranking der Charter carrier)
- ✈ BASTIAN, BORN, Der Touristikkonzern, Kapitel:
  Ferienfluggesellschaften im Wandel

2.1.1.3 Regionalfluggesellschaften

Einen weiteren Betriebstyp von Airlines stellen die Regionalfluggesellschaften
dar. **Regionalluftverkehr** wird unterschiedlich definiert.

Innerhalb der Lufthansa wird als Regionalverkehr jeglicher Luftverkehr
bezeichnet, der mit Flugzeugen der CityLine und anderen Fluggesellschaften im
Auftrag der CityLine durchgeführt wird.

Die Zeitschrift **„Airline Business"** definiert in ihrem jährlich erscheinenden
„Regionals survey" (Heft Mai 1998, S. 48ff) wie folgt: "The principal definition
of a regional airline used in this survey is a carrier whose fleet ist mainly
composed of aircraft smaller than 100 seats, flying scheduled services on regional
routes up to 800 km. Airlines which operate mainly on trunk or long-haul routes
are not included, but major carriers` regional subsidiaries do meet the criteria.
Some carriers combine regional flying with different types of operation - such as
charter flights or longer haul routes - and in these cases a judgement is made about
whether the airline´s operations are principally regional in nature."

In Anlehnung an diese Definitionen kann man folgende **Merkmale von
Regionalfluggesellschaften** (auch als **Regionalcarrier** oder **Regionals** bezeichnet) herausstellen:

- ✈ Einsatz von Flugzeugen mit Sitzplatzkapazität unter 100 Sitzen, zum
  Teil Einsatz von Propeller-Flugzeugen (Turboprops),
- ✈ Linienverkehr,

✈ kürzere Flugstrecken im Domestic- oder Kontinentalverkehr,
✈ Feeder- und Commuter-Dienste (Zubringer) zwischen Regionalzentren und den internationalen Verkehrsflughäfen (Hubs),
✈ eigenständiger dezentraler Punkt-zu-Punkt-Verkehr zwischen den Regionalflughäfen ohne Anschlußverbindung als Ergänzungsverkehr,
✈ meist Ein-Klassen-Konzept (eine Beförderungsklasse).

Als Beispiel für eine Regionalfluggesellschaft wird **Lufthansa CityLine** kurz vorgestellt, die Regionalfluggesellschaft der Lufthansa Gruppe:

✈ reine Jet-Flotte mit den Flugzeugmustern Canadair Jet (CRJ 100/200 mit 48 Sitzen, CRJ 700 mit 70 Sitzen) und Avro RJ85 (80 Sitze),
✈ Spezialist im Lufthansa-Konzern für alle Verbindungen, die mit größeren Flugzeugen wie z. B. Boeing 737 oder Airbus A 319 nicht wirtschaftlich bedient werden können,
✈ Zwei-Klassen-Konzept: Business und Economy Class,
✈ Feeder-Dienste zu den Hubs der Lufthansa und ihrer Partner,
✈ Ergänzung und Abrundung des Angebots der Lufthansa,
✈ Erschließung neuer Märkte durch die Entwicklung von dezentralen Nonstop-Verbindungen zwischen Regionen in Europa,
✈ Einbindung von lokalen Regionalpartnern, die unter der Regie von CityLine Flugverkehr durchführen (z. B. Augsburg Airways, Contact Air im Team Lufthansa),
✈ neben Liniendiensten werden auch im Charterverkehr Destinationen im Mittelmeerraum angeflogen,
✈ Flugzeuglackierung: wie die Lufthansa Passage-Airline („no distinctive livery", Air Transport World 12/96, S. 41),
✈ Abgrenzung zwischen der Lufthansa Passage Airline und Lufthansa CityLine:

- CityLine ist unternehmerisch selbständig,
- CityLine kann eigene Vorschläge zur Ergebnisoptimierung entwickeln,
- CityLine hat keinen eigenen gedruckten Flugplan,
- die Streckenplanung für CityLine wird nach erfolgter Abstimmung in die Lufthansa-Flugplanausgaben integriert,
- Lufthansa ist General Sales Agent für CityLine, die Hoheit der Beförderungstarife liegt bei Lufthansa,
- das Produkt- und Streckenmanagement und die Marketing-Funktionen sind in die jeweiligen Lufthansa-Bereiche integriert.

Einen weltweiten Überblick über die Regionalcarrier gibt der jährlich erscheinende Special Report „Regional airlines and aircrafts" der Zeitschrift Airline Business:

Regional airline ranking by passenger numbers 2001 (Auszug, stark gekürzt):

Ranking 2001	Airline	Country	Passengers thousand	Fleet	Significant shareholder
1	American Eagle Airlines	USA	11.952	272	AMR 100% (American Airlines)
2	Continental Express	USA	8.310	204	Continental Airlines 100%
3	Air Canada Jazz	Canada	6.685	132	Air Canada 100%
4	Atlantic Southeast	USA	6.669	128	Delta Air Lines 100%
5	US Airways Express	USA	6.331	130	US Airways Group 100%
6	SkyWest Airlines	USA	6.230	139	Delta Air Lines 13%
7	British Airways CitiExpress	UK	6.156	74	British Airways 100%
8	Lufthansa CityLine	Germany	6.011	68	Lufthansa 100%
9	Mesaba Airlines	USA	5.946	109	Northwest Airlines 32,7%
10	Swiss / Crossair	Switzer-land	5.900	78	Institutional Investors 64,7%
11	Atlantic Coast Airlines	USA	4.937	120	Atlantic Coast Airlines Holding 100%
12	Mesa Air Group	USA	4.699	161	Mesa Air Group 100%
13	Comair	USA	4.686	107	Delta Air Lines 100%
17	KLM UK	UK	3.871	26	KLM 100%
21	Air Nostrum	Spain	2.803	47	Nefinsa 98%
23	Tyrolean Airways	Austria	2.510	34	Austrian Airlines 100%
29	Binter Canarias	Spain	2.211	11	Hisperia de Inversions Aéreas
30	KLM Cityhopper	Nether-lands	2.200	28	KLM 100%
31	Eurowings	Germany	2.064	50	Lufthansa 49%
32	SAS Commuter	Denmark	2.060	30	SAS 100%

Regional airline ranking (Fortsetzung)					
Ranking 2001	Airline	Country	Passengers thousand	Fleet	Significant shareholder
36	Olympic Aviation	Greece	1.500	20	Olympic Airways 100%
40	Air Littoral	France	1.204	34	Marc Dufour
41	Alitalia Express	Italy	1.200	18	Alitalia 100%
50	Augsburg Airways	Germany	891	17	Haindl Papier 100%
51	PGA Portugália Airlines	Portugal	890	14	Portugese Govt 68,6%, Grupo Espirito Santo 31,4%
52	Air Dolomiti	Italy	885	18	Leali Group 45%, Lufthansa 26%
60	Cimber Air	Denmark	704	13	SAS 26%
63	EuroLOT	Poland	675	13	LOT 100%
66	Maersk Air Ltd.	UK	610	11	Maersk Air (Denmark) 100%
68	Contact Air Flugdienst	Germany	573	11	Eheim Unternehmens-gruppe
71	AZZURRA air	Italy	535	11	Air Malta 49%
94	Rheintal-flug	Austria	240	5	Austrian Airlines

Abb. 20 Regional airline ranking by passenger numbers 2001
(Quelle: Airline Business, May 2002, S. 58 – 71)

2.1.1.4 Low cost carrier

Low cost airlines, die auch als **Low cost carrier, No frills airlines** (engl. Frills: Schnickschnack, Kinkerlitzchen, Drum und Dran), **Discount-airlines oder in Deutschland als Billigflieger oder Billigairlines** bezeichnet werden, bieten Flüge mit reduziertem Service zu Niedrigpreisen an. Die Strategie mit niedrigen Tarifen in das Hochpreiskartell der Fluggesellschaften einzudringen, wurde schon von Laker Airways mit dem „Sky Train" zwischen **London und New York** (keine Reservierungsmöglichkeit, reduzierter Service) 1977 eingesetzt, später folgten Braniff (1979), Virgin Atlantic und People Express (1983).

In den **USA** kam es nach der Deregulierung (vgl. Kapitel 1.5) zu einer Welle von Neugründungen im Niedrigpreissegment.

Shuttle by United

This special service, available on select, short-haul routes, includes the following:

Low fares, no restrictions
Frequent flights
Seat selection at the airport
Mileage Plus credit
Beverage service
Boeing 737 aircraft

Abb. 21 Flugplan von United Airlines mit Werbung für die Low cost Produktlinie „Shuttle by United" (Quelle: United Airlines, Timetable, October-December 1994)

Es entstanden **eigenständige** Low cost carrier wie Southwest Airlines, Valujet (heute: Air Tran), Reno Air, Carnival Airlines, Frontier, Tower Air, Amer TransAir, Morris Air, JetBlue und andere. Aber auch die internationalen Passage Airlines gründeten eigene Low cost Produktlinien als **Divisions oder Tochterfirmen** (wie z. B. Shuttle by United, Continental Lite, Delta Express).

In **Europa** operierten die Low cost carrier lange Zeit überwiegend von Großbritannien aus, die bedeutendsten waren bzw. sind: Ryanair (Irland), EasyJet (England), Virgin Express (England), Go (England), BMIBaby (British Midland, England), Buzz (England) und MyTravelLite (England). Von Großbritannien aus flogen sie zunehmend auch touristische Destinationen in Südeuropa an, wodurch die Low cost carrier im Segment der Individualreisenden im Wettbewerb mit den Touristikfluggesellschaften stehen (vgl. Airline Business, October 2000, S. 76).

Share of W European low-cost market - OAG Jan 03				
Carrier	**Seat capacity per week**			**Frequency**
	ASK m	**share**	**all Europe**	**weekly**
Easyjet/Go	332	33,7%	4,6%	2.881
Ryanair/Buzz	296	30,0%	4,1%	2.659
Air Berlin	131	13,3%	1,8%	827
Virgin Express	65	6,6%	0,9%	363
DBA	48	4,9%	0,7%	725
BMIBaby	48	4,8%	0,7%	523
Flybe British European	23	2,3%	0,3%	1.114
Germanwings	22	2,3%	0,3%	270
Norwegian	15	1,5%	0,2%	243
Germania	6	0,6%	0,1%	58
Total low-cost	**986**	**100%**	**100%**	**15.202**

Abb. 22   Marktanteile europäischer Low cost airlines Januar 2003
(Quelle: BAKER, C.: Ryanair snaps up Buzz. In: Airline Business, March 2003, S. 19)

Die Entwicklung der neuen europäischen Low cost airlines veranlaßte mehrere große Fluggesellschaften über die Gründung von Low cost Divisions/Tochterunternehmen in diesen Markt einzusteigen. Auch **Lufthansa** hat Erfahrungen mit dem Niedrigpreissegment gesammelt. Unter dem Namen „Euroshuttle" sollte 1993/4 eine Billigfluglinie eingeführt werden; die zweite, endgültige Konzeption startete im Herbst 1994 unter dem Namen „Lufthansa Express". Merkmale des Express-Konzeptes waren u. a.:

✈ 154 tägliche Verbindungen auf 6 dezentralen Stecken,
✈ zwei Klassen-Konzept mit deutlich verschiedenem Serviceangebot in der Business- und Economy-Class,
✈ einfaches Tarifsystem: Oneway-Tarife, streckenunabhängig, in den Hauptverkehrszeiten „Express299" zu 299 DM, in nachfrageschwächeren Zeiten „Express199" zu 199 DM, Spezialtarif „Express 99" zu 99 DM) in der Economy Class; Business Tarife: „Express369" und „Express249",

✈ Lackierung der Flugzeuge in Lufthansa-Farben mit der Aufschrift „Lufthansa Express".

Zum Winterflugplan (November 1995) wurde Lufthansa Express eingestellt.

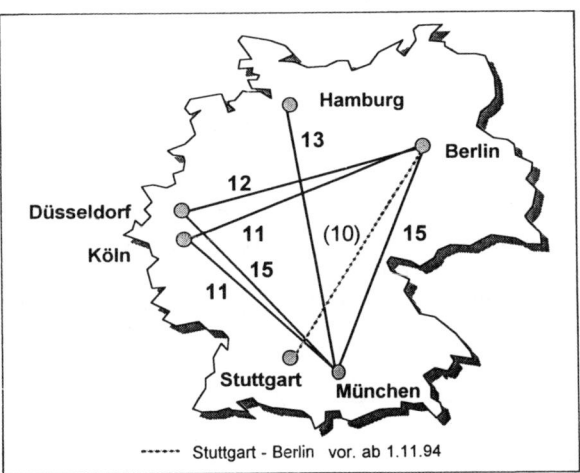

Abb. 23 Streckennetz und Frequenzen von Lufthansa Express

1998 hat **Lufthansa** von einer internen Projektgruppe unter der Bezeichnung **„Neues Geschäftssystem"** die Einführung einer neuen (Billig-)Fluglinie prüfen lassen. Die Studie bestätigte die operationelle Machbarkeit eines eigenständigen Geschäftssystems und sah eine neue Gesellschaft mit eigener Marke (Verhinderung von Kannibalisierungseffekten zur Marke Lufthansa), eigenem Management und eigenem Personal vor. Mit einer kleinen Flotte (6 bis 14 Flugzeuge) sollten dezentrale Kurzstrecken (ohne die Hubs München und Frankfurt) bedient werden. Trotz eines fertigen Konzeptes hat sich der Lufthansa-Vorstand im September 1998 gegen die Einführung entschieden.

Vergleicht man die verschiedenen Low cost carrier, so stellt man fest, daß es keine Low cost-Strategie schlechthin gibt, sondern jede Unternehmung ihr eigenes Konzept verfolgt.

Mögliche **Elemente** einer Low-cost-Strategie und damit **Merkmale von Geschäftsmodellen der Low cost airlines** sind:

    ✈ **Direktvertrieb** über Telefon, Call Center oder Internet spart Agenturprovisionen und Kosten für ein Computerreservierungssystem (so verkauft Ryanair 90% aller Tickets online oder über Telefon); zum Teil auch Ticketverkauf über Reisebüros,

→ **Discount-Preise** („Peanut fares"), einfache Preisstrukturen, oft nur Oneway-Tarife, kein Interlining (Tickets werden nicht von anderen Airlines akzeptiert), sehr niedrige Tarife sind oft stark kontingentiert,

→ niedrigere Freigrenzen bei aufgegebenem **Gepäck**, feste Beträge für Übergepäck,

→ elektronisches **Ticketing**, es werden meist keine Papiertickets ausgestellt, der Passagier erhält eine Buchungsnummer, mit der er sich am Check-in-Schalter ausweist,

→ **Streckennetz:** Kurz- und Mittelstrecken, meist dezentraler Verkehr mit Punkt-zu-Punkt-Verbindungen, Nutzung von Flughäfen mit niedrigen Gebühren und freien Kapazitäten; oft Nutzung von Sekundärflughäfen wie z. B. Mönchengladbach (MGL), Hahn (HHN), London-Stansted (STN), Lübeck (LBC), Charleroi/Belgien (CRL), Bergamo/Italien (BGY),

→ zum Teil **Shuttle-Verkehr**, meist keine direkte Streckenkonkurrenz mit starken Wettbewerbern, keine Anschlussflüge oder Umsteige-verbindungen,

→ Erschließung neuer **Kundenpotentiale**: Umsteiger von PKW oder Bahn,

→ teilweise werden die Flüge auch als **Walk-in-product** angeboten (walk-in: Fliegen ähnlich wie Straßenbahnfahren, der Passagier kauft das Ticket am Automaten und betritt das Flugzeug),

→ **Produktgestaltung:** Hier bestehen große Unterschiede zwischen den einzelnen Low cost airlines. Manche Unternehmen bieten überhaupt keinen Service, andere Snacks oder Getränke gegen Bezahlung, während einige kompletten Bordservice mit Menüs, Getränken und Zeitschriften anbieten. Angeboten werden sowohl Ein- als auch Zwei-Klassen-Konzepte,

→ keine **Lounges**, keine **Kundenbindungsprogramme,**

→ hohe **Sitzplatzkapazität und Sitzplatzdichte** in den Flugzeugen durch enge Sitzabstände, teilweise Ausbau der Galley (Küche) und Reduktion der Anzahl an Toiletten,

→ einheitliche **Flugzeugflotten** (oft Einsatz eines einzigen Flugzeugtyps, Outsourcing in den Bereichen Maintenance, Repair, Overhaul),

→ niedrige **Personalkosten** (niedriges Lohnniveau, flexiblere Arbeits-zeiten, hohe Produktivität),

→ einfache, **kostensparende operative Prozesse** (Kostensenkung durch kurze Flugzeugstandzeiten und schnelle Turnarounds an Umkehr-stationen zwischen zwei aufeinanderfolgenden Flügen, die zum Teil unter 30 Minuten liegen; hohe tägliche Flugzeugnutzung; häufige Flugfrequenzen).

→ aus Kostengründen wird die **Kabinenreinigung** zwischen zwei Flügen oft durch die Flugbegleiter vorgenommen,

✈ kostensparende einfache **Check-in- und Boarding-procedures**, eine **Sitzplatzreservierung** ist nicht möglich. Der Fluggast erhält beim Check-in eine (für die Airline wiederverwendbare) „Bordkarte" mit Nummer, beim Boarding dürfen die Passagiere das Flugzeug gruppenweise betreten, geben die Bordkarte ab und suchen einen Sitzplatz (free seating),

Aircraft in German Low cost sector by year-end 2002			
Carrier	**Fleet**	**Types**	**Seats**
Deutsche BA	16,0	B 737-300	2 176
Go	1,5	B 737-300	222
Ryanair	5,0	B 737-800	945
Buzz	4,5	BAe 146/737	504
Germanwings	6,0	A 319/320	894
Hapag-Lloyd Express	8,0	B 737-700	1 152
Air Berlin	14,0	B 737-400/800	2 380
Berlinjet	1,0	EMB-120	30
Otte Air	2,0	B 737-400/800	340
Total	**58**		**8 643**

Fleet=aircraft operating wholly or partly in the German market

Abb. 24   Flotten der Low cost carrier in Deutschland Ende 2002
(Quelle: TOMKOS. T., CONSTANTINOU, D.:The German low-cost crowd. In: Airline Business, November 2002, S. 82)

Die **Entwicklung im deutschen Markt** ist seit dem Jahr 2001 durch verstärkte Markteintritte von Low cost carriern gekennzeichnet.
Während die irische Fluggesellschaft **Ryanair** mit ihrer Basis in Hahn/Hunsrück bereits im Jahr 2001 in den deutschen Markt eintrat, sind im Jahr 2002 **Germania** und die **Deutsche BA**, sowie die neu gegründeten Low cost airlines Germanwings und Hapag-Lloyd Express hinzu gekommen. Die **Deutsche BA** hat sich im Jahr 2002 als Low cost carrier strategisch neu positioniert.

Im Oktober 2002 startete vom Flughafen Köln-Bonn aus **Germanwings**, eine Tochtergesellschaft der Eurowings GmbH, an der die deutsche Lufthansa AG mit 24,9% beteiligt ist. Die Billigfluglinie Germanwings übernahm zunächst fünf Flugzeuge vom Typ Airbus A319 von der Charter-Tochter Eurowings-Flug GmbH, die Eurowings selbst aufgrund des Nachfragerückgangs im Touristikbereich nicht mehr auslasten konnte. Durch die Beteiligung an Eurowings stellte sich Lufthansa damit indirekt der Aufgabe, neue Billigflieger abzuwehren und den deutschen Markt gegen Mitbewerber abzuschotten. So gilt Germanwings als Abwehrinstrument und Billigableger der Lufthansa, wobei die Kannibalisierung der Marke Lufthansa vermieden wurde.

Der TUI-Konzern stieg im Dezember 2002 mit der neuen Marke „Hapag-Lloyd Express" von Köln-Bonn aus in das Low-cost-Segment ein, wobei die Flugzeuge (8 B737-700 im Wet lease) vom Germania-Flugdienst gechartert wurden.

Auch **Air Berlin** bot im Herbst 2002 mit einem „City Shuttle" als Reaktion auf die neuen Low cost airlines Billigflüge in ausgewählte europäische Städte an. Dabei konzentrierte sich Air Berlin nicht auf einen Abflughafen sondern flog von mehreren deutschen Flughäfen aus zu ausgewählten europäischen Zielen. Der City Shuttle wurde als eigenständiges Geschäft innerhalb der Airline betrieben.

Daß die unabhängigen deutschen Ferienfluggesellschaften (Eurowings, Hapag Lloyd, Air Berlin, Germania) im Herbst 2002 in das Low cost Segment einstiegen, hat mehrere Ursachen: so haben die Touristikcarrier nach dem Sommergeschäft Probleme mit der Auslastung ihrer Flotten, dazu kommt die Krise der Reisebranche und die fortschreitende Integration der Touristikkonzerne, die zunächst ihrer eigenen Airlines auslasten. So entstanden aufgrund rückläufiger Nachfrage im Markt der Tourisitkcarrier Überkapazitäten, die teilweise im Low-cost-Segment zu Niedrigpreisen vermarktet wurden.

Der **Flughafen Köln** wurde dadurch zu einem Zentrum für Billigflieger. Er wurde aus mehreren Gründen als Standort gewählt. Durch Abwanderung von Fluggesellschaften (im Bereich der Netzwerkcarrier) hatte er in den letzten Jahren starke Passagierrückgänge und große Überkapazitäten sowohl im Terminal- als auch im Runwaybereich. Daneben bot Köln ein großes Einzugsgebiet (Catchment area) mit Düsseldorf und der Rhein-Ruhr-Region sowie Nachtflugmöglichkeiten und ausreichende Verkehrsanbindung an das Autobahn- und Schienennetz (ab dem Jahr 2004). Ob das Mengenwachstum an Passagieren zu entsprechenden Einnahmen der Flughafengesellschaft führt, ist allerdings fraglich, denn gewöhnlich üben die Billig-Flieger einen großen Kostendruck auf die Flughäfen aus. Häufig entwickelt sich auch eine Symbiose zwischen einem Flughafen und einer Low cost airline. Insbesondere Airports, die sich von großen Linienflug-gesellschaften missachtet fühlen, erkennen in den Billigfluggesellschaften die Chance, endlich mehr Verkehr anzuziehen.

Probleme in der Entwicklung des Low cost-Marktes sieht Doganis in folgenden Bereichen: durch den intensiven Preiswettbewerb und das starke Wachstum der Airlines besteht die Gefahr **Überkapazitäten** aufzubauen. Die Überkapazitäten können die Airlines zu weiteren Preissenkungen zwingen, um die Kapazitäten am Markt abzusetzen. Dies führt zu weiterem Yieldverfall, Konkurrenzkampf und Marktaustritten. Probleme können auch in der Kostenkontrolle entstehen, wenn z. B. im Laufe der Zeit die Lohnforderungen des Personals und damit die Personalkosten steigen. Eine Möglichkeit, diesen Kostendruck zu reduzieren, ist die Beteiligung des Personals am Ergebnis der Fluggesellschaft wie z. B. bei Southwest Airlines (USA) oder Ryanair.

Doganis prognostiziert einen **Verdrängungswettbewerb**, den in Europa zwei bis drei Low cost airlines überstehen. Er sieht die strategischen Perspektiven der

Discount airlines in einer Konzentration auf ihre Wettbewerbsvorteile (Kurz- bis Mittelstrecken, ein Flugzeugtyp, hohe Sitzplatzdichte, Sekundärflughäfen, hohe Frequenzen, Direktverkauf und wenig Service an Bord) und in einer starken Marktposition, in der sie den größten oder zweitgrößten Marktanteil auf ihren Flugstrecken erreichen. (vgl. Doganis, The airline business in the 21st century, S. 156- 161).

Seit 2002 ist eine **Konsolidierung** in der Branche der europäischen Billigflieger zu beobachten. So wurde der britische Billigflieger Go im Jahr 2002 von Easyjet übernommen und der Low cost carrier Buzz im Jahr 2003 von Ryanair.

Kritisch betrachtet werden auch die **Nebeneffekte des Low cost-Marktes**: so können z. B. durch den Kostendruck der Billigflieger Niedriglohnarbeitsplätze mit entsprechend abgesenkten sozialen Standards entstehen. Auch unter Umweltaspekten wird das Wachstum des Low cost-Segmentes kritisiert, da Reisen zum Wegwerfprodukt werden und die Umweltbelastung durch unnötige Flüge steigt.

Aus **Sicht der Ferienfluggesellschaften** stellt sich angesichts der Wachstums-entwicklung des Low cost Segmentes die Frage, wieweit das eigene Kerngeschäft der Beförderung von Urlaubsreisenden beeinflusst wird und ob die Ferienflug-gesellschaften in diesem Marktsegment vertreten sein sollten, zumal die Markteintrittskosten relativ gering sind, da Flugzeuge und Crews bereits vorhanden sind. Beide Segmente (Ferienfluggesellschaften und Low cost carrier) weisen neben einer Reihe von Gemeinsamkeiten auch charakteristische Unter-schiede auf und stehen zum Teil im Wettbewerb.

Eine **Zielgebietsdeckung** ergibt sich bislang mit Easyjet aus dem britischen Quellmarkt. Ryanair vermied den Eintritt auf Feriendestinationen bisher deutlich, da sie ihr Kerngeschäft in Sekundärflughäfen sieht.

Beide Airlinegruppen sowohl die Ferienfluggesellschaften als auch die Low cost carrier bieten Flüge zu niedrigen Preisen an.

Das **Einzelplatzprodukt** der Touristikgesellschaften ist vergleichbar mit dem Produkt der Low cost airlines, die hier im Wettbewerb um Reisende stehen, die keine Pauschalreise sondern lediglich einen Flug nachfragen (z. B. Eigentümer von Ferienhäusern, Individualurlauber, die ihre Unterkunft am Zielort selbst suchen oder Studenten).

Beide Airline-Typen zeichnen sich durch eine **höhere Sitzplatzdichte** in den Flugzeugen und eine im Verhältnis zur Linie höhere Produktivität aus. Eine nähere Analyse der Wettbewerbsfähigkeit auf den klassischen Feriendestinationen bringt einen deutlichen Wettbewerbsvorteil für die Ferienflieger hervor. Das liegt auch daran, dass die Auslastung der Flugzeuge der Low cost airlines mit durchschnittlich zehn Stunden pro Tag deutlich unter den hohen Produktivitätswerten der Ferienflieger liegt, die bis in die Nachtstunden hinein operieren. Ferner kommen im Ferienflugbereich modernere und effizientere Flugzeugmuster zum Einsatz, die eine höhere Sitzplatzkapazität aufweisen (180 bis 350 Sitze bei Touristikcarriern im Vergleich zu 130-160 Sitzen bei Low cost airlines). In Kombination mit den typischerweise höheren **Auslastungen** der Ferienfluggesellschaften (85 bis 95%) im Gegensatz zu (65 bis 75%) den Low cost carriern ergibt sich ein Produktionskostenvorteil, der auch durch eine Verringerung der Bodenzeiten und Nutzung kostengünstiger Flughäfen nicht aufgefangen werden kann. Zudem entsteht im Low cost-Segment höherer Marketingaufwand, da die gesamte Sitzplatzkapazität am Markt positioniert werden muß und nicht zu 60-70% durch Reiseveranstalter genutzt wird. Besonders die Konzernfluggesellschaften der integrierten Tourismuskonzerne haben hier deutliche Kostenvorteile, da ein Teil ihrer Flugzeugkapazität durch die konzerneigenen Reiseveranstalter am Markt abgesetzt wird.

Hinweis auf **weitere Informationsquellen:**

> ✈ Informationen über Streckennetz, Produkt, Preise und
> Buchungsverfahren geben die Internet-Seiten der Low cost carrier:
> www.buzz.de, www.easyjet.com, www.flydba.com,
> www.germanwings.de, www.hl-express.de, www.ryanair.com,
> www.virgin-exp.com,
> ✈ Charter markets, War of independents. In: Airline Business, October
> 2000, S. 76-81
> ✈ PILLING, M., O'TOOLE, K.: Insight low cost, Let battle
> commence. In: Airline Business, June 2002, S. 30-31
> ✈ The German low-cost crowd. In: Airline Business, November
> 2002, S. 82
> ✈ Leisure travel, Vertical shift. In: Airline Business, October 2002,
> S. 64-68 (mit Ranking der Charter carrier)
> ✈ Doganis, The airline business in the 21st century, Kap. 6: The low-cost
> revolution, s. 101-162

Für Juni 2002 gibt die Airline Business folgende Marktanteile der einzelnen Airline-Betriebstypen für Europa an:

Intra-European scheduled seat capacity June 2002		
Airline-Betriebstyp	**Main base**	**Market share**
Low cost carriers		
1 EasyJet + Go	UK	3,76%
2 Ryanair	UK/Ireland	2,83%
3 Virgin Express	Irland/Belgium	0,84%
4 Deutsche BA	Germany	0,56%
5 Buzz	UK	0,42%
6 Bmibaby	UK	0,22%
7 Germania	Germany	0,02%
Low cost share		**8,65%**
Scheduled leisure services		
1 Hapag Lloyd	Germany	4,40%
2 Condor	Germany	4,07%
3 LTU International	Germany	2,92%
4 Air Berlin	Germany	2,60%
5 Spanair	Spain	1,78%
Leisure operator scheduled share		**20,22%**
Other scheduled carriers		
1 Air France	France	7,42%
2 Lufthansa	Germany	7,34%
3 Iberia	Spain	6,91%
4 British Airways	UK	6,78%
5 SAS	Scandinavia	5,19%
All other scheduled carriers		**71,13%**

(Note: Figures are estimates of Available Seat Kilometres/Miles to be flown within western Europe, taken from schedules filed with OAG for June 2002

Abb. 25 Innereuropäische Marktanteile der einzelnen Airline-Betriebstypen im Juni 2002
(Quelle: PILLING, M., O'TOOLE, K.: Insight low cost, Let battle
commence. In: Airline Business, June 2002, S. 31)

2.1.2 Kooperationen zwischen Fluggesellschaften

Schon seit Beginn der kommerziellen Luftfahrt kooperieren Airlines in vielen Geschäftsbereichen. Diese operative oder strategische Zusammenarbeit kann sich auf alle Gebiete des Airline-Geschäfts erstrecken, wie z. B. auf

- Beschaffung,
- Marketing/Vertrieb,
- Ausbildung/Training,
- Catering,
- Luftfracht,
- Passagier- und Flugzeugabfertigung.

Der Begriff Kooperation wird hier in einem sehr weiten Sinne für jede Form der Zusammenarbeit zwischen Unternehmen verwendet. Davon zu unterscheiden sind Zusammenschlüsse von Unternehmen durch Kapitalbeteiligungen in Form von Konzernen und Fusionen (engl.: Mergers and Acquisitions); hierzu wird auf die betriebswirtschaftliche Fachliteratur verwiesen.

2.1.2.1 Technische und operative Kooperation

Im technischen und operativen Bereich haben Fluggesellschaften bilaterale oder multilaterale Kooperationsabkommen getroffen, die der Rationalisierung dienen, den Austausch von Flugzeugen und Besatzungen regeln oder die Übertragung von Wartungs- und Abfertigungsaufgaben beinhalten.

In einem **Ground handling agreement** schließt eine Fluggesellschaft für einen (in der Regel ausländischen) Flughafen, auf dem sie selbst nicht mit einer eigenen Station vertreten ist, mit einer anderen Fluggesellschaft einen Vertrag über die Bodenabfertigung von Flugzeugen, Passagieren, Fracht, Post und Gepäck ab (z. B. Abfertigung von SAS in München oder Royal Air Maroc in Frankfurt durch Lufthansa, Abfertigung von Lufthansa in Singapur durch Singapore Airlines).

Im Rahmen der technischen Kooperation schließen Fluggesellschaften **Reparatur-/Wartungs- und Instandhaltungsabkommen** (engl. **MRO:** Maintenance, Repair, Overhaul). Durch diese Abkommen können die Fluggesellschaften u. a. die Lagerhaltung von Ersatzteilen reduzieren und günstigere Einkaufskonditionen bei der Ersatzteilbeschaffung erzielen. (z. B. Wartung von United Airlines in München durch Lufthansa).

Die Société Internationale de Télécommunications Aéronautiques (SITA) ist eine von Airlines gegründete Gesellschaft, die eine auf den Luftverkehr zugeschnittene Nachrichtenübermittlung durch ein einheitliches Nachrichtenverbindungs- und Datentransportsystem bietet (vgl. Kap. 5.2.2).

2.1.2.2 Kooperation im kommerziellen Bereich

Bei **General sales agreements** tritt eine Fluggesellschaft als Repräsentant einer anderen Fluggesellschaft auf und vertritt deren Verkaufsinteressen für ein regional begrenztes Gebiet gegen Provision. Neben dem Ticketverkauf gehören u. a. auch Werbung, Sales Promotion und Reservierung zu den Aufgaben eines General Sales Agenten. Die Generalvertretung kann einseitig oder bilateral erfolgen. (z. B. Repräsentationsabkommen von SAS und Deutscher Lufthansa: SAS übernimmt die Vertretung der Lufthansa im skandinavischen Markt, während Lufthansa die Vertretung für SAS in ihrem Heimatmarkt vornimmt).

Royalty agreements regeln den kommerziellen Erwerb von Verkehrsrechten. Royalties sind Zahlungen einer Airline an eine andere (meist den National carrier des Landes), um in deren Heimatstaat Verkehrsrechte zu erhalten, die sie nach den bestehenden bilateralen Abkommen nicht erhalten kann. Royalty Agreements stellen Kompensationszahlungen für Umsatzverluste dar, die einer Airline entstehen, wenn die Verkehrsrechte von einer anderen Fluggesellschaft ausgeübt werden. Meist handelt es sich um das Verkehrsrecht der fünften Freiheit, also um das Recht, Passagiere zwischen diesem und einem dritten Staat befördern zu dürfen (vgl. Kap. 6.2).

Poolabkommen sind vertragliche Vereinbarungen zwischen zwei oder mehr Fluggesellschaften über den gemeinsamen Betrieb des Flugverkehrs auf einer Flugstrecke (z. B. im grenzüberschreitenden Nachbarschaftsverkehr) oder in bestimmten Verkehrsgebieten. Grundlage einer solchen Kooperation ist oft eine zwischenstaatliche Vereinbarung, in der die beteiligten Staaten die Verkehrsrechte mit der Auflage der Poolzusammenarbeit erteilen. Die Poolmitglieder erkennen gegenseitig ihre Flugdokumente an, sie sprechen ihre Flugpläne, die Tarifgestaltung, den Vertrieb, die angebotenen Kapazitäten (Sitzplatz-kapazitäten, Flugfrequenzen) und die Aufteilung der Erträge und/oder Kosten untereinander ab. Poolabkommen bestehen z. B. zwischen Lufthansa und Iran Air auf den Strecken Teheran und Berlin/Frankfurt/Hamburg oder Olympic Airways und Egyptair auf den Strecken Athen und Kairo/Alexandria (vgl. Airline Business, July 2002, S. 68-69). Beim **Ertragspool** wird der sogenannte Poolertrag auf der Basis vertraglich vereinbarter Kriterien ermittelt und am Ende einer Poolperiode nach dem für die jeweilige Periode vereinbarten Aufteilungsschlüssel unter den Partnern aufgeteilt. Im Normalfall bildet die angebotene Leistung (SKO oder TKO) den Aufteilungsschlüssel. Die Kosten der Flugdurchführung werden dagegen beim Ertragspool im Gegensatz zum **Kosten-/Ertragspool** nicht berücksichtigt. Poolabkommen erschließen die Möglichkeit, Märkte besser zu durchdringen und Strecken aufzubauen, die für eine Airline allein nicht wirtschaft-lich zu betreiben sind. Poolabkommen können den Zugang zu ausländischen Märkten öffnen, wenn Verkehrsrechte nur für die einheimischen Fluggesell-schaften vergeben werden. Seit 1988 sind Poolabkommen für Flüge innerhalb des liberalisierten Flugmarktes der EU verboten, an ihre Stelle sind zunehmend Franchise- und Codeshare-Abkommen getreten.

Bei **Franchise-Abkommen** (z. B. Team Lufthansa) werden Flüge unter der Flugnummer (LH-Flugnummer) und im Auftrag des Franchisegebers (LH) vom Franchisenehmer (z. B. Cimber Air, Cirrus Airlines) durchgeführt. Der Franchise-Geber (LH) erhält für jeden geflogenen Passagier eine Franchise-Zahlung und gibt die Produkt- und Servicestandards vor, deren Einhaltung er regelmäßig überprüft. Der Franchisenehmer trägt das wirtschaftliche Risiko der Flüge, die er mit eigenem Personal und Gerät durchführt. Sein Marktauftritt erfolgt oft im Corporate Design des Franchisegebers (Flugzeugfarben, Kabinenausstattung, Logos, Uniformen, Checkin-Schalter), so daß er am Markt nicht mehr als eigenständiges Unternehmen erkennbar ist.

Ein **Codesharing**-Abkommen ist ein Marketingabkommen zwischen zwei Fluggesellschaften, das einer Fluggesellschaft erlaubt, einen Flug unter der eigenen Flugnummer zu verkaufen, obwohl er teilweise oder ganz von der anderen Fluggesellschaft durchgeführt wird. Dabei treten beide Gesellschaften am Markt selbständig auf.
Der Flug wird also nicht nur unter der operativen Flugnummer, sondern gleichzeitig noch unter einer oder mehreren Marketing-Flugnummern verkauft. Für Plätze, die ein Partner auf Flugzeugen des anderen Partners verkauft, erhält er nach einem Schlüssel einen Prozentsatz aus dem Ticketpreis als Entgelt. Codeshare-Flüge können parallel oder komplementär angelegt sein.

Bei **parallelem Codesharing** wird ein Ein-Segment-Flug von mehreren Fluggesellschaften vermarktet:

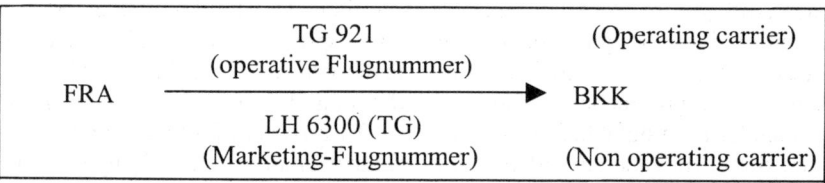

Der Flug wird von Thai International durchgeführt; er wird von Thai als Flug TG 921 und von Lufthansa als Flug LH 6300 (TG) verkauft. Umgekehrt bietet Thai International einen von der Lufthansa auf dieser Strecke durchgeführten Flug LH 744 unter der Flugnummer TG 7921 an.

Komplementäre Codeshare-Flüge sind strategische Verbindungen von sich ergänzenden Strecken. Airlines versuchen alle wichtigen Märkte im Mittel- und Langstreckenverkehr abzudecken und von den Partnergesellschaften Passagiere zugeführt zu bekommen.

✈ nationale Anschlußverbindung:

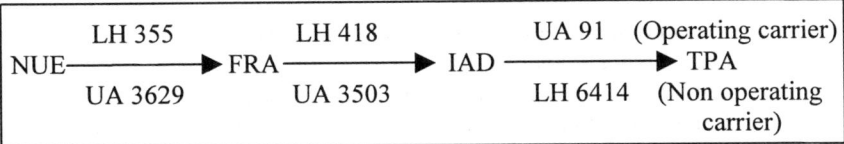

✈ interkontinentale Anschlußverbindung:

Der Flug Frankfurt - Auckland wird als komplementärer Code-Share-Flug von Lufthansa und Thai International angeboten: die Strecke Frankfurt - Bangkok fliegt Lufthansa, die Strecke Bangkok – Auckland Thai International.

Beim **Feeder Codesharing** bringen Zu- und Abbringerflüge die Passagiere aus einem großen regionalen Einzugsgebiet zu den Hubs einer Fluggesellschaft. So bietet Lufthansa ab den deutschen Flughäfen Zu-/Abbringerdienste zu den Hubs Frankfurt und München an, wo die Passagiere dann auf andere kontinentale oder interkontinentale Verbindungen umsteigen (z. B. Nürnberg – Frankfurt mit Eurowings im Codeshare, Frankfurt – Toronto mit Lufthansa oder Nürnberg – München mit Eurowings im Codeshare, München – Kopenhagen mit Lufthansa).

Codeshare-Flüge bringen für die Partner folgende **Vorteile:**

✈ größere Marktanteile durch Anbieten höherer Frequenzen,
✈ größere Marktpräsenz durch Ausweitung des Streckennetzes,
✈ Umgehung des Systems bilateraler Verkehrsrechte (z. B. des Kabotageverbots),
✈ vorteilhafte Darstellung der Codeshare-Flüge in den Computer-reservierungssystemen,
✈ Verringerung des Wettbewerbs zwischen den Codeshare-Partnern,
✈ Produktverbesserungen durch Kooperation (günstige Anschlüsse, Nutzung der Lounges der Partner, Ausweitung des Vielfliegerpro-gramms auf die Flüge des Partners).

Aus Gründen des Verbraucherschutzes und der Produktwahrheit stellen die Airlines Codeshare-Flüge deutlich als solche dar, so daß der Passagier über den Verlauf des Fluges informiert wird und der Vorwurf der Kundentäuschung nicht berechtigt ist. Lufthansa kennzeichnet Codeshare-Flüge im Flugplan und Flugticket:

✈ im Flugplan durch Angabe des Operating Carrier nach der Flugnummer z. B. LH 6300 (TG),
✈ im Flugticket durch den Hinweis „operated by Lufthansa Partner" und einem „+" vor der Flugnummer.

Nach der Intensität der Zusammenarbeit beim Codesharing findet man in der Praxis verschiedene Formen vor. Sie unterscheiden sich hinsichtlich der Kapazitätsnutzung, der Risikoübernahme und der Preisbildung.

- ✈ **Blocked space agreements:** ein Teil der Beförderungskapazität bzw. ein Sitzplatzkontingent eines Flugzeuges wird an eine andere Fluggesellschaft (Non operating carrier) verchartert. Beim **Seat block hard agreement** trägt der Non operating carrier das Verkaufsrisiko für die ercharterte Teilkapazität. Bei **Seat block soft** Vereinbarungen kann der Non operating carrier innerhalb bestimmter Fristen Teile des Sitzplatzkontingents zurückgeben oder erhöhen.
- ✈ **Free Sale Abkommen:** zwischen den beteiligten Fluggesellschaften wird kein festes Platzkontingent vereinbart, jede Fluggesellschaft setzt die Preise selbst fest und kann bis zur Kapazitätsgrenze frei verkaufen. Das Verkaufsrisiko liegt beim Operating carrier.
- ✈ **Revenue sharing:** zwischen den beteiligten Fluggesellschaften werden keine Sitzkontingente vereinbart. Die Preise werden gemeinsam festgelegt, die Erträge nach einem Schlüssel geteilt. Das Auslastungsrisiko wird von den Partnern gemeinsam getragen.
- ✈ **Profit sharing:** wie Revenue sharing, neben den Erträgen werden auch die Kosten geteilt, so dass es zu einer Gewinnaufteilung nach einem vereinbarten Schlüssel kommt. Das wirtschaftliche Risiko wird von beiden Partnern gemeinsam getragen.

Um ihre Kapazität der Nachfrage anzupassen setzen Fluggesellschaften auch fremde Flugzeuge (Fremdgerät) anderer Fluggesellschaften oder von Leasingfirmen ein.

Beim **Wet lease** (auch Wet charter oder Nasscharter) stellt der Vercharterer neben dem Flugzeug auch die Besatzung und übernimmt alle Kosten, die im Zusammenhang mit dem Flug entstehen (z. B. Treibstoff, Landegebühren, Versicherung). Das Flugzeug bleibt in der technisch/operativen Verantwortung des Leasinggebers, der Leasingnehmer hat die wirtschaftliche Kontrolle über das geleaste Flugzeug. So fliegen z. B. Augsburg Airways und Contact Air für Lufthansa im Jahr 2002 im Wet lease. Dabei entscheidet Lufthansa über den Streckeneinsatz. Die Flüge erhalten eine Lufthansa-Flugnummer, Augsburg Airways bzw. Contact Air stellen Flugzeuge und Crews bereit.

Beim **Dry lease** (auch Dry charter oder Trockencharter) stellt der Leasinggeber nur das Flugzeug ohne Besatzung. Das Flugzeug wird unter der operativen und wirtschaftlichen Kontrolle und Verantwortung des Leasingnehmers betrieben.

Einen Eindruck von den in der Praxis vorkommenden Kooperationsformen zwischen Airlines vermittelt der Auszug aus dem jährlich erscheinenden „Airline alliance survey" bzw. dem „Airline Industry Guide" der Zeitschrift „Airline Business". Am Beispiel der Air France wird deutlich, daß nahezu jede Airline sowohl durch kapitalmäßige Verflechtungen als auch durch unterschiedliche Kooperationsformen mit anderen Fluggesellschaften verbunden ist.

Kooperationen der Air France im Juni 2002 (Auszug):

Air France		SkyTeam
Parent/ Shareholders:	French state 56%, publicly held 33%, employees 11%	
Shareholdings:	Novelle Air Ivoire 51%, Tunisair 5,58%, Air Austral 36,01%, Royal Air Maroc 3,97%, Air Madagascar 3,48%, Air Gabon 20%, Brit Air 100%, CityJet 100%, Regional 100%, CCM Airlines 11,95%, Air Tahiti 7,5%	
Aeroflot	Apr 1982	Pool Agreement on Paris-Moscow
Aero mexico	1995	SkyTeam alliance partners from June 2000. Codeshare beyond Mexico City and Paris. Codeshare and Block space on Paris CDG-Mexico City on two daily flights operated one by each airline
Air Austral	1990	Pool agreement on Reunion-Antananarivo
Air Mauritius	Apr 1998	Alliance and joint venture on Paris-Mauritius
Alitalia	Nov 2001	SkyTeam alliance partners. Codeshare Italy-France, operating the frequent flier programme (FFP)
Azerbaijan Airlines	2001	Traffic from Baku to Europe, North and South America via Paris
BMI British Midland	May 1998	Codeshare marketing agreement. London Heathrow-Nice
Continental		Codeshare
Croatia Airlines	Nov 1999	Hard block seat codeshare on Zagreb-Paris
CSA Czech Airlines	1997	SkyTeam partner. Joint venture route codeshare on Paris-Prague and Lyon-Prague
Iberia Airlines	Jul 2000	Codeshare covering 13 French and Spanish cities
Japan Airlines	1994	Extended co-operation. Codeshare Paris-Osaka/Kansai and Tokyo-Noumea. Co-operation on cargo and FFP partnership
LOT Polish Airlines	Apr 1997	Codeshare on Krakow-Paris on LOT aircraft. Blocked space agreement on flights between Warsaw and Paris
Malév Hungarian Airlines	Mar 1997	Blocked space codeshare Budapest-Paris
Royal Air Maroc	Oct 1997	Alliance agreement. Schedule co-operation and codeshare on France/Morocco (except Paris routes)
South African Airways	1999	Unilateral codeshare on five routes beyond Johannesburg on SAA aircraft

Kooperationen der Air France im Juni 2002 (Fortsetzung)		
TAM Linhas Areas	Jun 1999	Codeshare on São-Paulo and beyond destinations within Europe and Brazil. FFP agreement
THY Turkish Airlines	Sept 1996	Aircraft joint usage operational. Joint Istanbul-Paris CDG-North America cargo services
Tunisair	1998	Alliance agreement. Scheduled co-ordination and codeshare on France/Tunisia routes

Abb. 26 Kooperationen der Air France - Auszug
(Quelle: The Airline Industry Guide 2002/2003 by: Airline Business, September 2002, S. 61-62)

Das **IATA-Interline-System** bildet ein allgemeines Abkommen über die gegenseitige Anerkennung von Beförderungsdokumenten, Verkaufs- und Beförderungsbedingungen sowie Abrechnungsmodalitäten.

Der Passagier erwirbt nur ein Flugticket für die von ihm gewünschte Gesamtstrecke, auch wenn der Flug über mehrere Teilstrecken (Sektoren) führt und verschiedene Airlines an der Beförderung beteiligt sind. Ein interlinefähiger Flugschein kann weltweit bei jeder Mitgliedsfluggesellschaft und bei jeder IATA-Agentur (Reisebüro) gekauft werden.

Für die Fluggesellschaften hat das Interlining den Vorteil, das eigene Streckennetz durch Eingliederung in das Netz der anderen Airlines zu erweitern; durch die IATA-Verkaufsagenturen ist man auch dort präsent, wo keine eigenen Verkaufsstellen unterhalten werden. Die Abrechnung der Flugscheine zwischen den beteiligten Airlines wird durch die IATA in einem Clearing-Verfahren organisiert.

Allerdings ist die Beteiligung am Interline-System rückläufig, da die Fluggesellschaften durch die Liberalisierung der Märkte eine zunehmend unterschiedliche Tarif- und Produktgestaltung anwenden und häufig sogar die Anerkennung von Flugscheinen konkurrierender Gesellschaften ablehnen.

Das Allianz-Management der Lufthansa Passage Airline knüpft **Kooperations-Netzwerke** auf drei geographischen Ebenen:

➤ **Global:**   **Star Alliance**
(globale strategische Allianz bedeutender internationaler Fluggesellschaften)

➤ **Regional:**   **Lufthansa (Regional-) Partner** (bilaterale
Abkommen zwischen Lufthansa und international
operierenden Fluggesellschaften vorwiegend in
Europa; Aufgabe: Nachbarschaftsverkehr; Zubringer-
verkehr zu den Lufthansa-Hubs, Lokalverkehr im
jeweiligen Heimatland)

➤ **Deutschland: Team Lufthansa** (Wet lease- oder Franchise-
Abkommen mit Regionalfluggesellschaften, die
regionale Märkte mit dem Weltluftverkehr verbinden
und Passagiere in das Lufthansa-Netzwerk bringen)

Star Alliance	Regionalpartner	Team Lufthansa
Air Canada	Adria Airways	Augsburg Airways
Air New Zealand	Air China	Cimber Air
All Nippon Airways	Air Dolomiti	Cirrus Airlines
Austrian Airlines	Air One	Contact Air
Asiana Airlines	Croatia Airways	
BMI British Midland	CSA	
Lauda-Air	Eurowings	
LOT Polish Airlines	Luxair	
Lufthansa	Maersk Air	
Mexicana	South African Airways	
SAS		
Spanair		
Singapore Airlines		
Thai Airways		
Tyrolean		
United Airlines		
VARIG		

Abb. 27 Allianzstruktur der Lufthansa Passage Airline im Jahr 2003

2.1.2.3 Strategische Allianzen

Kooperationen in Form **strategischer Allianzen** haben langfristigen Charakter, sie sollen Wettbewerbsvorteile ausbauen und zukünftige Wettbewerbspositionen sichern.

Strategische Allianzen umfassen meist viele der oben aufgeführten Kooperationsformen, gehen aber durch ihre strategisch angelegte Zielsetzung darüber hinaus. Im Gegensatz zu rein operativen Kooperationsformen (z. B. Ground handling agreement) erfordern Allianzen, daß die einzelne Airline einen Teil ihrer Entscheidungsbefugnisse an das Allianz-Management abgibt. Darüber hinaus erfolgt eine Anpassung der Produkte und Produktionsprozesse der einzelnen Allianzmitglieder.

Obwohl strategische Allianzen zur Zeit in der Regel nicht mit Kapital-beteiligungen verbunden sind, kommt es mitunter zu einem geringen Kapitalaustausch, der das gegenseitige, langfristige Interesse an der Partnerschaft demonstrieren soll. Unter dem Aspekt des Verkehrsgebietes kann man zwei Arten von strategischen Allianzen unterscheiden:

> ✈ **regionale Allianzen:** zwischen Fluggesellschaften mit interkontinen-talem Streckennetz und Regionalcarriern für Feeder-Dienste zu den großen Hubs (z. B. Augsburg Airways oder Contact Air als Zubringer für Lufthansa). Diese Kooperation erlaubt eine flächendeckende Präsenz im jeweiligen Markt;

> ✈ **globale Allianzen** durch Kooperation von Fluggesellschaften aus unterschiedlichen Kontinenten, deren Streckennetze zusammen ein gemeinsames weltumspannendes Strecken- und Vertriebsnetz ergeben.

Im Jahr 2003 bestehen vier große **Allianzsysteme im Luftverkehr** (Abb. 28), die zusammen ca. 65 % des weltweiten Flugangebots abdecken mit steigender Tendenz.

Da die angegebenen Daten sich ständig ändern, kann die letzte Spalte der Abbildung 28 (Kennzahlen) nur einen Eindruck von der Größe der jeweiligen Allianz geben. Die Allianzpartner entsprechen dem Stand Sommer 2003, die Kennzahlen geben den Stand Juli 2001 wieder und stammen aus verschiedenen Quellen.

Allianz	Mitglieder (Stand 2003)	Kennzahlen der Allianz (Stand Juli 2001)
Oneworld	Aer Lingus	Marktanteil in % 17,4
	American Airlines	
	British Airways	Passagiere (in Mio.): 209
	Cathay Pacific	Flotte: 1852
	Finnair	Beschäftigte (in Tsd.): 270
	Iberia	Destinationen: 565
	Lan Chile	
	Qantas	
Star Alliance	Air Canada	Marktanteil in % 23,4
	Air New Zealand	
	All Nippon Airways	Passagiere (in Mio.): 292
	Austrian Airlines	Flotte: 2058
	British Midland	Beschäftigte (in Tsd.): 277
	Lauda Air	Destinationen: 729
	LOT Polish Airlines	
	Lufthansa	
	Mexicana	
	SAS	
	Singapore Airlines	
	Spanair	
	Thai Airways	
	Tyrolean	
	United Airlines	
	Varig	
"Wings"	Continental	Marktanteil in % 10,2
	KLM	
	Northwest	Passagiere (in Mio.): 168
		Flotte: 1263
		Beschäftigte (in Tsd.): 160
		Destinationen: 500
Skyteam	Air France	Marktanteil in % 13,1
	Aeromexico	
	Alitalia	Passagiere (in Mio.): 176
	CSA Czech Airlines	Flotte: 1013
	Delta Airlines	Beschäftigte (in Tsd.): 155
	Korean Airlines	Destinationen: 472

Abb. 28 Konkurrierende Allianzsysteme, Stand 2003
(Marktanteile in % RPK nach IATA World Air Transport Statistics 2002)
(Quelle: Lufthansa Allianzmanagement, Allianzen und Airlinebeteiligungen)

Hinweis auf **weitere Informationsquellen:**

- ✈ Special Report: Alliance Survey. In: Airline Business, July 2002
- ✈ The World Airline Report. In: Air Transport World, July 2002
- ✈ IATA, World Air Transport Statistics, June 2002
- ✈ Star Alliance, Network facts and figures
- ✈ Lufthansa Report, Star Alliance, Fliegen im Netzwerk
- ✈ Internet-Seiten der Allianzen: www. star-alliance.com,
  www.skyteam.com, www.oneworld.com, www.nwa.com/alliance

Vorteile/Synergiepotentiale der strategischen Allianzen **für die Allianzpartner** ergeben sich aus:

- ✈ höherer Auslastung der Flugzeuge durch Codesharing,
- ✈ gemeinsamem Verkauf, gemeinsamen Marketing-Aktivitäten,
- ✈ Ergänzung des eigenen Flugnetzes durch das der Allianz-Partner,
- ✈ koordiniertem Slotmanagement (gemeinsames Vorgehen beim Erwerb von Start- und Landerechten auf Flughäfen; Slottausch innerhalb der Allianz),
- ✈ Überwindung von Markteintrittsbarrieren (Beschränkungen durch Luftverkehrsrechte in einem Land können umgangen werden: Vertriebsstruktur, Slots und Kapazität der Partner-Airline verschaffen Marktzugang);
- ✈ gemeinsamem Aufbau eines Daten- und Kommunikationsnetzwerks, gemeinsame IT-Entwicklung,
- ✈ preisoptimalem Einkauf von Gütern und Dienstleistungen durch Informationsaustausch oder Stärkung der Nachfragemacht beim Einkauf von Fluggerät, Technikleistungen, Treibstoff, Catering, Bordserviceartikeln usw.,
- ✈ Kooperation in der technischen Zusammenarbeit, bei Wartung und Überholung,
- ✈ möglichen Kostensenkungspotentialen, die in folgenden Bereichen identifiziert werden können:

  - •Flughafenstationen: optimierte Auslastung der Infrastruktur durch gemeinsame Nutzung der Terminals und Lounges. Nach dem „Landlord-Konzept" der Star Alliance erfolgt die Abfertigung der Allianzflugzeuge an jeder gemeinsamen Flughafenstation durch den Allianz-Partner, um dessen Heimatland es sich handelt; dabei wird das Prinzip „move-under-one-roof" verfolgt: die Allianzpartner sollen möglichst in einem gemeinsamen Terminal zu finden sein,
  - •Harmonisierung der Vertriebsorganisation und Vielfliegerprogramme,

•gemeinsame Schulung/Kooperation im Training,
•Verkehrsabrechnung/Kommunikationsnetze/Rechenzentrum,
•gemeinsame Produktentwicklung.

Risiken im Management **strategischer Allianzen** bestehen u. a. in folgenden Problembereichen:

✈ Verringerung der unternehmerischen Selbständigkeit der einzelnen Fluggesellschaft, Behinderung der Reaktionsfähigkeit auf geänderte Marktdaten,

✈ unterschiedliche Unternehmensgrößen der einzelnen Partner können zu Abhängigkeitsverhältnissen führen,

✈ durch intensiven Informationsaustausch besteht die Gefahr, daß Informationen zu Lasten eines Partners verwendet werden,

✈ individuell aufgebaute Marktbeziehungen werden eingeschränkt,

✈ unvereinbare Unternehmenskulturen (Wertvorstellungen, Verhaltensweisen, Führungsstile, interkulturelle Probleme, Entscheidungsmechanismen, Managementprinzipien).

Die **Vorteile der Allianzen für die Passagiere** ergeben sich aus:

✈ einem umfassenden weltweiten Flugplanangebot,

✈ einem großen Netz an nationalen und internationalen Verbindungen und genau darauf abgestimmte Anschlußflüge (Codesharing),

✈ höheren Frequenzen auf vielen Strecken,

✈ Nutzung der Lounges der Partner-Airlines,

✈ Durchchecken des Gepäcks bei Allianzflügen bis zum Aussteigepunkt (seamless travel),

✈ beim Abflug Ausgabe der Bordkarten bis zum Zielflughafen,

✈ kurzen Umsteigewegen und Umsteigezeiten, da die Anschlüsse aufeinander abgestimmt sind,

✈ Koppelung der Kundenbindungs- und Vielfliegerprogramme, Anrechnen von Bonusmeilen der Partnerairlines.

Die **Airline-Allianzsysteme** bleiben **instabile Gebilde**, wenn es keine tieferen Finanzverflechtungen gibt (vgl. auch den Aufsatz: „That's why they are unstable". In: Airline Business, October 1998, S. 76). Da die Partner und Konstellationen bisweilen wechseln, kann nur der momentane Stand wiedergegeben werden.
Abbildung 29 zeigt die Airline-Allianzen und die ungebundenen Airlines im Sommer 1999. In nur vier Jahren – bis zum Sommer 2003 (vgl. Abb. 28) – haben eine Reihe von Entwicklungen stattgefunden, die zu anderen Allianz-Konstellationen geführt haben. Delta Airlines (DL) und Air France (AF) haben die Allianz „Skyteam" gegründet. Alitalia (AZ) ist aus „Wings" ausgeschieden und zu Skyteam gewechselt. Austrian Airlines (OS) ist aus der Qualiflyer Group zur Star Alliance gewechselt. Durch den Zusammenbruch der Swissair-Gruppe und der belgischen Sabena im Oktober/November 2001 hat sich die Qualiflyer Allianz aufgelöst.

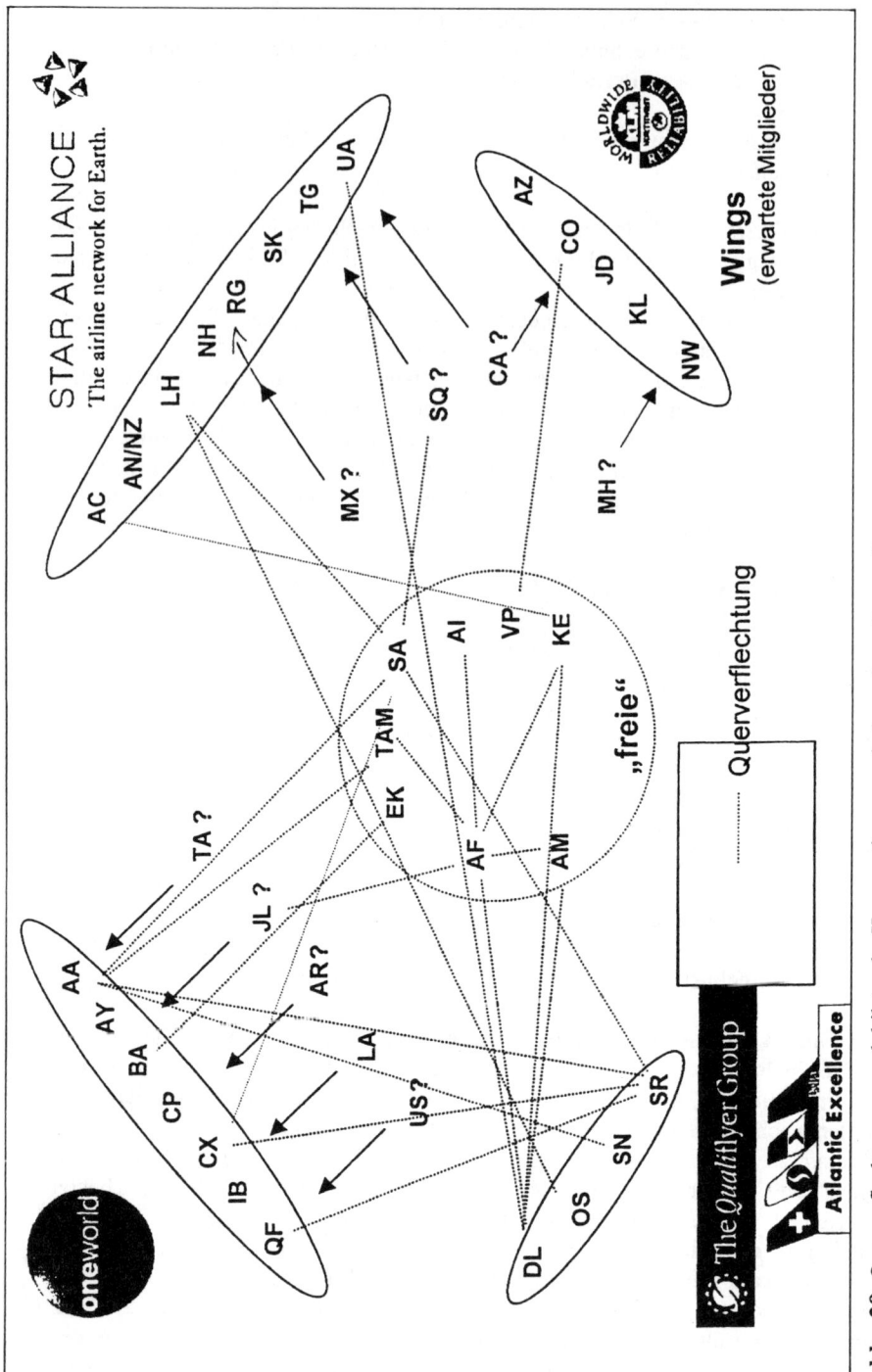

Abb. 29 Querverflechtungen und bilaterale Kooperationen zwischen den vier großen Allianzen und „freien" Airlines, Stand Juni 1999

Der Wettbewerb im Luftverkehr findet in Zukunft wahrscheinlich weniger zwischen Einzelunternehmen, sondern zunehmend zwischen den globalen Airline-Allianzen statt: **Wettbewerb von Allianzsystemen löst den Wettbewerb einzelner Airlines ab.**

2.1.2.4 Konzerne und Fusionen

Obwohl die Luftfahrt eine global arbeitende Industrie ist, sind **Fusionen** in der Branche bisher selten. Die internationale Zusammenarbeit geschieht hauptsächlich in Form strategischer Allianzen. Der Grund liegt in den Verkehrsrechten (Lande-, Überflugrechte), die in den meisten Fällen durch bilaterale zwischenstaatliche Abkommen geregelt sind. Diese Rechte werden nur den jeweiligen nationalen Fluggesellschaften gewährt (vgl. Kap. 1.5.2). Geht eine Airline in ausländischen Besitz über, verliert sie diese Rechte und damit einen Teil ihres wichtigsten Kapitals. Eine Ausdehnung der Liberalisierung der Verkehrsrechte über die EU hinaus auf den Transatlantikverkehr und die USA würde die Fusionsdiskussion zwischen Airlines weiter anheizen.

Machen die Verkehrsrechte zur Zeit noch grenzüberschreitende Fusionen praktisch unmöglich, so kann mit zunehmender Liberalisierung eine Welle von Unternehmensübernahmen beginnen. Wie im Telekommunikations- und Finanzsektor steht der Flugbranche dann ein gewaltiger Konzentrationsschub bevor.

Der Zusammenbruch der Swissair-Gruppe und der belgischen Sabena im Oktober/November 2001 sind Beispiele für den notwendigen **Konsolidierungsprozeß in der europäischen Luftfahrtindustrie.** Zu viele Fluggesellschaften bewegen sich in den gleichen Märkten, doch nur wenige sind groß und rentabel genug. Hindernisse des Konsolidierungsprozesses sind rechtliche Probleme (Streckenrechte) und das National-Carrier-Denken (vgl. Kap. 1.5.2: Ownership clause bei Merger & Acquisition); die Airlines verstehen sich immer noch als fliegende Botschafter ihres Landes oder werden von der heimischen Politik so verstanden.

Prognosen gehen davon aus, daß der Konsolidierungsdruck zu einer Differenzierung der Profile führen wird: einige große Netzwerk-Carrier (die Branchenführer Lufthansa, British Airways und Air France) mit großem Heimatmarkt werden langfristig übrig bleiben. Die zweite Gruppe der mittelgroßen Airlines in Europa (KLM, Alitalia, Iberia, SAS, Austrian u. a.) hat zwei Möglichkeiten: entweder sie schließen sich in einer **Allianz** mit einer der drei großen Linien zusammen oder sie spezialisieren sich auf bestimmte Strecken (Regionalstrecken mit Zubringerfunktion, Spezialist für bestimmte Langstreckenziele) bzw. Marktsegmente (low cost carrier).

US MAJOR INTERNATIONAL AIRLINES
(world ranking - 1998 passenger numbers)

DELTA (1) is talking to

AMERICAN (3) who is also talking to

NORTHWEST (5) who partly owns

CONTINENTAL (7) while,

UNITED (2) seeks approval to take over

US AIRWAYS (4) and that still leaves...

TWA (13)

Abb. 30 Übernahmegespräche
(Quelle: AEA, Association of European Airlines, Yearbook 2000, S. I-15)

Einen Eindruck von den Verflechtungen durch Kapitalbeteiligungen innerhalb eines Luftfahrt-Konzerns geben die Geschäftsberichte der Unternehmen. Für den Lufthansa-Konzerns sei an dieser Stelle auf den aktuellen Geschäftsbericht verwiesen, der Angaben über die strategischen Geschäftsfelder und die Konzernstruktur enthält. Der von der Deutschen Lufthansa AG, Abteilung „Beteiligungen und wirtschaftliche Zusammenarbeit (CGN CB)" jährlich erstellte Bericht „Konzern-Beteiligungen der Deutschen Lufthansa AG" weist für 2001 eine Beteiligungsportefeuille von 438 Konzern-Beteiligungen aus.

2.1.3 Entwicklungsgeschichte der Deutschen Lufthansa AG

Die Behandlung der „Deutschen Lufthansa AG" als größter deutscher Fluggesellschaft und einer der ältesten Fluggesellschaften der Welt soll hier unter zwei Aspekten vorgenommen werden:

1. Kurzabriß der Geschichte des Unternehmens Lufthansa in tabellarischer Form,
2. Merkmale, durch die sich Lufthansa heute von anderen Luftverkehrsgesellschaften unterscheidet.

2.1.3.1 Historische Entwicklung der Lufthansa

1926   Gründung in Berlin
durch Zusammenschluß der Fluggesellschaften „ Deutsche Aero Lloyd AG" und „Junkers-Luftverkehr AG" entsteht am 6.1.1926 die „Deutsche Luft Hansa Aktiengesellschaft", die am 6.4.1926 den planmäßigen Flugdienst aufnimmt; am 1.5.1926 wird die **erste Nachtflugstrecke der Welt** für Passagierbeförderung zwischen Berlin und Königsberg eröffnet.

1929   Beginn der Ausbildung der Piloten im Instrumentenflug

1930   Erster Erkundungsflug nach China

1932   Ju 52
zur Kapazitätssteigerung stellt Lufthansa die ersten dreimotorigen Junkers 52 in Dienst; mit bis zu 80 Exemplaren bildet sie das Rückgrat der Flotte.

1934   Regelmäßige Luftpostverbindung nach Südamerika
Als erste Fluggesellschaft der Welt richtet Lufthansa einen Postflugdienst über den Südatlantik ein.

1938   Nonstop nach New York
Erster Nonstop-Flug eines viermotorigen Landflugzeugs (Focke-Wulf FW 200 Condor) von Berlin nach New York und zurück.

1939   Im Krieg
Lufthansa stellt den größten Teil ihrer internationalen Flüge ein; Lufthansa wird verpflichtet, Fluggerät an das Reichsluftfahrtministerium abzugeben.

1945   Lufthansa stellt den Flugdienst ein und tritt später in **Liquidation**

1955   Wiederaufnahme des planmäßigen Luftverkehrs der Deutschen Lufthansa AG am 1.4.1955; **Gründung** der Condor-Vorläuferin „**Deutsche Flugdienst GmbH"**

1960   Beginn des Jet-Zeitalters mit dem **Einsatz der Boeing 707**

1961   Gründung der **Condor Flugdienst GmbH** durch Umbenennung der „Deutsche Flugdienst GmbH"

1966   **Gründung der LSG Lufthansa Service GmbH**

1968   **Einsatz der Boeing 737** als Launching Customer (Erstkunde eines neuen Flugzeugmusters).

1970   Einsatz der **Boeing 747**

1982   Eröffnung des **Lufthansa Cargo Center** in Frankfurt

1983   Einsatz des **Airbus A310** als Launching Customer

1988   Neue **Corporate Identity** und neues **Design,** neue Lackierung der Flugzeuge.

1992   Umbenennung der DLT in **Lufthansa CityLine;** Einsatz des **Canadair Jets** bei CityLine als Launching Customer; **Sanierungsprogramm:** trotz Kosteneinsparungen 1,15 Milliarden DM Verlust bei der Lufthansa AG.

1993   Einsatz des **Airbus A340** als Launching Customer; Einführung des Bonusprogramms **Miles & More.**

1994   Low-cost-Konzept unter dem Namen „**Lufthansa Express",** (eingestellt am 1.11.1995), Inbetriebnahme der ersten Check-in Automaten

1995   **Umstrukturierung der Unternehmung,** die Bereiche Technik (Lufthansa Technik AG), Cargo (Lufthansa Cargo AG) und Informatik (Lufthansa Systems GmbH) werden als selbständige Unternehmen (Spin off) tätig.

1996   Einführung von **Team Lufthansa** als Kooperationsform; Einstieg in Multimedia-Formen im Vertrieb mit dem Informations- und Buchungssystem „**Lufthansa InfoFlyway"** auf einer CD-ROM mit Online-Anschluß; Einführung des ticketlosen Fliegens zunächst mit der „Chip-Card" später mit „**ETIX"; Kostensenkungsprogramm P 15** mit dem Ziel die Stückkosten pro angebotenem Sitzkilometer unter 15 Pfg zu senken.

1997   Gründung der **Star Alliance** in Frankfurt; **Vollprivatisierung** der Lufthansa; die **PassageAirline** wird **selbständiger** Geschäftsbereich in Form eines Profit Centers innerhalb der Deutschen Lufthansa AG; Lufthansa Flight Training GmbH wird als selbständiges Unternehmen tätig.

1998   Präsentation der **Lufthansa School of Business** als erster Corporate University in Deutschland; Lufthansa CityLine wird 40 Jahre alt; die amerikanische Fachzeitschrift „Aviation Week" verleiht Lufthansa den „Airline Oscar"; Beginn von Live-Auktionen im Internet bei InfoFlyway.

1999   Die Konzernstruktur wird vom Airline-Konzern zum Aviation-Konzern mit sieben kundenorientierten strategischen Geschäftsfeldern weiterentwickelt; das „Manager Magazin" wählt den Vorstandsvorsitzenden Jürgen Weber zum Manager des Jahres.

2000   Die amerikanische Fachzeitschrift „Air Transport World" wählt Lufthansa zur **„Airline of the Year 2000"** ; Gründung der „Lufthansa E-Commerce GmbH"; Weiterentwicklung elektronischer Vertriebskanäle zur Information und Online-Buchung wie z. B. www.lufthansa.com als Internet-Portal; Grundsteinlegung für das neue Lufthansa-Terminal am Flughafen München; Projektstart Customer relationsship management; erstmals in der Geschichte der Lufthansa wird ein Sitzladefaktor über 74 % erreicht.

2001   Vor 75 Jahren, am 26.1.1926 , wurde die Deutsche Lufthansa gegründet. Lufthansa CityLine wird von der Fachzeitschrift „Air Transport World" zur „Regional Airline of the Year 2001" gewählt.
Im Frühjahr startet der Konzernvorstand das Programm „D-Check-Maintaining Leadership", dass alle Prozesse und Strukturen des Konzerns anhand der Kriterien Qualität , Zeit und Kosten optimiert.
Auf die Terroranschläge vom 11. September reagiert der Konzern mit einem umfangreichen Maßnahmenkatalog, der einen Investitionsstop, einen Ausgaben- und Projektstop, einen Einstellungsstop, Maßnahmen zur Reduzierung der Kapazitäten einschließlich der Stillegung von 43 Flugzeugen umfasst.
Lufthansa bestellt im Dezember 15 Airbus A380.

2002   Wegen der wachsenden Nachfrage reaktiviert Lufthansa im April einen Teil der nach dem 11. September stillgelegten Flugzeuge.
Lufthansa bestellt im August 10 Airbus A330-300.
Als weltweit erste Fluggesellschaft führt Lufthansa für die Passagiere einen Breitband-Internetzugang an Bord der Langstreckenflotte ein.

2.1.3.2 Erfolgsfaktoren der Lufthansa

Lufthansa hebt sich heute durch folgende Merkmale von anderen Fluggesellschaften ab:

✈ **Technische und operative Kompetenz, Zuverlässigkeit, Sicherheit**

Wie schon die historische Entwicklung zeigt, besitzt Lufthansa als Traditionsunternehmen diese Eigenschaften. Technische und operative Kompetenz generieren Sicherheit und Zuverlässigkeit und somit Vertrauen beim Passagier. Die **hohe technische Kompetenz** zeigt sich auch darin, daß Lufthansa an vielen **Neuentwicklungen der Flugzeughersteller** beteiligt war. So wurde die Entwicklung des Typs 737 von Boeing maßgeblich durch Lufthansa geprägt. In ihrer Schrittmacherfunktion für die Einführung neuer Technologien im Luftverkehr hat Lufthansa verschiedentlich die Rolle des **Launching customer** (Erstkunde eines neuen Flugzeugmusters) übernommen; Lufthansa war Launching customer u. a. bei der Einführung der Boeingtypen 737 und 747F, der Airbustypen A310 und A340 oder des Canadair Jets von Bombardier.

Lufthansa hat heute eine der **jüngsten** (Durchschnittsalter der Flugzeuge ca. 8,7 Jahre, Stand Nov. 2002) und **umweltfreundlichsten Flotten** weltweit (spezifischer Treibstoffverbrauch im Jahr 2002 um einen Fluggast 100 km weit zu transportieren: 4,97 Liter).

Das technisch-innovatorische Potential von Lufthansa zeigt sich gerade in jüngster Zeit auch auf dem Gebiet der Informationstechnologie (IT) z. B. bei der Einführung des InfoFlyway und des ticketlosen Fliegens (ETIX) .

✈ Verkehrsleistungen

Betrachtet man die **Verkehrsleistungen** so präsentiert sich die Lufthansa-Gruppe als eine der größten Luftverkehrsgesellschaften der Welt. Danach nimmt Lufthansa im internationalen Passagier-Linienluftverkehr im Jahr 2001 Platz zwei hinter British Airways ein (gemessen an internationalen Passagierkilometern). Betrachtet man den gesamten Linienluftverkehr (international und domestic), so nimmt Lufthansa Platz acht ein (Stand 2001). Die Lufthansa Cargo AG steht auf Platz eins im internationalen Linienluftfrachtverkehr (gemessen an internationalen Frachttonnenkilometern im Jahr 2001).

✈ Managementfaktoren

Strategische Erfolgsfaktoren von Lufthansa sind: die neue Konzernstruktur mit sechs marktnahen, strategischen Geschäftsfeldern, die Allianz- und Kooperationsstrategie, die Mitarbeiter (Human Ressources), das Kostenmanagement und das innovatorische Potential.

In einer strategischen Neuausrichtung hat sich Lufthansa von einem Airline-Konzern zu einem Aviation-Konzern mit sechs kundenorientierten strategischen Geschäftsfeldern entwickelt. Mit ihren Tochtergesellschaften bietet sie das volle Spektrum an Dienstleistungen des Luftverkehrs an. Die einzelnen Konzerngesellschaften nehmen in ihren Geschäftsfeldern Spitzenpositionen ein. Lufthansa ist der bekannteste Markenname im Luftverkehr weltweit. Bei LSG/Sky Chefs handelt es sich um das größte Airline-Catering-Unternehmen und bei Lufthansa Technik AG um einen der größten Anbieter von Luftfahrt-Technikleistungen (Wartung, Überholung, Umbau von Flugzeugen) weltweit.

Strategisches Geschäftsfeld	Tochtergesellschaft
Passage	-Deutsche Lufthansa AG mit der Lufthansa Passage Airline -Lufthansa CityLine GmbH
Logistik	-Lufthansa Cargo AG
Technik	-Lufthansa Technik AG
Catering	-LSG Lufthansa Service/Sky Chefs
Touristik	-C&N Tourisitk AG -Condor Flugdienst GmbH
IT Services	-Lufthansa Systems GmbH

Abb. 31 Die strategischen Geschäftsfelder des Lufthansa-Konzerns
(Quelle: Lufthansa Geschäftsbericht 2001)

Lufthansa besitzt eine starke Unternehmenskultur, die Mitarbeiter sind hochmotiviert und identifizieren sich mit der Unternehmung. Ein wegweisendes Human Capital Management und eine innovative Personalentwicklung sichern die Spitzenposition der Unternehmung.

Hinweis auf **weitere Informationsquellen:**

+ Aktuelle Geschäftsberichte der Deutschen Lufthansa AG und ihrer Tochterfirmen
+ DAVIES, R. E. G.: Lufthansa, An Airline and its Aircraft, New York 1991
+ Die Geschichte der Deutschen Lufthansa, Köln 1980
+ Die Zeit im Fluge, Geschichte der Deutschen Lufthansa 1926 bis 1990, Köln 1990
+ Internet-Seiten: www.lufthansa.com
+ Lufthansa Jahrbücher 1984 bis 1992
+ Extra, 75 Jahre Lufthansa. In: Aero, Nr. 1, Januar 2001, S. 21 – 53

2.2 Airports

Die folgenden Ausführungen beziehen sich ausschließlich auf Flughäfen für zivilen Flugverkehr; Militärflugplätze werden nicht betrachtet.

Als Flugplatz bezeichnet man ein festgelegtes Gebiet auf dem Lande oder Wasser, einschließlich sämtlicher Gebäude, Einrichtungen und Ausrüstungen, das entweder ganz oder teilweise für Landungen, Starts oder Bewegungen von Luftfahrzeugen vorgesehen ist. Flugplätze bilden den wichtigsten Bestandteil der Infrastruktur des Luftverkehrs. Sie sind heute sehr komplexe Anlagen mit einer Vielzahl von Einrichtungen.

2.2.1 Typen von Airports

Flughäfen können nach juristischen Merkmalen, anhand der technisch-operativen Einrichtungen oder nach ihrer Funktion im Luftverkehrsnetz eingeteilt werden.

2.2.1.1 Einteilung nach Luftverkehrsgesetz

Nach § 6 **Luftverkehrsgesetz (LuftVG)** werden **Flugplätze (= Oberbegriff)** in Flughäfen, Landeplätze und Segelfluggelände unterschieden.

Flugplätze dürfen nur mit der **Genehmigung** der Luftverkehrsbehörde des jeweiligen Bundeslandes (Landesverkehrsministerium) betrieben werden.

Nach Luftverkehrs-Zulassungs-Ordnung werden die Flughäfen als Verkehrsflughäfen oder Sonderflughäfen genehmigt; die Landeplätze werden als Verkehrslandeplätze oder Sonderlandeplätze zugelassen.

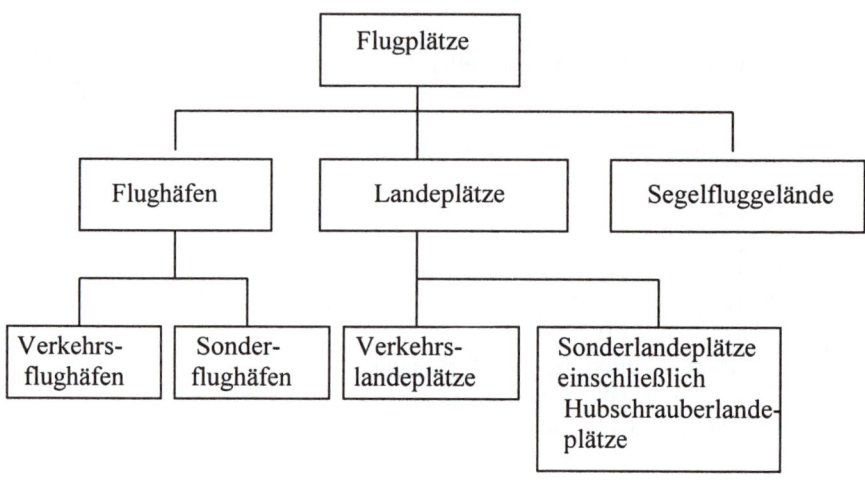

Abb. 32 Einteilung der Flugplätze nach LuftVG

Nach dem **Kriterium Bauschutzbereich** (§ 12 LuftVG) unterscheidet das LuftVG Flughäfen, Landeplätze und Segelfluggelände.

Ein **Flughafen** ist nach Luftverkehrs-Zulassungs-Ordnung (LuftVZO) ein Flugplatz, der im Unterschied zu einem Landeplatz oder Segelfluggelände nach Art und Umfang des Verkehrs des Schutzes durch einen Bauschutzbereich bedarf. Der Bauschutzbereich legt fest, wie hoch im Flughafenbereich und im Anflugsektor gebaut werden darf.

Nach dem **Kriterium Nutzerkreis** werden die Flugplätze in Verkehrsflughäfen/Verkehrslandeplätze und Sonderflughäfen/Sonderlandeplätze unterteilt.

Sonderflughäfen und -landeplätze sind nur für einen bestimmten Nutzerkreis offen, wie z. B. der Sonderflughafen Lemwerder (EDWD) bei Bremen oder die Sonderlandeplätze Dinkelsbühl-Sinbronn (EDND, Betreiber: Aero-Club Dinkelsbühl) oder Oppenheim (EDGP, Betreiber: Aero-Club Oppenheim).

Flugplätze nach LuftVG		
Flugplatzart	**Einteilungskriterium**	**Beispiele**
Verkehrsflughafen	- mit Bauschutzbereich - für den allgemeinen Verkehr zugelassen	alle internationalen Verkehrsflughäfen der BRD wie z. B. Hamburg, Frankfurt, Köln-Bonn, München
Sonderflughafen	- mit Bauschutzbereich - nur für einen bestimmten Nutzerkreis offen	z. B. Oberpfaffenhofen (Werksflughafen: Fairchild-Dornier)
Verkehrslandeplatz	- ohne Bauschutzbereich - für den allgemeinen Verkehr zugelassen	Ailertchen, Bonn-Hangelar, Egelsbach, Helgoland-Düne; einige sind an den Linienverkehr angeschlossen wie z. B. Augsburg, Friedrichshafen, Hof
Sonderlandeplätze	- ohne Bauschutzbereich - nur für bestimmte Nutzerkreise offen	z. B. Hamburg-Finkenwerder (Werksflugplatz EADS Airbus)
Segelfluggelände		Bad Wörishofen, Bergheim, Wasserkuppe

Abb. 33 Einteilungskriterien für Flugplätze nach LuftVG

2.2.1.2 Einteilung nach technischen Einrichtungen

Die ICAO klassifiziert Flugplätze nach den vorhandenen **technischen Einrichtungen** anhand der:

→ Startbahnlänge und -breite sowie der Tragfähigkeit pro Rad des Flugzeugfahrwerks (6 Tragfähigkeitsklassen von 45000 kg bis 7000 kg pro Radeinheit);

→ möglichen Betriebsstufe (Cat I, II, III) des Instrumenten-Landesystems (ILS).

Unter **ATC-Gesichtspunkten** (Air traffic control, in der BRD durchgeführt von der Deutschen Flugsicherung GmbH) kann man kontrollierte und unkontrollierte Flugplätze unterscheiden. Auf kontrollierten Flugplätzen (alle internationalen Verkehrsflughäfen der BRD, aber auch Verkehrslandeplätze wie z. B. Augsburg oder Bayreuth) erfolgt die Verkehrslenkung durch eine ATC-Kontrollstelle (Tower), während auf unkontrollierten Flugplätzen (z. B. Ailertchen, Bonn-Hangelar) lediglich ein Flugplatzinformationsdienst (früher: Luftaufsicht/ Flugleitung) vorhanden ist, der den Flugzeugführern im Flugplatzverkehr (über Sprechfunk) Informationen bereitstellt aber grundsätzlich keine Flugverkehrskontrolle oder Verkehrslenkung vornimmt.

Hinweis auf **weitere Informationsquellen:**

✈ Detaillierte Informationen über alle Flugplätze enthält das Luftfahrthandbuch Deutschland, die AIP Deutschland (AIP: Aeronautical Information Publication).

2.2.1.3 Einteilung nach Funktion im Luftverkehrsnetz

Die Arbeitsgemeinschaft Deutscher Verkehrsflughäfen (ADV) unterscheidet nach der **operativen Funktion im Luftverkehrsnetz** internationale Verkehrsflughäfen, regionale Verkehrsflughäfen, Sonderflughäfen, Verkehrslandeplätze und Sonderlandeplätze. Wegen ihrer besonderen Bedeutung im Luftverkehrsnetz soll hier noch eine spezielle Form der internationalen Verkehrsflughäfen hinzugefügt werden: der Megahub.

Megahubs: In der BRD liegt mit Frankfurt einer der vier europäischen Megahubs; die anderen sind London-Heathrow, Paris-Charles de Gaulle und Amsterdam-Schipol. Sie sind herausragende Drehscheiben (Hubs) für den internationalen Luftverkehr, Ausgangspunkte für interkontinentale Langstreckenflüge, Knotenpunkte für innereuropäische Flüge und Heimatflughäfen (Homebase) großer europäischer Fluggesellschaften. Die vier europäischen Megahubs sind jeweils Homebase der vier größten europäischen Carrier: British Airways, Lufthansa, Air France und KLM.

Internationale Verkehrsflughäfen: Sie sind in erster Linie in den europäischen Linienverkehr eingebunden und haben damit auch Linienverbindungen zu den Megahubs und anderen nationalen Flughäfen. Oft weisen sie einen hohen Anteil an Touristikflügen auf. Sie besitzen alle ein Instrumenten-Landesystem (ILS) und Flugsicherungsdienste (ATC).

Regionalflughäfen (regionale Verkehrsflughäfen): Der Begriff Regionalflughafen ist juristisch nicht definiert. Regionalflughäfen können der Genehmigung nach Flughäfen oder Landeplätze sein. Von ihren technischen Einrichtungen her sind sie unterschiedlich ausgestattet (teils mit, teils ohne Instrumenten-landesystem ILS). Unter Berücksichtigung ihrer Funktion im Luftverkehrsnetz kann man sie definieren als Flughäfen mit planmäßigem Linien- und Touristik-flugverkehr, der vorwiegend mit kleineren Flugzeugen zwischen Regional-flughäfen oder zwischen Regionalflughäfen und internationalen Verkehrs-flughäfen (Zubringer) durchgeführt wird. Zum Teil verbinden sie wirtschaftliche Randgebiete mit internationalen und regionalen Verkehrsflughäfen im In- und Ausland. In Deutschland gibt es über 40; Beispiele sind: Paderborn, Dortmund, Augsburg, Mönchengladbach, Rostock, Kassel, Kiel, Friedrichshafen, Hof, Braunschweig oder Westerland.

Abb. 34 Internationale Flughäfen der BRD
(Quelle: Statistische Angaben der ADV)

Verkehrslandeplätze dienen primär der allgemeinen Luftfahrt (General Aviation), also ein- und zweimotorigen Kleinflugzeugen. Darüber hinaus bilden sie regionale Schwerpunkte für den Geschäftsreiseverkehr. Von ihrer technischen Einrichtung her besitzen sie kein Instrumenten-Landesystem, keinen Bauschutz-bereich, nur eine kurze Start-/Landebahn (meist unter 1000m Länge, zum Teil Graspisten), keinen Flugverkehrskontrolldienst (ATC), d. h. die Flugplatzfunk-stelle gibt dem Piloten nur Informationen, keine Anweisungen. In Deutschland gibt es mehr als 300 Verkehrslandeplätze, Beispiele sind: Ailertchen, Bonn-Hangelar, Idar-Oberstein, Konstanz usw.

Die europäische Union unterscheidet in verschiedenen Verordnungen darüber hinaus noch **Flughafensysteme**. Unter diesem Begriff versteht sie zwei oder mehr Flughäfen, die als Einheit dieselbe Stadt oder dasselbe Ballungsgebiet bedienen. Flughafensysteme sind in Anhang II der Verordnung (EWG) Nr. 2408/92 angegeben (z. B. Paris mit den Flughäfen Charles de Gaulle und Le Bourget, Lyon mit Bron und Satolas, London mit Heathrow, Gatwick und Stansted, Mailand mit Linate, Malpensa und Bergamo, Rom mit Fiumicino und Ciampino, Berlin mit Tegel, Schönefeld und Tempelhof, Kopenhagen mit Kastrup und Roskilde). Flughafensysteme müssen durch die Staaten bei der EU offiziell angemeldet werden. Bei Verkehrsüberlastungen und Umweltproblemen können die jeweiligen Staaten Regeln für die Aufteilung des Luftverkehrs auf die einzelnen Flughäfen des Flughafensystems festlegen und die Ausübung von Verkehrsrechten gegebenenfalls beschränken. Verkehrsaufteilungen in einem Flughafensystem dürfen aber nicht in diskriminierender Weise erfolgen.

Träger der Verkehrsflughäfen in Deutschland sind überwiegend die Gebietskörperschaften (Bund, Länder, Kreise, Kommunen); von der **Rechtsform** her handelt es sich bei den Flughäfen meist um Gesellschaften mit beschränkter Haftung (z. B. Flughafen Köln/Bonn GmbH, Flughafen München GmbH) und Aktiengesellschaften (z. B. Fraport AG).

2.2.2 Bezeichnung und Ranking von Flughäfen

Bezeichnet werden die Flughäfen mit den international bekannten **3-Letter-Codes** der **IATA (IATA AIRIMP)** oder **4-Letter-Codes** der **ICAO (DOC 7910: Aerodrome location indicators)**, hier einige Beispiele für deutsche Flughäfen:

IATA (AIRIMP)	ICAO (DOC 7910)	Flughafenname
AGE	EDWG	Wangerooge
CGN	EDDK	Köln-Bonn (Konrad-Adenauer)
FRA	EDDF	Frankfurt/Main (Rhein-Main)
DUS	EDDL	Düsseldorf (Rhein-Ruhr)
MUC	EDDM	München (Franz-Josef-Strauß)

Abb. 35 Flughafencodes der IATA und ICAO
     (Quelle: IATA AIRIMP, ICAO DOC 7910)

Der **IATA-Code** wird primär im kommerziellen Bereich z. B. in Flugplänen, Anzeigen, Tickets, auf Gepäckanhängern usw. für Start- und Zielflughäfen sowie Zwischenstationen angegeben. Der **ICAO-Code** wird vorwiegend im technisch-operativen Bereich benutzt z. B. auf Lande- und Anflugkarten, bei Flugsicherung (ATC), Luftfahrtbehörden, Wetterdienst und Veröffentlichungen für die Cockpit-Crew. Der Aufbau des ICAO-Codes ist in der ICAO-DOC 7910 erläutert; so gibt der erste Buchstabe des ICAO-Codes die Routing area an (E für Nordeuropa), der zweite Buchstabe den Staat oder ein Teilgebiet davon (D für Deutschland).

Airline Business Top 100 Airports 2001 passenger ranking and frequency/ capacity analysis May 2002 (Auszug, stark gekürzt):

Rank 2001	City/Airport	Passen-gers 000	Seats share by destination		% of flights/ frequencies by lead 3 carriers		
			Regional	Intercont			
1	Atlanta Hartsfield Int'l (ATL)	75 849	92,0%	8,0%	DL 75,5	FL 12,4	AA 2,3
2	Chicago O'Hare Int'l (ORD)	66 805	89,7%	10,3%	UA 44,3	AA 40,6	DL 2,0
3	Los Angeles International (LAX)	61 025	78,6%	21,4%	UA 31,3	AA 20,5	WN 13,2
4	London Heathrow (LHR)	60 743	53,7%	46,3%	BA 39,8	BD 13,2	LH 4,0
5	Tokyo Haneda (HND)	58 693	100,0%	0,0%	NH 39,9	JD 29,1	JL 22,5
6	Dallas/Fort Worth (DFW)	55 151	93,6%	6,4%	AA 65,5	DL 20,9	UA 1,9
7	Frankfurt Rhein-Main (FRA)	48 560	59,9%	40,1%	LH 59,1	BA 3,6	OS 3,0
8	Paris C. de Gaulle (CDG)	47 996	60,1%	39,9%	AF 56,6	BA 5,4	LH 4,8
9	Amsterdam Schiphol (AMS)	39 538	65,0%	35,0%	KL 42,9	UK 10,6	U2 4,6
10	Denver Int'l (DEN)	36 087	99,1%	0,9%	UA 60,3	2F 10,7	ZK 10,6
11	Phoenix Sky Harbour (PHX)	35 482	97,7%	2,3%	HP 47,1	WN 27,5	AA 5,0
12	Las Vegas McCarran (LAS)	35 196	98,9%	1,1%	WN 37,8	HP 17,1	UA 8,4
13	Minneapolis Int'l (MSP)	35 171	97,6%	2,4%	NW 79,5	AA 4,0	UA 3,1
14	Houston George Bush (IAH)	34 795	84,9%	15,1%	CO 81,7	AA 3,6	DL 3,2
15	San Francisco Int'l (SFO)	34 627	82,5%	17,5%	UA 56,0	AA 10,1	AS 5,4
16	Madrid Barajas (MAD)	33 984	86,2%	13,8%	IB 56,5	JK 13,7	UX 7,0
17	Hong Kong Chek Lap Kok (HKG)	32 553	55,1%	44,9%	CX 25,0	KA 12,8	MU 8,1
18	Detroit Wayne Country (DTW)	32 294	93,8%	6,2%	NW 78,5	AA 4,0	DL 2,9

Airline Business Top 100 Airports – Auszug (Fortsetzung)							
Rank 2001	Airport	Passen-gers	Seats share by destination		% of flights/ frequencies by lead 3 carriers		
		000	Regional	Intercont			
19	Miami Int'l (MIA)	31 668	47,2%	52,8%	AA 45,3	CO 8,8	US 6,2
20	London Gatwick (LGW)	31 182	64,3%	35,7%	BA 56,3	U2 8,1	BE 6,7
21	Bangkok Int'l (BKK)	30 624	44,6%	55,4%	TG 44,6	PG 9,2	CI 2,9
22	New York Newark (EWR)	30 500	76,8%	23,2%	CO 59,8	AA 8,2	UA 6,3
23	New York Kennedy (JFK)	29 400	48,1%	51,9%	AA 31,9	DL 15,5	B6 12,9
25	Singapore Cangi (SIN)	28 094	40,5%	59,5%	SQ 39,7	MH 6,9	MI 6,4
29	Rome Fiumicino (FCO)	25 564	84,5%	15,5%	AZ 49,4	AP 10,1	IG 3,2
30	Tokyo Narita (NRT)	25 379	39,5%	60,5%	JL 22,0	NH 12,8	NW 11,8
35	Munich F. J. Strauss (MUC)	23 647	84,0%	16,0%	LH 55,3	DI 6,2	EN 5,7
37	Paris Orly (ORY)	23 029	78,4%	21,6%	AF 58,2	IJ 16,4	IB 6,7
41	Zurich Int'l (ZRH)	20 979	65,6%	34,4%	LX 66,0	LH 8,6	AF 2,4
42	Barcelona El Prat (BCN)	20 746	97,4%	2,6%	IB 50,0	JK 9,3	UX 5,7
47	Brussels (BRU)	19 636	86,1%	13,9%	SN 27,2	TV 9,5	LH 7,6
50	Palma Mallorca (PMI)	19 202	99,9%	0,1%	IB 23,0	AB 13,5	UX 12,9
52	Milan Malpensa (MXP)	18 570	75,4%	24,6%	AZ 49,4	LH 7,7	AF 4,9
54	Stockholm Arlanda (ARN)	18 284	93,4%	6,6%	SK 49,0	JZ 16,7	KF 4,6
55	Copenhagen (CPH)	18 035	85,1%	14,9%	SK 54,3	QI 6,2	DM 4,6
64	Dusseldorf Rhein Ruhr (DUS)	15 393	89,0%	11,0%	LH 38,0	LT 7,9	BA 6,1
98	Hamburg Fuhls-buettel (HAM)	9 490	95,2%	4,8%	LH 45,3	LX 5,1	HF 4,2

Abb. 36 Top 100 Airports 2001, Auszug
(Quelle: Airline Business, June 2002, S. 45 – 60)

Einen Überblick über die größten Flughäfen der Welt (geordnet nach Passagierzahlen) gibt Abbildung 36. Die Spalte „Available seats per week" zeigt den Anteil von angebotenen Sitzen auf Regionalflügen (**Regional**) und interkontinentalen Flügen (**Intercont**), die Spalte „Top 3 carriers % flights" die prozentualen Anteile der Flüge der drei größten Airlines auf dem Flughafen. Ähnlich wie bei den Airline-Rankings gilt auch hier, daß die Reihenfolge der Flughäfen sich ändert, wenn andere Indikatoren zugrunde gelegt werden (z. B. Anzahl der Flugbewegungen, Anzahl der Beschäftigten, Umsatz der Flughafengesellschaften usw.).

2.2.3 Ökonomische Entwicklungen im Airport-Bereich

Die Flughafenbetreiber stehen weltweit vor tiefgreifenden Veränderungen. Neben der oben schon beschriebenen Entwicklungstendenz zur **Privatisierung der Flughäfen** (siehe Kapitel 1.5.4) und der **Deregulierung der Bodenverkehrsdienste** (siehe Kapitel 1.5.3) verändert sich das Flughafengeschäft grundlegend und steht vor einer dynamischen Strukturanpassung. So hat die Liberalisierung des Marktes für Bodenverkehrsdienste gerade in Europa besondere Auswirkungen auf die Ertragssituation der Flughäfen, besaßen sie doch hier früher Monopolstellungen und erzielten entsprechende Monopolgewinne.

Mit dieser Entwicklung geht ein **Funktionswandel der Flughäfen** von Infrastrukturträgern des Luftverkehrs und Verkehrsanlagen zu multifunktionalen Dienstleistungsanbietern und Wirtschaftsunternehmen einher. Zum Teil suchen die Flughäfen im Rahmen des „Commercial Development" auch **nach neuen Geschäftsfeldern**. Der Airport der Zukunft wird weniger ein Abfertigungsgebäude sein, als ein profitabler Gewerbestandort mit Einkaufs- und Dienstleistungszentren, Business-Zentren, gastronomischen und Freizeitbetrieben. So machte das Geschäft im **Non-Aviation-Bereich** am Amsterdamer Flughafen im Geschäftsjahr 1997 bereits 56% am Gesamtumsatz aus (zum Vergleich: London Heathrow 70%, Düsseldorf 27%, Köln-Bonn 22%; Quelle: Handelsblatt vom 6./7.2.99, S. 22). Einen internationalen Überblick über die Umsätze der Flughäfen im Non-Aviation-Bereich (Non aero revenues) zeigt folgende Tabelle:

Airport revenues 1998 ($ million)			
Region	Aeronautical revenues	Non aero revenues	Total revenues
Africa	510	200	700
Asia/Pacific	3850	5030	8880
Europe	8150	8230	16380
Latin America	1270	550	1820
Middle East	450	350	800
North America	4500	5990	10490
Total	18730	20350	39080

Abb. 37 Airport revenues
(Quelle: Special Report Airports: Airports Finance. In: Airline Business, December 2000, S. 52)

Die Erschließung von Potentialen im Non-Aviation-Bereich setzt unternehmerisches Know-how und geschäftsfeldspezifische Strategien voraus. Ein Beispiel für diesen Funktionswandel ist die Fraport AG, die eine breite Produktpalette von Bodenverkehrsdiensten über Frachtlogistik bis zum Terminalmanagement anbietet.

Strategischer Geschäftsbereich (SGB) der Fraport AG	Beispiele für angebotene Dienstleistungen
SGB: Bodenverkehrsdienste	-Flugzeugabfertigung -Rampen-/Gepäckservice -Passagierservice (Check-in, Boarding) -Gepäckservice -Luftfrachtabfertigung
SGB: Immobilien und Facility management	-Immobilienvermarktung -Immobilien-Management -Frachtlogistik -Betrieb und Instandhaltung -Gebäude und Anlagenmanagement -Instandhaltungsservice für Ground Equipment, Cleaning Service, Abfall- und Umweltmanagement -Energie und Versorgung
SGB: Informations- und Kommunikationsdienstleistungen	-Entwicklung von IT-Systemen -Ausrüstung mit IT- und Kommunikations- hard- und –software -Verbindung von Informationstechnologie, Telekommunikation, Flughafenbetrieb und Prozeß-Know-how -Airport Systemlösungen -Fluggast-Informationssysteme
SGB: Verkehrs- und Terminalmanagement	-Kerngeschäft des Flughafens auf der Land- und Luftseite -Kapazitäts- und Infrastrukturentwicklung -Planung und Management des landseitigen Verkehrsaufkommens -Parkraummanagement -Airport Retailing: Analyse und Optimierung des Flächenangebots im Terminal sowie der Entwicklungsmöglichkeiten für Einzelhandel, Gastronomie und Dienstleistungen -Flughafenwerbung -Sicherheitsdienstleistungen -Flughafenbrandschutz

Abb. 38 Strategische Geschäftsbereiche der Fraport AG
(Quelle: Geschäftsbericht 2001 der Fraport AG; Fraport, Zahlen, Daten, Fakten 2002, S. 32-36; www.fraport.de)

Die Organisation des Unternehmens in vier strategische Geschäftsbereiche (SGB) läßt gleichzeitig Einblicke in das Produktionsprogramm der Flughafengesellschaft (Abbildung 38) zu.

Mit dem im Jahr 2001 neu eingeführten Markennamen FRAPORT AG will sich die Flughafen-Gesellschaft Frankfurt/Main deutlich als weltweit tätiger Airport-Konzern präsentieren. Hinzu kommt der Zusatz „Frankfurt Airport Services Worldwide". Der neue Name und das Logo verdeutlichen, daß die Aktivitäten der Unternehmung mittlerweile weit über Frankfurt hinausgehen. Der Konzern ist weltweit tätig, betreibt Airports und bietet Dienstleistungen an.

Eine Veränderung der Wettbewerbsposition einzelner Flughäfen kann sich aus der **Fremdbestimmung durch Airline-Allianzen**, die neue Hub-Systeme aufbauen, ergeben. Der jeweils dominante Allianz-Partner legt fest, welcher Flughafen im eigenen Streckennetz Knotenpunktfunktion hat und über welche Flughäfen die Zubringerfunktion erfolgen soll. Wenn z. B. die Lufthansa an den Flughäfen Frankfurt und München Hubs betreibt, werden damit gleichzeitig die anderen deutschen Verkehrsflughäfen mehr oder weniger auf Zubringerfunktion verwiesen.

Share of passenger service at main European hubs by leading global alliances						
City	Airport	Code	One-world	SkyTeam	Star	Wings
Amsterdam	Schipol	AMS	6,6%	2,4%	8,1%	**56,5%**
Paris	Charles de Gaulle	CDG	8,8%	**53,9%**	12,5%	2,0%
Frankfurt	Rhein-Main	FRA	6,9%	3,6%	**65,9%**	1,0%
London	Heathrow	LHR	**46,1%**	3,2%	26,6%	2,1%
Munich	FJ Strauss	MUC	3,8%	3,4%	**55,0%**	2,3%

Abb. 39 Dominanz der Allianzen an europäischen Hubs
   (Quelle: BAKER, C.: Slow shuffle, Alliance terminals. In: Airline Business, December 2000, S. 69)

Die Entwicklung der Hubs ist in erster Linie Aufgabe der Airlines, während die Airports nur die entsprechenden Voraussetzungen geschaffen haben. Sieht man einmal davon ab, daß die Flughäfen natürlich gewisse Anforderungen erfüllen müssen, um von einem Airline-Allianz-System als Hub ausgewählt zu werden, kommt damit doch ein erhebliches Maß an Fremdbestimmung in den Wettbewerb der Flughäfen. Selbst für die Hub-Flughäfen ist diese Entwicklung nicht bedenkenfrei, denn ihre Funktion als neutraler, unabhängiger Flughafen für alle Airlines wird damit nicht unerheblich berührt. Ein zusätzliches Problem liegt darin, daß Allianzen nicht unbedingt dauerhaft sind. Veränderungen in den Airline-Allianzen können somit Markt- und Positionsverschiebungen bei den Flughäfen hervorrufen (z. B. Skyteam Delta Airlines/Air France: Stärkung von Paris, Schwächung von Frankfurt, Auflösung der Allianz zwischen KLM und Alitalia mit Auswirkungen auf Mailand Malpensa (vgl. auch Kap. 12.5.2:

aufgegebene Hubs). Airline-Allianzen versuchen die ausgewählten Hub-Flughäfen zu einem Höchstmaß an Investitions- und sonstigen Anstrengungen zu bewegen, um ihre Leistungsfähigkeit und Attraktivität für das eigene System zu erhöhen.

Die Allianzen versuchen ihre Mitglieder in "Alliance terminals" zu konzentrieren, u. a. um Kosten zu sparen (gemeinsame Abfertigung, Lounges usw.) und die Umsteige-/Anschlußmöglichkeiten (Connectivity) zu verbessern. So verfolgt die Star Alliance das Landlord-Konzept, bei dem die Allianzflüge an jeder gemeinsamen Flughafenstation von dem Allianzpartner, um dessen Heimatland es sich handelt, abgefertigt werden.

Wegen Kapazitätsengpässen an ihren Hubs entwickeln Allianzen **Sekundärhubs** wie München als Sekundärhub zu Frankfurt, wo Lufthansa das neue Terminal 2 als Star-Hub betreibt, oder Manchester als Sekundärhub zu London Heathrow.

Der Bau des neuen Terminal 2 in München war ein Joint venture zwischen der Deutschen Lufthansa AG und der Flughafengesellschaft München FMG. Es wird als „European First" (Airline Business, December 2000, S. 70) beschrieben: das erste Airport-Terminal, das von einer Airline und einem Airport gemeinsam geplant, gebaut und betrieben wird. Das neue Terminal, im Jahr 2003 eröffnet, ist ein „Mini-Airport" für Lufthansa und ihre Star Alliance-Partner.

Die meisten deutschen Flughäfen leiden unter **Kapazitätsengpässen** und können sich nicht wie gewünscht entwickeln. Die Probleme reichen von zu kleinen Terminals über zu kurze Startbahnen bis hin zu fehlenden Anschlüssen an öffentliche Verkehrsmittel und Autobahnen (intermodale Anbindung). So mußte z. B. der Flughafen Düsseldorf 1999 mangels Lande- und Abfertigungskapazitäten rund ein fünftel aller Anfragen von Airlines abweisen.
Der Hauptgrund für die Engpässe an deutschen Flughäfen ist das starke Wachstum des Flugverkehrs in den zurückliegenden Jahren. Auf diese Wachstumsraten sind die meisten deutschen Flughäfen nur unzureichend vorbereitet mit der Folge, daß ein Teil der deutschen Reisenden auf Flughäfen im benachbarten Ausland (Amsterdam, Paris, London) ausweicht. Durch diese Absaugeffekte wandert Verkehrspotential ins Ausland.

Auch der Flughafen **Frankfurt** hat **Kapazitätsprobleme.** Aufgrund der Anordnung der Runways (zu geringer Abstand der Parallelbahnen, siehe Kap. 8.1.1.3) können die Startbahnen wegen der Wirbelschleppenproblematik (siehe Kap. 7.2.1) nicht unabhängig voneinander genutzt werden, die Anzahl der Flugbewegungen kann nicht erhöht werden. Trotz Optimierungsmaßnahmen bei An- und Abflugverfahren (wie HALS/DTOP, vgl. Kap. 8.4) und im Rollbahnsystem wird am Flughafen Frankfurt längerfristig **eine Kapazitätserhöhung** in Form eines zusätzlichen Start-/Landebahnsystems erforderlich (zur Zeit 3 Start- aber nur 2 Landebahnen), da sich maximal 80 Flugbewegungen pro Stunde erreichen lassen. Um die Wettbewerbsfähigkeit im Vergleich zu anderen europäischen Flughäfen (Paris, London, Amsterdam) zu erhalten, werden mindestens 120 Flugbewegungen pro Stunde benötigt.

Der Flughafen Düsseldorf gilt als ein Beispiel für den verhinderten Ausbau einer Startbahn aufgrund von Protesten der Anwohner, die eine steigende Belästigung durch Fluglärm nicht länger hinnehmen wollen.

Eine andere Form der Kapazitätsbeschränkung stellen die auf zahlreichen deutschen Flughäfen bestehenden **Nachtflugverbote oder -beschränkungen (Night curfew)** dar.

Die Flughäfen stehen vermehrt im Wettbewerb untereinander. **Wettbewerb zwischen den Flughäfen** findet u. a. über die Umsteigewege/Umsteigezeiten zwischen Zubringer- und Anschlußflug (Minimum connecting times), die Breite des Angebots an attraktiven Serviceleistungen (Einkaufszentren, Restaurants, Kasinos), die geographische Lage, land- und luftseitige Kapazitäten, optimale intermodale Anbindung, das Spektrum des Flugplanangebots und wettbewerbsfähige Gebühren und Entgelte statt.

Hinweis auf **weitere Informationsquellen:**

Zur strategischen Entwicklung der Airports international:
- ✈ Airports strategy, Value Judgements. In: Airline Business, June 2000, S. 69-70
- ✈ Special Report Airports und Emerging global groupings. In: Airline Business, December 2000, S. 49-71
- ✈ Veröffentlichungen der Deutschen Verkehrswissenschaftlichen Gesellschaft e.V. unter www.dvwg.de, besonders: Globalisierungstendenzen in der Flughafenbranche
- ✈ Airport Research Center an der Technischen Hochschule Aachen: www.rwth-aachen.de/arc

2.2.4 Kooperationen von Airports

Die aufgezeigten Entwicklungen stellen neue wirtschaftliche und strategische Anforderungen an die Flughafenbranche. Die möglichen Gestaltungsmuster der Flughafenbetreiber bestehen aus Kapitalverflechtungen, Allianzbildung und Kooperationen mit anderen Flughäfen, aber auch in der Zusammenarbeit mit Investoren und externen Dienstleistungsanbietern. So entstanden und entstehen internationale Gruppierungen unterschiedlichster Zusammensetzungen. Zahlreiche große internationale Flughäfen befinden sich bereits mitten in diesem Globalisierungsprozeß, andere können sich der Tendenz zur Globalisierung nicht mehr entziehen. Mittlere und kleinere Flughäfen haben dafür oft nicht das Potential und finden sich eher als Partner und Teilnehmer unter dem Dach eines Flughafensystems oder einer größeren Gruppierung wieder.

Eine Parallele zur Entwicklung bei den Fluggesellschaften zeichnet sich in der Bildung von **Airport-Allianzen und Kooperationen** ab.

Ein Beispiel ist die strategische Allianz (unter dem Namen „Pantares") zwischen den Flughäfen Frankfurt und Amsterdam, der Anfang des Jahres 2001 die Aeroporti di Roma beigetreten sind. Diese Allianz soll vor allem die internationale Expansion vorantreiben. Ziele solcher Allianzen sind Synergieeffekte in den Bereichen Marketing, Einkauf, Technik, EDV und Personalwesen. Bei großen Ausschreibungen wollen die beiden Flughafengesellschaften gemeinsam auftreten und sich um Flughäfen, die zur Privatisierung anstehen, bewerben.

Die Fraport AG erhöhte die Zahl ihrer Beteiligungen inzwischen auf fast 50 Standorte und will das internationale Geschäft weiter ausweiten, sie geht davon aus, daß in zehn Jahren fünf bis zehn große Konzerne die weltweit strategisch wichtigen Flughäfen führen.

Eine Auswahl **von führenden globalen Airport-Gruppen** (alphabetisch sortiert), die begonnen haben, Beteiligungen an anderen Flughäfen zu erwerben oder Management-Verträge mit anderen Flughäfen abzuschließen, zeigt die folgende Übersicht:

Aena (Aeropuertos Espanoles y Nav.Aerea)
-Spanien
-Group revenues: $ 1.417 million
-Flughäfen: Madrid, Barcelona, 43 weitere Airports in Spanien.
-Beteiligungen: Beteiligung an einem Konsortium, das 12 Airports in Mexiko betreibt, 3 Airports in Kolumbien.
-Managementverträge: Cayo Coco (Kuba)

Aeroporti di Roma S.p.A.
-Italien
-Group revenues: $ 467 million
-Flughäfen: Rom Fiumicino (FCO), Ciampino (CIA)
-Beteiligungen: Airports Company South Africa, die 9 Airports betreibt, Società Aeroportuale Calabrese, Aeroporti di Genova

ADP (Aeroports de Paris)
-Frankreich
-Group revenues: $ 1.215 million
-Flughäfen: Paris Charles de Gaulle, Orly, Le Bourget und zehn weitere Flughäfen in Frankreich
-Beteiligungen: Beijing Capital, Phnom Penh

BAA (British Airport Authority) plc
-United Kingdom
-Group revenues: $ 2.716 million
-Flughäfen: London Heathrow, Gatwick, Stansted; Glasgow, Aberdeen, Southampton, Edinburgh
-Beteiligungen: Perth, Australia Pacific Airports Corporation, Launceston, Melbourne
-Managementverträge: Boston, Newark, Pittsburgh – retail management; Indianapolis, Harrisburg – airport management; Launceton, Mauritius, Melbourne, Neapel

Aer Rianta
-Irland
-Group revenues: $ 392 million
-Flughäfen: Dublin, Shannon, Cork
-Beteiligungen: Birmingham International; Düsseldorf und Hamburg zusammen mit HochTief AirPort (Airport Partners Konsortium)

Fraport AG
-Deutschland
-Group revenues: $ 1.536 million
-Flughäfen: Frankfurt/Main
-Beteiligungen: Hahn, Saarbrücken, Hannover, Brisbane
-Managementverträge: Pantares Allianz mit der Schipol Gruppe. Joint ventures mit Jardine Logistics, Hong Kong Land und China National Aviation; Lima als Mitglied eines Konsortiums

Hochtief AirPort
-Deutschland
-Beteiligungen: Athen, Hamburg, Düsseldorf
-Joint Venture: Hochtief hält 60%, Aer Rianta 40% an Airport Partners

Schiphol Group
-Niederlande
-Group revenues: $ 633 million
-Flughäfen: Amsterdam
-Managementverträge: Panatares-Allianz mit de Fraport
-Beteiligungen: Brisbane Airport Corporation; New York JFK International Terminal, Eindhoven, Rotterdam

Copenhagen Airports A/S
-Dänemark
-Group revenues: $ 240 million
-Flughäfen: Copenhagen-Kastrup, Roskilde
-Beteiligungen: ASUR, die 9 Flughäfen in Mexiko betreibt, Newcastle International, Rygge Lufthavn

SEA – Aeroporti di Milano
-Italien
-Group revenues: $ 475 million
-Flughäfen: Mailand Malpensa und Linate
-Beteiligungen: Bergamo, Rimini,Turin, Neapel, Aeropuertos Argentina (33 Airports einschließlich Buenos Aires)

TBI plc
-UK
-Group revenues: $ 267 million
-Airport Investment/Holding Gesellschaft, 1999 Kauf der AGI Airport Group International
-Flughäfen: Cardiff, Belfast, Luton
-Beteiligungen: UK: Cardiff, Belfast London Luton; Schweden: Stockholm Skavsta USA: Orlando, Sanford; Bolivien: La Paz, Santa Cruz
-Managementverträge: Atlanta, Albany, Burbank, London Luton, San Jose, Toronto

Vancouver International Airport Authority
-Kanada
-Flughäfen: Vancouver International
-Managementverträge: Kanada: Moncton, Jamaica: Montego Bay, Ägypten: Sharm el Sheikh und 6 Airports in der Dom. Rep.

Abb. 40 Airport-Groups (Auszug)
(Quelle: Special Report Airports: Global airport groupings. In: Airline Business, December 2002, S. 48-50)

3 Produkte von Luftverkehrsunternehmen

Die beiden wichtigsten Gruppen von Luftverkehrsunternehmen sind die Fluggesellschaften und Flughäfen, deren Produkte und Serviceleistungen hier behandelt werden sollen.

3.1 Produkt und Service von Fluggesellschaften

3.1.1 Produktionsprogramm eines Aviation-Konzerns

Große internationale Fluggesellschaften wie z. B. die United Airlines-Gruppe, die Air France-Gruppe oder die Lufthansa-Gruppe sind Konzerne, die eine große Vielfalt unterschiedlicher Produkte und Serviceleistungen anbieten und auf verschiedenen Geschäftsfeldern tätig sind, u. a. um sich vom zyklischen (konjunkturanfälligen) Airline-Geschäft unabhängiger zu machen und zusätzliche Erträge zu generieren.

Das Beispiel der **Lufthansa-Gruppe** zeigt das **Produktionsprogramm** eines Aviation-Konzerns:

Strategisches Geschäftsfeld	Konzerngesellschaft	Produktgruppen
Passage	-Lufthansa Passage Airline (Profit Center innerhalb der Muttergesellschaft Deutsche Lufthansa AG) -LH CityLine GmbH	✈ **Passageprodukt:** Passagiertransport: z. B. FRA – LAX oder CGN - MUC
Logistik	Lufthansa Cargo AG	✈ **Luftfrachttransporte:** z. B. td.SameDay (eilige Kleinsendungen) oder Fresh/td (verderbliche Güter)
Technik	Lufthansa Technik AG	✈ **Technikprodukte:** Überholung von Flugzeugen; Instandhaltung und Reparatur von Triebwerken; Flugzeuglackierung; Total Technical Support (Flugzeug-Komplettversorgung); VIP- und Business Jet-Erstausrüstungen

Produktionsprogramm der Lufthansa-Gruppe (Fortsetzung)		
Strategisches Geschäftsfeld	**Konzerngesellschaft**	**Produktgruppen**
Catering 	LSG Lufthansa Service Holding AG	✈ **Catering-Produkte** (Bordverpflegung)
Touristik 	Thomas Cook AG (Condor Flugdienst)	✈ **Pauschalreisen** ✈ **Touristikflüge**
IT Services	Lufthansa Systems Group GmbH	✈ **Informationstechnologie- für den Reise-/Trans-portmarkt:** z. B. Software zur Netzplanung oder für Check-in-Verfahren
	LIDO GmbH (Lufthansa Aeronautical Services)	✈ **Unterlagen zur Flug-planung:** z. B. Operational flight plans/Dispatch
Weitere Finanz- und Service-gesellschaften	Lufthansa Flight Training GmbH	✈ **Ausbildung und Training** z. B. für Cockpit- (Pilotenaus-bildung) und Kabinenpersonal (Flugbegleiterausbildung)
	Delvag Luftfahrtver-sicherungs-AG	✈ **Versicherungsleistungen** z. B. Transport- und Luftfahrt-versicherung
	Lufthansa Commercial Holding GmbH	✈ **Beteiligungen** im Finanz- und Dienstleistungsbereich
	Lufthansa Consulting GmbH	✈ **Unternehmensberatung**

Abb. 41 Produktionsprogramm der Lufthansa-Gruppe

3.1.2 Das Passageprodukt als Servicekette

Im Fokus der folgenden Ausführungen steht das Kernprodukt einer Fluggesellschaft: das Passageprodukt.

Für die Passageprodukte gelten die Merkmale der Dienstleistungsproduktion:

- ✈ das Produkt ist abstrakt/immateriell,
- ✈ das Produkt ist nicht lagerfähig oder speicherbar, eine Produktion auf Vorrat ist nicht möglich (jeder leere Flugsessel ist unwiederbringlich verloren),
- ✈ ein Kauf auf Probe ist nicht möglich,
- ✈ Produktion und Konsum der Dienstleistung fallen zusammen,
- ✈ der Kunde muß bei der Leistungserstellung mitwirken,
- ✈ keine Rückgabe- oder Umtauschmöglichkeit,
- ✈ Vorauszahlungspflicht,
- ✈ Homogenität des Produktes: beim Kernprodukt bestehen nur eingeschränkte Möglichkeiten, sich von den Konkurrenten abzuheben.

Das Passageprodukt „Flugbeförderung von Passagieren" (z. B. Köln – Frankfurt – Houston) stellt eine Folge von mehreren zeitlich aufeinander folgenden Einzel-Dienstleistungen oder Produktelementen dar, vom ersten bis zum letzten Kontakt Kunde-Fluggesellschaft.

Passageprodukt = Summe von Einzeldienstleistungen = Servicekette

---

Die **Servicekette als Problemlösungspaket für den Kunden** bezieht sich auf alle möglichen Kontakte zwischen Kunde und Airline im Zusammenhang mit einer Flugreise. Der Nutzen für den Kunden liegt in der Ortsveränderung, in der Lösung seines Problems von A nach B zu kommen.

Die Servicekette in Abbildung 42 zeigt eine Vielzahl von Produktelementen, die eine Airline den Passagieren anbieten kann. Im Idealfall handelt es sich dabei um eine geschlossene Kette von der ersten Beratung des Kunden über den Flug bis hin zur späteren Kontaktpflege im Rahmen eines Kundenbindungsprogramms, mit dem die Generierung erneuter Nachfrage dieses Kunden erfolgt.

Die Servicekette beginnt mit der Beratung des Fluggastes bei der Reiseplanung, Reservierung, Buchung und Ticketausstellung.

Leistungen vor dem Flug umfassen die Bodenbeförderung zum Flughafen, Park-Service, Gepäckträger-Service oder Check-in durch Telefon/Fax.

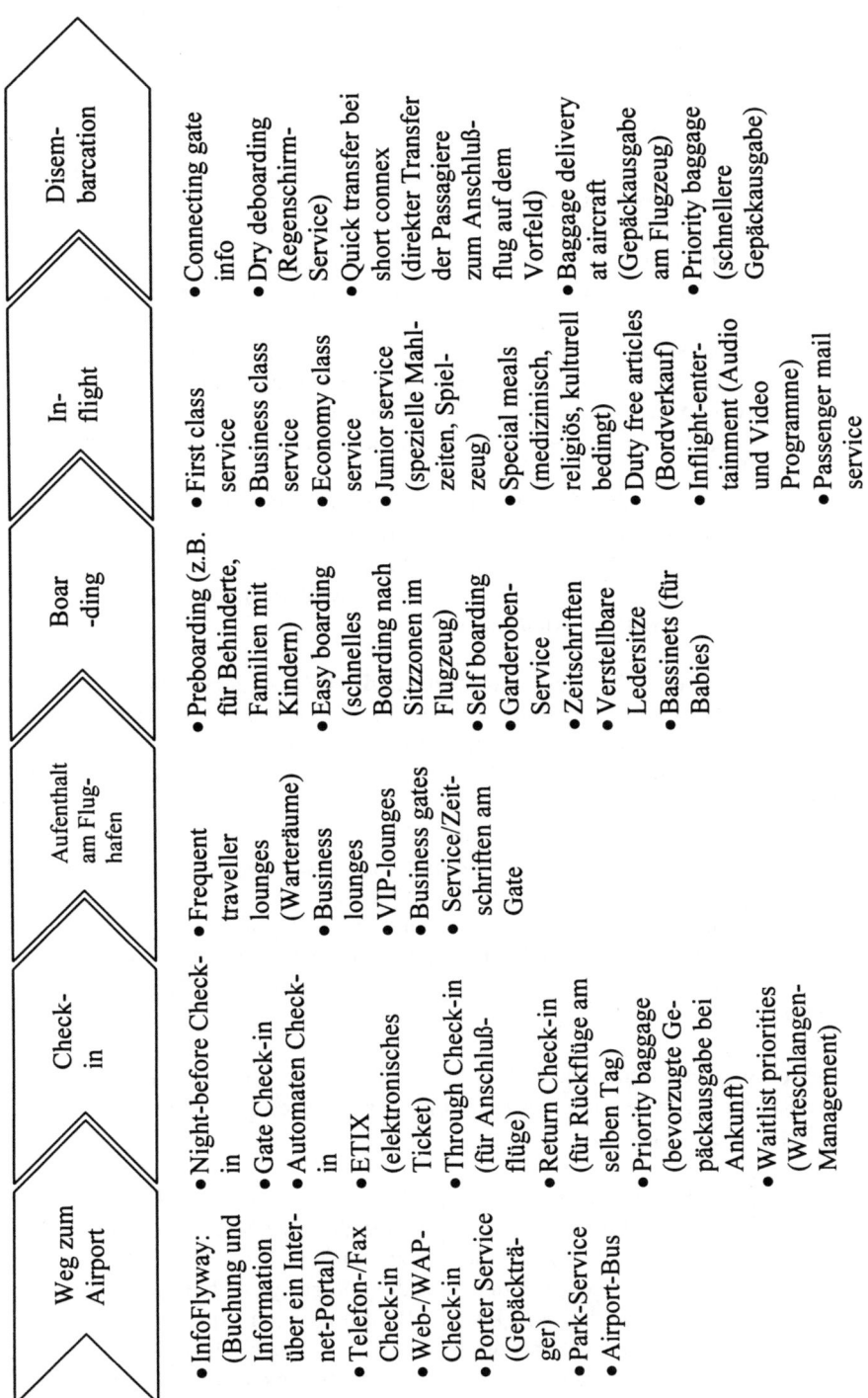

Abb. 42 Servicekette der Lufthansa Passage Airline (vereinfacht) im Jahr 2003

Das Produktelement **Check-in** kann durch technische und organisatorische Maßnahmen unterschiedlich ausgestaltet werden:

+ Vorabend Check-in am Flughafen oder Bahnhof,
+ Common-Check-in: der Fluggast wird an jedem Schalter der Fluggesellschaft bedient, Flight-Check-in: der Fluggast wird nur an Schaltern bedient, die für seinen Flug bereitgestellt sind,
+ Curbside Check-in: Check-in am Straßenrand vor dem Flughafen-Terminal vom Auto aus (ähnlich einem Drive-in, vgl. Kap. 1.2),
+ Quick-Check-in-Automaten mit verschiedenen Funktionen, z. B. Gepäckaufgabe (auch für Anschlussflüge), individuelle Sitzplatzwahl (auch für Anschlussflüge) mit Änderungsmöglichkeiten, Umbuchungen auch nach erfolgtem Check-in,
+ Web/WAP Check-in über Computer mit Internet-Zugang oder WAP-Handys,
+ nach Beförderungsklassen getrennte Check-in-Schalter (für First-, Business-, Economy-Class-Passagiere),
+ Priority Check-in für Statuskunden und Frequent traveller,
+ Check-in Schalter für bestimmte Fluggastgruppen (z. B. Reisegruppen, Airline-Mitarbeiter),

Produktelemente, die für den **Aufenthalt des Passagiers am Flughafen** angeboten werden sind Lounges (Warteräume), gegebenenfalls getrennt für verschiedene Kundengruppen. In den Lounges werden Betreuungsservice, Sekretariatsservice, Arbeitsplätze, Kommunikationsmittel, Zeitungen, Getränke und Snacks angeboten.

Bei **Umsteigeverbindungen** können durch entsprechende Gatepositionen der Flugzeuge die Fußwege der Passagiere verkürzt werden. Bei sehr kurzen zeitkritischen Umsteigezeiten können Passagiere durch einen direkten Transfer auf dem Flughafen-Vorfeld (Ramp) zum Anschlußflug gebracht werden (bei Lufthansa in Frankfurt: im Rahmen des Hot connex; Flughafen München: Ramp direct service).

Die **Betreuung von speziellen Passagiergruppen** (z. B. Behinderte, alleinreisende Kinder) kann je nach Ausgestaltung der Serviceelemente unterschiedlich organisiert werden.

Ein weiteres Produktelement innerhalb der Servicekette stellt das **Boarding** der Flugzeuge dar. So hat Lufthansa das Easy-Boarding-Verfahren eingeführt, bei dem die Passagiere nach Sitzplatzzonen (erst Fensterplätze, dann Mittelplätze, danach Gangplätze) einsteigen, um den Boarding-Vorgang zu beschleunigen. Ein alternatives Verfahren ist das blockweise Boarding nach Sitzreihen oder das Boarding entsprechend der Ankunft des Passagiers am Check-in wie bei Low cost carriern (z. B. die ersten vierzig Passagiere dürfen sich im Flugzeug einen Sitzplatz suchen). Beim **Preboarding** steigen z. B. Familien mit Kindern oder Behinderte vor allen anderen Passagieren ein.

Viele Möglichkeiten zur Produktgestaltung und Differenzierung bietet der **Inflight-service** während des Fluges in den Bereichen:

- ✈ Kabinenlayout (Gestaltung der Kabine in den einzelnen Beförderungsklassen, Farbe, Beleuchtung, Garderoben, Ablagen),
- ✈ Flugsessel (Anzahl der Sitze pro Reihe, Sitzabstand, Neigungswinkel der Rückenlehne, Schlafsessel, Sitzbezug, Ausstattung der Sitze mit Video, Spielen, Internet-Zugang, Abtrennung der Sitze),
- ✈ Unterhaltungsangebot (Inflight-entertainment: Video- und Audioprogramme oder Zeitschriften, Airshow: Darstellung des Flugweges und der Flugdaten auf dem Monitor),
- ✈ Bordverkauf,
- ✈ Bordverpflegung (Umfang, Qualität und Auswahlmöglichkeit an Getränken und Speisen),
- ✈ Giveaways (Werbegeschenke wie Toilettentasche, Erfrischungstuch),
- ✈ Betreuung durch das Kabinenpersonal (Anzahl, Sprachkenntnisse und Servicehaltung der Flugbegleiter); Umgang des Kabinenpersonals mit komplexen, schwierigen Servicesituationen; „personal touch" in der Servicebeziehung zum einzelnen Passagier.

An **Serviceleistungen nach dem Flug** kann eine Airline anbieten: Vorrang für Passagiere der First- und Business-Class, schnellere Gepäckausgabe für bestimmte Passagier-Gruppen, Gepäckausgabe am Flugzeug, Maßnahmen bei Gepäckschäden oder nichtbefördertem Gepäck, direkter Transfer der Passsagiere zum Anschlußflug auf dem Flughafen-Vorfeld, Bodenbeförderung in die Stadt oder zum Hotel.

Das Passageprodukt als **Leistungspaket** oder Servicekette kann man unterteilen in:

Kernprodukt	**Zusatzleistung**
-Beförderungsleistung z. B. Köln-Houston	-Reservierung, Lounges, Kabinenausstattung, Sitzabstand, Service,
-homogenes Produkt (bei allen Airlines, die diese Strecke fliegen, identisch) -kaum individuelle Gestaltungsmöglichkeiten für die einzelne Airline	-wichtigster Wettbewerbsfaktor -viele Möglichkeiten der Produktgestaltung für die einzelne Airline, um sich so über eine Produktdifferenzierung von anderen Airlines abzuheben

Airlines werden immer ähnlicher, was ihre Netz- und Hubkompetenz betrifft. Sie bewegen sich alle in globalen, strategischen Allianzen und haben ähnlich ehrgeizige Kostenmanagementprogramme. Die technische Kompetenz wird bei allen Qualitätscarriern ähnlicher. Zum schwer imitierbaren Wettbewerbsvorteil wird daher zunehmend das „Wissens- und Servicekapital", der „personal touch" in der individuellen Servicebeziehung zu jedem einzelnen Passagier. In diesem Zusammenhang ist auch die Entwicklung von **Customer Relationship Management-Programmen (CRM)** zu sehen, die als Reaktion auf Wettbewerbsdruck, zunehmende Markt- und Preistransparenz auf den Weltmärkten (besonders seit Einführung des Euro) und eine zunehmende Individualisierung des Kundenverhaltens den Service am Kunden in den Kundenkontaktpunkten (Customer touch points: Marketing, Vertrieb, Flughafenstation und Flugzeugkabine) in den Mittelpunkt stellt.

Wie bei vielen anderen Fluggesellschaften auch wird das Passageprodukt bei der Lufthansa Passage Airline weiter differenziert nach:

> ✈ Flugstrecke:
> • Inlandsflüge (Domestic),
> • Europaflüge (Kont),
> • Interkontinentale Flüge (Interkont)
> ✈ Beförderungsklasse an Bord/Leistungsniveau:
> • First Class (F),
> • Business Class (C),
> • Economy Class (M)

Kombiniert man beide Einteilungskriterien, so kann man für die **Lufthansa Passage Airline** folgende Matrix aufstellen:

Beförderungs-klasse / Flug-strecke	First	Business	Economy
Inlandsflüge (Domestic flights)	wird nicht angeboten	ja	ja
Kontinental-/ Europa-Flüge	wird nicht angeboten	ja	ja
Interkontinental-Flüge	ja	ja	ja

Abb. 43 Beförderungsklassen der Lufthansa Passage Airline

Andere Airlines bieten je nach Flugstrecke und eingesetztem Flugzeugtyp bis zu vier Beförderungsklassen an Bord an; Beispiele (aus dem Jahr 2003) sind:

> ✈ British Airways: First Class, New Club World, World Traveller Plus, World Traveller,
> ✈ United Airlines: United First, United Business, Economy Plus, Economy Class.

Lufthansa **CityLine** und **Thomas Cook/Condo**r fliegen zur Zeit im **Zweiklassen-konzept** (bei Condor: Economy Class und Comfort Class).

In den letzten Jahrzehnten hat sich im Luftverkehr eine Wandlung von einer technikorientierten d. h. produzenten- oder angebotsorientierten Sicht zu einer nachfrage- oder **kundenorientierten Sichtweise** vollzogen. Im **Mittelpunkt steht heute die Frage**, welche Kundenprobleme durch die Angebote einer Fluggesellschaft gelöst werden sollen:

> Was will der Kunde, wenn er einen Flug bucht?

Unterschiedliche Kundengruppen stellen unterschiedliche Anforderungen an die Passageprodukte. Die Fluggesellschaften reagieren darauf mit Produktdifferen-zierung durch Variation des Leistungsniveaus (Beförderungs- und Buchungs-klassen) und des Leistungsumfangs (Verpflegung, Inflight-entertainment, Service usw.).

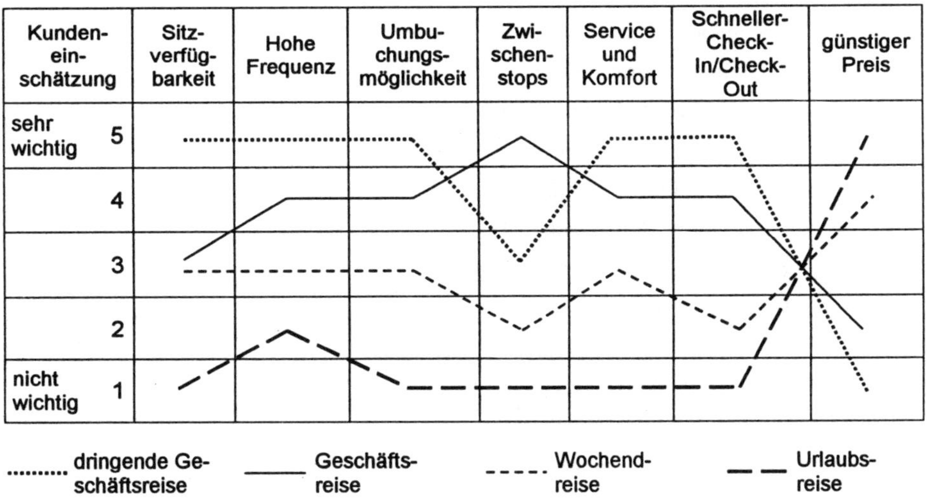

Abb. 44 Produktanforderungen unterschiedlicher Kundengruppen
(Quelle: DOGANIS, R.: Flying Off Course, S. 210)

Eine zielgruppenorientierte Produktgestaltung setzt die Bildung von Marktsegmenten voraus. Passagiere sind keine einheitliche Gruppe von Menschen und haben verschiedene Bedürfnisse und Ansprüche an das Produkt „Flugtransport"; dies wird besonders bei den Marktsegmenten der Geschäfts-reisenden und Privatreisenden deutlich, die sich in ihrem Verhalten auf

Preisänderungen, ihrem Buchungsverhalten und ihren Ansprüchen an das Produkt „Flug" unterscheiden.

Die Wichtigkeit einzelner Dienstleistungselemente innerhalb der Servicekette des Passageproduktes wird von den Passagieren unterschiedlich beurteilt:

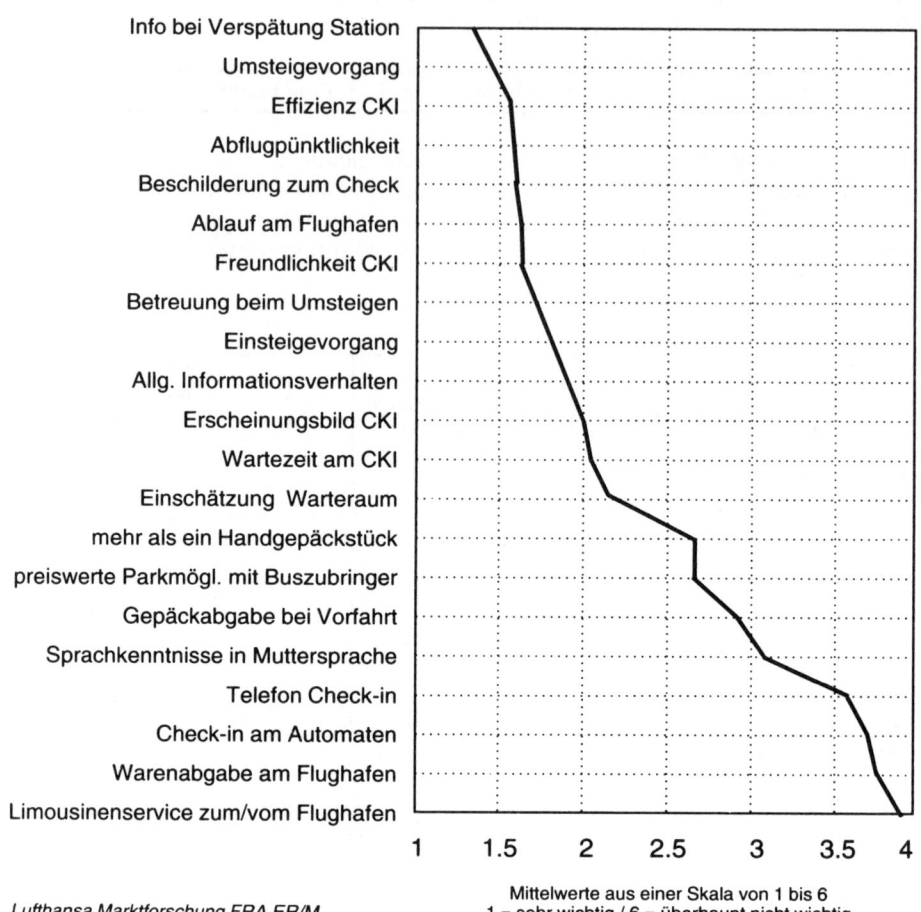

Lufthansa Marktforschung FRA ER/M

Mittelwerte aus einer Skala von 1 bis 6
1 = sehr wichtig / 6 = überhaupt nicht wichtig

Abb. 45 Wichtigkeit von Serviceaspekten am Flughafen

Eine aktuelle Anforderung an das Passageprodukt wird mit dem Begriff **Seamless travel"** (wörtlich übersetzt: „nahtloses Reisen") bezeichnet. Darunter versteht man einmal den Übergang von einem Zubringerflug (Inlandsflug) auf einen weiterführenden Flug (z. B. Interkontinental) an den Hubs (z. B. Hamburg - Frankfurt, Frankfurt – Los Angeles); Lufthansa verkürzt hier die Umsteigezeiten mit dem Konzept **Hot (oder short) connex.**

Der Begriff Seamless travel wird außerdem verwendet für die Optimierung der Anschlüsse zu Flügen der Allianzpartner innerhalb einer Airline-Allianz (z. B. Hannover – Frankfurt mit Lufthansa, Frankfurt – Rio mit Varig). Drittens faßt man unter den Begriff Seamless travel den (nahtlosen) Übergang z. B. von der Bahn (als Zubringer) zum Flugzeug, also die intermodale Vernetzung verschiedener Verkehrsträger beim Reisen.

Im Rahmen der **produktpolitischen Entscheidungen** muß die Airline festlegen:

➤ welche Produktelemente der Servicekette sie überhaupt anbieten will (z. B. Lounges, Inflight-entertainment, Anzahl der verschiedenen Beförderungsklassen),

➤ auf welchem Leistungsniveau sie das einzelne Produktelement anbieten will (z. B. Bordverpflegung: Anzahl und Art der Mahlzeiten und des Getränkeservice, Ausstattung der Flugsessel),

➤ für welches Marktsegment (Passagiergruppe, z. B. Geschäftsreisende, Privatreisende) sie das einzelne Produktelement anbieten will (z. B. unterschiedlicher oder einheitlicher Service für die verschiedenen Passagiersegmente),

➤ auf welchen Flugstrecken oder in welchen Verkehrsgebieten sie einzelne Produktelemente anbieten will (z. B. auf Inlandsflügen keine First-class und lediglich Getränkeservice),

➤ auf welchen Flughäfen sie das einzelne Produktelement anbieten will (z. B. Curbside Check-in nur in Frankfurt und München),

➤ welche Flugzeugtypen/Muster sie einsetzen will und in welchen Flugzeugtypen sie die einzelnen Produktelemente anbieten will (z. B. Schlafsessel nur in Interkont-Fluggerät oder in Widebody-Aircrafts).

Darüberhinaus muß entschieden werden, welche Elemente der Servicekette von der Airline selbst produziert werden und welche Leistungen durch **Outsourcing bzw. Einkauf von fremden Unternehmen** erstellt werden (z. B. Herstellung der Bordverpflegung durch die Airline selbst oder Fremdbezug von einem anderen Catering-Unternehmen, Abfertigung der Passagiere durch die Airline selbst oder Auslagerung der Abfertigung an ein Handling-Unternehmen). Dabei erstellt die Fluggesellschaft meistens die Kernleistung, den Flugtransport, selbst.

Die **Produktlebenszyklen** der Passageprodukte (Beförderungsklassen) betragen etwa fünf bis acht Jahre, danach wird oft in Form eines **Relaunch** (Ablösung eines vorhandenen durch ein gleichartiges neues Produkt) ein neues Kabinenlayout mit entsprechenden Serviceelementen eingeführt.

Sehr lange Produktlebenszyklen besitzen die Flugzeugmuster selbst. So hat z. B. die Boeing 747 im Jahre 1960 ihren Erstflug absolviert und bis zur heutigen Variante (B 747-400) verschiedene Modifikationen durchlaufen. Ein Ende des Produktlebenszyklus ist noch nicht abzusehen, zur Zeit entwickelt Boeing die 747 als Reaktion auf den Airbus A 380 weiter (höhere Passagierkapazität und Reichweite).

3.1 3 Cargo-Produkte

Als Produkteigenschaften der Aircargo-Produkte im Vergleich zu den Passage-produkten sind zu nennen:

- ✈ kleine Kundengruppe (die Anzahl der Kunden/Nachfrager ist im Vergleich zum Passageprodukt wesentlich geringer; Kunden können z. B. Industrieunternehmen, Spediteure usw. sein),
- ✈ Imparität der Verkehrsströme (während ein Passagier in der Regel Hin- und Rückflug bucht, ist Fracht ein One-way-product),
- ✈ die transportierten Güter sind heterogen (bezüglich Größe, Gewicht, Empfindlichkeit),
- ✈ unpersönlich.

Die **Anbieter von Cargo-Produkten** kann man in zwei Gruppen einteilen:

„traditionelle" Cargo-Fluggesellschaften	Integrators
• auch als kombinierte Carrier oder Belly carrier bezeichnet: Passage Airlines, die Fracht als Koppel-produkt im Laderaum (z. B. im „Belly" unter der Passagierkabine, Combi-Versionen auch hinter der Passagier-Kabine) der Flugzeuge transportieren	• Transportdienstleister mit verkehrs-trägerübergreifender durchgehender Transportkette von Haus zu Haus mit eigenen Transportmitteln für Flug- und Oberflächenverkehr
• Cargo-Airlines (z. B. Lufthansa Cargo AG, Korean Air, Singapore Airlines, Cathay Pacific)	• UPS, FedEx, DHL, TNT
• Leistung: Airport-to-Airport-Transport	• Leistung: Door-to-Door-Transport aus einer Hand
• Transportmittel: Flugzeug	• Transportmittel: Flugzeug und Transportmittel für Bodenverkehr
• Logistik: Kombination unterschiedlicher Einzelanbieter innerhalb einer Logistikkette	• Logistik: integrierte Transportkette aus einer Hand/Verantwortung für den gesamten Transportprozess

Abb. 46 Anbieter von Aircargo-Produkten

Abbildung 47 zeigt die traditionelle und integrierte Transportketten (mit unter-schiedlichen Integrationsgraden) im Luftfrachtverkehr im Vergleich:

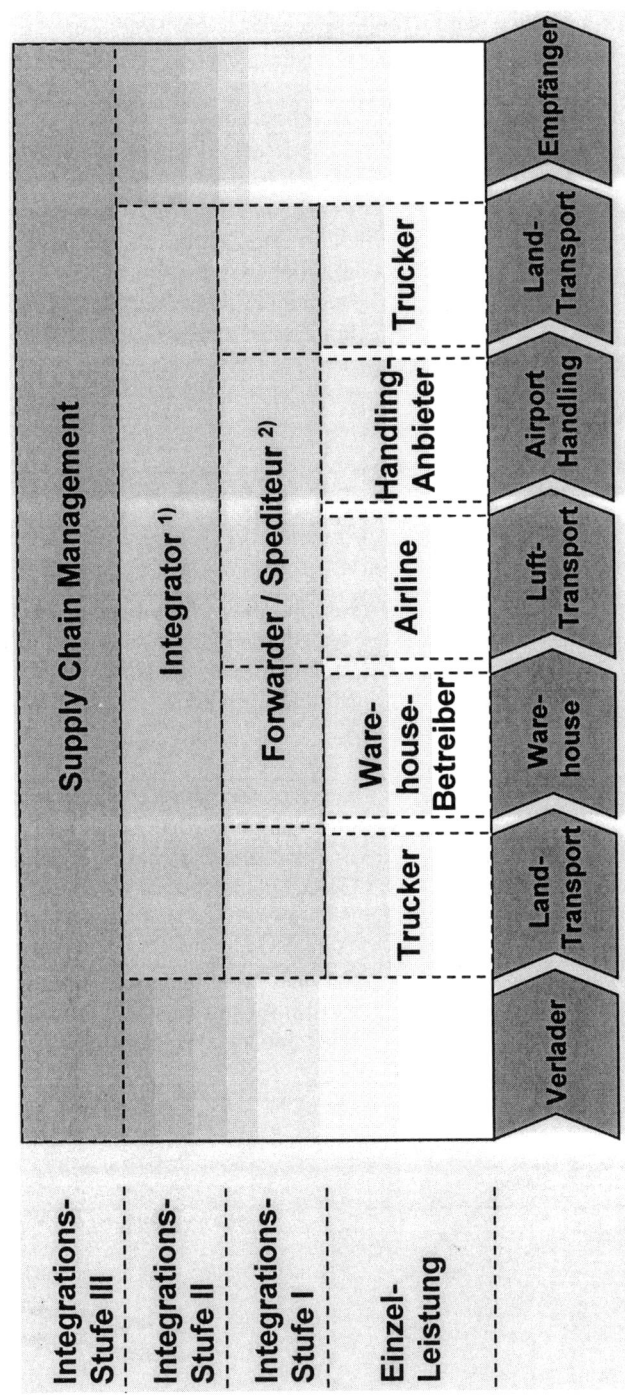

Abb. 47 Transportketten im Luftfrachtverkehr

Auch Cargo-Airlines haben zahlreiche Möglichkeiten der Produktgestaltung wie das Beispiel der Lufthansa Cargo AG zeigt:

Produkte der Lufthansa Cargo	Beschreibung
td.**Flash** td.**X** td.**Pro**	td bedeutet „time definite services" und garantiert exakt festgelegte Verfügbarkeitszeiten am Zielort durch genau definierte Zeitfenster, die bei spätestmöglicher Annahmezeit am Abflugort beginnen und bei der Verfügbarkeitszeit am Zielort enden
Cool/td	Service-Paket für konstant gekühlte Güter z. B. für die Pharmaindustrie
Fresh/td	Service-Paket für verderbliche Güter wie Blumen, Obst/Gemüse, Fisch/ Meeresfrüchte, Fleisch, Molkereiprodukte
Safe/td 1	Service-Paket für hochwertige bzw. diebstahlgefährdete Güter wie Edelmetalle, Banknoten, Kreditkarten, Gold, Diamanten
Smooth/td	Service-Paket für erschütterungsempfindliche Güter wie Produkte der IT-Branche (z. B. Halbleiter)
Care/td	Service-Paket für Gefahrgut
Live/td	Service-Paket für Tiere

Abb. 48 Produkte der Lufthansa Cargo AG im Jahr 2003

Hinweis auf **weitere Informationsquellen:**

> ✈ Special Report: World Cargo Ranking. In: Airline Business,
>   November 2002, S. 45 – 51
> ✈ Internet-Seite: www.lufthansa-cargo.com

3.2 Produkt und Service von Flughafengesellschaften

Wie am Beispiel der Fraport AG beschrieben (vgl. Kap. 2.2.3), können Flughafengesellschaften/Flughafenbetreiber ein breites Programm von Dienstleistungen für unterschiedliche Kundengruppen anbieten.

Customer groups	Facilities and services
Airlines	Flight operations, Handling, Fueling, Catering, Air freight, Office space
Local passengers	Travel necessities, Duty free, Foreign exchange, Restaurants, Parking, Taxi, railway
Transfer passengers	Expedited connection facilities, Lounges, Restaurants, Hotels
Local residents	Supermarkets, speciality shops, Bank, Post office, Leisure facilities
Local/Global Business	Offices/conference facilities, Logistics/warehousing services, headquarter locations

Abb. 49 Kundengruppen und Services der Airports
           (Quelle: Mercer Management, Value judgements. In : Airline Business, June
           2000, S.71 – Auszug)

Hier werden nur die Dienstleistungen betrachtet, die im Zusammenhang mit dem Passageprodukt der Airlines stehen: die Bodenabfertigung von Passagieren und Fluggerät.
Grundsätzlich sind Fluggesellschaften daran interessiert, Bodenabfertigungs-dienste selbst zu produzieren, d. h. die Passagiere in ihren Flughafenstationen nach eigenen Standards zu betreuen und die Flugzeuge selbst abzufertigen. Aus betriebswirtschaftlichen Gründen kann es jedoch für eine Airline erforderlich sein, diese Abfertigungsleistungen nicht selbst zu erstellen, sondern in Form einer Fremdabfertigung auf andere Unternehmen zu verlagern bzw. von anderen Unternehmen einzukaufen. Als Abfertigungsagenten **(Handlingagents)** kommen in diesem Fall andere Fluggesellschaften, Flughafengesellschaften/ Flughafen-betreiber oder Abfertigungsgesellschaften (Handlinggesellschaften, in Deutsch-land z. B. GlobeGround, Swissport, AHS) in Frage, mit denen die Fluggesellschaft einen Vertrag abschließt, im allgemeinen in Form des IATA-Standardvertrags (IATA-Standard Ground handling agreement).

Wichtige Produkte, die Flughafenbetreiber und Handlingfirmen für die Airlines erstellen, sind die Bodenabfertigungsdienste. Hierzu zählen z. B.:

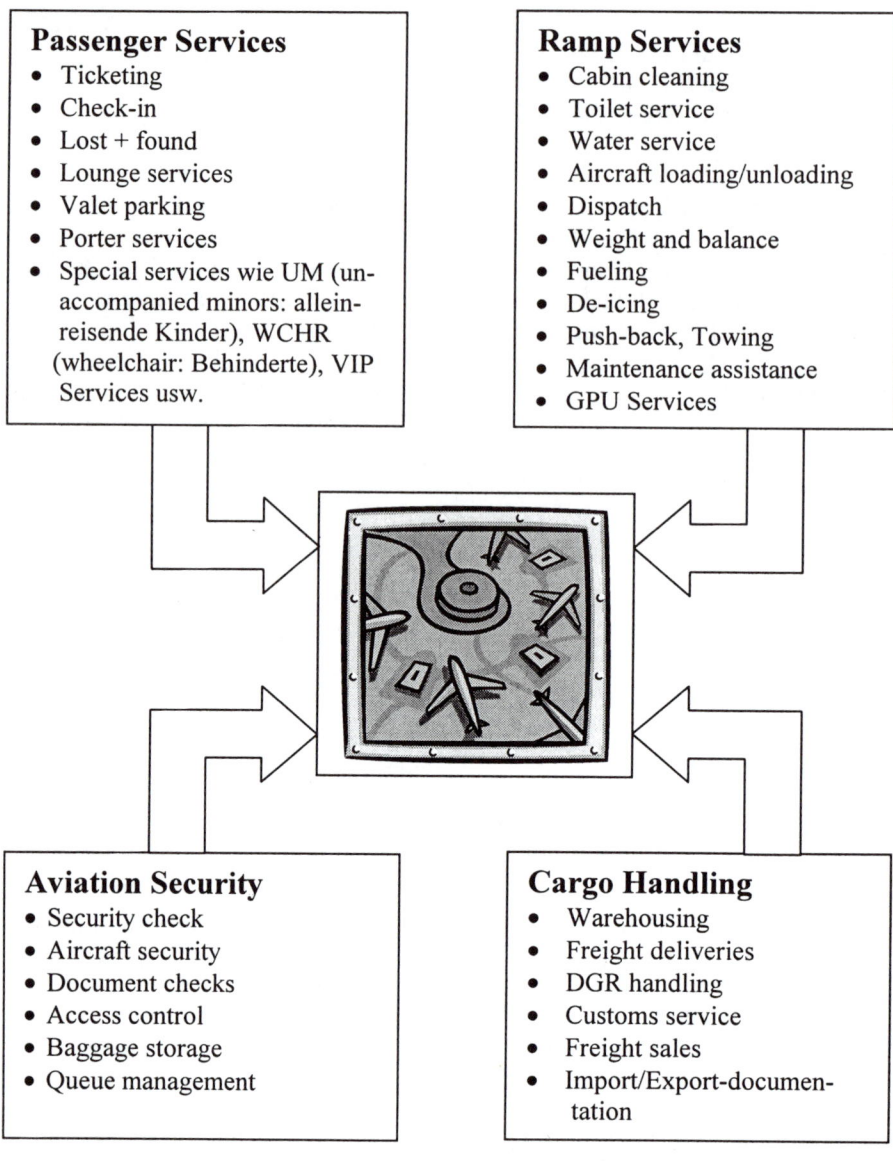

Passenger Services
- Ticketing
- Check-in
- Lost + found
- Lounge services
- Valet parking
- Porter services
- Special services wie UM (un-accompanied minors: allein-reisende Kinder), WCHR (wheelchair: Behinderte), VIP Services usw.

Ramp Services
- Cabin cleaning
- Toilet service
- Water service
- Aircraft loading/unloading
- Dispatch
- Weight and balance
- Fueling
- De-icing
- Push-back, Towing
- Maintenance assistance
- GPU Services

Aviation Security
- Security check
- Aircraft security
- Document checks
- Access control
- Baggage storage
- Queue management

Cargo Handling
- Warehousing
- Freight deliveries
- DGR handling
- Customs service
- Freight sales
- Import/Export-documen-tation

Abb. 50 Produkte der Airports und Handlingfirmen
(Quelle: in Anlehung an die Internet-Seiten der GlobeGround)

Viele Flughafenbetreiber und Handlinggesellschaften bieten als „Full-Service-Provider" die gesamte Abfertigungspalette (Passagier- und Flugzeugabfertigung) an, was für die Airline den Vorteil des **One stop shopping** (alle Leistungen aus einer Hand) hat. Gründe für eine Fremdabfertigung an einem Flughafen können z. B. darin liegen, daß

- ✦ eine Airline eine Strecke neu aufgenommen hat und am Zielflughafen keine eigene Flughafenstation betreibt,
- ✦ die Anzahl der An-/Abflüge bzw. das Verkehrsaufkommen zu gering ist, um eine eigene Flughafenstation zu betreiben,
- ✦ fremde Handlinggesellschaften oder der Flughafenbetreiber die Leistungen kostengünstiger produziert als die Airline selbst.

Major players in ground handling				
Supplier	**Ownership**	**Countries/ Main regions served**	**Stations**	**Revenues million $ 2001**
GlobeGround-Servisair	Penauille Polyservices	40 Worldwide	200	892
Swissport	Candover	29 Worldwide	160	668
Frankfurt AGS	Fraport	9 Europe, Africa	25	524
Worldwide Flight Services	Vinci	20 Europe, Americas, Asia	100	344
SATS	Singapore Airlines	5 Asia	6	237
Menzies	John Menzies plc	22 Europe, Americas, Asia	91	227
AviaPartner	Verougstraete family (75%)	6 Europe	33	187

Abb. 51 Handlinggesellschaften
(Quelle: PILLING, M.: Seeking stability. In: Airline Business, January 2003, S. 41)

Hinweis auf **weitere Informationsquellen:**

Internet-Seiten der **Handlingfirmen und Flughafengesellschaften:**
- ✦ AHS, Aviation Handling Service, www.ahs-de.com,
- ✦ GlobeGround, www.globeground.com
- ✦ Servisair, www.servisair.co.uk,
- ✦ Menzies ,www.menziesgroup.com
- ✦ Frankfurt, www.fraport.de
- ✦ München, www.munich-airport.de

Zum **Outsourcing von Abfertigungsdiensten**:
- ✦ Special Report: Inflight and ground services. In: Airline Business, January 2002, S.37-42

4 Kennzahlen zur Leistungsmessung bei Fluggesellschaften

Leistungen von Luftverkehrsgesellschaften werden aus unterschiedlichen Gründen gemessen:

- ✈ als Grundlage für Managemententscheidungen,
- ✈ zur Erfassung der Performance eines Unternehmens,
- ✈ als Grundlage zur Abrechnung/Verrechnung innerhalb der IATA, der Allianzen, eines Konzerns oder zwischen Profit Center innerhalb einer Unternehmung,
- ✈ zum Vergleich mit den Daten der Wettbewerber (Benchmarking),
- ✈ zur Ermittlung von Schwachstellen/Potentialen für Produktivitäts- steigerung.

Aus dem großen Bereich betriebs- und volkswirtwirtschaftlicher Kennzahlen werden hier nur ausgewählte branchenspezifische Verkehrskennzahlen behandelt, die die Leistungen der Airlines erfassen und in zahlreichen nationalen und internationalen Statistiken verwendet werden. Dabei werden bevorzugt die „Airline Indices" erläutert, die nicht „selbsterklärend" (wie z. B. Anzahl der Passagiere, Sitzplatzzahl usw.) sind.

Diese Kennzahlen werden von allen am Luftverkehr beteiligten Unternehmen und Organisationen benötigt. Regelmäßige statistische Veröffentlichungen von Verkehrskennzahlen   erstellen einzelne Flughäfen und Fluggesellschaften als Unternehmensstatistiken   für   ihr   eigenes   Verkehrsaufkommen   sowie Organisationen (Statistisches Bundesamt der BRD, ADV, ACI, IATA, ICAO, AEA u. a.) und die Fachpresse (z. B. Airline Business und Air Transport World).

Für andere Kennzahlen wird auf die umfangreiche betriebswirtschaftliche Literatur verwiesen.

Hinweis auf **weitere Informationsquellen:**

- ✈ Airline Business, jährliche Veröffentlichungen: Airline Top 100, Airport Top 100, Regional Airline Top 100, Airline Alliance Survey, World Cargo Ranking, Airport financial Rankings,
- ✈ Air Transport World: jährliche Veröffentlichungen des World Airline Report, Regional Directory, Global Heavy Maintenance Directory,
- ✈ Geschäftsberichte   der   Flughäfen   und   Flughafengesellschaften, Verkehrsstatistiken der Flughafengesellschaften,
- ✈ Statistisches Bundesamt: Verkehr, Fachserie 8, Reihe 6 (Luftverkehr),

✈ ADV: Monats- und Jahresstatistiken,
✈ ACI: Monthly Worldwide Airport Traffic Report,
✈ AEA, Association of European Airlines: Yearbook, Monthly Traffic
  and Capacity Statistics u. a.,
✈ IATA: World Air Transport Statistics, Passenger Forecasts, Origin-
  Destination-Statistics u. a.,
✈ ICAO: Civil Aviation Statistics of the World u. a.,
✈ Schmidt, Handbuch Airlinemanagement, S. 139-163.

Meßtechnisch ist zu beachten, welche Größen bei der Leistungsmessung erfaßt werden sollen. Sowohl bei der Erfassung und Interpretation als auch im Zahlenmaterial selbst und den möglichen mathematischen Operationen bestehen große Unterschiede zwischen qualitativen und quantitativ-metrischen Größen.

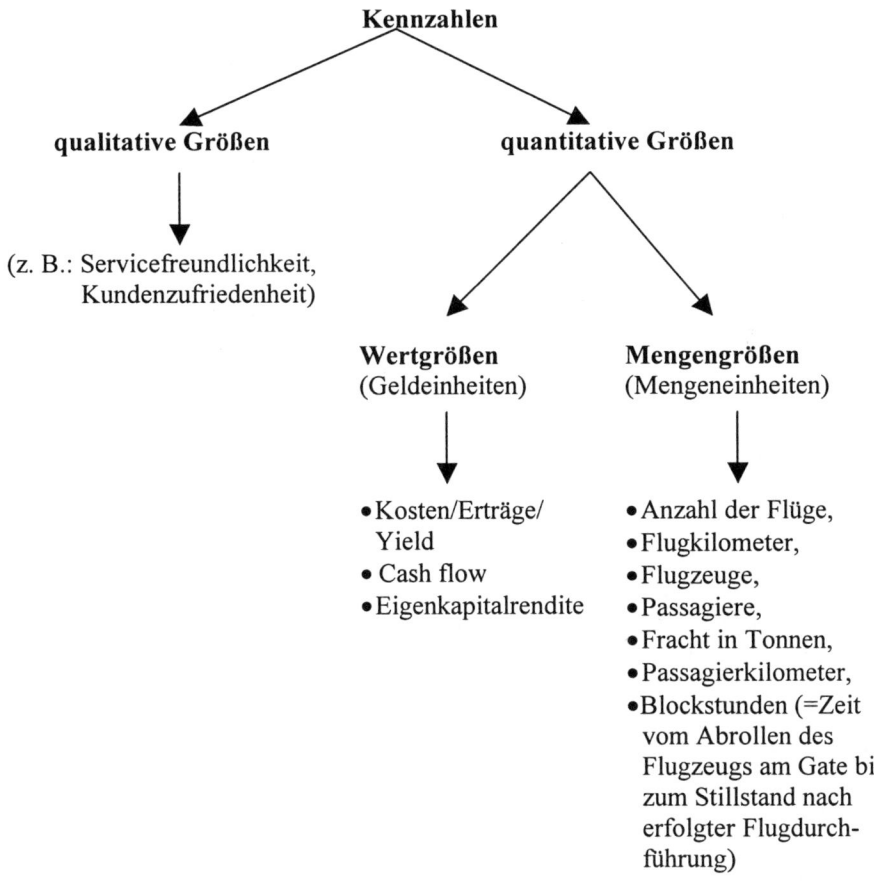

Kennzahlen

qualitative Größen   **quantitative Größen**

(z. B.: Servicefreundlichkeit,
Kundenzufriedenheit)

Wertgrößen   **Mengengrößen**
(Geldeinheiten)   (Mengeneinheiten)

• Kosten/Erträge/   • Anzahl der Flüge,
  Yield   • Flugkilometer,
• Cash flow   • Flugzeuge,
• Eigenkapitalrendite   • Passagiere,
                            • Fracht in Tonnen,
                            • Passagierkilometer,
                            • Blockstunden (=Zeit
                              vom Abrollen des
                              Flugzeugs am Gate bis
                              zum Stillstand nach
                              erfolgter Flugdurch-
                              führung)

Bezieht man die Kennzahlen auf den Produktionsprozeß einer Fluggesellschaft, so können sie auf der Inputseite oder Outputseite oder Relationen zwischen Inputs und Outputs messen:

So messen Kostengrößen auf der Inputseite, Erlöse/Yields auf der Outputseite und Gewinne die Differenz zwischen Outputs und Inputs.

Darüber hinaus ist zu beachten, ob es sich bei dem **betrachteten Zahlenmaterial** um eine Messung handelt von:

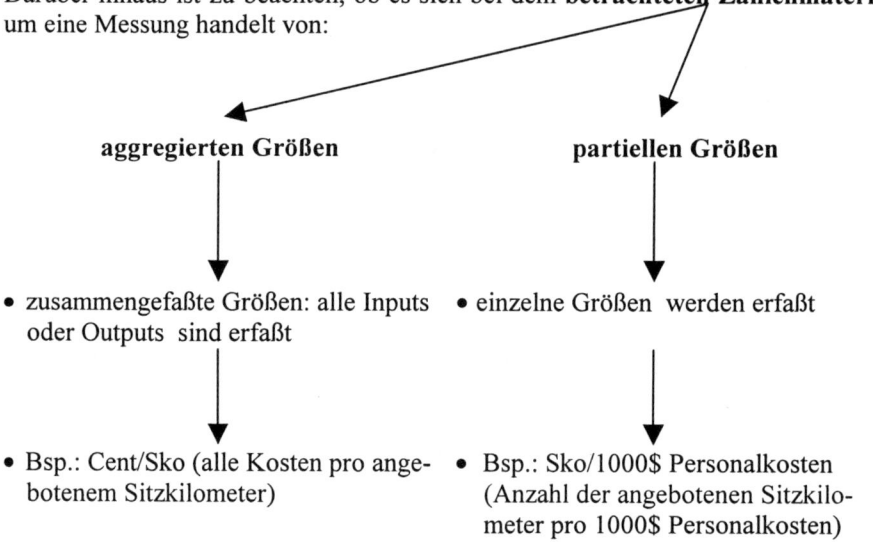

Bei internationalen Vergleichen können **meßtechnische Probleme** im Bereich der Wert-/Geldgrößen auftreten und zu Verzerrungen führen, wie z. B. Wechselkursschwankungen, unterschiedliche Inflations-, Lohnkosten-, Yieldniveaus oder Subventionen.

4.1 Qualitative Messungen

Zur Beurteilung des Passageproduktes und des Servicepersonals werden in der Praxis häufig Leistungsmerkmale gemessen.

So kann von Kundenbriefen, die bei der Abteilung Qualitätssicherung Kabine eingehen, festgehalten werden, wieviele sich davon positiv oder negativ auf das Kabinenpersonal beziehen. Aus dem Quotienten (positive geteilt durch negative Zuschriften) entsteht eine Meßgröße für Kundenzufriedenheit:

Jahresergebnisse	1993	1994	1995	1996
Zuschriften gesamt	4.330	4.147	5.107	5.573
davon Belobigungen	3.392	3.082	4.207	4.694
davon Beschwerden	938	1.065	900	879
Kundenzufriedenheitsquotient	3,6	2,9	4,7	5,4

Inhalte positiv	Anzahl	Inhalte negativ	Anzahl
Freundlichkeit Crew	907	freundlicher Kontakt	63
Servicekenntnisse	146	höflicher Kontakt	21
Professionalität	98	Hilfestellung	17
freundlicher Kontakt	51	Professionalität	17
Hilfestellung	42	Reaktion auf Anliegen	13
Crew-Atmosphäre	36	Aufmerksamkeit	13
Kompetenz	33	Alternative organisieren	13
Aufmerksamkeit	32	Servicekenntnisse	12
höflicher Kontakt	11	Freundlichkeit Crew	10
Höflichkeit Crew	10	Einfühlungsvermögen	6

Abb. 52 Messung qualitativer Aspekte des Passageproduktes
(Quelle: Lufthansa Flightcrewinfo, Nr. 2, 1997, S. 13)

4.2 Quantitative Verkehrskennzahlen für Fluggesellschaften

In nationalen und internationalen Veröffentlichungen werden häufig branchentypische quantitative Kennzahlen zur Messung der Verkehrsleistung von Luftverkehrsgesellschaften verwendet, wie z. B. PKT, SKO usw. Es handelt sich dabei um **Mengen**meßziffern, die den **Output** von Fluggesellschaften erfassen. Die Kennzahlen lassen sich danach unterteilen, ob sie die angebotene Leistung/ Kapazität einer Fluggesellschaft messen (SKO, TKO) oder ob sie die tatsächlich verkaufte und vom Nachfrager bezahlte Leistung/Kapazität (PKT, TKT) der Airline erfassen. Aus der Relation beider Größen ergibt sich dann die Kapazitätsauslastung (SLF, NLF).

Marktseite ⟍ Produkt	Angebot durch die Flugge-sellschaft (Betriebs-leistung)	Nachfrage durch Kunden bezahlt (Markt-leistung)	Relation zwischen Ange-bot und Nach-frage
Passage	SKO (ASK)	PKT (RPK)	SLF (PLF)
Gesamtleistung (Passage+Cargo)	TKO (ATK)	TKT (RTK)	NLF (WLF)

Abb. 53 Überblick:Verkehrskennzahlen (in Klammern englische Abkürzungen)

Die Kennzahlen sollen an folgendem Beispiel erläutert werden:

Flug LH 430   FRA - ORD   (Flugstrecke 7000 km)

Flugzeugtyp: B 747   (350 Sitzplätze)
                Höchstzulässiges Startgewicht (MTOM)   360t
                Betriebsleergewicht (DOM)   160t
                Treibstoff (TOF)   140t
                Nutzlast (Payload)   60t

Ladung   200 Passagiere
           100 Gepäckstücke
           12t Fracht
           1t Post
           (IATA Durchschnittswert pro Passagier 78kg, Gepäck
            20 kg auf dieser Flugstrecke)

SKO (=Seat kilometers offered)

Die angebotenen Sitzkilometer stellen die von der Fluggesellschaft angebotene Leistung im Passageverkehr dar. Diese Größe wird auch als Betriebsleistung oder international als **ASK (=available seat kilometers)** bezeichnet und erfaßt lediglich das Angebot unabhängig von der Anzahl der Passagiere an Bord.

Berechnung: SKO = angebotene Sitze x Entfernung in km

im Beispiel: 350 Sitze x 7000 km = 2.450.000 SKO

PKT (=Passenger kilometers transported)

Die nachgefragten oder verkauften Sitze werden auch als Marktleistung oder international als **RPK (= revenue passenger kilometers)** bezeichnet.

> Berechnung: PKT = beförderte Passagiere x Entfernung in km

im Beispiel: 200 Passagiere x 7000 km = 1.400.000 PKT

SLF (=Sitzladefaktor)

Der Sitzladefaktor (auch **PLF = passenger load factor**) gibt das Verhältnis zwischen nachgefragten Passagierkilometern und angebotenen Sitzkilometern in Prozent an, er kann für Teilstrecken, einzelne Flüge/Dienste oder Verkehrsgebiete berechnet werden und ist ein wichtiges Maß für die Kapazitätsauslastung.

$$\text{Berechnung: SLF} = \frac{\text{PKT}}{\text{SKO}} \times 100$$

$$\text{im Beispiel: SLF} = \frac{1.400.000 \text{ PKT}}{2.450.000 \text{ SKO}} \times 100 = 57{,}14\%$$

TKO (= Tonne kilometers offered)

Die angebotenen Tonnenkilometer (auch: **ATK = available tonne kilometers**) erfassen die angebotene Gesamtleistung einer Fluggesellschaft (Betriebsleistung). Also die gesamte Nutzlast (Payload) multipliziert mit der Entfernung.

> Berechnung: TKO = Payload in t x Entfernung in km

im Beispiel: 60t x 7000 km = 420.000 TKM

TKT (= Tonne kilometers transported)

Die nachgefragten oder bezahlten Tonnenkilometer (auch: **RTK = revenue tonne kilometers**) bilden die verkaufte Gesamtleistung der Fluggesellschaft ab.

Berechnung: TKT = Gesamtladung in t x Entfernung in km

im Beispiel:

200 Passagiere x 78 kg =	15,6 t
100 Gepäckstücke x 20 kg =	2,0 t
Fracht	12,0 t
Post	1,0 t
beförderte Ladung	30,6 t

TKT = 30,6 t x 7000 km = 214.200 TKT

NLF (= Nutzladefaktor)

Der Nutzladefaktor (auch: **weight load factor, overall load factor**) gibt das Verhältnis zwischen der nachgefragten/verkauften Marktleistung (TKT) und der angebotenen Betriebsleistung (TKO) der Fluggesellschaft in Prozent an. Er gibt die Kapazitätsauslastung der angebotenen Nutzlast durch Passagiere, Gepäck, Fracht und Post wieder.

$$\text{Berechnung:} \quad NLF = \frac{TKT}{TKO} \text{ x } 100$$

$$\text{im Beispiel:} \quad NLF = \frac{214.200 \text{ TKT}}{420.000 \text{ TKO}} \text{ x } 100 = 51\%$$

(Der Break-Even-Nutzladefaktor ist der NLF, bei dem die Gewinnschwelle erreicht wird.)

Ein Beispiel soll die Interpretation der Zahlen verdeutlichen. Eine Fluggesellschaft befindet sich in folgender Situation:

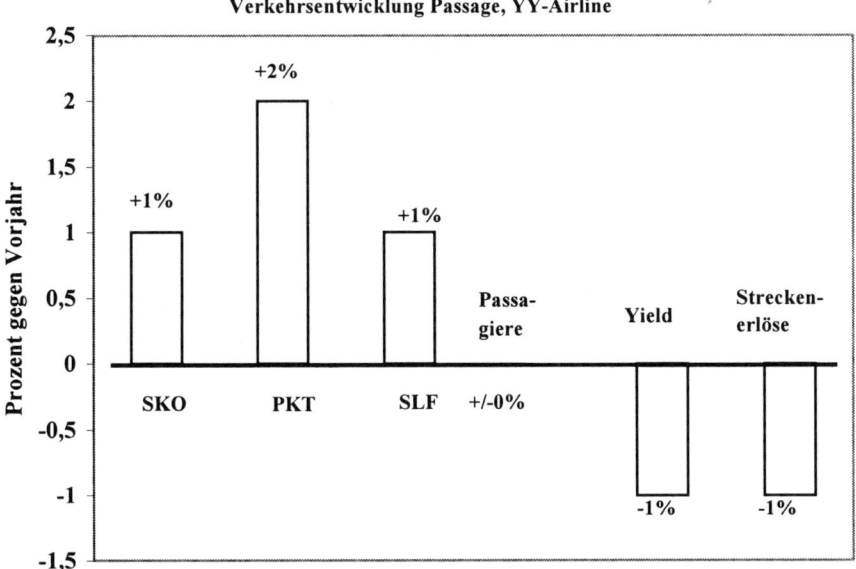

Die Graphik enthält sowohl Mengen- (SKO, PKT, Passagiere) als auch Wertkennzahlen (Yield, Streckenerlöse).

Die Mengenentwicklung zeigt, daß die Nachfrage (PKT) stärker gestiegen ist als das Angebot (SKO), so daß als Folge dieser Entwicklung die Auslastung (SLF) der Flugzeuge zugenommen hat. Da die absolute Passagierzahl unverändert geblieben ist, muß sich die Durchschnittslänge der Flugstrecken vergrößert haben, denn die PKT errechnen sich als Produkt aus Passagierzahlen und Flugkilometern (siehe oben). Wenn also die Passagierzahlen konstant geblieben sind, müssen bei steigenden PKT die Flugstrecken länger geworden sein.

Die Wertkennzahlen zeigen eine andere Entwicklung: der Yield (Durchschnittserlös pro Passagier) und die Streckenerlöse sind gesunken, obwohl die Nachfrage (PKT) leicht gestiegen ist. Der Rückgang des Erlös´ pro Passagier (Yield) führt bei konstanten Passagierzahlen zu sinkenden Streckenerlösen.

Mögliche Ursachen einer solchen Entwicklung können in folgenden Bereichen liegen:

⤴ Yieldverfall durch wachsendes Angebot anderer Fluggesellschaften und stärkeren Wettbewerb. Um das erweiterte Angebot (oder sogar Überkapazitäten) auf dem Markt absetzen zu können, führen einige Gesellschaften einen Konkurrenz-/Preiskampf, der zu sinkenden Flugpreisen führt,

✈ Yieldverfall durch „Trend nach hinten in der Kabine". Um Kosten zu sparen fliegen Geschäftsreisende öfter Economy-Class, was ebenfalls zu sinkenden Erlösen führt,

✈ Währungseffekte können zu sinkenden Erlösen führen, wenn Tickets im Ausland verkauft wurden und die Wechselkurse sich ungünstig entwickelt haben,

✈ schlechtes Yieldmanagement der Airline und die darauf beruhende Buchungssteuerung können dazu geführt haben, daß viele Sondertarifbuchungen zu niedrigen Flugpreisen angenommen wurden, obwohl eine hohe Nachfrage im (teureren) Normaltarifsegment besteht,

✈ Produktverbesserungen der Konkurrenz (höhere Flugfrequenzen, besseres Fluggerät, bessere Flugzeiten/Slots) können eine weitere Ursache sein, die eigenen Flugpreise senken zu müssen, um Passagiere zu gewinnen oder als Kunden zu halten.

In dieser Situation kann das Management der Airline verschiedene Maßnahmen ergreifen, um die Lage der Fluggesellschaft zu verbessern: um Geschäftsreisende wieder in höherwertigen Buchungsklassen zu befördern (und den „Trend nach hinten" zu stoppen), muß versucht werden, durch restriktive Bedingungen die Buchung von Sondertarifen zu erschweren. Durch Marketingmaßnahmen (Kabinenausstattung, Service, Flugfrequenzen, Abflugzeiten usw.) kann das eigene Produkt verbessert werden. Durch Kooperationsverträge mit anderen Airlines (Codesharing usw.) kann versucht werden, die Anzahl der Passagiere zu erhöhen.

5 Organisationen und Institutionen in der Luftverkehrswirtschaft

Die Institutionen im Bereich der Luftverkehrswirtschaft lassen sich unter juristischen Gesichtspunkten in staatliche und privatwirtschaftliche sowie nach ihrem Einflußbereich in nationale oder internationale Organisationen unterteilen.

5.1 Institutionen auf staatlicher Ebene

5.1.1 Nationale Institutionen auf staatlicher Ebene

Nationale staatliche Institutionen regeln und steuern den Luftverkehr der einzelnen Staaten.

In der Bundesrepublik Deutschland ist das **Bundesministerium für Verkehr, Bau und Wohnungswesen (BMVBW)** in Berlin (Internetadresse: www.bmvbw.de) die oberste Bundesbehörde der Verkehrsverwaltung und die oberste Luftfahrtbehörde für zivile Luftfahrtangelegenheiten. Die zivile Luftfahrtverwaltung wird von der Abteilung Luft- und Raumfahrt des BMVBW wahrgenommen. Dem BMVBW sind im Bereich der Luftfahrtverwaltung unmittelbar **nachgeordnet**:

- ✈ die Deutsche Flugsicherung GmbH (DFS) in Offenbach,
- ✈ das Luftfahrt-Bundesamt (LBA) in Braunschweig,
- ✈ die Bundesstelle für Flugunfalluntersuchung (BFU) in Braunschweig.

Der Deutsche Wetterdienst (DWD) in Offenbach untersteht zwar auch dem BMVBW, gehört jedoch nicht zur bundeseigenen Luftverkehrsverwaltung. Für militärische Luftfahrtangelegenheiten (z. B. Einrichtung militärischer Sperrzonen) ist das Bundesministerium für Verteidigung zuständig, für Paß- und Zollkontrollen das Bundesministerium des Inneren.

Zu den wichtigsten **Aufgabenbereichen des BMVBW** gehören:

- ✈ Zulassung der deutschen Fluggesellschaften, ihrer Tarife, Flugpläne und Beförderungsbedingungen,
- ✈ Genehmigung des internationalen Linienverkehrs, Abschluß und Vollzug internationaler Luftfahrtabkommen,
- ✈ Erlaß von Rechtsverordnungen für die Durchführung des Luftverkehrs, Ausarbeitung von Gesetzen, Überwachung der Ausführung von Gesetzen und Rechtsverordnungen,
- ✈ Aufsicht über die nachgeordneten Bundesbehörden (z. B. LBA) und die Deutsche Flugsicherung GmbH,
- ✈ Luftverkehrs- und Flughafenpolitik, Luftverkehrs-Sicherheit, Grundsatzfragen der Flugsicherung, Luftraumplanung,
- ✈ Vertretung der BRD in internationalen staatlichen Institutionen des Luftverkehrs.

Das **Luftfahrt-Bundesamt (LBA)** mit Sitz in **Braunschweig** (Internetadresse: www.lba.de) wurde 1954 als Bundesoberbehörde der Luftverkehrsverwaltung errichtet, ist dem BMVBW unterstellt und hat im wesentlichen Zulassungs-, Prüf-, und Kontrollaufgaben im Bereich der Luftfahrtunternehmen und luftfahrttechnischen Betriebe:

- ✈ Prüfung der Lufttüchtigkeit (Verkehrssicherheit) von Luftfahrtgerät,
- ✈ Musterzulassung von Luftfahrtgerät,
- ✈ Verkehrszulassung des Luftfahrtgeräts,
- ✈ Führung der Luftfahrzeugrolle (Verzeichnis des Luftfahrtgeräts),
- ✈ Überwachung von Luftfahrtunternehmen,
- ✈ Erlaubniserteilung für Verkehrsflugzeugführer, Berufsflugzeugführer, Flugingenieure, Prüfer von Luftfahrtgerät und Flugdienstberater,
- ✈ Führung eines Deliktregisters.

Neben der **Zentrale** in Braunschweig hat das LBA sechs **Außenstellen** auf den Flughäfen Berlin (Schönefeld), Hamburg, Düsseldorf, Frankfurt, Stuttgart und München, die für die dort ansässigen luftfahrttechnischen Betriebe und Herstellerbetriebe zuständig sind.

Die privatrechtliche **Deutsche Flugsicherung GmbH (DFS)** mit Sitz in **Offenbach** (Internetadresse: www.dfs.de) hat Außenstellen auf allen Verkehrsflughäfen der BRD. Sie ist als bundeseigenes Unternehmen (einziger Gesellschafter der DFS ist der Bund) vorwiegend für die Verkehrslenkung im Luftraum zuständig. Sie übernahm mit Wirkung vom 1. Januar 1993 alle Aufgaben der zum 31. Dezember 1992 aufgelösten öffentlich-rechtlichen **Bundesanstalt für Flugsicherung (BFS)**. Diese Umwandlung soll die Effektivität der deutschen Flugsicherung wegen des stetig steigenden Luftverkehrsaufkommens verbessern. Deshalb wurden sowohl das Grundgesetz (Art. 87 d) als auch das Luftverkehrsgesetz geändert. Die DFS GmbH gliedert sich in:

- ✈ die **Geschäftsleitung** der DFS in Offenbach,
- ✈ **Außenstellen** für die Durchführung der Flugsicherungsbetriebsdienste (dazu gehören z. B. Flugverkehrskontrolle ATC, Fluginformationsdienst, Flugalarmdienst usw.). **Fünf Regionalstellen** auf den Flughäfen Berlin-Schönefeld, Bremen, Düsseldorf, Frankfurt, München sind für die Flugsicherung auf den genannten Flughäfen und in den Fluginformationsgebieten Berlin, Bremen, Düsseldorf, Frankfurt, München im unteren Luftraum (bis etwa 8000m) zuständig. **10 Niederlassungen** auf den Flughäfen Dresden, Erfurt, Hamburg, Hannover, Köln-Bonn, Leipzig, Stuttgart, Nürnberg, Saarbrücken, Münster-Osnabrück führen die Flugsicherung auf den genannten Flughäfen durch.
- ✈ die **Niederlassung Karlsruhe** führt die Flugsicherung im oberen Luftraum (über Flugfläche 245 = 24500 Fuß, ca. 8000 m) im Auftrag der Eurocontrol durch.

✈ **Sonderstellen der DFS** sind der Geschäftsleitung in Offenbach ange-
gliedert, wie z. B. das Büro der Nachrichten für Luftfahrer (NFL)
mit der NOTAM-Zentrale oder die DFS-Flugsicherungsakademie.

Wesentliche **Aufgaben der DFS** sind:

✈ Flugverkehrskontrolle (Air Traffic Control: ATC): Überwachung und
Lenkung der Bewegungen im kontrollierten Luftraum und auf den
Flughäfen,

✈ Flugberatungsdienst (Aeronautical Information Service: **AIS**) auf den
Flughäfen: Annahme von Flugplänen, Unterstützung der
Flugzeugführer bei der Flugvorbereitung, Veröffentlichung von
Luftfahrtkarten, des Luftfahrthandbuchs Deutschland (AIP) und der
Nachrichten für Luftfahrer (NOTAM),

✈ Errichtung und Unterhaltung von Flugsicherungsanlagen (wie ILS,
Radar, Funkfeuer usw.),

✈ Ausbildung des Flugsicherungspersonals.

Rechtsgrundlage für den **Deutschen Wetterdienst (DWD)** in **Offenbach**
(Internetadresse: www.dwd.de) ist das DWD-Gesetz vom 01.01.1999. Der DWD
untersteht wie das LBA dem Bundesminister für Verkehr und hat die
meteorologische Sicherheit der Luftfahrt zu gewährleisten.

Der DWD gliedert sich im Bereich des Flugwetterdienstes in das Geschäftsfeld
Luftfahrt in Offenbach/Main und in **Luftfahrtberatungszentralen** auf den Flug-
häfen Hamburg, Berlin-Tempelhof, Leipzig, Köln-Bonn sowie in Offenbach,
Filderstadt und München. Die **Flugwetterwarten** (**MET-Office** auf den
Verkehrsflughäfen) unterstehen den Luftfahrtberatungszentralen, in deren Bereich
sie liegen.

Die wichtigsten **Aufgaben des DWD** im Bereich des Flugwetterdienstes sind laut
DWD-Gesetz:

✈ Erstellung von Beratungsunterlagen für Flüge,
✈ schriftliche und mündliche Beratung des Luftfahrtpersonals,
✈ Versorgung der Flugverkehrskontrollstellen (DFS) mit
Wettermeldungen und Vorhersagen,
✈ Durchführung eines Wetterbeobachtungs- und Meldedienstes.

Der **Flughafenkoordinator der BRD** (bis 1999 Flugplankoordinator) mit Sitz in
Frankfurt (Flughafen, Terminal 2; Internetadresse: www.fhkd.org) ist eine
Organisation, die seit 1971 besteht und direkt dem BMVBW unterstellt ist. Seine
Aufgaben bestehen u.a. in:

✈ der Koordination der Airport-Slots (geplante Ankunfts- und Abflugzeiten) der Flüge nach Instrumentenflugregeln an den koordinierten
internationalen Verkehrsflughäfen der BRD,

➜ der Überwachung des veröffentlichten Flugplans der Airlines und dem Vergleich der im Flugplan angegebenen Zeiten mit den tatsächlich geflogenen Zeiten (Slot-Monitoring).

Die **Bundesstelle für Flugunfalluntersuchung (BFU)** in Braunschweig (Internetadresse: www.bfu-web.de) ist aufgrund des Flugunfall-Untersuchungs-Gesetzes am 01.09.1998 gegründet worden. Sie ist als selbständige Bundesoberbehörde direkt dem Bundesverkehrsminister unterstellt. Bis zu diesem Zeitpunkt war der gesamte Bereich der Flugunfalluntersuchung dem LBA zugeordnet.

Die **Luftfahrtbehörden der Länder** nehmen ebenfalls wichtige Aufgaben der Luftverkehrsverwaltung im Rahmen der Bundesauftragsverwaltung wahr. Diese Verwaltungsaufgaben im Auftrag des Bundes werden in den einzelnen Bundesländern von Abteilungen der **Länderministerien für Verkehr** durchgeführt. Die Luftfahrtbehörden der Länder führen nach Luftverkehrsgesetz u. a. folgende Aufgaben aus:

➜ Genehmigung von Flugplätzen, Flugplatzentgelten und Flughafenbenutzungsordnungen,
➜ Genehmigungen im Zusammenhang mit Bodenabfertigungsdiensten,
➜ Baugenehmigungen im Zusammenhang mit den Bauschutzbereichen der Flughäfen,
➜ Erlaubniserteilung für Privatflugzeugführer.

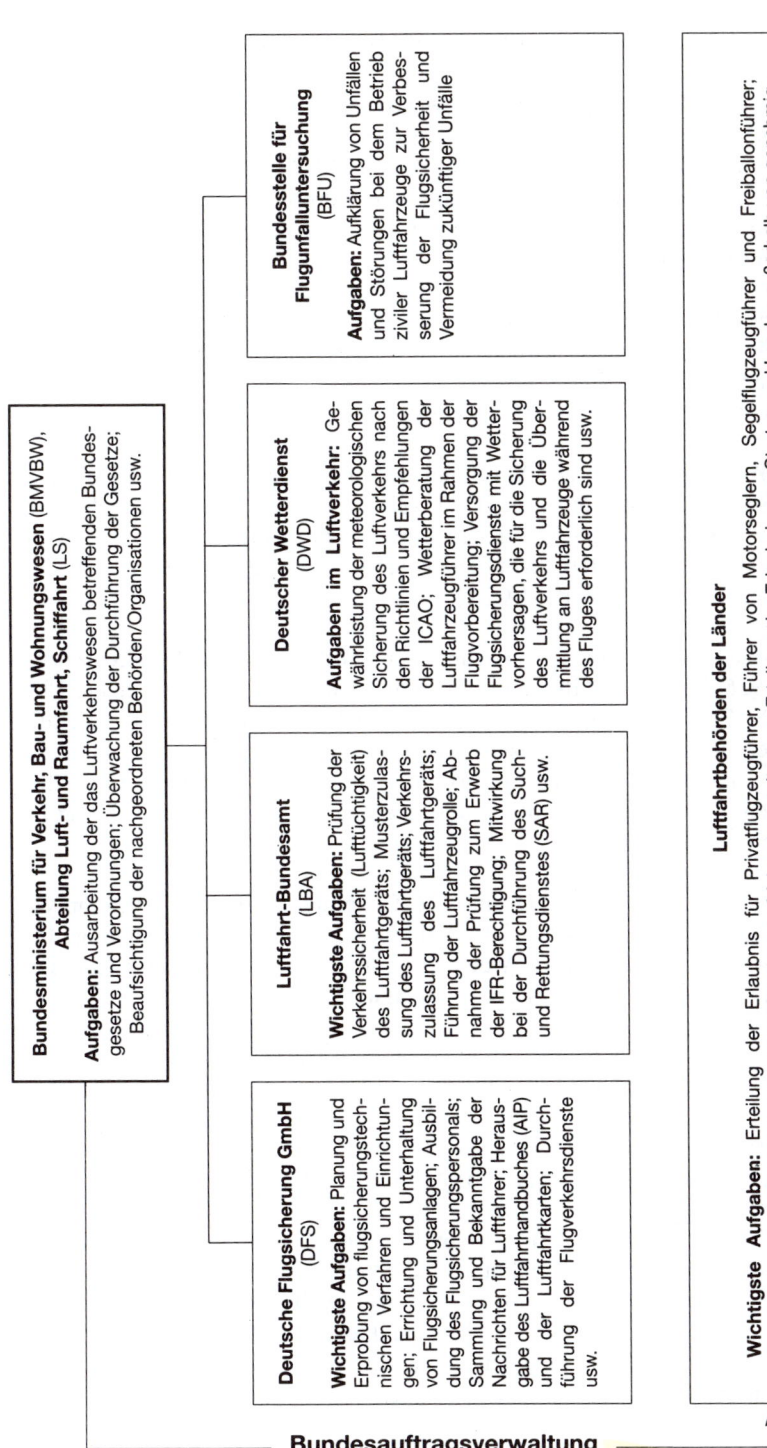

Bundesministerium für Verkehr, Bau- und Wohnungswesen (BMVBW), **Abteilung Luft- und Raumfahrt, Schiffahrt** (LS)

Aufgaben: Ausarbeitung der das Luftverkehrswesen betreffenden Bundesgesetze und Verordnungen; Überwachung der Durchführung der Gesetze; Beaufsichtigung der nachgeordneten Behörden/Organisationen usw.

Deutsche Flugsicherung GmbH (DFS)

Wichtigste Aufgaben: Planung und Erprobung von flugsicherungstechnischen Verfahren und Einrichtungen; Errichtung und Unterhaltung von Flugsicherungsanlagen; Ausbildung des Flugsicherungspersonals; Sammlung und Bekanntgabe der Nachrichten für Luftfahrer; Herausgabe des Luftfahrthandbuches (AIP) und der Luftfahrtkarten; Durchführung der Flugverkehrsdienste usw.

Luftfahrt-Bundesamt (LBA)

Wichtigste Aufgaben: Prüfung der Verkehrssicherheit (Lufttüchtigkeit) des Luftfahrtgeräts; Musterzulassung des Luftfahrtgeräts; Verkehrszulassung des Luftfahrtgeräts; Führung der Luftfahrzeugrolle; Abnahme der Prüfung zum Erwerb der IFR-Berechtigung; Mitwirkung bei der Durchführung des Such- und Rettungsdienstes (SAR) usw.

Deutscher Wetterdienst (DWD)

Aufgaben im Luftverkehr: Gewährleistung der meteorologischen Sicherung des Luftverkehrs nach den Richtlinien und Empfehlungen der ICAO; Wetterberatung der Luftfahrzeugführer im Rahmen der Flugvorbereitung; Versorgung der Flugsicherungsdienste mit Wettervorhersagen, die für die Sicherung des Luftverkehrs und die Übermittlung an Luftfahrzeuge während des Fluges erforderlich sind usw.

Bundesstelle für Flugunfalluntersuchung (BFU)

Aufgaben: Aufklärung von Unfällen und Störungen bei dem Betrieb ziviler Luftfahrzeuge zur Verbesserung der Flugsicherheit und Vermeidung zukünftiger Unfälle

Luftfahrtbehörden der Länder

Wichtigste Aufgaben: Erteilung der Erlaubnis für Privatflugzeugführer, Führer von Motorseglern, Segelflugzeugführer und Freiballonführer; Genehmigung von Flugplätzen; Genehmigung von Luftfahrtveranstaltungen; Erteilung der Erlaubnis zum Starten und Landen außerhalb von genehmigten Flugplätzen; Ausübung der Luftaufsicht, soweit diese nicht der DFS oder dem LBA übertragen ist; usw.

Bundesauftragsverwaltung

Abb. 54 Gliederung und Aufgaben der staatlichen Luftfahrtinstitutionen in der BRD (Quelle: KÜHR, W.: Luftrecht, S. 33)

5.1.2 Internationale Institutionen auf staatlicher Ebene

Die **International Civil Aviation Organization (ICAO)** mit Sitz in **Montreal** (Internetadresse: www.icao.org) ist eine weltweite Luftfahrtorganisation. In der **Konferenz von Chicago** vom 1.11. bis 7.12.1944, an der 52 Staaten auf Einladung der US-Regierung teilnahmen, sollten die Probleme des internationalen Luftverkehrs möglichst umfassend und einheitlich gelöst werden. Die wichtigsten **Ergebnisse dieser Konferenz** waren:

> ✈ das Abkommen über die Internationale Zivilluftfahrt (ICAO-Abkommen, auch Chicagoer Abkommen genannt, engl.: ICAO-Convention),
> ✈ die Gründung der Luftfahrtorganisation ICAO.

Gemäß eines Abkommens mit den Vereinten Nationen (UNO) hat die ICAO den Rang einer Sonderorganisation der UNO. Sie dient als öffentlich-rechtliche Vertretung aller am zivilen, internationalen Luftverkehr beteiligten und als UNO-Mitglied zugelassenen **Staaten** (Mitglieder sind also die Staaten, nicht die Fluggesellschaften wie z. B. bei der IATA).

Die **BRD** wurde mit der Wiedererlangung der Lufthoheit 67. Mitgliedsstaat, nachdem sie 1956 das ICAO-Abkommen ratifiziert hatte. Die ICAO hat heute 188 (Stand: Juni 2002) Mitgliedsstaaten. Sie hat selbst keine Hoheitsbefugnisse, die Richtlinien der ICAO müssen deshalb jeweils von den Vertragsstaaten in entsprechende nationale Rechtsvorschriften umgesetzt werden. Für die Mitgliedsstaaten besteht keine Verpflichtung, jede Richtlinie oder Empfehlung in nationales Recht umzusetzen.

Die wichtigsten **Organe der ICAO** sind die Generalversammlung (Assembly), der Rat (Council) und das Sekretariat. Während die Generalversammlung die Legislative darstellt, Haushalt und Arbeitsprogramm beschließt, überwacht der Rat als Exekutiv-Organ die Tätigkeit der fünf Ausschüsse:

> ✈ Air Navigation Commission (technische Angelegenheiten),
> ✈ Air Transport Committee (ökonomische Angelegenheiten),
> ✈ Legal Committee,
> ✈ Finance Committee,
> ✈ Committee on Joint Support of Air Navigation Services.

Zu den **Aufgaben der ICAO** zählt insbesondere die Förderung und Entwicklung der Zivilluftfahrt. Durch die Entwicklung und Standardisierung von Richtlinien auf allen Gebieten des zivilen Luftverkehrs soll weltweit die Flugsicherheit verbessert werden. Aktuelle Aufgabenschwerpunkte der ICAO sind Fragen des Umweltschutzes und die Einführung eines satellitengestützten Systems, das die Bereiche Kommunikation, Navigation, Überwachung und Lenkung des Luftverkehrs abdecken soll.

Die von der ICAO erarbeiteten Verfahren, Regelungen, Standardisierungen und Empfehlungen sind als **18 Anhänge (Annexe) zum ICAO-Abkommen** (siehe Kap. 6.2) veröffentlicht und von den einzelnen Mitgliedsstaaten weitgehend in nationales Recht umgesetzt (ratifiziert) worden. Beispiele für ICAO-Regelungen sind das ICAO-Alphabet, das ICAO-System der Verkehrsrechte („Freiheiten der Luft"), die Einordnung der Flugzeuge in Lärmkategorien oder die Bezeichnung der Flughäfen mit Vier-Letter-Codes (ICAO DOC 7910).

Die drei **Tätigkeitsbereiche** der ICAO Technik, Wirtschaft und Recht umfassen u. a.:

✈ Förderung des Baus und Betriebes von Flugzeugen, Entwicklung der Luftverkehrsstraßen, Flughäfen und Flugsicherungsanlagen,

✈ die Verbesserung der Flugsicherheit, Such- und Rettungsdienste,

✈ die Sicherung der Rechte der Vertragsstaaten und deren Möglichkeit zum Betrieb internationaler Fluggesellschaften,

✈ Regelungen, Standardisierungen und Empfehlungen im Bereich der Wetterdienste (z. B. ICAO-Standard-Atmosphäre), Funk- und Fernmeldewesen, Luftverkehrsregeln, Luftfahrtkarten.

Unter der Internetadresse www.icao.org können umfangreiche Informationen und Berichte zur ICAO abgerufen werden (Mitgliedsstaaten, Organisation, ICAO-Convention, ICAO-Annexe usw.)

Die **European Civil Aviation Conference (ECAC)** wurde 1955 in Straßburg gegründet. Ihr Sitz ist **Neuilly-sur-Seine bei Paris** (Internetadresse: www.ecac-ceac.org), sie ist eine in ihrer Reichweite auf den europäischen Raum begrenzte zivile Luftfahrtorganisation. Die ECAC sieht sich als europäischer Teil der ICAO und verfolgt in Anlehnung an die ICAO für Europa das Ziel, einen sicheren und wirtschaftlichen Luftverkehr, der auch der Umwelt gerecht wird, zu fördern. Die gefaßten Beschlüsse haben empfehlenden Charakter und bedürfen zu ihrer Inkraftsetzung der Umsetzung in nationales Recht der einzelnen Mitgliedsstaaten. Gegenwärtig gehören der ECAC 41 Staaten (Stand: Nov. 2002) an.

Die Europäische Organisation zur Sicherung der Luftfahrt **EUROCONTROL** mit Sitz in **Brüssel** (Internetadresse: www.eurocontrol.be) wurde 1960 gegründet und hat zur Zeit 31 Mitgliedsstaaten (Stand: Nov. 2002). Eurocontrol führt die Flugsicherungsdienste (ATC) im oberen Luftraum (in der BRD oberhalb Flight level 245 =24500 Fuß, ca. 8000m) mit Area Control Centern (ACCs, z. B. Maastricht, Karlsruhe, Zürich, Wien) durch und unterhält eine eigene Kontrollzentrale in Maastricht. Hauptaktivitäten von Eurocontrol sind:

✈ CFMU: die Central Flow Management Unit führt die Verkehrsfluß-steuerung für ECAC-Mitglieder und kooperierende Staaten durch (siehe nächste Seite),

✈ CODA: das Central Office for Delay Analysis untersucht Verspätungen im Luftverkehr,

✈ CRCO: das Central Route Charges Office ist verantwortlich für Kalkulation, Berechnung und Einzug der Flugsicherungsgebühren im Auftrag der Mitgliedsstaaten,

✈ EATMP: das European Air Traffic Management Programme versucht als Nachfolger von EATCHIP (European air traffic control harmonisation and integration program) die Flugsicherungssysteme in Europa zu vereinheitlichen,

✈ EEC: das Eurocontrol's Experimental Center führt Forschungs-, Entwicklungs- und Erprobungsarbeiten durch, um die Verkehrsflußsteuerung in Europa zu verbessern,

✈ IANS: das Eurocontrol Institute of Air Navigation Services in Luxemburg veranstaltet Ausbildungs- und Trainingsmaßnahmen,

✈ Maastricht UAC: das Kontrollzentrum in Maastricht (Upper Area Control Centre) kontrolliert den oberen Luftraum in Belgien, Luxemburg, den Niederlanden und Teilen von Deutschland.

Mit der 1996 neu geschaffenen **CFMU (Central Flow Management Unit)** in Brüssel (Internetadresse: www.cfmu.eurocontrol.be), die durch Eurocontrol betrieben wird, wird die Verkehrsflußsteuerung durch die Vergabe von Airway-Slots (auch ATC-Slots oder CTOT genannt) in 36 europäischen Ländern (ECAC-Mitgliedsstaaten) durchgeführt. Vor Inbetriebnahme der CFMU als Verteilerstelle für ATC-Kapazität mußten fünf Flow Management Units (London, Paris, Frankfurt, Madrid, Rom) Airway-Slots koordinieren. Ziele der CFMU sind:

✈ Verbesserung der Verkehrsflußsteuerung (Air traffic flow management) in Zusammenarbeit mit den nationalen ATC-Services, den Flughäfen und Fluggesellschaften bzw. Flugzeugbetreibern (Aircraft operators),

✈ Vermeiden der Kapazitätsüberlastung einzelner (nationaler) ATC-Stellen,

✈ Minimierung von Verspätungen für die Fluggesellschaften und Flugzeugbetreiber (Aircraft operators),

✈ Bereitstellung von Informationen für die am Flugverkehr beteiligten Nutzer (Fluggesellschaften, Flughäfen, ATC-Stellen).

Seit der Gründung der Eurocontrol ist es wegen Souveränitätsvorbehalten der Mitgliedsstaaten nicht möglich gewesen, ein umfassendes, einheitliches europäisches Flugsicherungssystem zu realisieren. Als Engpaßfaktor wirkt sich u. a. die unterschiedliche Qualität der Flugsicherung in den europäischen Ländern aus, die nur eine solche Mindeststaffelung von Flugzeugen zuläßt, wie das schwächste Glied der Kette verarbeiten kann. Da die Kontrolle des Luftraums in Europa den einzelnen Staaten obliegt, hat jedes Land sein eigenes Flugsicherungssystem. Daraus ergeben sich zur Zeit für Europa 49 ATC-Kontrollzentren mit 31 nationalen Systemen, 18 verschiedenen Hardwaresystemen mit 22 Betriebsystemen und 30 verschiedenen Programmiersprachen (AEA, Yearbook 2000, S. II-5).

Die **JAA (Joint Aviation Authorities) sind** ein Zusammenschluß von bisher 36 ECAC-Staaten (25 Mitglieder und 11 „Candidate members", Stand: Dez. 2001) mit Sitz in Hoofdorp/NL (Internetadresse: www.jaa.nl). Sie sind 1990 auf Zypern von zehn Zivilluftfahrtbehörden als "Associated Body" der ECAC gegründet worden. Die JAA sind eine Stiftung niederländischen Rechts, sie besitzen keine eigene Rechtsfähigkeit und können kein eigenes Recht setzen, das in den Mitgliedsstaaten unmittelbar gilt. Die Vorschriften und Regelungen der JAA bedürfen erst der Umsetzung und Anwendung in den einzelnen Mitgliedsstaaten.

Die Aufgabe der JAA besteht - ähnlich wie bei der amerikanischen FAA – darin, in Zusammenarbeit mit den nationalen und internationalen Behörden einheitliche Vorschriften (=**JARs: Joint Aviation Requirements**) hinsichtlich Konstruktion, Bau, Wartung, Betrieb von Flugzeugen sowie der Zulassung und Lizenzierung von Luftfahrtpersonal (Regulation, Certification, Maintenance, Operation und Licensing) herauszugeben.

So regeln z. B. die JAR-OPS den gewerblichen Luft- verkehr, die JAR-FCL1 (Flight Crew Licensing) die Lizensierung von Luftfahrtpersonal und die JAR-FCL3 (Flight Crew Medical Requirements) die medizinischen Untersuchungen des Luftfahrtpersonals.

Die wichtigsten **Organe der JAA** sind

- ✈ das JAA Board zur Festlegung der allgemeinen Politik, der Ziele, des Arbeitsprogrammes und Haushaltes der JAA,
- ✈ das JAA Committee zur Einleitung und Kontrolle von Maßnahmen zur Umsetzung der Ziele und der Erstellung von Vorschriften und Verfahren (JARs) durch spezielle Arbeitsgruppen,
- ✈ Fachcommittees für die einzelnen Bereiche wie Vorschriften, Musterzulassung, Instandhaltung, Betrieb, Lizenzierung, Forschung.

Die Zentrale wird von einem Generalsekretär, jeder Fachbereich von einem Direktor geleitet.

Schwachpunkte der JAA liegen darin, daß die JAA selbst keinerlei legislative Kraft haben, die Vorschriften in den Mitgliedsstaaten durchzusetzen oder die Umsetzung zu kontrollieren und daß für die Harmonisierung der technischen Vorschriften die EU zuständig ist, die Mitgliedsstaaten jedoch nicht alle Mitglieder der EU sind. Eine Lösung dieser Probleme bedeutet die Einführung einer gemeinschaftlichen Luftfahrtverwaltung, wobei die Mitgliedstaaten ihre hoheitlichen Rechte abgeben müßten.

Eine aktuelle Liste der Mitgliedsstaaten und der gültigen JARs mit den dazu gehörigen Berichtigungen enthalten die Internet-Seiten der JAA.

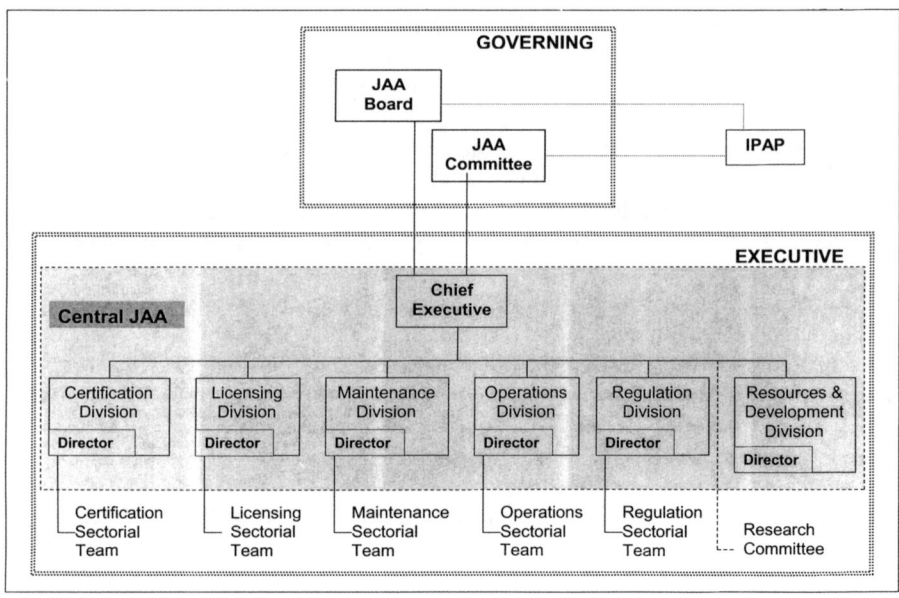

Abb. 55 Organisation der JAA
(Quelle: Internetseiten der JAA: www.jaa.nl)

Mit der Annahme der Verordnung (EG) 1592/2002 durch das Europäische Parlament und den EU-Rat wurde der Grundstein für die Einführung einer gemeinschaftlichen Luftfahrtverwaltung am 15. Juli 2002 gelegt. Die Verordnung macht den Weg frei zur Festlegung neuer gemeinsamer Vorschriften im Bereich Sicherheit und Umweltverträglichkeit der Zivilluftfahrt.

Ferner realisierte die EU mit dieser Verordnung die Errichtung der **EASA (European Aviation Safety Agency)**, einer unabhängigen und sowohl rechtlich als auch finanziell autonomen Europäischen Agentur für Flugsicherheit. Zunächst liegen ihre Durchführungsbefugnisse allerdings nur im Rahmen der Zulassung von Luftfahrzeugen sowie von Organisationen und Personen, die an deren Entwicklung, Produktion und Instandhaltung beteiligt sind. Die EU-Kommission wird dem europäischen Parlament und Rat mit Unterstützung der EASA geeignete

Vorschläge zur Erweiterung des Anwendungsbereichs der Verordnung auf alle Bereiche der Flugsicherheit vorlegen. Dies gilt insbesondere für den Betrieb von Luftfahrzeugen und die Zulassung der Flugbesatzung.

Die Aufgaben der EASA liegen u.a. in:

- → der Erstellung von Zulassungsspezifikationen für Luftfahrzeuge, Luftfahrzeugteile und –ausrüstungen,
- → der Erteilung der einschlägigen Musterzulassungen,
- → der Ausstellung von Umweltzeugnissen,
- → der Ausführung von Inspektionen bei den zuständigen Behörden und in Unternehmen der Mitgliedsstaaten,
- → der Unterstützung der Mitgliedstaaten bei der gemeinsamen Erfüllung der von der ICAO auferlegten Verpflichtungen,
- → der Unterstützung der Gemeinschaft bei der Schaffung hoher einheitlicher Standards für die Flugsicherung und den Umweltschutz in Europa sowie in der Steigerung der Effizienz durch Vermeidung von Doppelarbeit auf nationaler und europäischer Ebene.

Die **wichtigsten Organe** der EASA sind der Verwaltungsrat, der Exekutivdirektor und Beschwerdekammern. Der Exekutivdirektor wird vom Verwaltungsrat ernannt. Seine Aufgabe besteht in der Aufstellung des Haushaltetats, der Festlegung von Prioritäten und der Schaffung eines reibungslosen Arbeitsablaufs. Alle Entscheidungen zu Sicherheitsfragen werden von ihm getroffen und von den Beschwerdekammern kontrolliert.

5.2 Institutionen auf privatwirtschaftlicher Ebene

Privatwirtschaftliche Institutionen vertreten primär die Interessen ihrer Mitglieder und erstellen Dienstleistungen für die Mitgliedsunternehmen.

5.2.1 Nationale Institutionen auf privatwirtschaftlicher Ebene

Die **Arbeitsgemeinschaft Deutscher Luftfahrt-Unternehmen (ADL)** mit Sitz in Bonn (Internetadresse: www.adl-bonn.de) wurde 1976 gegründet und vertritt die Interessen der sieben deutschen Ferienfluggesellschaften (LTU, Aero Lloyd, Air Berlin, Thomas Cook/Condor, TUI/: Hapag-Lloyd, Britannia und Germania), gegenüber Öffentlichkeit, Parlament, Behörden, Flughäfen, Flugsicherung sowie nationalen und internationalen Organisationen. Arbeitsschwerpunkte der ADL sind verkehrspolitische, wirtschaftliche und verkehrstechnische Belange der Mitgliedsunternehmen, wie z. B. drohende Nachtflugverbote, Preiserhöhungen von Flughäfen, Kerosinsteuer und Lärmabgaben.

Die **Arbeitsgemeinschaft Deutscher Verkehrsflughäfen (ADV)** wurde 1947 in Stuttgart gegründet (Internetadresse: www.adv-net.org). Sie vertritt als Bundesverband der deutschen Flughäfen die gemeinsamen Interessen der Mitglieder und setzt sich für ein leistungsstarkes deutsches Flughafensystem ein. **Mitglieder** sind alle internationalen Verkehrsflughäfen und zur Zeit 43 Regionalflughäfen und Verkehrslandeplätze in Deutschland; einige benachbarte Flugplätze in der Schweiz und in Österreich sind assoziiert.

Aufgaben und Ziele der ADV sind:

- ✈ Förderung der Zusammenarbeit der Mitglieder in allen flughafenrelevanten Fragen z. B. auf den Gebieten Recht, Wirtschaft, Bau, Technik, Betrieb, Umweltschutz, Verkehr, Personal- und Sozialwesen und Öffentlichkeitsarbeit,
- ✈ wissenschaftliche Studien und Mitwirkung bei Forschungsprojekten (vgl. die Publikationen und Dokumentationen der ADV, insbesondere die Forschungs-, Arbeits- und statistischen Berichte unter www.adv-net.org/de/gfx/publikationen.php,
- ✈ Interessenvertretung der deutschen Flughäfen,
- ✈ Beratung der zuständigen nationalen und internationalen Behörden bei Gesetzesvorhaben und bei der Durchführung gesetzlicher Maßnahmen,
- ✈ Kooperation mit nationalen und internationalen Organisationen und Verbänden des Verkehrswesens,
- ✈ Veröffentlichung von Statistiken u.a. der „Statistik der deutschen Verkehrsflughäfen".

Gremien der ADV sind Mitgliederversammlung, Verwaltungsrat, Direktorium und Vorstand. Fachausschüsse sind zu folgenden Bereichen eingerichtet worden: Recht und Sicherheit, Personal- und Sozialwesen, Wirtschaft, Betrieb und Technik, Umwelt, Planung und Bau, Verkehr, Öffentlichkeitsarbeit und Regionalverkehrsflughäfen.

Das **Board of Airline Representatives in Germany (BARIG)** mit Sitz in Frankfurt (Internetadresse: www.barig.org) wurde 1951 gegründet und vertritt die Interessen aller Fluggesellschaften, die im deutschen Markt tätig sind.

Mitglieder können Fluggesellschaften mit vertrieblicher oder operationeller Präsenz in Deutschland werden. Zur Zeit hat das BARIG 106 Mitglieder in Deutschland. BARIG setzt sich für die Verbesserung der wirtschaftlichen und operationellen Bedingungen der Airlines in Deutschland ein und beteiligt sich an allen wichtigen luftfahrtpolitischen Diskussionen, Gesetzgebungsverfahren und anderen Vorhaben dieser Art und veröffentlicht hierzu entsprechende BARIG-Resolutionen (Internet: www.barig.org/dresolut.htm).

Darüberhinaus legt das BARIG monatlich Devisenverrechnungskurse (= BARIG-Rate) fest, mit der Flugtickets in andere Währungen umgerechnet werden.

5.2.2 Internationale Institutionen auf privatwirtschaftlicher Ebene

Die **Association of European Airlines (AEA)** mit Sitz in Brüssel (Internetadresse: www.aea.be) repräsentiert 30 europäische Airlines. Um Mitglied werden zu können, muß eine Fluggesellschaft in einem ECAC-Staat registriert sein, wobei es keine Rolle spielt, um welche Art von Airline (Passage-, Cargo-, Regional-, Touristik-Carrier) es sich handelt. Schwerpunkte der AEA-Tätigkeit liegen in

→ der Interessenvertretung ihrer Mitglieder gegenüber den Institutionen der EU, der ECAC, und anderen Organisationen,
→ der Förderung der Kooperation ihrer Mitglieder untereinander,
→ der Bereitstellung von Daten und Analysen zur Entwicklung des europäischen Luftverkehrs.

Einen umfassenden Einblick in die Arbeit der AEA erlauben die Internet-Seiten, die auch das AEA Yearbook, Pressemitteilungen und Veröffentlichungen enthalten.

Die **European Regions Airline Association (ERA)** wurde 1980 in Zürich gegründet und hat ihren Sitz heute am Fairoaks Airport in Surrey/England (Internetadresse: www. eraa.org). Sie ist eine Organisation der europäischen Regionalflugindustrie, Mitglieder sind 80 Regionalfluggesellschaften sowie 45 Flughäfen und über 125 andere Unternehmen, hauptsächlich aus der Luftfahrtindustrie (Flugzeug- und Triebwerkhersteller). Hauptziel ist die Interessenvertretung der Mitglieder und die Entwicklung des Regional-flugverkehrs. ERA-Arbeitsgruppen wurden zu folgenden Bereichen eingerichtet: Flugsicherheit, Luftverkehrspolitik, Infrastruktur und Umwelt, Wartung, Flugbetrieb und Logistik/Versorgung.

Das **Airports Council International (ACI)** mit Sitz in Genf (Internetadresse: www.airports.org) wurde 1991 gegründet und ist die Weltorganisation der Flughäfen. Vorrangiger Zweck als „voice of the world´s airports" ist die Interessenvertretung und die Förderung der Zusammenarbeit zwischen den Flughäfen mit dem Ziel, den Luftverkehr global sicherer, effizienter und umwelt-verträglicher zu machen. Das ACI umfaßt 535 Flughäfen und Airport Authorities als Mitglieder, so daß insgesamt über 1400 Flughäfen aus 168 Ländern weltweit vertreten werden. Die Kooperation innerhalb der 6 geographischen Regionen des ACI umfaßt die Bereiche Wirtschaftlichkeit, Umwelt, Einrichtungen, Sicherheit und technische Zuverlässigkeit. Das ACI veröffentlicht u. a. das „Airport World Magazine" und umfangreiches statistisches Material.

Die **Société Internationale de Télécommunications Aéronautiques (SITA)** mit Sitz in Brüssel wurde 1949 gegründet (Internetadresse : www.sita.int). SITA's Kunden sind Airlines, Luftfrachtorganisationen, Flughäfen, staatliche Organisationen sowie Unternehmen der Tourismus- und Luftfahrtindustrie. SITA betreibt heute in 220 Ländern für über 1800 Kunden ein globales Informations- und Telekommunikationsnetzwerk (voice and data services) und bietet zahlreiche auf die Branche zugeschnittene IT-Anwendungen an. Die Nutzung dieser Dienste erleichtert der Luftfahrt die weltweite Zusammenarbeit und spart in großem Umfang Kommunikationskosten.

SITA stellt IT- und Kommunikations-Lösungen u. a. für folgende Bereiche bereit:

- ✈ das Computerreservierungssystem GABRIEL für Flugbuchung und Reservierung,
- ✈ das Check-in-System CUTE (Common Use Terminal Equipment),
- ✈ den Gepäcksuchdienst WorldTracer für verlorenes und beschädigtes Gepäck,
- ✈ den In-Flight-Service SATELLITE AIRCOM, ein System zur Boden-Bord-Telefonie für Passagiere,
- ✈ die Kommunikationsysteme SITATEX oder SITAMAIL zum Austausch von Nachrichten, Faxen und Telexen zwischen den am Luftverkehr beteiligten Institutionen und Unternehmen.

In Europa ist SITA Acars-Provider. Acars (airborne communications adressing and reporting system) dient der Boden-Bord-(Cockpit)-Kommunikation und er- laubt Bodenstellen den Austausch von Meldungen mit dem Flugzeugcockpit (z. B. Loadsheets) über ein SITA-Terminal.

Die **International Air Transport Association (IATA)** wurde 1945 als Dachverband der Linienfluggesellschaften in Havanna gegründet und ist die Nachfolgeorganisation der 1919 in Den Haag gegründeten International Air Traffic Association. Hauptsitz der IATA ist Montreal und Genf (Internetadresse: www.iata.org).

Der IATA sind insgesamt 273 Fluggesellschaften angeschlossen, die zusammen über 95 % des internationalen Linienverkehrs abwickeln. Mitglieder sind die **Fluggesellschaften, nicht die Staaten** wie bei der ICAO. Die **Mitgliedschaft** steht heute allen Fluggesellschaften offen, die in einem Staat zugelassen sind, der Mitglied der ICAO ist oder in diese wählbar ist. Aktive Mitglieder können nur Fluggesellschaften mit internationalem Streckennetz werden; reine Inlandsfluggesellschaften können nur assoziierte Mitglieder werden und erhalten kein Stimmrecht. Die Deutsche Lufthansa ist seit 1955 Mitglied der IATA.

Ziel der IATA war es, die Grundlage für eine wirtschaftliche, sichere und standardisierte Durchführung des internationalen kommerziellen Luftverkehrs zu schaffen. Standardisierungen der IATA betreffen z. B. einheitliche Tarife, Flugscheine, Beförderungsbedingungen, Dokumentenverrechnung oder Agenturzulassung.

Die wichtigste Funktion der IATA war bis in die 70er Jahre unzweifelhaft die Festlegung der Flugtarife durch die IATA-Verkehrskonferenzen. Diese weltweite Tarifabstimmung wurde seit Ende der 70er Jahre zunehmend als ein wettbewerbshemmendes **Preiskartell** zur Sicherung auskömmlicher Preise angesehen. Die Tarifkoordination durch die IATA-Teilkonferenzen wurde in mehreren Luftverkehrsabkommen aus Wettbewerbsgründen verboten; gleichzeitig unterliefen Fluggesellschaften das IATA-Tarifgefüge durch die Duldung von Graumarktflugpreisen.

Dieser **Funktionsverlust der IATA** führte zu einem Bedeutungswandel und einer Neudefinition ihrer Ziele. Die IATA entwickelte sich zu einem Verband, der die Airline-Industrie repräsentiert und Dienstleistungen für sie erstellt. Produkte und Services, welche die IATA heute für ihre Mitglieder, für andere Airlines (Non-IATA-Airlines) und für die Tourismusindustrie erstellt, sind z. B.

→ Clearing House:
  Das IATA-Clearing-House in Genf (gegründet 1947) dient als Verrechnungsstelle für verbundene Leistungen im Linienflugverkehr aufgrund eines Flugscheins. Basis der Verrechnung sind Interline-Abkommen zwischen den Fluggesellschaften. Die Abrechnung der Airlines untereinander wird über das IATA-Clearing-House abgewickelt, das auch Non-IATA-Airlines offen steht. Durch das Interlinesystem (Interlining = gegenseitige Anerkennung von Beförderungsdokumenten und Beförderungsbedingungen sowie Verrechnung dieser Dokumente nach gemeinsam festgelegten Verfahrens- und Abrechnungsmodalitäten) ist es möglich, einen Flugschein für die Beförderung mit unterschiedlichen Airlines auszustellen, so daß ein Passagier ein IATA-Ticket in einer Währung bei einer Airline kaufen und anschließend mit verschiedenen Airlines in unterschiedlichen Ländern ausfliegen kann. Die gegenseitigen Ansprüche der Airlines werden im Clearing-Verfahren saldiert und untereinander verrechnet. Dadurch muß eine Airline nur noch mit dem Clearing-House und nicht mehr mit einer Vielzahl anderer Airlines in verschiedenen Währungen einzeln abrechnen. Da im wachsenden Wettbewerb immer mehr Airlines dazu übergegangen sind, eigene Preise und Produkte zu eigenen Beförderungsbedingungen anzubieten, wird es immer schwieriger, die Beförderungsdokumente anderer Airlines auf eigenen Diensten anzuerkennen.

➔ Standardisierung von Verfahren und Dokumenten (z. B. IATA-Standardvertrag für Bodenabfertigung zwischen Airlines und Handling-Agenten, Standard-Beförderungsbedingungen, ATB-Ticket).
➔ IATA-Yieldmanagement-Service: Installation, Training, Wartung und Beratung für Yieldmanagementsysteme, speziell für mittlere und kleinere Airlines.
➔ Training: Management-Training-Programme, MBA-Programme, Kurse für IATA-Agenten in Reisebüros.
➔ Ökonomische Analysen, Marktanalysen, Prognosen des Weltluftverkehrs.
➔ Organisation von Konferenzen: IATA-Flugplankonferenzen (Vergabe von Airport-Slots), Konferenzen zu luftverkehrsspezifischen Themen wie Flugzeug-Finanzierung, Tourismus oder „Dangerous goods".
➔ Veröffentlichungen: „Dangerous Goods Regulations", „World Air Transport Statistics", "Worldwide Scheduling Guidelines" u. a.
➔ Tarif Koordination in einigen Tarifkonferenzgebieten der Erde.

Umfangreiche Informationen über die IATA enthält der IATA Guide (IATA 1-2-3), der als Download im Internet unter www.iata.org/guide/iataguide.pdf erhältlich ist.

5.3 Luftfahrtinstitutionen in den USA

Wegen ihrer großen Bedeutung für den globalen Luftverkehr sind folgende Institutionen der USA zu erwähnen:

➔ **DOT (Department of Transportation)**
Verkehrsministerium der USA, Washington D.C. (Internetadresse: www.dot.gov),

➔ **NTSB (National Transportation Safety Board)**
Unfalluntersuchungsbehörde, Washington D.C.
(Internetadresse www.ntsb.gov),

➔ **FAA (Federal Aviation Administration)**
(Internetadresse: www.faa.gov) mit Sitz in Washington D.C.

Die FAA ist eine Lenkungs- und Aufsichtsbehörde ähnlich dem deutschen Luftfahrtbundesamt mit vorwiegend technischen Funktionen zur Förderung und Gewährleistung der Sicherheit und Leistungsfähigkeit der amerikanischen Luftfahrt.
Sie ist darüber hinaus für die Flugsicherung (ATC) in den USA zuständig.

Da mit Boeing der weltgrößte Flugzeughersteller in den USA seinen Sitz hat, fallen auch die entsprechenden Flugzeug-Musterzulassungen in den Aufgabenbereich der FAA.

Die von der FAA herausgegebenen Bau- und Betriebsvorschriften FARs (Federal Aviation Requirements) werden in der Praxis oft von den Luftfahrtbehörden der einzelnen Länder (BRD: LBA) übernommen, in entsprechende nationale Regelungen umgesetzt und dadurch weltweit beachtet. Viele europäische Vorschriften basieren auf entsprechenden FARs.

Hinweis auf **weitere Informationsquellen:**

- ✈ REUSS, T.: Jahrbuch der Luft- und Raumfahrt 2002,
- ✈ KÜHR, W.: Luftrecht, Luftverkehrs- und Flugsicherungsvorschriften,
- ✈ Die aktuellsten und umfangreichsten Informationen über die einzelnen Institutionen liefern die angegebenen Internetadressen der jeweiligen Organisation.

6 Ausgewählte Grundlagen des Luftverkehrsrechts

Die in diesem Buch behandelten Rechtsgrundlagen stellen eine gezielte Auswahl und eine kurze Einführung in den Komplex des Luftverkehrsrechtes dar. Weitergehende Informationen enthalten die jeweiligen Gesetzestexte bzw. die Texte der Abkommen und Kommentare (siehe hierzu auch die „Hinweise auf weitere Informationsquellen" und die Angaben im Literaturverzeichnis).

Unter dem Begriff „**Luftverkehrsrecht**" versteht man die Gesamtheit aller rechtlichen Normen, die sich auf die Luftfahrt, die Luftfahrzeuge und den Luftraum beziehen. Luftrecht läßt sich einteilen in:

> ✦ privates und öffentliches Recht,
> ✦ nationales und internationales Recht.

Öffentliches Luftverkehrsrecht regelt insbesondere die Zulassung und den Betrieb des Luftfahrtgerätes und der Flugplätze sowie die Zulassung des Luftfahrtpersonals.

Gegenstand des privaten Luftverkehrsrechts sind beispielsweise Haftungsfragen im Zusammenhang mit dem Betrieb von Luftfahrzeugen, Rechte an Luftfahrzeugen oder die Benutzung der Flugplätze.

Nationale Rechtsvorschriften haben infolge der jedem Staat zuerkannten Lufthoheit jeweils nur für den Luftverkehr innerhalb eines Staates Geltung. Diese Rechtsnormen können von Staat zu Staat sehr unterschiedlich sein. Im folgenden sollen deshalb nur die deutschen Rechtsnormen behandelt werden, die für den innerdeutschen Luftverkehr gelten.
Rechtsbeziehungen, die im grenzüberschreitenden Luftverkehr auftreten, werden vom internationalen Luftverkehrsrecht erfaßt.

6.1. Nationale Rechtsvorschriften

Das **Grundgesetz (GG)** ist die wichtigste Rechtsgrundlage für die Gesetzgebung im Luftverkehr. Nach Artikel **73 Ziffer 6 GG** hat der Bund die ausschließliche Gesetzgebungskompetenz für den Luftverkehr. Alle Gesetze auf dem Gebiet des Luftverkehrs sind **Bundesgesetze.** Die Bundesländer haben auf diesem Gebiet keine Gesetzgebungsbefugnis.

Das **Luftverkehrsgesetz (LuftVG)** ist die wichtigste Rechtsgrundlage für das deutsche Luftrecht. Die erste Fassung trat schon 1922 in Kraft. Heute ist das LuftVG in der Neufassung vom 27. März 1999 gültig. Das LuftVG wird auch in Zukunft – insbesondere unter Berücksichtigung von EU-Rechtsnormen – ständig verändert werden müssen. Weitere Gesetze des deutschen Luftverkehrsrechts sind **das Gesetz über das Luftfahrt-Bundesamt, das Gesetz über Rechte an Luftfahrzeugen, das Gesetz zum Schutz gegen Fluglärm (FluglärmG), das Gesetz** über die Untersuchung von Unfällen und Störungen bei dem Betrieb ziviler **Luftfahrzeuge (FlUUG)** und das **Luftverkehrsnachweissicherungsgesetz (LuftNaSiG)** von 1997 (vgl. Kap. 1.5.2).

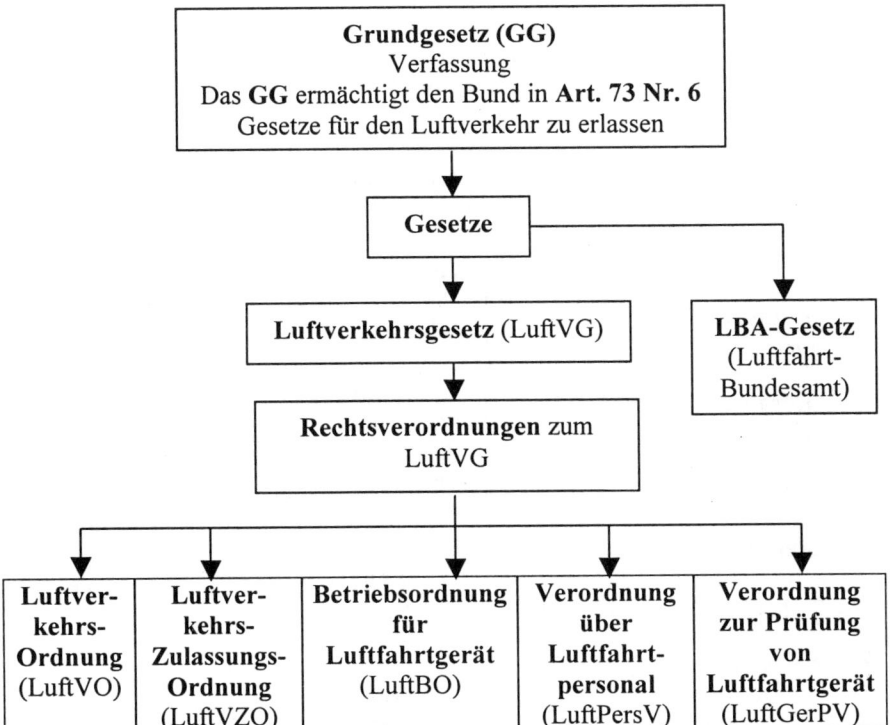

Abb. 56 Einteilung des deutschen Luftverkehrsrechts
(Quelle: KÜHR, W.: Luftrecht, S. 11)

Das **LuftVG** enthält grundlegende gesetzliche Vorschriften für den gesamten Bereich des Luftrechts sowie in § 31 Abs. 2 eine Aufzählung der Aufgaben, die den Landesluftfahrtbehörden im Auftrag des Bundes zugewiesen worden sind. Durch das Änderungsgesetz zum LuftVG vom 25.08.1998 ist die Grundlage geschaffen worden, verstärkt Daten im Bereich des Luftverkehrs zu erfassen. Folgende Dateien sind eingerichtet worden:

- ✈ Luftfahrzeugdatei zur Überwachung der Verkehrssicherheit aller im Inland zugelassenen Luftfahrzeuge,
- ✈ zentrale Luftfahrerdatei und Luftfahrereignisdatei mit Daten über die Lizenzen und den Entzug von Lizenzen des einzelnen Luftfahrers,
- ✈ Deliktsregister, in dem luftrechtliche Straftaten und Ordnungswidrigkeiten eingetragen werden.

Das LuftVG gliedert sich in fünf Abschnitte:

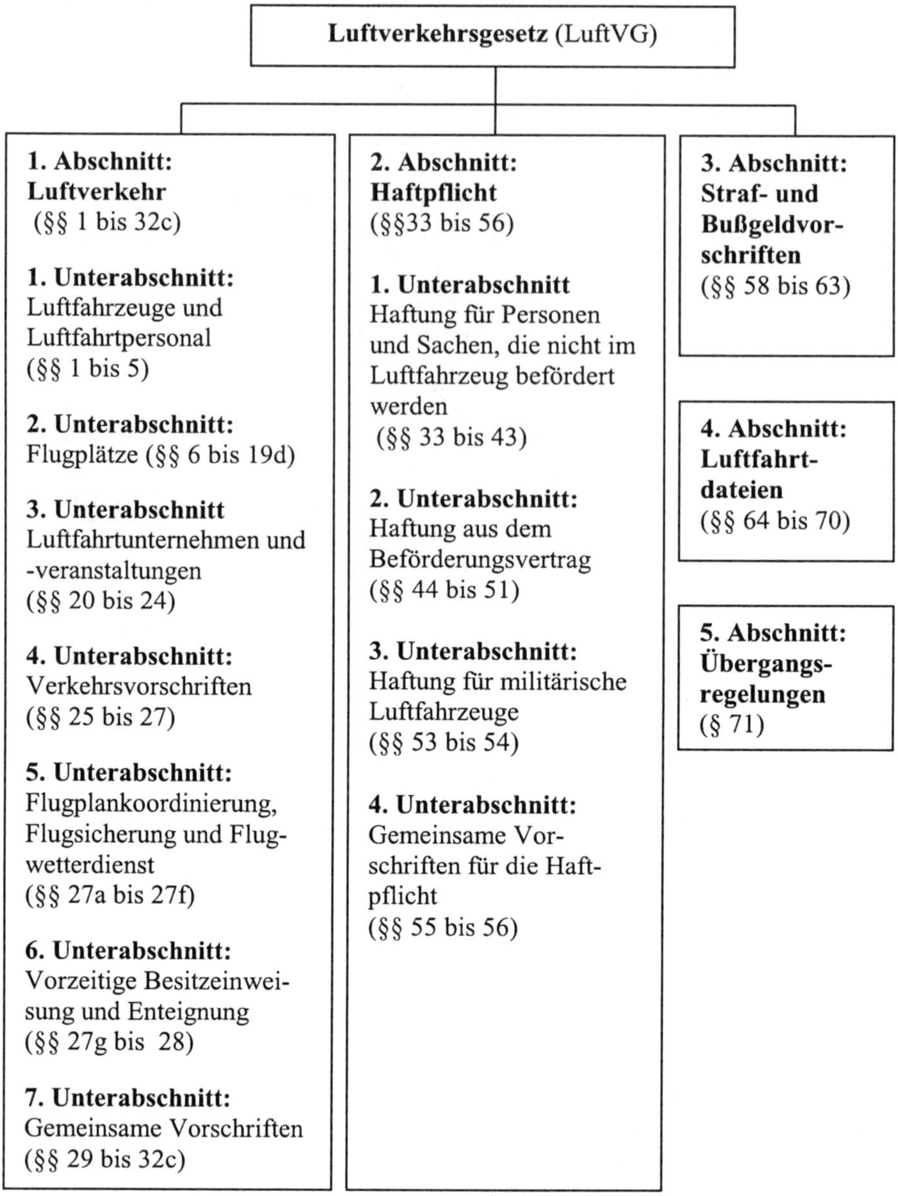

Luftverkehrsgesetz (LuftVG)

1. Abschnitt:
Luftverkehr
(§§ 1 bis 32c)

1. Unterabschnitt:
Luftfahrzeuge und
Luftfahrtpersonal
(§§ 1 bis 5)

2. Unterabschnitt:
Flugplätze (§§ 6 bis 19d)

3. Unterabschnitt
Luftfahrtunternehmen und
-veranstaltungen
(§§ 20 bis 24)

4. Unterabschnitt:
Verkehrsvorschriften
(§§ 25 bis 27)

5. Unterabschnitt:
Flugplankoordinierung,
Flugsicherung und Flug-
wetterdienst
(§§ 27a bis 27f)

6. Unterabschnitt:
Vorzeitige Besitzeinwei-
sung und Enteignung
(§§ 27g bis 28)

7. Unterabschnitt:
Gemeinsame Vorschriften
(§§ 29 bis 32c)

2. Abschnitt:
Haftpflicht
(§§33 bis 56)

1. Unterabschnitt
Haftung für Personen
und Sachen, die nicht im
Luftfahrzeug befördert
werden
(§§ 33 bis 43)

2. Unterabschnitt:
Haftung aus dem
Beförderungsvertrag
(§§ 44 bis 51)

3. Unterabschnitt:
Haftung für militärische
Luftfahrzeuge
(§§ 53 bis 54)

4. Unterabschnitt:
Gemeinsame Vor-
schriften für die Haft-
pflicht
(§§ 55 bis 56)

3. Abschnitt:
Straf- und
Bußgeldvor-
schriften
(§§ 58 bis 63)

4. Abschnitt:
Luftfahrt-
dateien
(§§ 64 bis 70)

5. Abschnitt:
Übergangs-
regelungen
(§ 71)

Abb. 57 Gliederung des Luftverkehrsgesetzes (LuftVG)

Der Unterabschnitt Luftfahrzeuge und Luftfahrtpersonal (§§ 1 bis 5 LuftVG) enthält neben einer Definition des Begriffs „Luftfahrzeuge" (§ 1) Regelungen zur Zulassung von Luftfahrzeugen und zur Luftfahrzeugrolle (§§ 2 und 3) sowie zur Lizenzierung und Ausbildung von Luftfahrzeugführern.

Im Unterabschnitt Flugplätze (§§ 6 bis 19d) werden die einzelnen Arten der Flugplätze näher definiert und in Gruppen unterteilt, darüber hinaus wird das Genehmigungsverfahren für Flugplätze festgelegt.

Der § 19b regelt die Pflicht des Flughafen-Unternehmers zur Sicherung des Flughafenbetriebs, während die Betriebssicherungspflicht des Luftfahrtunternehmers (der Airline) im § 20a enthalten ist.

Rechtsgrundlagen für die Flughafenkoordination (Vergabe von Airportslots), die Flugsicherung (DFS) und den Flugwetterdienst (DWD) enthalten die §§ 27a bis f.

Obwohl das LuftVG den Kern des deutschen Luftrechts darstellt, enthält es nur wesentliche Grundlinien. Die Rechtsverordnungen zum LuftVG regeln Einzelfragen des Gesetzes oder führen sie näher aus. Der § 32 LuftVG enthält die Ermächtigung für den Bundesminister für Verkehr, Bau- und Wohnungswesen (BMVBW) zum Erlaß von Rechtsverordnungen zur Durchführung des LuftVG.

Die **Luftverkehrs-Ordnung (LuftVO)** enthält Verkehrsregeln und Verkehrsvorschriften für die Teilnahme am Luftverkehr und kann mit der Straßenverkehrs-Ordnung verglichen werden. Die LuftVO berücksichtigt im wesentlichen die Bestimmungen des Annex 2 („Rules of the Air") zum ICAO-Abkommen und enthält z. B. Sichtflugregeln und Instrumentenflugregeln.

Die **Luftverkehrs-Zulassungs-Ordnung (LuftVZO)** regelt die Voraussetzungen für die Teilnahme am Luftverkehr und enthält fast ausschließlich Zulassungsvorschriften (Zulassungsverfahren, Zulassungsbehörden) für das Luftfahrtgerät, das Luftfahrtpersonal, die Luftfahrtunternehmen und die Flugplätze.

Die **Betriebsordnung für Luftfahrtgerät (LuftBO)** richtet sich an die Halter von Luftfahrzeugen und die Luftfahrzeugführer und enthält:

- ✈ technische Betriebsvorschriften (zulässige Betriebszeiten des Luftfahrtgeräts, Instandhaltung, Bordbuch, technische Betriebshandbücher),
- ✈ Ausrüstungsvorschriften (Grundausrüstung, Flugsicherungsausrüstung und Ergänzungsausrüstung wie Anschnallgurte, Rettungsausrüstung, Enteisungsanlagen usw.),
- ✈ Flugbetriebsvorschriften (Checklisten, Führung des Bordbuches, Flugdurchführungsplan, Zusammensetzung der Besatzung, Verhalten der Besatzung im Flugbetrieb, Flugzeiten, Flugdienstzeiten und Ruhezeiten von berufsmäßig tätigen Besatzungen).

Das Luftfahrt-Bundesamt (LBA) hat zur LuftBO sechs **Durchführungsverordnungen (DVOs)** erlassen, in denen Einzelheiten zur LuftBO geregelt sind. Die 2. DVO regelt Flug,- Flugdienst- und Ruhezeiten von Besatzungsmitgliedern in Luftfahrtunternehmen bei berufsmäßiger Betätigung sowie Dienst- und Ruhezeiten von Flugdienstberatern. Die 5. DVO enthält Anwendungsbestimmungen zu den JAR-OPS1 (vgl. Kap. 6.3.3).

Die **Verordnung über Luftfahrtpersonal (LuftPersV)** regelt Erlaubnisse und Berechtigungen für das Luftfahrtpersonal wie z. B. durchzuführende Prüfungen, Erteilung, Umfang, Gültigkeitsdauer, Verlängerung der einzelnen Lizenzen für Flugzeugführer.

Die **Verordnung zur Prüfung von Luftfahrtgerät (LuftGerPV)** enthält Regelungen sowohl für die Prüfungsverfahren wie auch die Anforderungen an die Lufttüchtigkeit eines Luftfahrzeuges im Rahmen der Herstellung, Entwicklung und laufenden Instandhaltung.

Das **Gesetz zum Schutz gegen Fluglärm (FluglärmG)** von 1971 enthält im wesentlichen Vorschriften zum Schutz der Bevölkerung vor Belästigungen durch Fluglärm in der Umgebung von Flugplätzen. Durch dieses Gesetz werden für Flughäfen mit Betrieb von Strahlflugzeugen (Jets) Lärmschutzbereiche festgelegt.

Der Lärmschutzbereich wird in zwei Schutzzonen gegliedert, wobei Schutzzone 1 den inneren Bereich um den Flugplatz mit einem Dauerschallpegel über 75 dB(A) einschließt und Schutzzone 2 den äußeren Bereich bis zu 67 dB(A).

Darüber hinaus enthält das Gesetz Vorschriften über Bauverbote in Lärmschutz-bereichen, Schallschutz im Hochbau oder Entschädigungen bei Bauverboten. Im gesamten Lärmschutzbereich dürfen keine Krankenhäuser, Altenheime, Erholungsheime, Schulen und ähnliches gebaut werden, in der Schutzzone 1 keine Wohnungen. Für den Wohnungsbau gibt es Ausnahmeregelungen, wenn bestimmte bauliche Schallschutzmaßnahmen getroffen werden.

Durch das **Gesetz über die Untersuchung von Unfällen und Störungen bei dem Betrieb ziviler Luftfahrzeuge (Flugunfall-Untersuchungs-Gesetz FlUUG)** von 1998 wurde der Bereich der Flugunfalluntersuchung in Deutschland erstmals auf eine gesetzliche Grundlage gestellt. Zweck des Gesetzes ist die Aufklärung von Unfällen, durch die künftige Störungen und Zwischenfälle verhindert werden sollen. Die Zuständigkeit für diese Untersuchungen liegt bei der Bundesstelle für Flugunfall-Untersuchung in Braunschweig.

Der Verkehr auf den Flughäfen und Landeplätzen wird durch eine von der Luftfahrtbehörde des entsprechenden Bundeslandes (Landesverkehrsministerium) genehmigten **Flughafenbenutzungsordnung (FBO)** des Flughafenunternehmers/ Landeplatzhalters geregelt. Die Benutzungsordnung enthält neben einer Beschreibung der technisch-operativen Einrichtungen (Flugbetriebsanlagen) des Flughafens Regeln und Vorschriften für die Benutzung der Betriebsflächen des Flughafens.

Flughafenbenutzungsordnung des Flughafens Frankfurt

Inhaltsverzeichnis

Teil I
Beschreibung des Flughafens

1   Gelände des Flughafens
2   Allgemeine Angaben
     (Flugbetriebsanlagen, Einrichtungen, Betriebszeit)
3   Wetterverhältnisse
4   Optische Bodenhilfen
5   Bauschutzbereich
6   Luftfahrthindernisse
7   Flughafenunternehmer und die
     behördlichen Dienststellen auf
     dem Flughafen
8   Verkehrsanbindungen und
     verfügbare Verkehrsmittel

Teil II
Benutzungsvorschriften

**1   Anwendbarkeit der
      Benutzungsordnung**

2   Benutzung mit Luftfahrzeugen
2.1 Befugnis zum Starten und
     Landen
2.2 Start- und Landeinrichtungen
2.3 Rollen und Schleppen
2.4 Abfertigungsvorfeld
2.5 Verkehrsabfertigung
2.6 Abstellen und Unterstellen
2.7 Lärmschutz
2.8 Betriebsstoffversorgung
2.9 Wartungsarbeiten, Waschen,
     Enteisen
2.10 Bewegungsunfähige
     Luftfahrzeuge

3   Betreten und Befahren
3.1 Straßen, Plätze, Eingänge
3.2 Fahrzeugverkehr
3.3 Nicht allgemein zugängliche
     Anlagen
3.4 Mitführen von Tieren

4   Sonstige Betätigung
     (Gewerbliche Betätigung
     außerhalb der Bodenabfertigungsdienste, Werbungen,
     Lagerung, Bauarbeiten)
5   Sicherheitsbestimmungen
6   Fundsachen
7   Verunreinigungen, Abwässer
**8   Einwilligungen und
      Erlaubnisse**
**9   Zuwiderhandlungen gegen
      die Flughafen-Benutzungsordnung**
**10   Erfüllungsort und
      Gerichtsstand**
11   Zustellungsbevollmächtigter

Anhang A
**Sicherheitsbestimmungen zum
Teil II Nr. 5 der Flughafen-
Benutzungsordnung**

1   Umgang mit Betriebsstoffen
2   Betrieb von Luftfahrzeug-
     Triebwerken
3   Rauchverbot, Umgang mit
     Offenem Feuer
4   Fahrzeuge und Geräte mit
     Verbrennungsmotoren
5   Arbeiten in Hallen und Werk-
     stätten
6   Aufbewahren von Material,
     Gerät und Abfällen
7   Feuerlösch- und Rettungs-
     dienst

Abb. 58 Inhalt der Flughafenbenutzungsordnung des Flughafens Frankfurt
gültig seit 01.01.98

6.2 Internationale Rechtsvorschriften mit weltweiter Geltung

Der weltweite Luftverkehr geht von dem Grundsatz aus, daß jeder Staat die uneingeschränkte Hoheit über seinen Luftraum besitzt. Dieser Grundsatz war schon im Pariser Luftverkehrsabkommen von 1919 enthalten und wurde 1944 auch in das ICAO-Abkommen übernommen.

Die internationalen Rechtsvorschriften erfassen Rechtsbeziehungen, die im grenzüberschreitenden Luftverkehr von Bedeutung sind. Sie lassen sich in bilaterale und multilaterale Abkommen unterteilen. In **bilateralen Luftverkehrsabkommen** räumen sich die Vertragsstaaten gegenseitig kommerzielle Verkehrsrechte (meist 3. bis 5. Freiheit, siehe Abb. 60) für die von ihnen bestimmten Fluggesellschaften (Designation) ein und regeln die Voraussetzungen des Marktzugangs, der Beförderungskapazitäten und die Art der Tarifbildung.

Innerhalb der Europäischen Union ist die Bedeutung bilateraler Abkommen zurückgegangen, seitdem der Luftverkehr liberalisiert ist und Fluggesellschaften mit Sitz in der EU grundsätzlich Verkehrsrechte auf allen Strecken der Gemeinschaft haben. **Multilaterale Abkommen** behandeln meist grundlegende Fragen (Verkehrsrechte 1 und 2, siehe Abb. 60), die für den gesamten Luftverkehr von Bedeutung sind.

Wichtige multilaterale völkerrechtliche Verträge sind das:

- ✈ Chicagoer (ICAO-) Abkommen von 1944,
- ✈ Warschauer Abkommen von 1929,
- ✈ Montrealer Übereinkommen von 1999.

Von großer Bedeutung für den internationalen Luftverkehr ist das **Chicagoer Abkommen ("Convention on International Civil Aviation")** – auch **ICAO-Abkommen** – genannt. Es wurde 1944 auf der Konferenz von Chicago unterzeichnet und enthält die wichtigsten Grundsätze für die Abwicklung des internationalen Luftverkehrs. Das Abkommen regelt die Rechte und Pflichten der Vertragsstaaten für den Bereich des internationalen Luftverkehrs und verpflichtet die Staaten zur Aufnahme internationaler Standards und Empfehlungen im Hinblick auf die Regelung des Luftverkehrs; es ist zugleich die Verfassung der Internationalen Zivilluftfahrt-Organisation – ICAO.

Die von der ICAO erarbeiteten Regelungen und Empfehlungen sind in 18 Anhängen (Annexe) zum ICAO-Abkommen veröffentlicht worden und von den ICAO-Mitgliedsstaaten weitestgehend in national geltendes Recht umgesetzt worden.

Annex	Bezeichnung	10	Aeronautical Telecommunications
1	Personnel Licensing	11	Air Traffic Services
2	Rules of the Air	12	Search and Rescue
3	Meteorological Service for International Air Navigation	13	Aircraft Accident and Incident Investigation
4	Aeronautical Charts	14	Aerodromes
5	Units of Measurement to be Used in Air and Ground Operations	15	Aeronautical Information Services
6	Operation of Aircraft	16	Environmental Protection
7	Aircraft Nationality and Registration Marks	17	Security: Safeguarding International Civil Aviation Against Acts of Unlawful Interference
8	Airworthiness of Aircraft		
9	Facilitation	18	The Safe Transport of Dangerous Goods by Air

Abb. 59 Anhänge zum ICAO-Abkommen

Der internationale Luftverkehr wird auf der Grundlage von **Verkehrsrechten** (auch **Freiheiten der Luft** – Freedoms of the Air genannt) durchgeführt. Diese Verkehrsrechte beruhen auf der mit dem ICAO-Abkommen unterzeichneten Transitvereinbarung und der Transportvereinbarung, die von der Souveränität der Staaten über den eigenen Luftraum und dem Recht jedes Vertragsstaates, gleichberechtigt am internationalen Luftverkehr teilzunehmen, ausgehen.

Verkehrsrechte haben für die Fluggesellschaften einen wirtschaftlichen Wert, da sie den Zugang zu ausländischen Verkehrsmärkten, internationalen Flugstrecken und zeitsparenden Flugrouten erlauben. Ermöglichen die erteilten Verkehrsrechte einer Fluggesellschaft die Bedienung einer Teilstrecke, so kann die Auslastung der Flugzeuge erhöht oder größeres Fluggerät eingesetzt werden.

Die Freiheiten eins bis fünf wurden während der Konferenz von Chicago 1944 festgelegt. Mit zunehmendem Flugverkehr entstanden jedoch Flugstreckenvarianten, denen die ursprünglichen Freiheiten nicht genügend Rechnung trugen. Daher kamen im Laufe der Zeit die Freiheiten sechs bis acht hinzu, ohne daß sie in einem multilateralen Abkommen kodifiziert wurden.

Die Freiheiten der Luft

1. FREIHEIT: Die Fluggesellschaft eines Landes erhält das Recht, das Hoheitsgebiet eines fremden Staates ohne Landung zu überfliegen.

2. FREIHEIT: Die Fluggesellschaft eines Landes erhält das Recht zur nichtgewerblichen Zwischenlandung (Tanken, Wechsel des Flugpersonals) in einem fremden Staat; Fluggäste, Fracht und Post dürfen dabei weder abgesetzt noch aufgenommen werden.

3. FREIHEIT: Eine Fluggesellschaft erhält das Recht, Fluggäste, Fracht und Post aus dem Heimatstaat in einen fremden Staat zu transportieren.

4. FREIHEIT: Eine Fluggesellschaft erhält das Recht, Fluggäste, Fracht und Post im Vertragsstaat aufzunehmen und in den Heimatstaat zu befördern.

5. FREIHEIT: Eine Fluggesellschaft erhält das Recht, Fluggäste, Fracht und Post von und nach einem Drittstaat zu befördern, wobei der Flug entweder im Heimatstaat beginnen oder enden muss.

6. FREIHEIT: Eine Fluggesellschaft erhält das Recht, Fluggäste, Fracht und Post in einem Vertragsstaat aufzunehmen und nach einer Zwischenlandung im Heimatstaat in einen Drittstaat weiterzubefördern und umgekehrt.

7. FREIHEIT: Eine Fluggesellschaft erhält das Recht, Fluggäste, Fracht und Post zwischen zwei fremden Staaten zu transportieren, ohne dass auf diesem Flug der Heimatstaat berührt wird.

8. FREIHEIT: Eine Fluggesellschaft erhält das Recht, Fluggäste, Fracht und Post zwischen zwei Orten innerhalb eines fremden Staates zu befördern (Kabotagerecht).

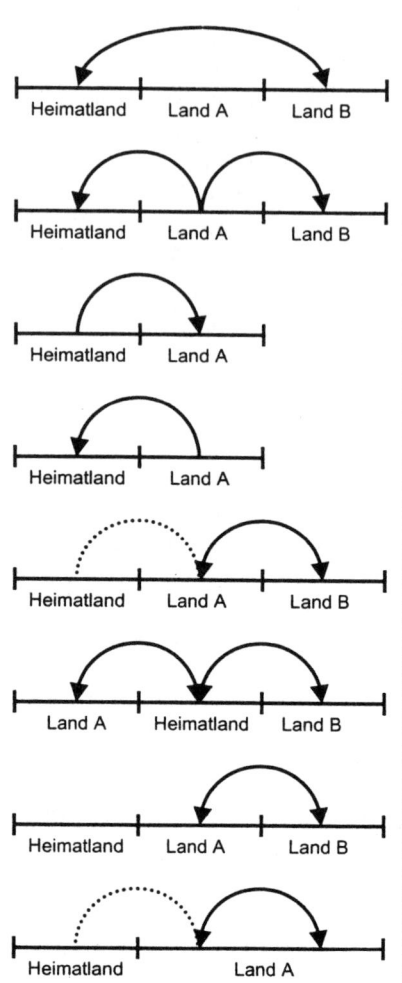

Abb. 60 Freiheiten der Luft
(Quelle: POMPL, W.: Luftverkehr, S.363)

Die **erste** und **zweite Freiheit** enthalten nur nichtgewerbliche Transitrechte und werden auch als „technische Freiheiten" bezeichnet.
Die **dritte und vierte Freiheit** sind die Grundlage des gewerblichen Verkehrs zwischen zwei Staaten (Nachbarschaftsverkehr).

Die **fünfte Freiheit** ermöglicht, durch eine Zwischenlandung in einem dritten Vertragsstaat am Verkehrsaufkommen nach und aus diesem Staat teilzuhaben (z. B. Lufthansa fliegt Frankfurt – Warschau – Moskau oder umgekehrt). Die **sechste Freiheit** ist eine Kombination von Rechten der dritten und vierten Freiheit mit zwei verschiedenen Ländern (z. B. British Airways fliegt New York – London – Bombay). Die Möglichkeiten einer Airline „sixth freedom traffic" durchzuführen, hängen auch von der geographischen Position ihrer Hubs ab (vgl. Kap. 12.5.1). Europäische Fluggesellschaften für die solche Verkehre bedeutend sind, sind z. B. KLM, SAS, Austrian Airlines oder TAP Air Portugal. Diese Airlines haben nur einen kleinen Heimatmarkt, generieren Passieraufkommen in Nachbarstaaten und transportieren die Passagiere über ihren Heimatflughafen weiter. Typisches Beispiel aus Asien ist Singapore Airlines, die Passagiere von Europa in asiatische Länder oder nach Australien transportiert. Airlines, die diese Art von Anschlußflügen („Connecting traffic") durchführen, entwickeln oft bestimmte Hub-Typen (vgl. Kap. 12.5.1).
Die **siebte Freiheit** („stand-alone services entirely outside the territory of the airlines home state") basiert auf der fünften Freiheit und wurde bisher nur selten von Ländern erteilt, die entweder keine eigene Fluggesellschaft besitzen oder diese Strecken selbst nicht bedienen können (z. B. eine US-Airline fliegt Shuttle-Services zwischen Tokio und Seoul).
Die **achte Freiheit** (Kabotagerecht, z. B. Lufthansa fliegt Shuttle Services zwischen San Francisco – Honolulu) wurde bisher nur in Ausnahmefällen erteilt. So hatte z. B. die Air France über viele Jahre Kabotagerechte in Marokko. Innerhalb der EU haben alle Fluggesellschaften der Mitgliedsstaaten seit 1. April 1997 uneingeschränkte Kabotagerechte (siehe Verordnung EWG 2408/92).

In der Regel werden nur die ersten vier Freiheiten vereinbart. Die für die Fluggesellschaften wirtschaftlich interessanten Freiheiten (fünf bis sieben) werden seltener erteilt und nur bei entsprechenden Gewinnaussichten für beide Seiten, was zur Zahlung von Royalties führen kann (vgl. Kap. 2.1.2.2).
Bis heute hat dieses weltweit praktizierte System von Verkehrsrechten zum Abschluß von mehr als 4000 bilateralen Luftverkehrsabkommen geführt, die aufgrund der Bestimmungen des Chicagoer Abkommens bei der ICAO in Montreal hinterlegt sind.

6.3 Rechtsnormen im Bereich der europäischen Luftfahrt

Die Rechtsnormen des Luftverkehrs zwischen und innerhalb der Mitgliedsstaaten der EU sind geprägt von Deregulierung und Harmonisierung der rechtlichen Rahmenbedingungen mit dem Ziel, einen liberalisierten Luftverkehrsmarkt in Europa zu schaffen. Soweit EU-Regelungen existieren, wird das nationale Recht des einzelnen Mitgliedsstaates vom Recht der Europäischen Gemeinschaft ergänzt bzw. überlagert (Vorrang des Gemeinschaftsrechts vor nationalen Rechtsnormen). Ziel ist die Schaffung eines gemeinsamen europäischen Luftverkehrsraums.

6.3.1 Überblick über das EU-Gemeinschaftsrecht

Im Einzelnen hat die Europäische Gemeinschaft im Bereich des Luftverkehrs bislang u. a. geregelt:

+ Erteilung von Betriebsgenehmigungen an Luftfahrtunternehmen - VO (EWG) 2407/92,
+ Zugang von Luftfahrtunternehmen der Gemeinschaft zu Strecken des innergemeinschaftlichen Flugverkehrs – VO (EWG) 2408/92,
+ Flugpreise und Luftfrachtraten – VO (EWG) 2409/92,
+ Verhaltenscodex im Zusammenhang mit computergesteuerten Buchungssystemen – VO (EWG) 2299/89, geändert durch VO (EWG) 3089/93,
+ Mindestausgleichsleistungen bei Nichtbeförderung im Linienflugverkehr – VO (EWG) 295/91,
+ Begrenzung der Schallemissionen von zivilen Unterschall-Flugzeugen, Richtlinien 80/51/EWG, 83/206/EWG, 89/629/EWG,
+ Zuweisung von Zeitnischen (Slots) auf Flughäfen in der Gemeinschaft – VO (EWG) 95/93,
+ Harmonisierung der technischen Vorschriften und der Verwaltungsverfahren in der Zivilluftfahrt – VO (EWG) 3922/91 (Grundlage für technische Verfahren und Vorschriften, die von den JAA ausgearbeitet worden sind),
+ Gegenseitige Anerkennung der Befähigungszeugnisse für die Ausübung von Tätigkeiten in der Zivilluftfahrt – Richtlinie 91/670/EWG,
+ Aufstellung und Anwendung kompatibler technischer Spezifikationen für die Beschaffung von Ausrüstungen und Systemen für das Flugverkehrsmanagement – Richtlinien 93/65/EWG, 97/15/EG,
+ Marktöffnung bei Bodenabfertigungsdiensten an Flughäfen (schrittweise Öffnung der Bodenabfertigungsdienste für den Wettbewerb) - Richtlinie 96/67/EG,
+ Untersuchung von Unfällen und Störungen in der Zivilluftfahrt – Richtlinie 94/56/EG,
+ Haftung von Luftfahrtunternehmen bei Unfällen – VO (EG) 2027/97.

Eine grundlegende Neuerung der europäischen Sicherheitspolitik im Luftverkehr stellt die am 15. Juli 2002 angenommene **Verordnung (EG) 1592/2002** dar, die die Gründung der EASA, einer europäischen Agentur für Flugsicherheit ermöglichte (vgl. Kap 5.1.2). Vorerst auf Regelungen über die Zulassung von Luftfahrtgerät und Luftfahrtorganisationen beschränkt, soll diese Verordnung künftig auf den gesamten Bereich der europäischen Flugsicherheit ausgedehnt werden.

Die **Vorhaben der Europäischen Union** in nächster Zeit erstrecken sich überwiegend auf die Überprüfung und Änderung vorhandener Verordnungen und Richtlinien; Beispiele hierzu sind:

+ Überprüfung der VO (EWG) 95/93 „Slotverordnung",

✈ Änderung der VO (EWG) 295/91 „Ausgleichsleistungen für Nichtbeförderung" (Denied boarding); hier hat die Kommission u. a. die Erweiterung der Regelungen auf den Charterverkehr, eine Erhöhung der Ausgleichsleistungen und eine Verbesserung der Information der Fluggäste vorgeschlagen,

✈ Sicherheitsanforderungen und Bescheinigung der Befähigung von Flugbegleitern,

✈ Sicherheitsuntersuchung von Luftfahrzeugen aus Drittstaaten,

✈ Vereinheitlichung des europäischen Flugsicherungssystems und Umorganisation der europäischen Flugsicherung,

✈ Änderung der VO (EG) Nr. 2027/97 „Haftungsverordnung"; der Vorschlag der EU-Kommission sieht die Anpassung der Haftung von Fluggesellschaften der Gemeinschaft an das Montrealer Übereinkommen vom 28.5.1999 vor.

Aus der Vielzahl an rechtlichen Regelungen werden an dieser Stelle zwei Normen, die einen großen Einfluß auf die operativen Prozesse in Fluggesellschaften und Flughäfen haben, detaillierter betrachtet: das Schengener Abkommen und die JAR OPS 1. Die Haftungsverordnung wird im Kapitel 6.4, die Verordnung zu Mindestausgleichsleistungen bei Nichtbeförderung (Denied Boarding) im Kapitel 11.3.2.2.2 und die Verordnung zur Zuweisung von Zeitnischen (Slots) in den Kapiteln 10.2.3 und 10.2.4 behandelt.

6.3.2 Das Schengener Abkommen

Die europäische Entwicklung in den letzten Jahrzehnten ist durch ein immer stärkeres Zusammenwachsen der Mitgliedsstaaten Europas gekennzeichnet (gemeinsamer Binnenmarkt, gemeinsame Währung usw.). In diesem Zusammenhang ist für den Flugverkehr in Europa das Schengener Abkommen von Bedeutung.

Im Bereich der Flughäfen hat die Inkraftsetzung des **Schengener Abkommens am 26. März 1995** zu einem Wegfall der Binnengrenzkontrollen zwischen den „Schengen-Staaten" (Belgien, Deutschland, Frankreich, Griechenland, Italien, Luxemburg, Niederlande, Österreich, Portugal, Spanien) geführt. Seit diesem Tag können Angehörige aller Nationalitäten die Binnengrenzen zwischen den Schengen-Staaten kontrollfrei überschreiten. Die Kontrollfreiheit gilt für Land-, Luft- und Seegrenzen. Zur Durchführung des Schengener Abkommens auf Flughäfen werden Reisende von Intra-Schengen-Flügen und Passagiere von Drittlandflügen (Non-Schengen-Flüge) durch bauliche Maßnahmen voneinander getrennt, um unkontrollierte Einreisen aus Drittstaaten zu unterbinden. Diese Sicherung der Schengener Außengrenzen (Land-, Luft- und Seeaußengrenzen) ist eine unverzichtbare Voraussetzung für den Abbau der Kontrollen an den Binnengrenzen.
Im Schengener Abkommen, das 1985 in dem luxemburgischen Ort Schengen geschlossen wurde, werden nicht nur der Wegfall der Grenzkontrollen zwischen den Teilnehmerstaaten, sondern auch eine Angleichung der Visa-, Asyl- und Drogenpolitik festgeschrieben. Zu den zehn Vollmitgliedern des Schengener

Abkommens sind im Jahr 2001 weitere hinzugekommen. Die volle Teilnahme von Dänemark, Finnland und Schweden einschließlich der Abschaffung der Binnengrenzkontrollen ist Ende März 2001 erfolgt. Die nicht der EU angehörenden Länder Norwegen und Island haben 1996 ein Schengen-Kooperationsabkommen geschlossen; für sie gilt das Schengen-Regelwerk ebenfalls seit Ende März 2001.

6.3.3 JAR OPS 1

Die Joint Aviation Authorities (JAA mit Sitz in Hoofdorp, Niederlande, vgl. Kap. 5.1.2) veröffentlichen aufgrund der EU-Verordnung Nr. 3922/91 Standards zur Harmonisierung der technischen Vorschriften und der Verwaltungsvorschriften in der Zivilluftfahrt, die zur Erhöhung der Sicherheit im Luftverkehr in Europa beitragen sollen und als **Joint Aviation Requirements (JARs)** veröffentlicht werden. Die JARs müssen erst in nationales Recht umgesetzt werden, um in dem jeweiligen Mitgliedsland Gültigkeit zu erlangen. Die JARs sind in fünf Gruppen unterteilt, sie regeln

+ allgemeine Fragen (General documents, z. B. Definitionen und Abkürzungen),
+ Wartung (Maintenance related documents: z.B. JAR-145),
+ Zertifizierungen (Certification related documents, z. B. Zertifizierung von Flugzeugen und technischen Komponenten),
+ operative Verfahren (Operations related documents, z. B. JAR OPS 1),
+ Lizenzierungen von Personal (Licensing related documents z. B. JAR-FCL1: Flight Crew Licensing oder JAR-FCL3: Flight Crew Medical Requirements).

Die **JAR OPS 1** (Commercial Air Transportation – Aeroplanes; deutsche Übersetzung: Bestimmungen der Joint Aviation Authorities über die gewerbsmäßige Beförderung von Personen und Sachen in Flugzeugen) enthält die Anforderungen an den gewerblichen, zivilen Betrieb von Flugzeugen durch Luftfahrtunternehmen aus den JAA-Mitgliedsländern. Die deutsche Übersetzung der JAR OPS 1 wurde im Bundesanzeiger vom 26.09.1998 veröffentlicht, die Umsetzung in deutsches Recht erfolgte mit der 5. DVO zur LuftBO vom 5. Oktober 1998. Die Vorschriften der JAR OPS 1 betreffen:

+ die Zulassung und die Pflichten von Fluggesellschaften (Abschnitt C, Anforderungen für die Erteilung und Führung des Air Operator Certificate, AOC: Unternehmens- und Betriebsgenehmigung für Fluggesellschaften),
+ Flugbetriebliche Verfahren (Instrumentenflugverfahren, Lärmminderungsverfahren, ETOPS, Flugvorbereitung, Verstauen von Gepäck und Fracht, Fluggastunterweisung, Betankung, usw.; Abschnitt D),

- ✈ Allwetterflugbetrieb (flugbetriebliche Verfahren unter erschwerten Bedingungen – Mindestbedingungen bei geringer Sicht an Flugplätze, Ausrüstung etc.; Abschnitt E),
- ✈ Bestimmungen über Masse und Schwerpunktlage (z. B. Flugzeuggewichte, Standardgewichte für Passagiere und Gepäck, Mindestangaben des Load & Trimsheets; Abschnitt J),
- ✈ Instrumente und Ausrüstungen, Kommunikations- und Navigationsausrüstung (Flugdatenschreiber, medizinische Notfallausrüstung, Funk, Antikollisionssysteme usw.; Abschnitte K und L),
- ✈ Instandhaltung (Verantwortlichkeiten, Dokumentation; Abschnitt M),
- ✈ Anforderungen an die Flug- und Kabinenbesatzung (Abschnitte N und O),
- ✈ Handbücher, Bordbücher und Aufzeichnungen (Betriebshandbuch, OFP, Bordbuch usw.; Abschnitt P),
- ✈ Vorschriften über den Transport gefährlicher Güter (Klassifizierung, Genehmigung, Ladebeschränkungen usw.; Abschnitt R),
- ✈ Luftsicherheit (z. B. Vorschriften, Meldeverfahren, Sicherung des Cockpits; Abschnitt S).
- ✈

Über gemeinsame Regelungen zu den Flug-, Flugdienst- und Ruhezeiten für das Bordpersonal konnte international noch keine Einigung erzielt werden, so daß hier die nationalen Vorschriften (BRD: 2. DVO zur LuftBO) gelten.

Die Einführung der JAR OPS 1 führt u. a. zu einer neuen Organisationsstruktur und Dokumentation im Flugbetrieb.

Die **organisatorischen Vorgaben der JAR OPS 1** beziehen sich auf die Bereiche Flugbetrieb und Technik und geben den Fluggesellschaften Grundzüge des organisatorischen Aufbaus vor. So ist ein im Einvernehmen mit dem LBA bestellter „Accountable Manager" für die Sicherstellung der Finanzierung und Durchführung des operationellen Betriebes und der Flugzeuginstandhaltung verantwortlich. Unter seiner Leitung stehen vier Manager (nach JAR OPS 1 als „Nominated Postholder" bezeichnet), die ebenfalls im Einvernehmen mit dem LBA bestellt werden.

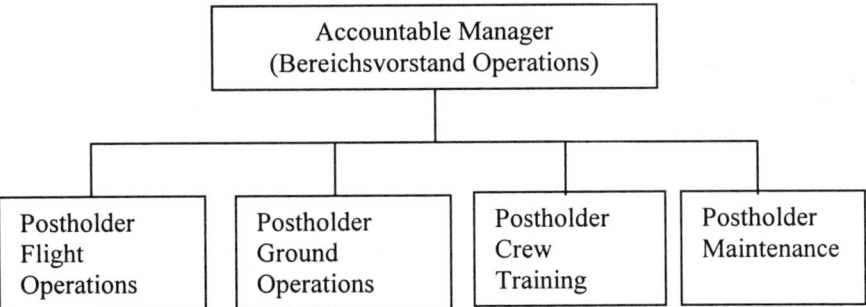

Abb. 61 Organisationsstruktur des Flugbetriebs einer Airline nach JAR OPS 1
(Quelle: Lufthansa Flightcrewinfo, Nr. 5, 1998, S. 9)

Eine Person kann auch für mehrere Verantwortungsbereiche nominiert sein, wie es mitunter bei kleineren Fluggesellschaften der Fall ist.

Der Accountable Manager ist dafür verantwortlich, daß eindeutige und durchgängige Verfahren festgelegt und in Handbüchern dokumentiert werden. Damit wurde allen europäischen Airlines erstmals eine **standardisierte Struktur für die Flugbetriebsdokumentation** empfohlen. Die gesamte Flugbetriebsdokumentation trägt gemäß JAR OPS den Namen „Operations Manual" (OM) und wird in vier Teile gegliedert.

Die Flugbetriebsdokumentation ist in englischer Sprache nach den in JAR OPS 1 vorgegebenen Anweisungen zu erarbeiten. Im OM müssen die Aufgaben und Verantwortungsbereiche der Funktionsträger im Flugbetrieb klar geregelt werden, ebenso Kontroll- und Steuerungsverfahren, Vorschriften zur flugbetrieblichen Kommunikation, Maßnahmen zur Flugsicherheit und Unfallverhütung, das Qualitäts-System, Fragen zur Qualifikation und Zusammensetzung der Crews, operationelle Verfahren am Boden und im Flug, Beförderung gefährlicher Güter, Luftsicherheit sowie Verfahren bei Unfällen. Das Operations Manual ist eine umfangreiche Dokumentation, die den Mitarbeitern des Flugbetriebs zugänglich sein muß und der Zustimmung des Luftfahrt-Bundesamtes (LBA) bedarf.

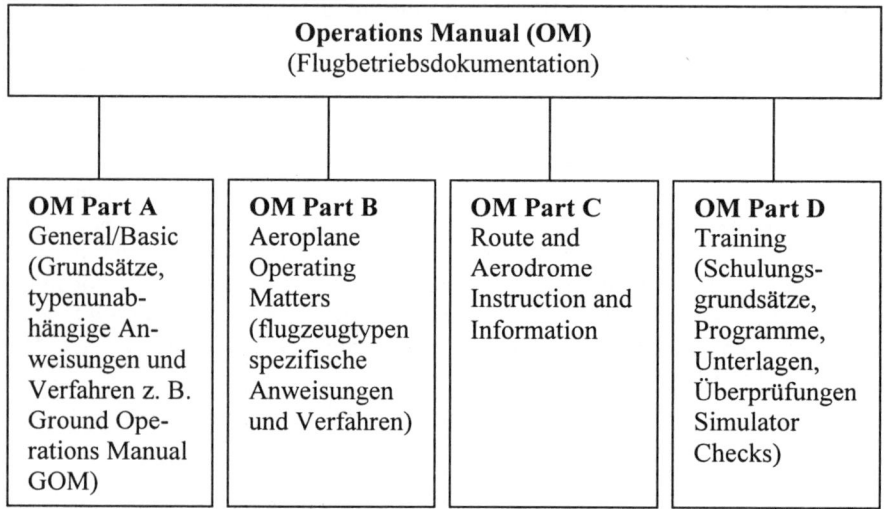

Abb. 62 Flugbetriebsdokumentation (Operations Manual) nach JAR OPS 1

Das **Ground Operations Manual (GOM,** Bodenbetriebshandbuch) ist die Arbeitsgrundlage für eigenes und fremdes Personal (Flughafengesellschaften, Handlingfirmen), das die Flugzeug-, Passagier-, Fracht- und Gepäckabfertigung durchführt.

Das **Passenger Service Manual (PSM)** enthält die gesamten Verfahren, Anweisungen und Vorschriften, die sich auf Passagiere beziehen (Passenger documents, Check-in, Passenger categories, Special services, Seating, Boarding, Flight irregularities, Arrival services, Baggage handling).

Hinweis auf **weitere Informationsquellen:**

- Eine Übersicht über die Rechtsnormen im nationalen, europäischen und internationalen Luftrecht, die gültigen JARs, weitere Vorschriften der JAA und Ergänzungen hierzu enthalten die Internetseiten der JAA (www.jaa.nl) und von Luftrecht online (www.luftrecht-online.de)

6.4 Haftung im Luftverkehr

Ein wichtiger rechtlicher Aspekt im nationalen wie im internationalen Luftverkehr sind Haftungsfragen, die im Zusammenhang mit dem Betrieb von Luftfahrzeugen auftreten können. Dabei ist zu unterscheiden zwischen

- der Haftung aus dem Beförderungsvertrag gegenüber den Passagieren und deren Sachen,
- der (Gefährdungs-) Haftung gegenüber Drittgeschädigten, mit denen kein Beförderungsvertrag besteht (die also nicht im Luftfahrzeug befördert werden) und deren Sachen durch Flugzeugabstürze oder Unfälle beschädigt werden (vgl.§§ 33 bis 43 LuftVG).

Im Rahmen dieser Einführung wird nur die Haftung gegenüber Passagieren behandelt. Kernpunkte der Haftung und der Schadenersatzzahlungen der Fluggesellschaften an die Passagiere oder deren Hinterbliebene sind:

- die Frage, welche Abkommen oder Gesetze Grundlage der Haftung bei einem Flugunfall sind,
- die Verschuldensfrage (setzt die Haftung Verschulden der Airline voraus oder muß die Airline auch ohne Verschulden haften),
- die Beweislast (muß die Fluggesellschaft beweisen, daß sie den Schaden nicht verursacht hat oder muß der Passagier beweisen, daß die Fluggesellschaft den Schaden verschuldet hat),
- die Höhe der Haftungssumme für Personen- und Gepäckschäden.

Dabei wird die Höhe der zu leistenden Entschädigung noch heute von zahlreichen kaum überschaubaren Faktoren beeinflußt, wie zum Beispiel:

- ✈ der Reisestrecke,
- ✈ dem Herkunftsland der Airline,
- ✈ dem Ausstellungsort des Tickets,
- ✈ dem Wohnort des Geschädigten,
- ✈ dem Land, in dem gegen die Airline geklagt wird.

Man stelle sich z. B. vor, daß ein in den USA lebender schweizer Geschäftsmann in Frankfurt ein Lufthansa-Ticket mit Lufthansa Flugnummer kauft und im Rahmen des Codesharing mit Thai Airways als Operating carrier von Frankfurt nach Bangkok fliegt und im Luftraum über Indien ein Flugunfall eintritt.

Zum Verständnis der heutigen Situation ist es erforderlich, kurz auf die historische Entwicklung der Haftungsabkommen einzugehen.

1925 begann man in Paris mit der Arbeit an einem Vertragswerk, das 1929 unter dem Namen **„Warschauer Abkommen"** (WA) in die Rechtsgeschichte einging. Nach Artikel 25 WA haftet die Fluggesellschaft dann unbegrenzt, wenn der geschädigte Passagier ihr ein Verschulden (grobe Fahrlässigkeit oder Vorsatz) nachweist. Gelingt ihm das nicht und ist die Fluggesellschaft nicht in der Lage den Entlastungsbeweis nach Art. 20 WA zu führen, ist die Haftung nach Art. 22 WA auf bestimmte Haftungshöchstgrenzen beschränkt. Das Abkommen hat sich zu einem der erfolgreichsten Verträge des 20. Jahrhunderts entwickelt und regelt bis heute maßgeblich die internationale Luftbeförderung von Personen, Gepäck und Fracht. Neben Bestimmungen für die Flugdokumente (Tickets) und Frachtscheine, die Klagefristen oder den Gerichtsstand beinhaltet es auch Fragen der Haftung und Entschädigung bei Unfällen.

Auch wenn die USA im Jahr 1934 das Warschauer Abkommen ratifiziert haben, vertraten sie vor allem in Haftungsfragen einen grundsätzlich anderen Standpunkt als die übrigen 142 Unterzeichnerstaaten. In den USA gab es bereits zu diesem Zeitpunkt keine Haftungsbegrenzung, und das Warschauer Abkommen benachteiligte durch seine Begrenzung die amerikanischen Auslandsreisenden, was langwierige Rechtsverfahren auslöste.
Die unterschiedlichen nationalen Rechtssysteme der Länder blockierten über Jahrzehnte eine Modernisierung des Vertrages, die angesichts der Entwicklung in der Luftfahrt schon nach dem zweiten Weltkrieg überfällig wurde. Die Haftungsgrenzen wurden allgemein als zu niedrig angesehen. Hinzu kommt, daß es dem Geschädigten kaum gelingt, der Fluggesellschaft Verschulden nachzuweisen. Die Haftung für die Passagiere blieb bis vor kurzem praktisch auf dem ungenügenden Stand von 1929 stehen. Damals waren die Schadensersatzansprüche von geschädigten Passagieren oder deren Hinterbliebenen auf umgerechnet 13 677 Euro beschränkt worden.

Mit dem **Haager (Zusatz-) Protokoll von 1955** wurde die Haftungshöhe etwas erhöht, indem man den Betrag auf 27354 Euro verdoppelte. Schon diesem Kompromiß war ein zähes Ringen der Vertragsstaaten vorausgegangen.

Die **USA** unternahmen in der Folgezeit in der Haftungsfrage einen Alleingang und schlossen einen unter dem Warschauer Vertrag zulässigen **Sondervertrag** mit den Airlines ab, die von, nach und über amerikanisches Hoheitsgebiet flogen. In diesem Vertrag wurde das Haftungslimit auf 75 000 Dollar erhöht. Die Kluft zwischen der unlimitierten Haftungsverpflichtung in den USA und den geringen Schadensgrenzen im internationalen Luftverkehr setzte jedoch eine Entwicklung in Gang, in deren Folge es zu weiteren Sonderregelungen kam. So vereinbarten zum Beispiel die europäischen Staaten, die der ECAC angehörten, im **Abkommen von Malta 1976** eine weitere Erhöhung der Haftungsgrenzen. Mit jeder neuen Sonderregelung wuchs im Fall von Flugzeugunglücken die Verwirrung bei der Abwicklung von Schadensersatzansprüchen.

Im Herbst 1995 schlossen achtzig Mitglieder der IATA in Kuala Lumpur ein Sonderabkommen ab, das bis 1999 von 122 Mitgliedsfluggesellschaften unterschrieben wurde. Dieses **IATA Intercarrier Agreement on Passenger Liability (1995)** schreibt vor, daß Fluggesellschaften für nachweisbare Schäden in unlimitierter Höhe haften. Unabhängig davon, ob die Fluggesellschaft ein eigenes Verschulden trifft, hat sie in jedem Fall einen Betrag von 100 000 Sonderziehungsrechten zu leisten, wenn der Anspruch auf Schadenersatz von den Opfern oder deren Angehörigen geltend gemacht werden kann (SZR = Währungseinheit des internationalen Währungsfonds; der Wert eines SZR beträgt im Februar 2003: 1 SZR = 1,27 Euro). Das IATA-Intercarrier Agreement stellt keinen völkerrechtlichen Vertrag dar, es ist vielmehr eine freiwillige Vereinbarung zwischen Fluggesellschaften und deswegen nicht mit dem Warschauer Abkommen oder der EU-VO 2027/97 vergleichbar.

Bereits 1997 beschloß die Europäische Union (EU) mit der **EU-Verordnung 2027/97** ähnliche Haftungsregelungen für Personenschäden und machte sie für alle EU-Fluggesellschaften **seit Oktober 1998 verbindlich**.

Wichtige **Regelungen der EU-Verordnung 2027** von 1997 sind:

- ✈ die Verordnung betrifft ausschließlich Personenschäden, die sich an Bord eines Luftfahrzeuges oder beim Ein- und Aussteigen ereignen (Art. 1),
- ✈ sie gilt nur für Fluggesellschaften mit einer Betriebsgenehmigung der EU (Art. 1),
- ✈ bei nachgewiesenem Verschulden haftet die Fluggesellschaft unbegrenzt (Art. 3 Abs. 1a),
- ✈ der Einwand fehlenden Verschuldens fällt weg, d. h. der Carrier haftet verschuldensunabhängig bis zu einem Betrag von 100 000 SZR (Art. 3 Abs . 2),

- ✈ zur Befriedigung der unmittelbaren wirtschaftlichen Bedürfnisse nach einem Unfall muß die Airline spätestens fünfzehn Tage nachdem die entschädigungsberechtigte Person feststeht, eine Vorauszahlung von mindestens 15 000 SZR an die schadenersatzberechtigte Person leisten (Art. 5 Abs. 1 und 2),
- ✈ die Fluggesellschaft ist von der Haftung befreit, wenn sie nachweist, daß der Schaden durch die Fahrlässigkeit der geschädigten oder getöteten Person verursacht oder mitverursacht wurde,
- ✈ die Fluggesellschaft ist verpflichtet, diese Bestimmungen auf dem Beförderungsschein in einfacher und verständlicher Sprache wiederzugeben (Art. 6 Abs. 2).

Für **rein innerstaatliche Flüge** galt bislang das jeweils anwendbare nationale Recht. Die EU-Verordnung überlagert für den Bereich der Personenschäden das nationale Haftungsrecht und verdrängt die bisherigen einzelstaatlichen Vorschriften (in Deutschland §§ 44 ff LuftVG). Die Verordnung 2027/97 gilt für alle Beförderungen durch EU-Fluggesellschaften unabhängig von der Flugstrecke, d. h. für die Beförderung von Passagieren im internationalen, innergemeinschaftlichen (innereuropäischen) und inländischen Verkehr.

Der Durchbruch zu einem neuen Haftungsabkommen und damit auch die Revision des Warschauer Abkommens gelang im Mai 1999 in Montreal. Unter der Federführung der ICAO wurde auf einer Konferenz mit 122 teilnehmenden Staaten ein neues völkerrechtliches Abkommen formuliert, das bereits am 28. Mai 1999 von Deutschland und 51 anderen Staaten unterzeichnet wurde und die Haftpflichtregelungen weltweit auf eine einheitliche Basis stellt.
Mit dem **Montrealer Abkommen vom 28. Mai 1999** (deutsche Übersetzung: „Übereinkommen zur Vereinheitlichung bestimmter Vorschriften über die Beförderung im internationalen Luftverkehr") soll die Haftung nach dem Warschauer Haftungssystem abgelöst werden.
Das Übereinkommen muß durch die Vertragsstaaten ratifiziert werden. Es tritt laut Artikel 56 am sechzigsten Tag nach Hinterlegung der dreißigsten Ratifikationsurkunde beim Verwahrer (ICAO) zwischen den Staaten in Kraft, die eine solche Urkunde hinterlegt haben.

Aufgrund seiner Mitgliedschaft in der EU kann Deutschland das Übereinkommen nicht allein ratifizieren. Nach den Vorstellungen der Europäischen Kommission sollen die Ratifikationsurkunden von allen Mitgliedsstaaten gleichzeitig beim Verwahrer hinterlegt werden. Dieser Umstand führt dazu, daß bis zur letzten Ratifikation der Mitgliedsstaaten gewartet werden muß, um die Urkunden geschlossen hinterlegen zu können. Die Zeit bis zum Inkrafttreten des neuen Übereinkommens soll mit einer entsprechenden Anpassung der EU-Verordnung 2027/97 überbrückt werden, die EU-Kommission hat hierzu einen Vorschlag vorgelegt.

Folgende **Regelungen des Abkommens von Montreal** sind hervorzuheben:

✈ für Personenschäden wird eine unbegrenzte Haftung eingeführt: bis zu einem Betrag von 100.000 SZR besteht eine verschuldensunabhängige Gefährdungshaftung für die Fluggesellschaft, bei Verschulden haftet die Airline in unbegrenzter Höhe,

✈ bei Personenschäden ist die Fluggesellschaft, sofern dies in ihrem nationalen Heimatrecht vorgesehen ist, verpflichtet, eine Vorauszahlung zur Abdeckung der unmittelbaren Bedürfnisse des Betroffenen oder Schadenersatzberechtigten zu leisten,

✈ die Sachschadenhaftung für Gepäck ist auf einen Höchstbetrag von 1000 SZR pro Fluggast und für Fracht auf 17 SZR pro Kilogramm beschränkt,

✈ anders als die EU-Verordnung 2027/97 gilt das Montrealer Abkommen nicht nur für Fluggesellschaften, sondern auch für „Luftfrachtführer". Damit sind nicht nur die ausführenden Luftfrachtführer (Fluggesellschaften), sondern auch die vertraglichen Luftfrachtführer (Reiseveranstalter, die Flugpauschalreisen oder Einzelplätze in Flugzeugen verkaufen) gemeint,

✈ als neuer Gerichtsstand für Personenschäden ist der Heimatort des Passagiers eingeführt worden, wenn die Fluggesellschaft diesen Staat anfliegt, sei es als vertraglicher oder tatsächlicher Luftfrachtführer, und wenn er oder seine Allianzpartner dort Geschäftsräume führen.

Das Montrealer Abkommen enthält daneben Bestimmungen über die Beförderungsdokumente (Flugschein, Fluggepäckschein, Luftfrachtbrief). Diese Bestimmungen wurden den technischen Entwicklungen im Bereich der elektronischen Buchungs- und Luftfrachtbriefverfahren angepasst und tragen den wirtschaftlichen Bedürfnissen der Fluggesellschaften (z. B. im Codesharing) Rechnung.

Die wesentliche Bedeutung des Montrealer Abkommens liegt in seiner rechtsvereinheitlichenden Wirkung, in der Verbesserung des Verbraucherschutzes und der Anpassung an die gewandelten rechtlichen und tatsächlichen Gegebenheiten im internationalen Luftverkehr.

Haftungs-grundlage	Anwendung	Höchsthaftung bis zu Euro bei		
		Körper-schäden	Schäden an Hand-gepäck	Schäden an aufgegebe-nem Gepäck
Warschauer Abkommen (1929)	richtet sich nach Abflugs- und Be-stimmungsland der gesamten Reise lt. Flug-schein	13.677 Euro	547 Euro	27,25 Euro pro kg (in der Regel max. 20 kg)
Haager Protokoll zum Warschauer abkommen (1955)	wie Warschauer Abkommen	27.354 Euro	547 Euro	27,25 Euro pro kg (in der Regel max. 20 kg)
Deutsches Luftver-kehrsgesetz	Für Personen-schäden gilt die EU-VO 2027/97, ausgenommen hiervon sind z. B.: Beförder-ungen durch Luft-fahrzeuge ohne Motorantrieb	600.000 Euro	insgesamt 1.700 Euro	
EU-Verordnung 2027/97 (1998)	für alle Flugge-sellschaften mit Sitz in der EU unabhängig von der Flugstrecke	-15.000 SZR Vor-schuß - Schäden bis 100.000 SZR: Haftung ohne Verschulden - unbegrenzte Haftung bei Ver-schulden	keine Regelung	
Montrealer Abkommen (1999)		- Schäden bis 100.000 SZR: Haftung ohne Verschulden - unbegrenzte Haftung bei Ver-schulden -Vorauszahlungen im Schadensfall nur aufgrund nationaler Regelungen	insgesamt 1.000 SZR	

Abb. 63 Überblick über wichtige Haftungsgrundlagen im Luftverkehr

Hinweis auf **weitere Informationsquellen:**

- ✈ BENKÖ, M., KADLETZ, A.: Unfallhaftpflicht in Luftverkehrs-sachen,
- ✈ KÜHR, W.: Luftrecht, Luftverkehrs- und Flugsicherungsvorschriften,
- ✈ GIEMULLA, E., SCHMID, R., Europäisches Luftverkehrsrecht,
- ✈ GIEMULLA, E., SCHMID, R.: Luftverkehrsgesetz,
- ✈ GIEMULLA, E., SCHMID, R.: Luftverkehrsverordnungen,
- ✈ GIEMULLA, E., SCHMID, R.: Recht der Luftfahrt, Textsammlung,
- ✈ GIEMULLA, SCHMID, VAN SCHYNDEL: Wörterbuch Luftver-kehrsrecht,
- ✈ SCHMID, R., Flugdienst- und Ruhezeiten von Besatzungsmit-gliedern,
- ✈ SCHMID, R., ROẞMANN, H.-G.: Das Arbeitsverhältnis der Besatzungsmitglieder in Luftfahrtunternehmen,
- ✈ WIESKE-HARTZ: Airline Operation (enthält einige Texte von Gesetzen und Abkommen),
- ✈ Montrealer Abkommen vom 28. Mai 1999 in der gemeinsamen deutschen Übersetzung (Endfassung vom 17.03.2000),
- ✈ Das Schengener Abkommen, Dokumentation des Bundes-ministeriums des Inneren,
- ✈ Verordnung (EG) Nr. 2027/97 des Rates vom 9. Oktober 1997 über die Haftung von Luftfahrtunternehmen bei Unfällen,
- ✈ Aktuelle Informationen, Literaturhinweise, Kommentare sowie Texte der Gesetze und Abkommen enthalten die Internetseiten des Luchterhand Verlages (www.luftrecht.de) und von „Luftrecht online" (www.luftrecht-online.de)
- ✈ Eine Übersicht über den aktuellen Ratifikationsstand des Montrealer Abkommens und über die Luftverkehrsabkommen der BRD enthalten die Internetseiten von: www.luftrecht-online.de

7 Technik und Betrieb von Verkehrsflugzeugen

Im folgenden werden ausgewählte technische und operative Aspekte moderner Verkehrsflugzeuge dargestellt. Dabei werden bevorzugt Flugzeugtypen und Verfahren behandelt, die von deutschen Fluggesellschaften zur Zeit eingesetzt werden. Ältere Flugzeugmuster, wie z. B. die McDonnell Douglas Typen DC9, DC 10, MD 80/90, MD 11, Boeing B727 und Lockheed L1011 (Tristar) werden nicht behandelt, da

> ✈ sie in der BRD nur noch vereinzelt vorkommen (z. B. wenn sie von ausländischen Fluggesellschaften eingesetzt werden, die die BRD anfliegen),
>
> ✈ sie technisch überholt sind (z. B. im Bereich der Triebwerke und Airframes),
>
> ✈ die Herstellerfirmen nicht mehr existieren (McDonnell Douglas z. B. wurde von Boeing gekauft) oder keine Verkehrsflugzeuge mehr bauen (wie Lockheed).

Mitbehandelt werden dagegen Flugzeugmuster, die schon projektiert sind und deren Erstflug in den nächsten Jahren erfolgen wird, wie z. B. der Airbus A380 (frühere Bezeichnung A3XX, Erstauslieferung ab 2006).

7.1 Einsatz und Betrieb von Verkehrsflugzeugen

7.1.1 Einteilungskriterien für Verkehrsflugzeuge

Verkehrsflugzeuge kann man nach unterschiedlichen Gesichtspunkten einteilen. Die wichtigsten Einteilungskriterien sind:

Kriterium	Einteilungsmöglichkeit	Anmerkung/Beispiele
Hersteller	Boeing	B717, 737, 747, 757, 767, 777
	Airbus Industrie	A300/310, 318/19/20/21, 330/40, (A380)
	Bombardier	CRJ, DH8
	Fairchild Dornier	328
	British Aerospace	ARJ/BAE 146
Rumpfform	Narrowbody	B717, B737, B757, A318/19/20/21, CRJ, ARJ, ATR42/72, Saab 2000
	Widebody	B747, B767, B777, A300/310, A330/340,
	Makrobody	(A380)

Einteilungskriterien für Verkehrsflugzeuge (Fortsetzung)		
Kriterium	**Einteilungsmöglichkeit**	**Anmerkung/Beispiele**
Reichweite **(Range)**	Kurzstreckenflugzeug	CRJ, ARJ, ATR42/72,Saab 2000, DH8 B717, B737, A318/19
	Mittelstreckenflugzeug	A320/21, B757
	Langstreckenflugzeug	A330/340, B747, B767ER, B777, (A380)
Antriebsart	Turboprop (Propeller-turbine)	ATR42/72, F50, DH8, Saab 2000
	Jet (Turbofan)	Boeing- und Airbustypen
Anzahl der Triebwerke	zweistrahlig	B717, 737, 757, 767, 777, A300/310, 318/19/20/21,330, CRJ,
	dreistrahlig	MD11, L1011,B727
	vierstrahlig	ARJ, B747, A340, (A380)
MTOM (Maximum Take Off Mass)	A (20 t und mehr) B (14 bis 20 t) C (5,7 bis 14 t)	Bei in der BRD zugelassenen Flugzeugen am Eintragungszeichen erkennbar z. B. D-AIRT (vgl. Kap. 7.1.4)

In Klammern Flugzeugmuster, die zur Zeit entwickelt werden z. B. (A380)

Abb. 64 Einteilungskriterien für Verkehrsflugzeuge

Darüber hinaus kann man Verkehrsflugzeuge einteilen nach:

- ✈ **Fluggeschwindigkeit** (Unterschallflugzeug: alle in Abb. 64 aufge-führten Muster, Überschallflugzeug: z. B. Concorde),
- ✈ Anordnung der **Tragflächen** (Hochdecker: z. B. Avro, ATR42/72, Fokker 50, Fairchild-Dornier 328, Tiefdecker: z. B. Airbus-/Boeing-Typen, CRJ),
- ✈ **Start- und Landeeigenschaften** (STOL/VTOL: Short-/Vertical Take-off and landing)
- ✈ der Möglichkeit **Fracht** zu transportieren (Freighter: reines Frachtflugzeug; Combi: zusätzlicher Frachtraum auf dem Hauptdeck hinter der Passagierkabine; Quickchange (QC): Passagierkabine kann schnell in einen Frachtraum umgebaut werden; Standardversion: Fracht wird im „Belly", im Unterflurladeraum unter der Passagierkabine transportiert).

Maßgebliche Kriterien zur Einteilung der Verkehrsflugzeuge in der Praxis sind **Reichweite (Range)** und **Passagierkapazität (Payload)**. Zu jeder Reichweite gehören typische Flugzeuggrößen. Innerhalb der Reichweitenklasse kann man eine weitere Unterteilung nach der Rumpfform vornehmen, wobei unterschieden wird zwischen **Narrowbody (Single aisle, Standardrumpf)** mit einer **Gangreihe**

(Aisle) und **Widebody (Twin aisle, Großraumflugzeug)** mit zwei Gangreihen. Für die neu zu entwickelnden Großraumflugzeuge mit zwei Passagierdecks (z. B. A380 von Airbus) findet man auch den Begriff Macrobody (Aero. 5/1998, S. 54).

Narrowbody (Standardrumpf,   **Widebody (Großraumflugzeug,**
1 Gangreihe/Aisle)   **2 Gangreihen/Aisles)**

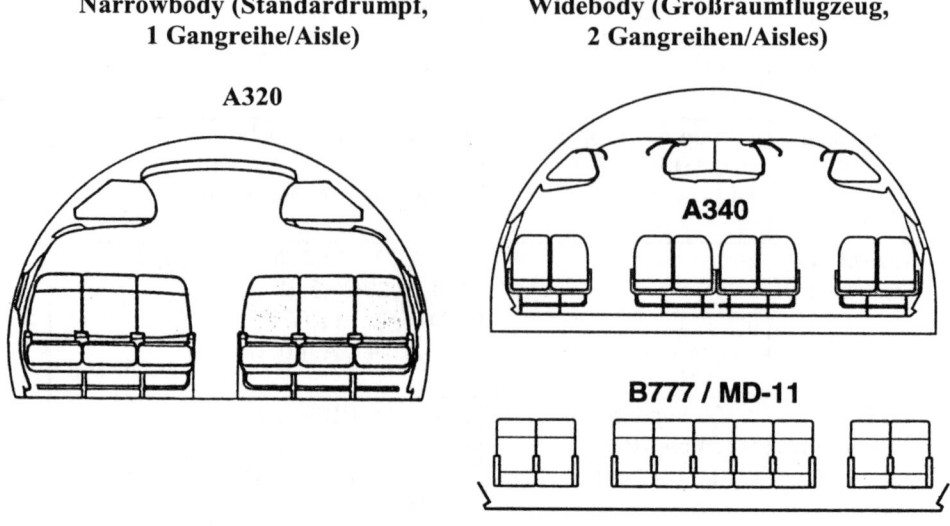

A380 (2 Gangreihen/Aisles, 2 Passagierdecks)

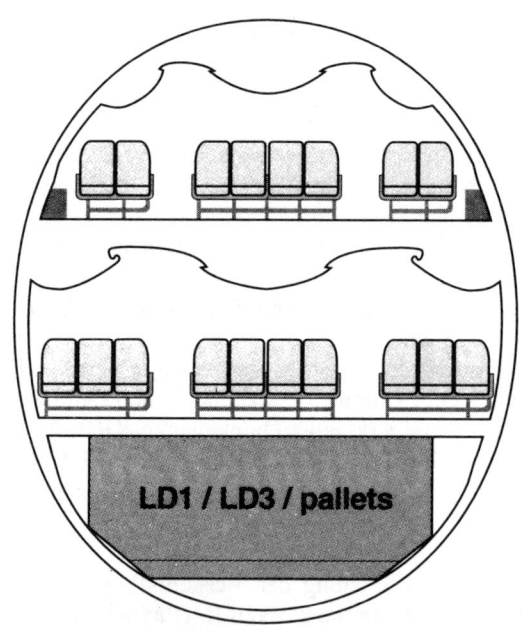

Abb. 65 Rumpfformen von Verkehrsflugzeugen
(Quelle: Aircraft Technology, Vol. 29, September 1997, S. 12)

Hinsichtlich der **Reichweite (Range)** erfolgt die Einteilung in Kurz-, Mittel- und Langstrecke. Die Reichweiten-Kategorien sind nicht einheitlich festgelegt und überschneiden sich vielfach, so daß die Entfernungsangaben nur ungefähre Anhaltswerte darstellen. Jede Reichweitenklasse verlangt Flugzeuge mit spezifischen Leistungsmerkmalen.

Eine **typische Kurzstrecke** hat eine Länge bis 1000 km. Hierunter fallen alle Strecken innerhalb der BRD sowie in das benachbarte Ausland (siehe LH DEF′90, Hünecke, S. 21). Folgende Merkmale kennzeichnen den Einsatz von Kurzstreckenflugzeugen:

- zwei Triebwerke,
- typische Reisezeiten bis 90 Minuten,
- häufige Starts und Landungen (Durchführung einer großen Anzahl von Cycles; ein **Cycle** ist der Vorgang vom Start bis zur Landung als zusammengefaßtes Ereignis),
- durchschnittlich 8 Stunden Flugzeit pro Tag,
- gute Start- und Landeleistungen, günstiger Treibstoffverbrauch im Steigflug, kurze Bodenzeiten (Turnaround: Zeit, die ein Flugzeug zwischen zwei Flügen am Boden verbringt),
- Einsatz von Flugzeugen mit Propellerturbinen und kleinen Jets auf Strecken mit geringem Passagieraufkommen (F50, ATR42 und 72, Dash 8, Fairchild-Dornier 328, ARJ, CRJ) und Jets (B737, A319/20) bei höheren Passagierzahlen. Japanischer Inlandsverkehr wird teilweise mit Boeing 747SR geflogen: 500 Sitzplätze, Strecken zum Teil unter 180 km.

Typische **Mittelstrecken** sind bis 5000 km lang und bei Lufthansa definiert als europäische Strecken über das benachbarte Ausland hinaus sowie nach Nahost und Nordafrika (LH DEF′90, Hünecke, S. 22):

- Im Mittelstreckenbereich werden eingesetzt: A320/21, A330, B757/767,
- Kapazitäten von 150 bis 380 Sitzplätze,
- Mittelstreckenflugzeuge verbringen den größten Teil der Flugzeit im Reiseflug, Start und Landung machen nur einen kleinen Teil aus,
- Reisezeiten liegen in der Größenordnung von zwei bis vier Stunden.

Eine typische **Langstrecke** liegt bei 13000 km (siehe Hünecke, S. 23). Lufthansa benutzt diesen Begriff für Flüge von/nach Amerika, Asien/Pazifik und Afrika (außer Nordafrika) (siehe LH DEF′90). Das klassische Langstreckenflugzeug ist die B747-400 mit ca. 400 Sitzplätzen und Reichweiten bis 13000 km. In Kapazität und Reichweite darunter angesiedelt waren lange Zeit die großen Dreistrahler DC-10/MD-11 von McDonnell Douglas und L-1011 von Lockheed („Tristar"). Für Langstrecken mit geringerem Passagieraufkommen ist der Airbus A 340 optimal geeignet. Inzwischen drängen zunehmend zweistrahlige Flugzeuge („Big twins") auf den Langstreckenmarkt wie die Boeing-Typen B767/777 oder der Airbus

A33,0 mit Kapazitäten bis zu 400 Sitzplätzen und Reichweiten bis 9000 km und mehr. Dreistrahlige Flugzeuge erwiesen sich im Laufe der Zeit als teuer in der Wartung und zu komplex; problematisch war insbesondere das Mitteltriebwerk (vgl. Hünecke, S. 23). Der Vorteil des Dreistrahlers bestand vor allem darin, daß er nicht den ETOPS-Beschränkungen des Zweistrahlers unterlag.

ETOPS (Extended-range twin-engine operations) regeln den Einsatz von zweimotorigen Flugzeugen („Twins") über großen Wasser- oder Landstrecken (ausgedehnte Wüsten, Bergregionen, Urwald) und legen fest, wieweit die Entfernung zum nächsten Ausweichflughafen bei Triebwerks- oder Systemausfall maximal sein darf. So muß z. B. bei ETOPS 120-Zulassung eines zweistrahligen Flugzeuges die Flugroute so geplant sein, daß das Flugzeug bei Triebwerksausfall nie weiter als 120 Minuten vom nächsten Ausweichflughafen entfernt ist. Dies hat zur Folge, daß große Wassergebiete (z. B. Atlantik, Pazifik) nicht auf dem kürzesten Weg überquert werden können, sondern daß die Flugroute so gelegt werden muß, daß innerhalb der angegebenen ETOPS-Zeit ein Ausweichflughafen erreichbar ist. Je größer die ETOPS-Ausdehnung für ein Flugzeugmuster ist, desto geringer sind die Restriktionen bei der Flugplanung. Viele moderne Twin jets haben wegen der hohen Zuverlässigkeit ihrer Triebwerke ETOPS 180-Zulassungen und erlauben z. B. auf der Nordatlantik-Route dieselbe Flugrouten-Planung wie vierstrahlige Flugzeuge („Quads"), die diesen Beschränkungen nicht unterliegen. Die ETOPS-Zulassung für die Boeing 777 wurde auf 207 Minuten erhöht. Die Folge der ETOPS-Erweiterungen ist eine starke Zunahme zweistrahliger Flüge über dem Nordatlantik.

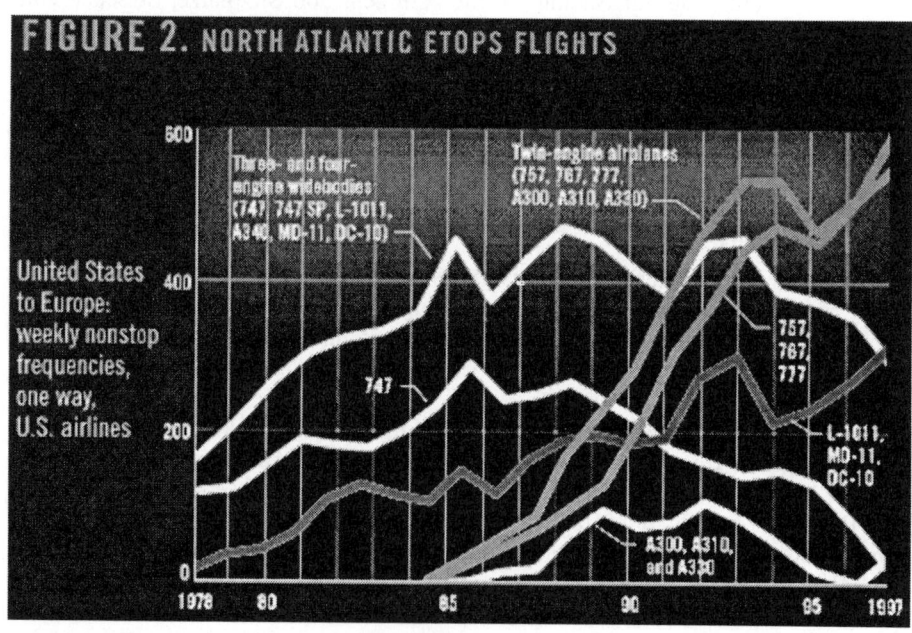

Abb. 66 ETOPS-Flüge auf der Nordatlantik-Route
(Quelle: Boeing, Internetseiten, Aeromagazin 4)

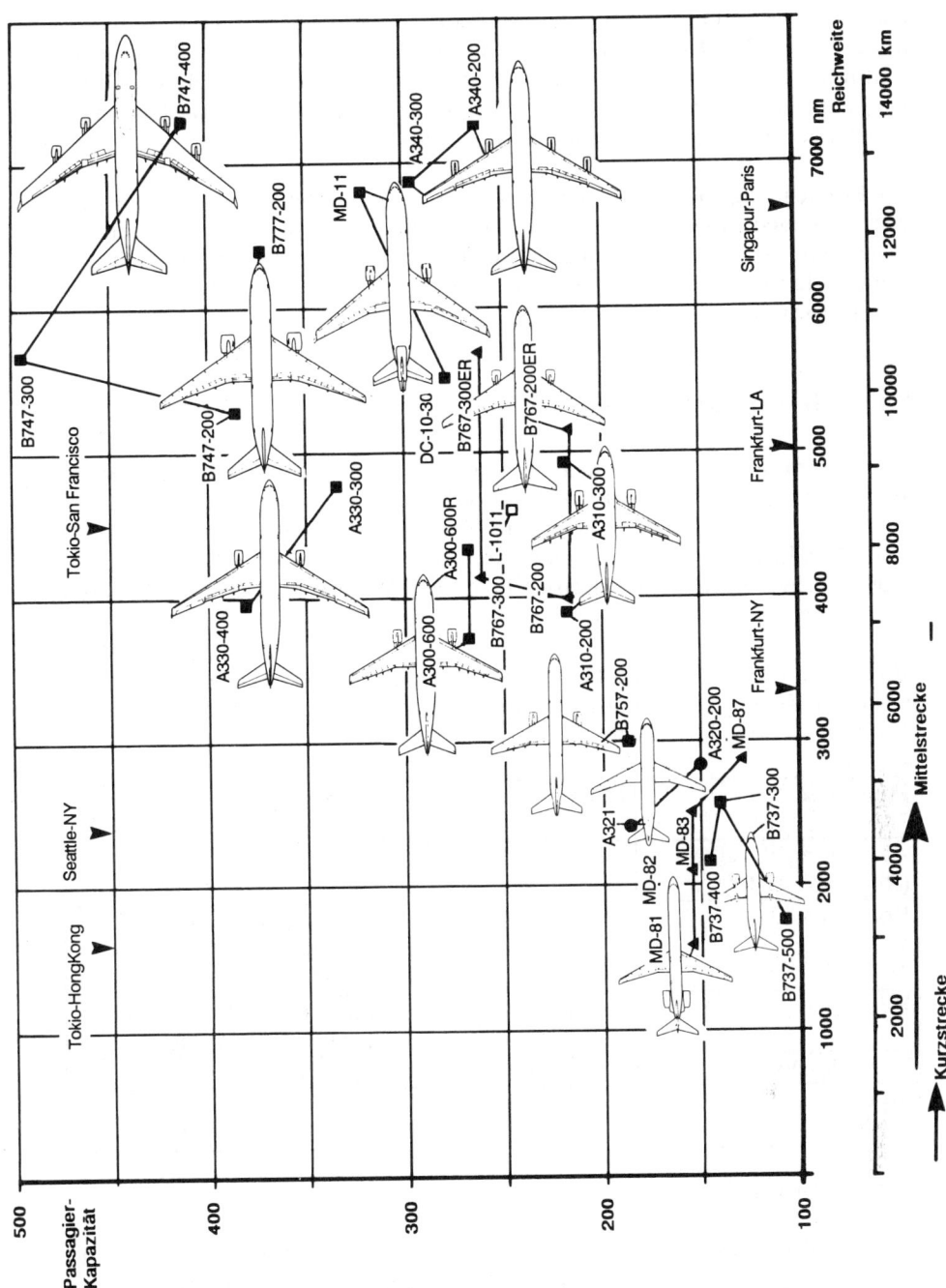

Abb. 67 Leistungsfähigkeit heutiger Verkehrsflugzeuge
(Quelle: HÜNECKE, K.: Die Technik des modernen Verkehrsflugzeuges, S. 22)

Für Langstreckenflugzeuge gelten grundsätzlich die gleichen Merkmale wie für Mittelstreckenflugzeuge. Wegen des hohen Treibstoffanteils am Startgewicht sind niedriger Kraftstoffverbrauch und gute Aerodynamik besonders wichtig. Langstreckenflugzeuge werden für hohe Fluggeschwindigkeiten ausgelegt, um die langen Flugzeiten (oft über 10 Stunden) zu verkürzen.

Die Bezeichnung **ER** bei Flugzeugmustern (**z. B. B767-400ER**) ist die Abkürzung von „**extended range**" und bedeutet, daß es sich um eine Version mit gesteigerter Reichweite, größerer Tankkapazität und höherem Startgewicht handelt. Bei einigen Flugzeugmustern wird auch der Zusatz **LR (z. B. 777-200 LR)** für „**long range**" verwendet.

7.1.2 Airframe-Hersteller

Als „**Airframe**" bezeichnet man das Flugzeug ohne Triebwerke. Die Flugzeughersteller produzieren selbst keine Triebwerke, sie stellen die Zellen, Tragflächen, Leitwerke usw. her und bieten ihr Flugzeug (Airframe) mit Triebwerken unterschiedlicher Triebwerkhersteller an. So kann die Boeing 777 sowohl mit Triebwerken von General Electric, Pratt and Whitney als auch Rolls-Royce betrieben werden.

Während auf dem Weltmarkt für Verkehrsflugzeuge heute nur noch zwei Anbieter existieren (Boeing und Airbus Industrie), werden Regionalflugzeuge (unter 100 Sitzplätze u. a. produziert von:

Hersteller	Land	Flugzeugtyp
Aero International (Regional) AI(R)	Frankreich/Italien	ATR42/72 AVRO RJ 70/85/100
Bombardier	Kanada	Canadair Jet: CRJ200, CRJ700 Dash8
Embraer	Brasilien	EMB-120, ERJ-135, ERJ-145ER, ERJ 145LR
Fairchild-Dornier	USA/Deutschland	328/328 Jet
Saab	Schweden	340 2000

Abb. 68 Hersteller von Regionalflugzeugen - Auswahl

Nach dem Ausscheiden von Lockheed aus dem Bau von Zivilflugzeugen (1984 mit der Beendigung der Produktion der „Tristar") und dem Aufkauf von McDonnell Douglas durch Boeing im Jahr 1997 existieren heute nur noch zwei große Anbieter: **Boeing in Chicago/USA** und **Airbus Industrie in Toulouse/Frankreich.**

Während **Boeing** eine geschlossene Produktpalette von der B717 bis zur B747 anbieten kann und als Traditionsunternehmen nach der Übernahme von McDonnell Douglas etwa 60% Weltmarktanteil hält, hat Airbus-Industrie als relativ junges Unternehmen (Erstflug der A300: 1973) lange mit Problemen der Unternehmensstruktur und des Produktionsprogramms kämpfen müssen.

Einen Überblick über die **Boeing-Narrowbody-Flugzeugtypen** gibt Abbildung 69. Die Passagier-Kapazität variiert je nach gewünschtem Kabinenlayout (1 bis 3 Beförderungsklassen) und die Reichweite je nach Tankkapazität. Die Angaben beziehen sich auf typische Daten für die Standardversionen (Basic version), die Daten eines im Flugbetrieb bei einer Airline eingesetzten Flugzeugs können hiervon aufgrund spezieller Ausstattung und individueller Einsatzbereiche abweichen. Alle Modelle sind Twin-Jets (2 Triebwerke).

Boeing Narrowbody/single aisle (twin Jets)			
Typ	**Passagier-Kapazität**	**Max. Reichweite (in km)**	**Max. Startgewicht (in kg)**
717-200	106	2645	49 845
737-300	128-149	4175	62 820
737-400	146-168	3815	68 040
737-500	108-132	4395	60560
737-600	110-132	5649	65 090
737-700	126-149	6038	70 143
737-800	162-189	5449	78 240
737-900	177-189	5084	78 240
757-200	200-228	7222	115 680
757-300	243-280	6287	123 600

Abb. 69 Boeing Narrowbody-Typen
(Quelle: Boeing-Internetseiten: www.boeing.com; Broschüre: Boeing, The Leading Family of Passenger Jet Airplanes)

Die Modelle 737-300 bis 500 („737 classics") sind weltweit in großer Zahl im Einsatz, werden jedoch nicht mehr hergestellt.

Die **Boeing Widebody-Typen** (zwei Gangreihen/ twin aisles) bestehen aus drei Baureihen: 747, 767 und 777.

Bei den Baureihen 767 und 777 handelt es sich um Twin-Jets (2 Triebwerke). Die Boeing 747 („Jumbo-Jet") besitzt vier Triebwerke und zwei Passagierdecks. Die Combi-Versionen befördern auf dem Passagierdeck Fracht in einem Frachtraum hinter der Passagierkabine.

Als B747 "Classics" werden die Muster 747-100 bis 747-300 bezeichnet; die letzte B747-200 wurde von Boeing 1991 ausgeliefert.

Das Muster Boeing MD11(mit drei Triebwerken), das von McDonnel-Douglas entwickelt und hergestellt wurde, hat Boeing nach der Übernahme von McDonnel-Douglas weiterproduziert bis im Februar 2001 die Produktion eingestellt wurde.

Typische Daten der Standardversionen sind:

Boeing Widebody/twin aisle			
Typ	Passagier-Kapazität	Max. Reichweite (in km)	Max. Startgewicht (in kg)
767-200 ER	181-255	12250	179170
767-300 ER	218-351	11300	186880
767-400 ER	245-375	10450	204120
777-200	305-440	9649	247210
777-200 ER	301-440	14316	297560
777-200 LR	301	16417	340194
777-300	386-550	11029	299370
777-300 ER	365	13427	340194
777-300 LR	365	13330	341105
747-400	416-524	13445	396900
747-400 Domestic	568 (2 class)	2905	378182
747-400 Combi	266-410	13360	396890
747-400 ER	416-524	14205	412775

Abb. 70 Boeing Widebody-Typen
(Quelle: Boeing-Internetseiten: www.boeing.com; Broschüre: Boeing, The Leading Family of Passenger Jet Airplanes)

Airbus-Industrie, mit Zentrale in Toulouse, war bis 1999 ein Luftfahrtkonsortium, an dem vier europäische Unternehmen beteiligt waren: Casa (Spanien, Beteiligung 4,2%), DaimlerChrysler Aerospace (Deutschland, 37,9%), British Aerospace (Großbritannien, 20%) und Aerospatiale (Frankreich, 37,9%).

Nach jahrelangen Bemühungen aus diesem Konsortium ein eigenständiges Unternehmen in der Rechtsform einer Kapitalgesellschaft zu schaffen, gelang es den Partnerunternehmen im Oktober 1999 mit der Gründung der EADS einen europäischen Luft- und Raumfahrtkonzern zu bilden, an dem drei der ehemaligen Partnerunternehmen beteiligt sind.

Die **EADS (European Aeronautic Defence and Space Company)** hat ihren Firmensitz in den Niederlanden und Verwaltungssitze in Paris und München; sie hält 80% der Anteile an Airbus Industrie, die restlichen 20% hält weiterhin British Aerospace.

Die Produktion der verschiedenen Airbus-Modelle und deren Komponenten ist auf die Partnerunternehmen aufgeteilt, die Zentrale in Toulouse betreut Werbung, Verkauf und Kundenservice.

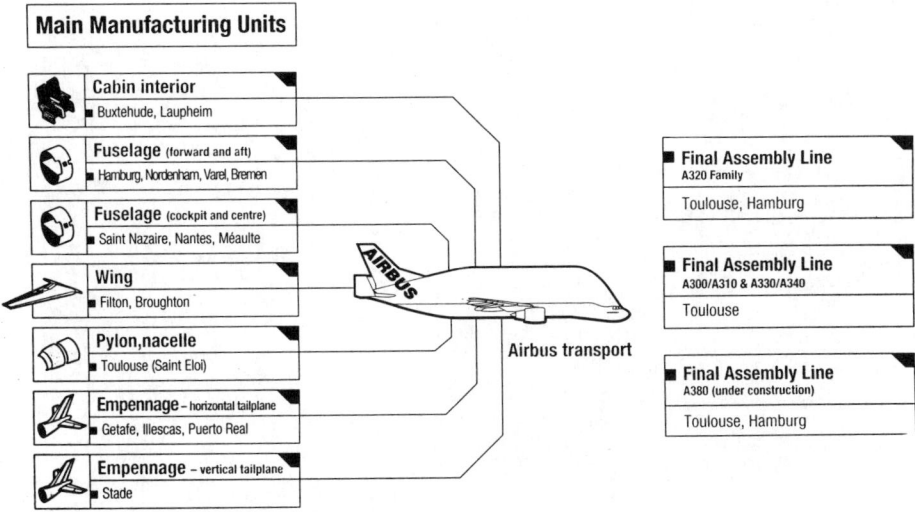

Abb. 71 Produktionsstätten von Airbus Industrie
(Quelle: AIRBUS INDUSTRIE: Broschüre The Airbus Way, Blagnac 2002, S. 21)

Die **Airbus-Produktpalette** wies vor einigen Jahren im Vergleich zu Boeing noch Lücken auf, während Boeing von der 717 bis zur 747 eine große Auswahl an Flugzeugmustern mit unterschiedlicher Passagierkapazität und Reichweite anbietet. Durch den Projektstart zum Bau der A380 (früher A3XX) im Dezember 2000 und den Bau der kleinen A318 (Erstflug Januar 2002) schließt Airbus Industrie jedoch zu Boeing auf.

Führend war Airbus Industrie in der Einführung moderner **Cockpittechnologie** (Einsatz von Computerbildschirmen, „Glascockpit" statt konventioneller elektromechanischer Instrumente im traditionellen „Uhrencockpit"), in der Einführung **elektronischer Steuerung** („Fly-by-wire"-Technologie), in der **Einführung zweistrahliger Großraumflugzeuge** („Big twins" mit der A300) und in der Entwicklung des **Familienkonzeptes.**

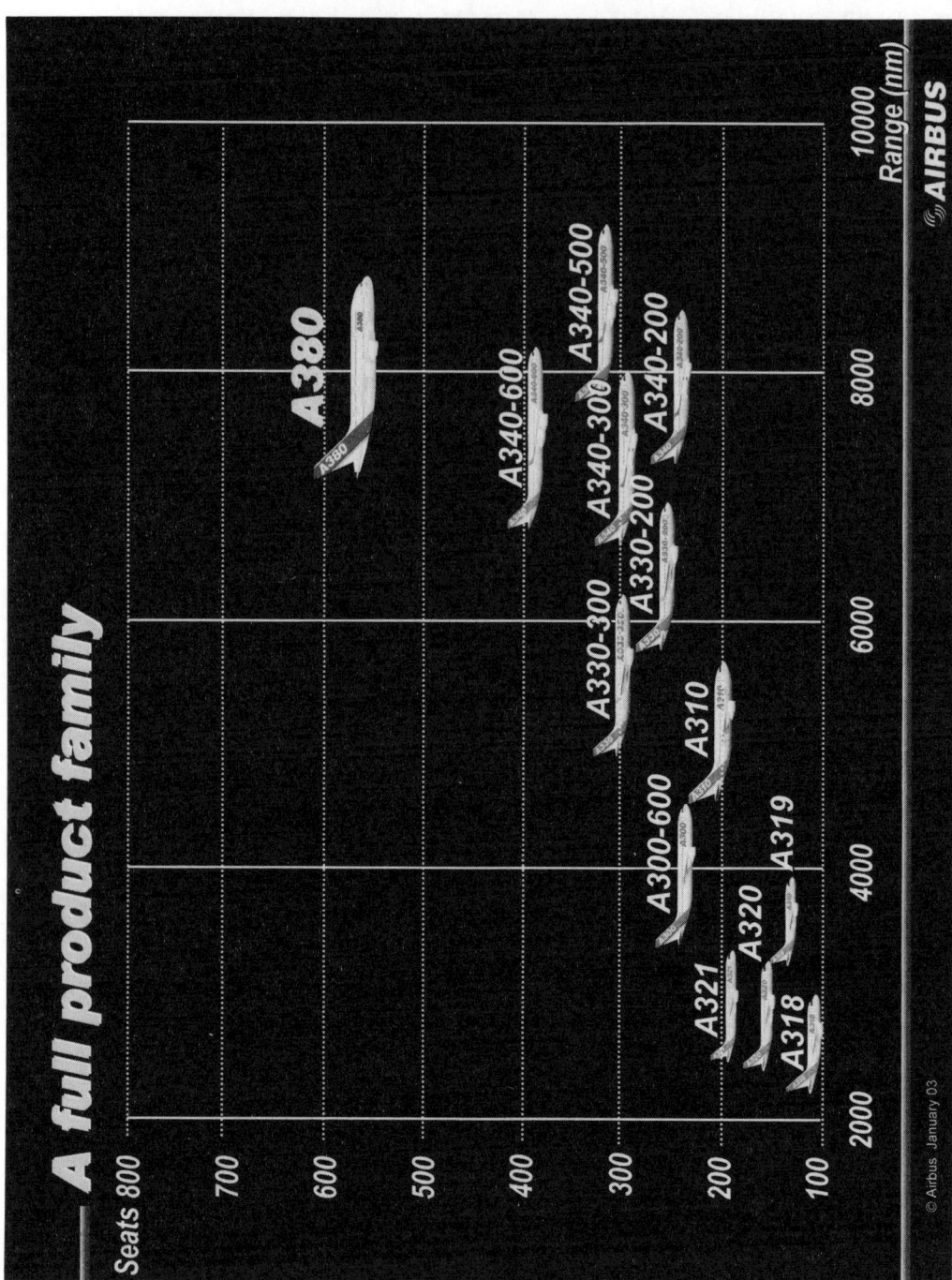

Abb. 72 Die Airbus-Produkte

Die technischen Basisdaten der einzelnen Baureihen zeigt Abbildung 73. Bis auf die A340 und A380, die vier Triebwerke besitzen, sind alle Airbus-Typen Twin-Jets. Die Passagierkapazität schwankt je nach Kabinenlayout und Anzahl der Beförderungsklassen. Die A380 wird zwei durchgehende Passagierdecks haben.

Airbus Industrie Narrowbody/single aisle (twin Jets)			
Typ	Passagier-Kapazität	Max. Reichweite (in km)	Max. Startgewicht (in kg)
A318	107	6000	68 000
A319	124-134	6800	75 500
A320	150-164	5700	77 400
A321	185-199	5600	93 000
Airbus Industrie Widebody/twin aisle Jets			
A300-600	266-298	7700	171 700
A310	240-247	9600	164 000
A330-200	253-293	12350	233 000
A330-300	295-335	10400	233 000
A340-200	261-300	14800	275 000
A340-300	295-335	13700	275 000
A340-500	313-359	16050	365 000
A340-600	380-419	13900	365 000
Airbus Industrie Widebody/twin aisle/2 Passagierdecks			
A380	555	14800	560 000

Abb. 73 Airbus Industrie Produktionsprogramm
(Quelle: Airbus-Internetseiten: www.airbus.com; AIRBUS INDUSTRIE: Broschüren: A318, A320 Family, A330, A340, A380 Briefing, Blagnac 2002)

Airbus hat die einzelnen Flugzeugmuster in einer **Familienkonzeption** entwickelt, die den Fluggesellschaften Wartungs- und Trainingskosten spart und einen flexiblen Creweinsatz in der Praxis erlaubt:

→ **A318/319/320/321-Familie:** aus dem Basismodell A320 wurde eine verlängerte Version (A321) und zwei verkürzte Versionen (A319, A318) entwickelt, wobei das System- und Cockpit-Design weitestgehend identisch ist. So benötigt ein Pilot nur ein Type-rating (Musterberechtigung), um sämtliche Typen der 320-Familie fliegen zu dürfen, seine Fluggesellschaft kann ihn also beliebig auf allen Mustern dieser Familie einsetzen;

→ **A300/310-Familie,**

→ **A330/340-Familie:** Design-Philosophie wie bei den 320er Typen; A330 und 340 unterscheiden sich in der Länge des Flugzeugs und in der Anzahl der Triebwerke. Hier ist es ebenfalls mit minimalem Aufwand für einen Piloten möglich, für beide Typen das Type-Rating zu erwerben

→ **A380-Familie.**

Die Familienkonzeption wird besonders deutlich im Airbus Trainingskonzept, der **„Cross Crew Qualification (CCQ)"**. Ein Pilot kann den vollen Type rating course für eine Airbus-Familie in 25 bis 35 Tagen absolvieren und erhält damit die Musterberechtigung für die gesamte Familie (z. B. Same type rating für A318/319/320/321). Beim Erwerb eines zusätzlichen Type ratings für eine weitere Airbus-Familie (z. B. A340) führt Airbus nur ein „Difference Training" durch, in dem die Unterschiede zum bisherigen Flugzeugmuster vermittelt werden. Dadurch kann das zusätzliche Type rating für die zweite Airbus-Familie in nur 1 bis 9 Tagen erworben werden.

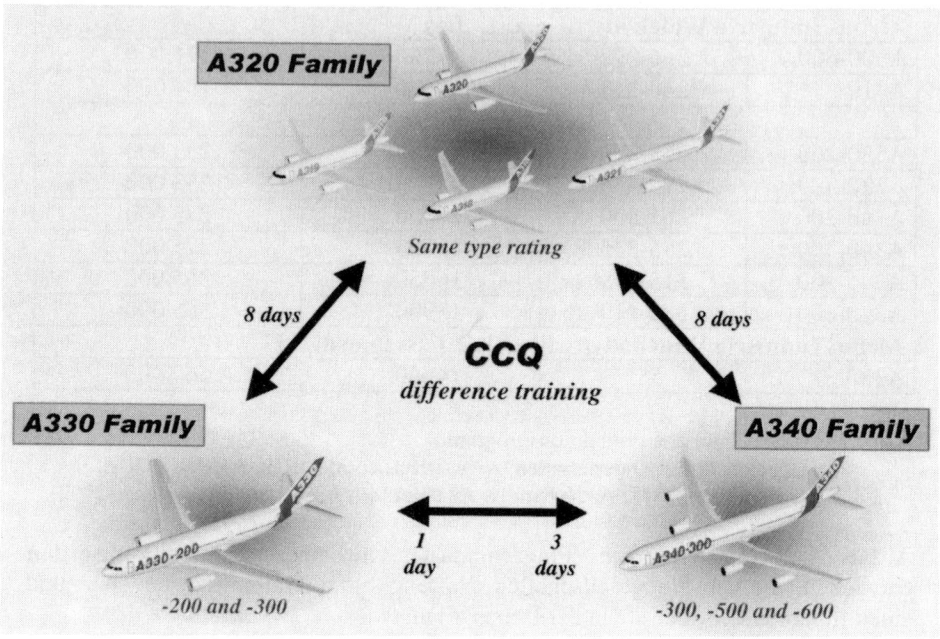

Abb. 74 Airbus Industrie, Cross Crew Qualification
(Quelle: AIRBUS INDUSTRIE: Broschüre A318 Briefing, S. 20)

Eine Konsequenz dieses Airbus-Familienkonzeptes ist das **Mixed fleet flying (MFF)**. Wenn ein Pilot mehr als ein Airbus-Muster fliegen kann, hat dies sowohl für den Piloten Vorteile (größere Erfahrung) als auch für die Fluggesellschaft (geringere Trainingskosten, höhere Produktivität der Crew). Da die Piloten auf mehreren Flugzeugmustern eingesetzt werden können, hat die Airline in der Flugzeug-/Crewumlaufplanung eine wesentlich höhere Flexibilität, sie kann die Flugzeugmuster leichter untereinander austauschen entsprechend der Nachfrage, die für einen Flug erwartet wird.

So erlaubt die A320-Familie ein dynamisches Kapazitätsmanagement (Airbus: **DCM = Dynamic capacity management**) zwischen den Mustern A318 (mit ca. 107 Sitzplätzen) bis A321 (bis ca. 220 Sitzplätze) entsprechend der für einen Flug prognostizierten Passagierzahl.

Boeing hat das Konzept der Flugzeugfamilien bisher nur bei den Typen 757/767 umgesetzt, für die ein Pilot ebenfalls nur ein Type-Rating erwerben muß.

Beide Flugzeug-Hersteller veröffentlichen detaillierte Prognosen über die zukünftige **Entwicklung der Märkte für Verkehrsflugzeuge** für einen Zeitraum von zwanzig Jahren:

> ✈ Boeing: Current Market Outlook 2002 (Auszug: siehe Abb. 75),
> ✈ Airbus Industrie: Global Market Forecast 2002.

Die Untersuchungen von Boeing und Airbus Industrie über den Flugzeugmarkt der nächsten beiden Jahrzehnte stimmen bezüglich der Wachstumsraten des Luftverkehrs überein.

Unterschiede bestehen darin, daß Boeing damit rechnet, daß der Bedarf sich auf mehr Flugzeuge mit 300 bis 350 Sitzen verteilen wird, Airbus dagegen sieht ein Marktpotential von 1200 Maschinen mit mehr als 400 Sitzplätzen plus 300 Frachtmaschinen mit mehr als 80 Tonnen Fracht. Diesen Markt von 1500 Maschinen will Airbus zu 50 Prozent erobern. Für dieses Marktsegment baut Airbus Industrie die A380, mit der man das Boeing-Monopol bei Großflugzeugen brechen will. Boeing hat seit 1970 mit der B747 (Jumbo Jet) eine Monopolstellung in Reichweite und Passagierkapazität

Hinweis auf **weitere Informationsquellen:**

Umfangreiches Informationsmaterial zu allen bisher behandelten Themen, insbesondere zu den einzelnen Flugzeugtypen, Marktprognosen, technischen und operativen Problemen enthalten die Internetseiten der beiden großen Flugzeughersteller:

> ✈ www.airbus.com
> ✈ www.boeing.com

Hersteller von Regionalflugzeugen sind unter folgenden Internetadressen zu finden:

> ✈ www.bombardier.com
> ✈ www.bae.regional.co.uk
> ✈ www.embraer.com
> ✈ www.atraircraft.com

Ein Auszug aus dem „**Current Market Outlook**" **von Boeing** zeigt, daß die Welt-Flugzeugflotte sich bis zum Jahr 2021 mehr als verdoppeln wird:

Seat category	Year-end 2001	2002- 2021 New Deliveries	Removed From Service		Year-end 2021
Single-aisle					
Small and intermediate regional jets	1,505	4,238	384		5,359
90-120 and large regional jets	2,380	3,018	1,960		3,438
121-170	5,441	7,883	2,856		10,468
171-240	1,092	2,764	502		3,354
Twin-aisle					
Small	1,261	2,194	603		2,852
Intermediate	1,042	2,424	484		2,982
Large	775	727	538		964
Total passenger airplanes	**13,496**	**23,248**	**7,327**		**29,417**
	Year-end 2001	2002- 2021 New Deliveries	Removed From Service	Converted to Freighter	Year-end 2021
Total freighter airplanes	**1,775**	**681**	**1,228**	**1,850**	**3,078**
Total	**15,271**	**23,929**	**8,555**		**32,495**

Abb. 75 Entwicklung der Welt-Flugzeugflotte bis zum Jahr 2021
(Quelle: BOEING: Current Market Outlook 2002, Appendix B: Passenger and Freighter Fleet Development – Auszug, Internet-Seiten: www.boeing.com)

7.1.3 Flotte und Flottenpolitik einer Airline

Zu den schwierigsten Entscheidungen des Managements einer Fluggesellschaft gehört die Beantwortung der Frage, welche Flugzeuge wann gekauft und in Dienst gestellt werden sollen.

Eine Entscheidungsgrundlage bilden Prognosen über die künftige Verkehrsentwicklung. Allerdings ist die Marktentwicklung bei den langen Lieferfristen für Flugzeuge nicht immer zuverlässig vorauszusagen. Da Bestellungen aber bereits Jahre vor dem Einsatztermin aufgegeben werden müssen, existieren zu diesem Zeitpunkt oft erst Projektstudien des betreffenden Flugzeugs. Nur wenn eine bestimmte Anzahl von Aufträgen vorliegt, wird der Hersteller mit dem Bau der Prototypen beginnen, so wie bei der A380 von Airbus Industrie. Erst nachdem 50 Festbestellungen im Dezember 2000 für dieses Flugzeugmuster vorlagen, hat die EADS den Projektstart zum Bau des Flugzeugs begonnen; die ersten einsatzbereiten Maschinen sollen 2006 ausgeliefert werden.

Andererseits kann allzu große Zurückhaltung bei der Entscheidung über die Bestellung von Flugzeugen für die Fluggesellschaft von Nachteil sein, weil dann die Konkurrenz mit dem neuen Flugzeugtyp auf dem Markt einen Vorsprung erzielt.

Entscheidungskriterien bei der Beschaffung von Flugzeugen und bei der Flottenplanung können sein:

- ✈ Prognosen über die Verkehrsentwicklung,
- ✈ Daten des Netzmanagements (Netzstruktur, benötigte Kapazitäten),
- ✈ Anschaffungskosten/Kaufpreis,
- ✈ Betriebskosten (Treibstoffkosten, Trainingskosten für Cockpit- und Wartungspersonal, Wartungskosten),
- ✈ Flexibilität bei der Crewumlaufplanung (kann ein Pilot auf mehreren Flugzeugmustern des Herstellers eingesetzt werden, wie beim Mixed fleet flying von Airbus),
- ✈ angestrebtes Flottenalter (junge oder alte Flotte, Kauf neuer oder gebrauchter Flugzeuge),
- ✈ Umweltaspekte (Lärm- und Schadstoffemissionen),
- ✈ Leistungsdaten des Flugzeugs (Nutzlast, Reichweite, Kabinenlayout, Komfort),
- ✈ technische Einrichtungen der anzufliegenden Flughäfen (Startbahnlänge und -oberfläche, Abfertigungseinrichtungen, Navigationshilfen),
- ✈ Abhängigkeit von einem Flugzeughersteller,
- ✈ Homogenität der Flotte,
- ✈ Sicherheitsaspekte der Flugzeugkonstruktion,
- ✈ Kundenakzeptanz (z. B. Problem: Turboprop-Flugzeuge werden von den Passagieren eher als veraltet, unbequem und unsicher angesehen, Jets genießen eine höhere Akzeptanz).

Häufig werden Flugzeuge aus Finanzierungsgründen von den Fluggesellschaften nicht gekauft sondern beim Flugzeughersteller oder einem Leasing-Unternehmen geleast.

Top 10 lessors – by fleet value – January 2003			
Rank	Leasing Company	No. aircraft	Fleet value $ million
1	GECAS	1421	26589,7
2	ILFC	586	20263,0
3	Boeing Capital	263	3843,3
4	Debis AirFinance	206	3267,5
5	Ansett Worldwide	178	3220,6
6	CIT Capital Aerospace	163	2877,6
7	GATX Air	124	2697,6
8	Babcock & Brown	120	2531,2
9	SALE	44	1920,6
10	Boullioun Aviation	82	1773,5

Abb. 76 Flugzeug-Leasingunternehmen
(Quelle: Special Report: Finance and Leasing. In: Airline Business, February 2003, S. 46 - 52)

Abbildung 77 zeigt die im Lufthansa-Konzern (Lufthansa Passage-Airline, Lufthansa CityLine und Lufthansa Cargo AG) im Jahr 2002 eingesetzten Flugzeugmuster:

Lufthansa Konzernflotte im Jahr 2002

Canadair Regional Jet 100/200/700
•Reichweite:
  1.900 km
•Passagiersitze: 48/70
•Anzahl: 54

Avro RJ 85
•Reichweite:
  2.600 km
•Passagiersitze: 80
•Anzahl: 18

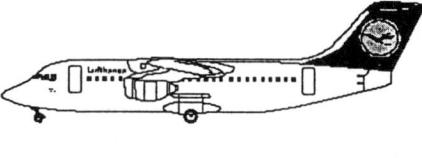

Boeing 737-500
•Reichweite:
  1.900 km
•Passagiersitze:103
•Anzahl: 30

Lufthansa Konzernflotte im Jahr 2002 (Fortsetzung)

Boeing 737-300
- •Reichweite:
  1.600 km
- •Passagiersitze: 123
- •Anzahl: 43

Airbus A319
- •Reichweite:
  2.700 km
- •Passagiersitze: 126
- •Anzahl: 20

Airbus A320
- •Reichweite:
  2.900 km
- •Passagiersitze: 144
- •Anzahl: 36

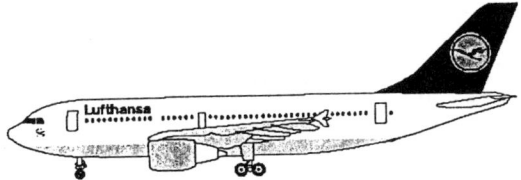

Airbus A321
- •Reichweite:
  2.400 km
- •Passagiersitze: 182
- •Anzahl: 26

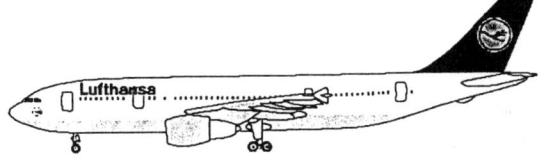

Airbus A310
- •Reichweite:
  6.400 km
- •Passagiersitze: 222
- •Anzahl: 6

Airbus A300
- •Reichweite:
  4.700 km
- •Passagiersitze: 270
- •Anzahl: 14

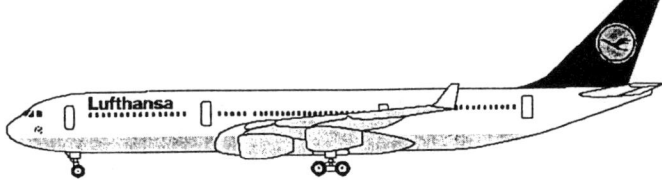

Airbus A340-200
- •Reichweite:
  10.600 km
- •Passagiersitze: 220
- •Anzahl: 6

Lufthansa Konzernflotte im Jahr 2002 (Fortsetzung)

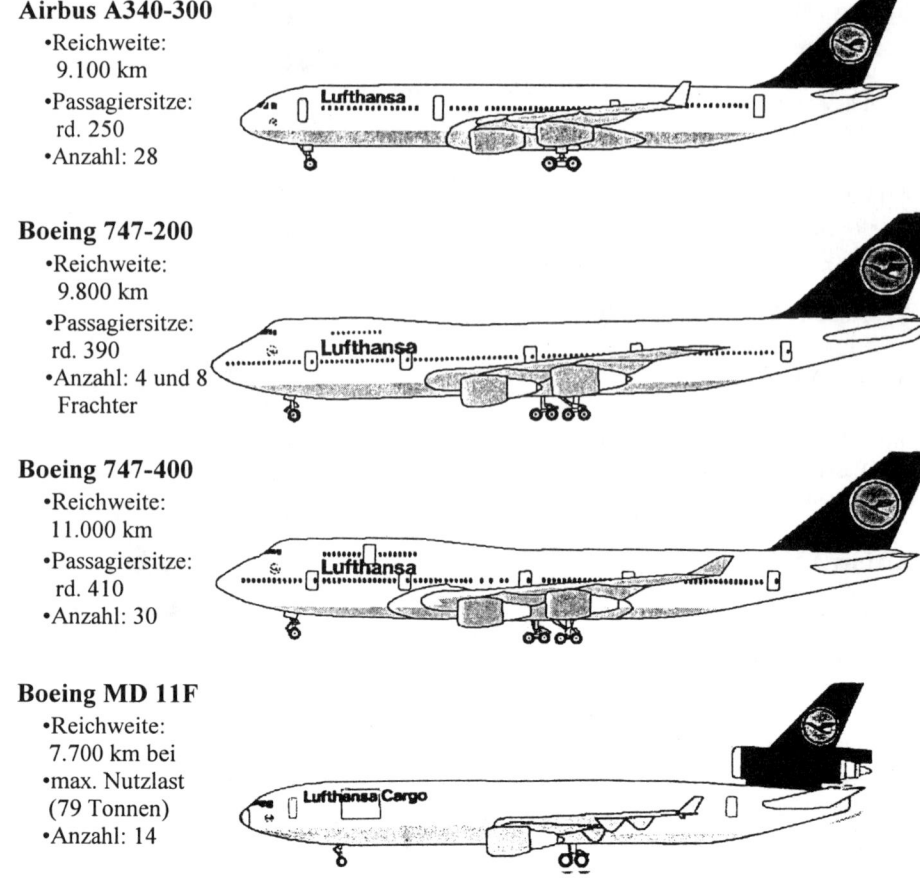

Airbus A340-300
- Reichweite:
  9.100 km
- Passagiersitze:
  rd. 250
- Anzahl: 28

Boeing 747-200
- Reichweite:
  9.800 km
- Passagiersitze:
  rd. 390
- Anzahl: 4 und 8
  Frachter

Boeing 747-400
- Reichweite:
  11.000 km
- Passagiersitze:
  rd. 410
- Anzahl: 30

Boeing MD 11F
- Reichweite:
  7.700 km bei
- max. Nutzlast
  (79 Tonnen)
- Anzahl: 14

Abb. 77 Lufthansa Konzernflotte im Jahr 2002

Hinweis auf **weitere Informationsquellen:**

Informationen zu den Flotten der Fluggesellschaften findet man in:

- ↣ den aktuellen Geschäftsberichten der Airlines,
- ↣ den Internetseiten der Fluggesellschaften, z. B. www.lufthansa.com
- ↣ den Fachzeitschriften Airline Business und Air Transport World
  (siehe Literaturverzeichnis). Empfohlen sei hier der World Airline
  Report der Air Transport World, July 2003 mit dem „Fleet Summary"
  und den „World Airline Fleets"
- ↣ IATA, World Air Transport Statistics, 47th Edition, 2003

7.1.4 Zulassung und Registrierung von Flugzeugen

Im Rahmen der **Verkehrszulassung** werden Flugzeuge vom **Luftfahrt-Bundes-amt** (LBA) in die **Luftfahrzeugrolle** (Verzeichnis der deutschen Luftfahrzeuge in einer Luftfahrtzeugdatei) eingetragen.

Mit der Verkehrszulassung erhält das Flugzeug die Erlaubnis, am Luftverkehr teilnehmen zu dürfen.Voraussetzungen für die Verkehrszulassung sind der Nachweis der Verkehrssicherheit, die Musterzulassung (nach deutschem Recht oder nach JAA-Regelungen), eine Haftpflichtversicherung, der Lärmnachweis und der Eigentümernachweis.

Dem Eigentümer des Luftfahrzeuges wird ein **Eintragungsschein** (Certificate of registration) ausgestellt, der ständig an Bord des Flugzeuges mitzuführen ist. Bei der Verkehrszulassung erhält jedes Flugzeug ein **Kennzeichen (Registration Mark)** zugeteilt, das neben dem Staatszugehörigkeitszeichen am Flugzeug zu führen ist. Beispiel:

A321-100 der Lufthansa: **D - A I R T**

Der erste Buchstabe des Flugzeugkennzeichens zeigt die Nationalität (D: in Deutschland zugelassenes Flugzeug), der zweite Buchstabe Flugzeugart und Gewichtsklasse (A: Flugzeug mit über 20 t maximalem Startgewicht); die letzten drei Buchstaben werden airlineintern verwendet, um den Flugzeugtyp zu kennzeichnen (im Lufthansa-Konzern: I für Airbus, R für das Flugzeugmuster 321-100, T: hier werden die Flugzeuge nach Anschaffungsdatum in alphabetischer Reihenfolge gekennzeichnet).

Voraussetzung für die Verkehrszulassung eines Flugzeugs ist seine **Musterzulassung**. In der BRD ist die zuständige Behörde für die Erteilung der Musterzulassung das Luftfahrt-Bundesamt, rechtliche Grundlagen sind die Luftverkehrs-Zulassungs-Ordnung (LuftVZO) und die Verordnung zur Prüfung von Luftfahrtgerät (LuftGerPV).
Die Musterzulassung wird auf Antrag der Flugzeughersteller (z. B. Airbus Industrie) für jedes neue Flugzeugmuster durchgeführt. Bei der Musterzulassung wird geprüft, ob die Konstruktion das Flugzeugs den Bauvorschriften (Lufttüchtigkeitsanforderungen) entspricht und nicht Merkmale oder Eigenschaften aufweist, die einen sicheren Betrieb beeinträchtigen. Dabei werden europäische (JAR 21) oder amerikanische Lufttüchtigkeitsforderungen zugrunde-gelegt, die vom LBA anerkannt worden sind. So ist z. B. auf Antrag von Airbus Industrie für das Flugzeugmuster A321-100 eine Musterzulassung durchgeführt worden, diese Musterzulassung ist die Grundlage für die Verkehrszulassung jedes einzelnen Flugzeugs dieser Baureihe.

Lufthansa Jet: A321-100 D – AIRT

Beispiel	D	A	I	R	T
Grundlage	ICAO-Standard: Hoheitskennzeichen	LBA-Standard: Maximales Startgewicht/ Flugzeugart	LH-intern: Flugzeug-hersteller	LH-intern: Flugzeugmuster	LH-intern: Auslieferungs-datum des Flugzeugs
Bedeutung	Deutschland	MTOW> 20t	Airbus	A321-100	20. Flugzeug des Musters 321-100
Weitere Informationen	C: Kanada EC: Spanien F: Frankreich G: Großbritannien HB: Schweiz N: USA PP: Brasilien 9V: Singapur JA: Japan HS: Thailand OY: Dänemark OE: Österreich ZK: Neuseeland B: China	A: über 20t B: von 14 - 20t C: von 5,7 - 14t E: einmotorig bis 2t G: mehrmotorig bis 2t I: mehrmotorig von 2 - 5,7t H: Helicopter L: Luftschiffe K: Motorsegler	B: Boeing I: Airbus C: Canadair/ Bombardier L: Boeing MD-11F V: AVRO	A: A300-600 B: A340-200 C: A320-200/MD 11F D: A310-300 E/X/W: B737-300 F/G: A340-300 H: CRJ 200 I/J: B737-500 J: CRJ 100 L: A319-100 M: A330 N: B757-200 O: B757-300 C/P/Q: A320-200 R: A321-100/ ARJ 85 S: A321-200 T/V: B747-400 U: B767-300 Y/Z: B747-200	Hier werden die Flugzeuge in alphabetischer Reihenfolge nach Auslieferungs-datum gekennzeichnet

Abb. 78 Aufbau von deutschen Flugzeugkennzeichen am Beispiel des Lufthansa Airbus A321-100 D-AIRT

Für das Buchstabieren von Eigennamen, Rufzeichen im Funkverkehr (Callsigns), Abkürzungen, schwerverständlichen Worten und sonstigen Angaben ist im Luftverkehr die Benutzung des ICAO-Buchstabieralphabetes international verbindlich vorgeschrieben. Für die einzelnen Buchstaben wurde festgelegt:

A	Alfa
B	Bravo
C	Charly
D	Delta
E	Echo
F	Foxtrott
G	Golf
H	Hotel
I	India
J	Juliett
K	Kilo
L	Lima
M	Mike
N	November
O	Oscar
P	Papa
Q	Quebec
R	Romeo
S	Sierra
T	Tango
U	Uniform
V	Victor
W	Whiskey
X	X-ray
Y	Yankee
Z	Zulu

Abb. 79 ICAO-Buchstabieralphabet

Der Airbus A321-100 der Lufthansa würde also über Sprechfunk gerufen:

D-AIRT = Delta Alfa India Romeo Tango

Nach Herstellen der Funkverbindung oder auch in der Umgangssprache, wenn die Verwechslung mit einem anderen Flugzeug ausgeschlossen werden kann, wird oft ein abgekürztes Rufzeichen verwendet, das aus den beiden letzten Buchstaben des Kennzeichens besteht. In diesem Fall würde der Airbus nur noch mit Romeo Tango bezeichnet.

7.1.5 Einsatz von Flugzeugen

Für den Einsatz eines Flugzeugmusters sind seine Reichweite und Kapazität von großer Bedeutung, dabei hängt die Reichweite in hohem Maße von der Beladung ab.

Bis zu einer bestimmten Entfernung kann jedes Flugzeug seine maximale Nutzlast von Passagieren und Fracht mitnehmen. Eine Verlängerung der Reichweite darüber hinaus kann nur durch Verringerung der Nutzlast erzielt werden.

Das **Payload-Range-Diagramm** (**Nutzlast-Reichweiten-Diagramm**) stellt diesen Zusammenhang für ein Flugzeugmuster graphisch dar. Auf kürzeren Strecken kann die volle Nutzlast transportiert werden; für längere Strecken wird jedoch mehr Treibstoff benötigt, so daß weniger Nutzlast befördert werden kann.

Schließlich wird ein Zustand erreicht, bei dem keine Nutzlast mehr befördert werden kann; dieser Bereich ist von praktischer Bedeutung bei Überführungsflügen und gibt die Maximaldistanz des Flugzeugs an.

Abbildung 80 zeigt das Payload-Range-Diagramm für den Canadair Jet von Bombardier in zwei Varianten; die Serie 100 ER (extended range) hat eine größere Tankkapazität und dementsprechend eine größere Reichweite. Der Bereich, in dem die Kurven horizontal verlaufen zeigt die Reichweite bei voller Nutzlast an. Da für längere Strecken (Serie 100 ab ca. 550 Meilen, Serie 100ER ab ca. 850 Meilen) mehr Kraftstoff benötigt wird, kann weniger Nutzlast befördert werden. Bei der maximalen Reichweite beider Typen (1700 bzw. 2700 Meilen) kann keine Nutzlast mehr befördert werden.

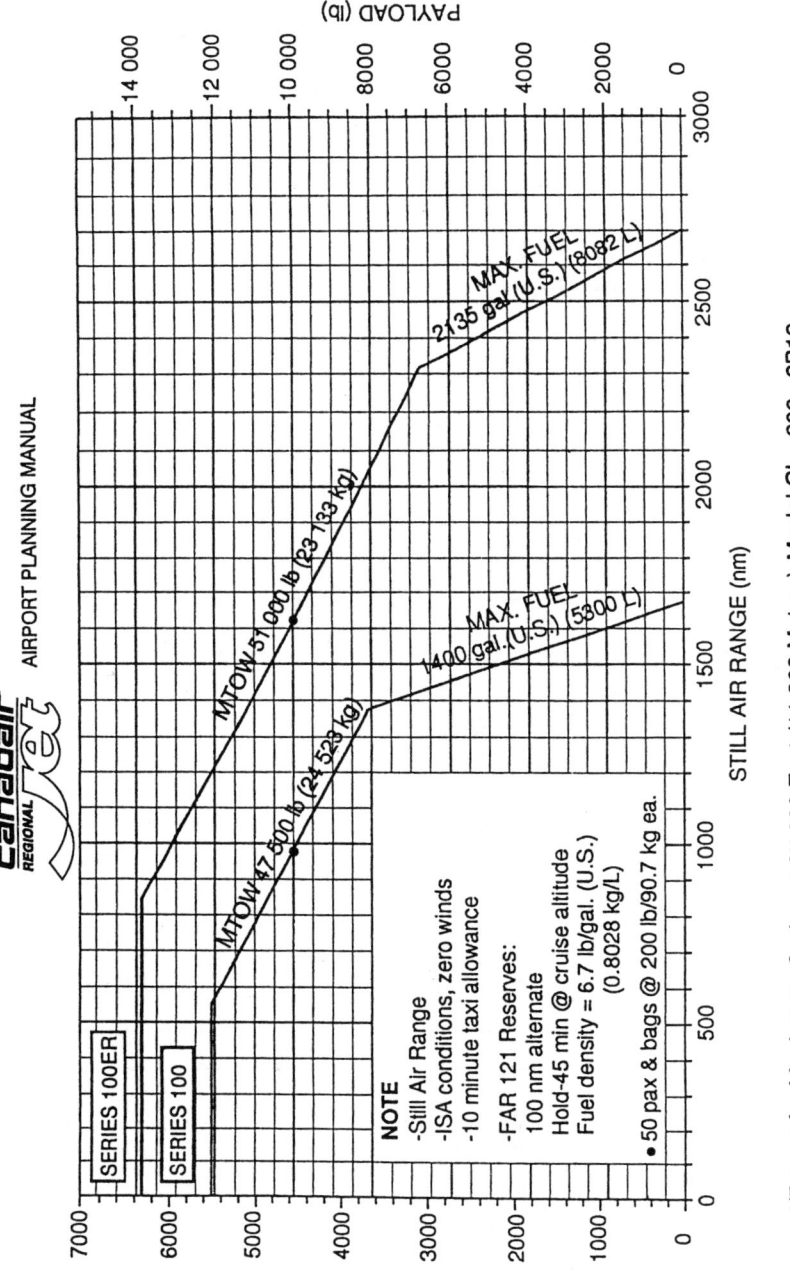

Payload/Range for Mach 0.74 Cruise at 37 000 Feet (11 300 Meters) Model CL−600−2B19

Abb. 80 Payload/Range-Diagramm des Canadair Jets (CRJ)
(Quelle: BOMBARDIER (Hrsg.): Canadair Jet, Airport Planning Manual, S. 28)

Sehr komplex ist die Flugzeugeinsatzplanung, in der ein reales Flugzeug einem **Flugzeugumlauf (Aircraft rotation plan)** zugeordnet wird. Der Flugzeugumlauf ist die zeitliche und örtliche Aufeinanderfolge von Flügen und Bodenereignissen, er stellt das Flugprogramm dar, das von jeweils einem Flugzeug an einem Tag zu erbringen ist. Die Abbildung 81 zeigt vereinfachte Beispiele für Flugzeugumläufe:

```
AG DAHQR 01FEB    YY320
TT:018238    CYC:16330


YY4580         DUS 0600            0720 LHR
YY4627         LHR 0815            0930 DUS
YY 185         DUS 1010            1115 FRA
YY3496         FRA 1225            1510 IST
YY3493         IST 1610            1925 FRA
YY4530         FRA 2030            2210 LHR
```

```
AG DAHEP 01FEB    YY733
TT:020742    CYC:19022


YY2330         TXL 0500            0610 MUC
YY 885         MUC 0645            0800 HAJ
YY 850         HAJ 0835            0945 MUC
YY3362         MUC 1020            1335 SVO
YY3241         SVO 1435            1805 DUS
YY1469         DUS 1840            1940 HAM
```

```
AG N007MP 01FEB   YY742
TT:087294    CYC:13782
YY 401 /31        JFK 2130          0445 FRA
WARTUNG           FRA 010515     010745 FRA
YY 400            FRA 0945          1820 JFK
YY 401            JFK 2130          0445 FRA
```

Abb. 81 Vereinfachte Darstellung typischer Flugzeugumläufe der YY-Airline

Erläuterungen: die **1. Zeile** enthält jeweils Kennzeichen (D: BRD-Registrierung, N: USA-Registrierung), Tag und Flugzeugtyp (A320, B737-300, B747-200).

Die **2. Zeile** zeigt die gesamten Flugstunden (TT) und die Flugzyklen (CYC) der Maschine. Unter einem **Flugzyklus (engl. Cycle)** versteht man das Flugereignis vom Start bis zur Landung; pro Cycle dehnt sich die Flugzeugkabine aufgrund der Luftdruckdifferenzen innen und außen einmal aus und zieht sich wieder zusammen - bei Widebodies wie der A340 von Airbus macht dies bis zu 26 cm aus. Im ersten und zweiten Beispiel sind typische Werte eines Kurzstrecken-flugzeuges zu erkennen: die Anzahl der Flugzyklen ist fast so groß wie die der Flugstunden, die einzelnen Flüge sind also relativ kurz. Im dritten Beispiel handelt es sich um ein Langstreckenflugzeug: bei einer großen Anzahl von Flugstunden sind relativ wenige Flugzyklen durchlaufen worden. Die Belastung der Flugzeugzelle ist bei Kurzstreckenflugzeugen aufgrund der hohen Zahl von Cycles und den damit verbundenen Änderungen der Druckverhältnisse in der Zelle größer als bei Langstreckenflugzeugen.

Die **folgenden Zeilen** zeigen die an diesem Tag geplanten Flüge mit Flugnummer, Start- und Zielflughafen und geplanten Abflug- und Ankunftszeiten.

Als **Flugprofil** bezeichnet man die zeitliche Reihenfolge sämtlicher Flugab-schnitte, die zur Durchführung eines vollständigen Fluges erforderlich sind:

- ✈ Off-blocks; bei „Nose-in"-Position des Flugzeugs: Push back,
- ✈ Anlassen der Triebwerke vor oder während des Push backs,
- ✈ Rollen (Taxi) zur Startbahn bis zur Taxi holding position vor der Startbahn,
- ✈ Rollen in die Take off position auf der Startbahn,
- ✈ Lösen der Bremsen (Brake release point),
- ✈ Take off Run (Strecke bis zum Abheben),
- ✈ Abheben (Lift off, das Flugzeug ist jetzt „airborne"),
- ✈ Anfangssteigflug bis 1500 Fuß (Initial climb),
- ✈ Steigflug auf Reiseflughöhe (Climb),
- ✈ Reiseflug (Cruise),
- ✈ Sinkflug (Descent),
- ✈ Anflug und Landung (Approach, landing),
- ✈ Aufsetzen (Touch down),
- ✈ Rollen (Taxi) zur Park- oder Gateposition,
- ✈ On-blocks, Abstellen der Triebwerke.

Ein wichtiger Begriff der Verkehrsstatistik ist die Blockzeit, sie beginnt mit dem Entfernen der Radklötze vom Bugfahrwerk (das Flugzeug ist dann **„Off-blocks"**) und endet am Zielflughafen mit dem Vorlegen der Radklötze nach Stillstand des Flugzeugs (**„On-blocks"**).

Die anschließende **Turnaroundzeit (Umkehrzeit)** ist die Bodenzeit zwischen dem Eintreffen am Zielflughafen und dem Verlassen des Zielflughafens. Da

Flugzeuge nur in der Luft „Geld verdienen", sind die Bodenzeiten oft so knapp wie möglich bemessen. Dabei besteht ein Konflikt zwischen dem Ziel, durch möglichst eng geplante Umläufe die Produktivität zu erhöhen und dem damit steigenden Risiko, daß durch unerwartete Ereignisse Verspätungen entstehen, die sich dann durch den gesamten Tagesumlauf des Flugzeugs fortsetzen.

Während des Flugbetriebs werden die Flugzeuge von der **Verkehrszentrale** (Operations control center) der Fluggesellschaft (bei der Lufthansa Passage Airline: FRA OZ1) überwacht. Die Verkehrszentrale kontrolliert die Flugzeug-umläufe und übernimmt das Trouble-shooting bei technischen Problemen, Komplettausfall eines Flugzeugs, Unregelmäßigkeiten durch Wetterprobleme usw.

Besondere Probleme in der Praxis wirft das **AOG (Aircraft on ground)** auf, wenn z. B. ein Flugzeug wegen technischer Probleme auf einer Flughafenstation nicht mehr weiterfliegen kann oder darf und aus seinem Flugzeugumlauf herausgenommen werden muß.

Einen Eindruck von den komplexen Prozessen, die im Falle eines AOG ablaufen und die schnelle Koordination zahlreicher Einzelaktivitäten erfordern, zeigt die nebenstehende Abbildung 82.

Die Kommunikation zwischen Flugzeug und Verkehrszentrale ist jederzeit möglich, z. B. über die Company-Frequenz im Sprechfunk oder über ACARS (Aircraft communications adressing and reporting system - Telexanlage im Cockpit).

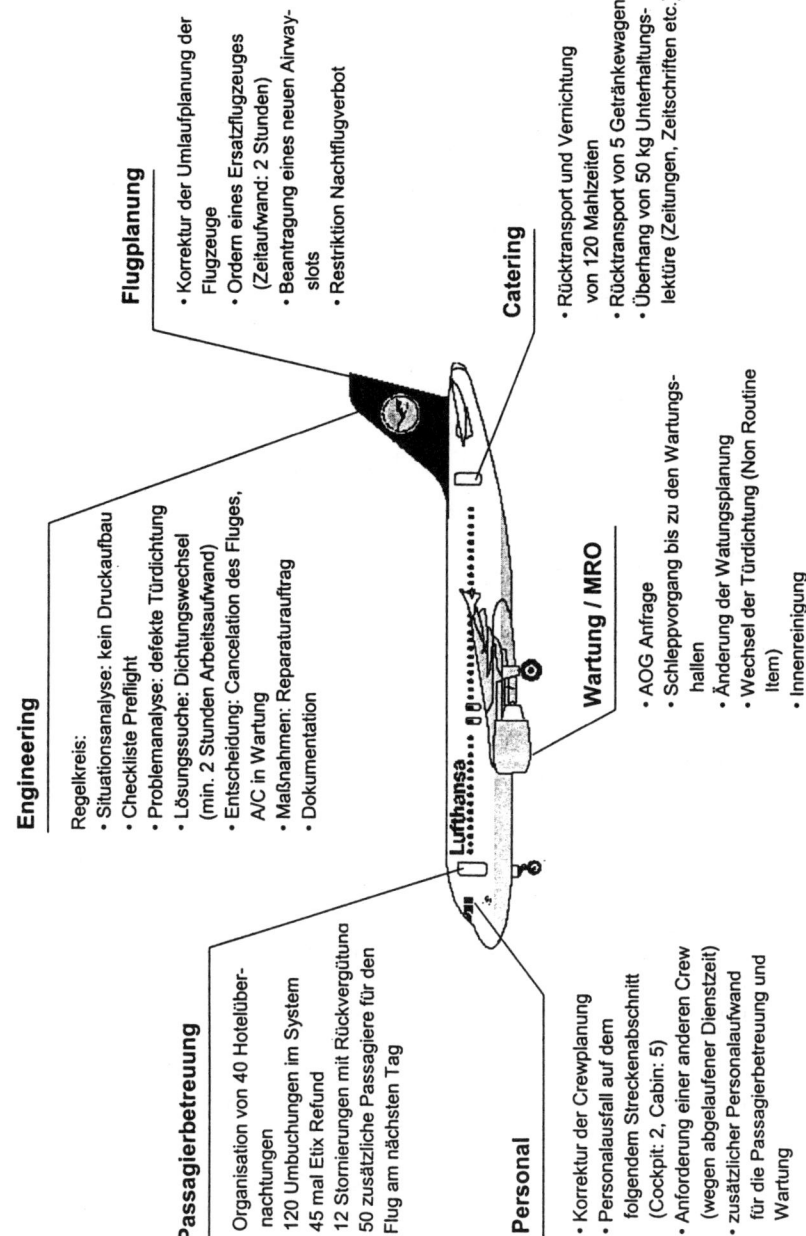

Cancelation des Fluges YY4124, FRA-NCE, 21.40-23.10

Engineering

Regelkreis:
- Situationsanalyse: kein Druckaufbau
- Checkliste Preflight
- Problemanalyse: defekte Türdichtung
- Lösungssuche: Dichtungswechsel (min. 2 Stunden Arbeitsaufwand)
- Entscheidung: Cancelation des Fluges, A/C in Wartung
- Maßnahmen: Reparaturauftrag
- Dokumentation

Flugplanung
- Korrektur der Umlaufplanung der Flugzeuge
- Ordern eines Ersatzflugzeuges (Zeitaufwand: 2 Stunden)
- Beantragung eines neuen Airway-slots
- Restriktion Nachtflugverbot

Catering
- Rücktransport und Vernichtung von 120 Mahlzeiten
- Rücktransport von 5 Getränkewagen
- Überhang von 50 kg Unterhaltungs-lektüre (Zeitungen, Zeitschriften etc.)

Passagierbetreuung
- Organisation von 40 Hotelüber-nachtungen
- 120 Umbuchungen im System
- 45 mal Etix Refund
- 12 Stornierungen mit Rückvergütung
- 50 zusätzliche Passagiere für den Flug am nächsten Tag

Personal
- Korrektur der Crewplanung
- Personalausfall auf dem folgendem Streckenabschnitt (Cockpit: 2, Cabin: 5)
- Anforderung einer anderen Crew (wegen abgelaufener Dienstzeit)
- zusätzlicher Personalaufwand für die Passagierbetreuung und Wartung

Wartung / MRO
- AOG Anfrage
- Schleppvorgang bis zu den Wartungs-hallen
- Änderung der Watungsplanung
- Wechsel der Türdichtung (Non Routine Item)
- Innenreinigung

Abb. 82 Prozesse beim Ausfall eines Flugzeugs (**A**ircraft **O**n **G**round)

7.1.6 Wartung und Überholung

Jedes Flugzeug wird nach einem festgelegten Zeitplan kontrolliert, gewartet und überholt **(engl. MRO für: Maintenance, Repair, Overhaul)**. Die hierbei anfallenden Arbeiten lassen sich in zwei Gruppen einteilen:

Flugzeuginstandhaltung	
Wartung (Line Maintenance)	**Überholung** (Heavy Maintenance)
kürzere Kontrollen, kleine und mittlere Wartungsereignisse (Instandhaltungsarbeiten und Reparaturen)	umfangreiche Kontrollen und Instandhaltungsarbeiten bis zu mehreren Wochen Dauer
das Flugzeug bleibt im normalen Umlauf	das Flugzeug wird für längere Zeit aus dem Umlauf herausgenommen
wird z. B. bei Lufthansa auf den Wartungsbasen Frankfurt und München, auf allen deutschen Flughäfen und an anderen Umkehrstationen durchgeführt	finden auf der Lufthansa-Werft in Hamburg statt
täglich, wöchentlich oder in mehrmonatigen Abständen durchgeführt (Wartungsarbeiten werden zum größten Teil nachts erledigt, am nächsten Morgen sind die Flugzeuge wieder einsatzbereit)	Liegezeiten im Dock 2 bis 6 Wochen

Abb. 83 Flugzeuginstandhaltung

Die hierbei anfallenden Arbeiten beziehen sich auf die Flugzeugzelle (Airframe), Triebwerke (Engines), Komponenten und Systeme (z. B. Fahrwerk, Hydraulik, Instrumente oder Elektronik).

Durch den Einsatz von Computer-Informationssystemen an Bord der Flugzeuge unterliegen die Triebwerke und - bei neueren Flugzeugtypen - zusätzliche Flugzeugkomponenten der laufenden Kontrolle und Überprüfung auch während der Flüge. Das **Engine condition monitoring (ECM)** wurde bei neueren Flugzeugtypen (A320 oder B747-400) zum **Aircraft condition monitoring (ACM)** erweitert und überwacht Triebwerks- und Flugleistung während des Flugbetriebs mit Datenübermittlung an die Bodenstationen zur Meßdatenanalyse einschließlich Trenddiagnose und Trenderkennung. Mit diesen Verfahren kann man unter anderem den genauen Zeitpunkt für die Überholung eines Triebwerks bestimmen, unabhängig von starr vorgegebenen Wartungsintervallen.

Terminpläne für die Wartung und Überholung der einzelnen Flugzeugtypen unterscheiden sich zwar voneinander, ähneln jedoch in ihrem prinzipiellen Aufbau einander stark und laufen nach einem festgelegten System ab.

Die unterschiedlichen Eindringtiefen bzw. Arbeitsumfänge und Zeitintervalle sind im **Maintenance schedule** festgelegt. Die Intervalle können nach Flugstunden, Monaten oder Flugcycles (ein Flugzyklus besteht aus Start, Flug und Landung) für jedes Flugzeugmuster unterschiedlich festgelegt sein, die Anzahl und Art der Instandhaltungsereignisse sind ebenfalls für einzelne Flugzeugmuster verschieden festgelegt, wie folgendes Beispiel (auszugsweise) zeigt:

	B737	**B747**
A-Check	alle 350 Flugstunden	alle 650 Flugstunden
IL-Check	nach 15000 Starts und Landungen (= Cycles), spätestens nach 66 Monaten	nach 66 Monaten
D-Check	nach 27000 Starts und Landungen (Cycles), spätestens nach 120 Monaten	nach 31000 Flugstunden, spätestens nach 84 Monaten

Abb. 84 Vergleich der Instandhaltungsereignisse bei den Flugzeugmustern B737/747 (Quelle: Lufthansa Technik AG: Zahlen - Daten - Fakten, 10. Juli 1998)

Bei der B737 gibt es außerdem einen B-Check, während bei der B747-400 auf den IL-Check verzichtet werden kann, dafür erfolgt der D-Check früher. Die nachfolgende Übersicht kann daher nur ungefähre Richtwerte enthalten.

Maintenance Schedule				
Ereignis	**Intervall**	**Arbeitsumfang**	**Boden-zeit**	**Arbeits-stunden**
Wartung (im Flugzeugumlauf)				
Preflight-Check	vor jedem Flug	Überprüfung auf äußerlich sichtbare Beschädigungen	30 – 60 Minuten	1
Ramp-Check	täglich	Optische Überprüfung wie Preflight-Check plus Prüfung von Reifendruck, Bremsab-nutzung, Feuerlöscher, Sauer-stoffsystem; Nachfüllen von Wasser, Luft, Öl, Hydraulik-flüssigkeit; Cockpit-Checks	2,5 - 5 Stunden	4 - 35
S-Check (Service-Check)	wöchent-lich	Ramp-Check plus detaillierte Tests der Technik; Service von Reifen und Bremsen	2,5 - 5 Stunden	7 - 55
A-Check	350 - 650 Flugstunden	S-Check plus Überprüfung von Systemen, die für den Flugbetrieb wichtig sind, Triebwerks- und Funktions-kontrollen	5 - 10 Stunden	25 - 145
B-Check (nur B737)	nach ca. 5 Monaten, 900 -1000 Flugstunden	A-Check plus eingehende Kontrollen außen und innen, vermehrte Struktur- und Funktionskontrollen	9 - 28 Stunden	110 - 700

Maintenance Schedule (Fortsetzung)				
Ereignis	**Intervall**	**Arbeitsumfang**	**Boden-zeit**	**Arbeits-stunden**
C-Check	nach 15 - 18 Monaten	B-Check plus detaillierte Kontrollen der Flugzeug-struktur, gründliche System-tests; teilweise Freilegung der Verkleidungen für gründliche Prüfungen	40 - 48 Stunden	550 - 1350
Überholung (Flugzeug wird aus dem Umlauf genommen)				
IL-Check (Intermediate Layover; ent-fällt bei mo-dernsten Flugzeugen)	nach ca. 15000 Flug-stunden (ca. 5 - 6 Jahre)	C-Check plus spezielle Kontrollen aller Bauteile von Struktur, Rumpf und Flügeln, Komplettüberholung der Kabine, Einbau von Produkt-verbesserungen des Herstellers	ca. 2 Wochen	bis zu 20000
D-Check	nach ca. 30000 Flug-stunden (ca. 5 - 10 Jahre)	Generalüberholung: Detailkontrolle und Über-holung von Zelle, Kabine und Systemen. Wechsel von Großbauteilen, Erneuerung des Außenanstrichs, Einbau von Neuerungen, Ausbau und Ersatz aller Instrumente und Geräte	ca. 4 Wochen	bis zu 50000

Abb. 85 Maintenance Schedule
(Quelle: Lufthansa Technik AG: Zahlen - Daten - Fakten, 10. Juli 1998)

Auf dem Maintenance-Markt lassen sich drei Anbieter-Typen von MRO-Lei-stungen unterscheiden:

✈ **Airlines:** große Airlines bieten oft vielfältige Wartungs- und Überholungsleistungen an, da sich für sie aufgrund ihrer Flottengröße eigene Instandhaltungsbetriebe lohnen. Um freie Kapazitäten auszulasten, werden MRO-Leistungen anderen Flugzeugbetreibern/ Fluggesellschaften angeboten. Beispiele für diese Gruppe sind: Lufthansa Technik AG, British Airways Engineering, Air France Industries, KLM Engineering and Maintenance, UAL Services (United Airlines) u. a.

✈ **OEM (= Original equipment manufacturers):** Diese Abkürzung faßt Airframe-, Triebwerk- und Komponentenhersteller zusammen. Viele dieser Hersteller bieten die Instandhaltung eigener Geräte an. Beispiele sind die Triebwerkhersteller (General Electric, Pratt and

Whitney und Rolls Royce) oder auch Airframe-Hersteller wie Boeing.

✈ **Independents: Unabhängige Wartungsdienstleister**, die die Instandhaltung von Airframes, Triebwerken oder Komponenten anbieten wie FLS Aerospace (GB), Shannon Aerospace (IRL) u. a.

Leading civil maintenance operations – 2001 (Auszug)				
Rank	**Company**	**Country**	**Type**	**Revenues $ million**
1	GE Engine Services	USA	OEM	5 500
2	Lufthansa Technik	Germany	Airline	3 710
3	Air France Industries	France	Airline	1 596
4	Honeywell	USA	OEM	1 500
5	Rolls-Royce	UK	OEM	1 500
6	Pratt & Whitney	USA	OEM	1 200
7	British Airways Engineering	UK	Airline	1 016
8	Japan Airlines	Japan	Airline	980
9	Air Canada Technical	Canada	Airline	825
10	Alitalia Engineering & Maint.	Italy	Airline	802
11	SR Technics	Switzerland	Independent	797
27	FLS Aerospace	Denmark/UK	Independent	366

Abb. 86 Anbieter von MRO-Leistungen
  (Quelle: Special Report: Maintenance. In: Airline Business, October 2002, S. 52)

Instandhaltungsbetriebe benötigen die **staatliche Zulassung** durch die entsprechende nationale Luftaufsichtsbehörde (BRD: Luftfahrtbundesamt in Braunschweig und JAA; USA: FAA). In Deutschland regelt die Norm JAR 145 der JAA den Bereich der Flugzeuginstandhaltung und die Genehmigung der Instandhaltungsbetriebe.

Hinweis auf **weitere Informationsquellen:**

Marktübersichten, Adressen, Produkte von MRO-Unternehmen enthalten:

➜ Internetseiten der Unternehmen, wie z. B. www.lufthansa-technik.com
➜ die Fachzeitschriften Airline Business (Special Report: Maintenance, October 2002), Air Tranport World (Global Heavy Maintenance Directory, August 2002) und Aircraft Technology
➜ HUIJBERS, P.: Total Technical Support – TTS. In: LUFTHANSA TECHNIK AG (Hrsg.): Lufthansa Technik Connection, Heft 1, Hamburg 2001, S. 14-15
➜ O. V.: Products and Services. In: LUFTHANSA TECHNIK (Hrsg.): Lufthansa Technik Connection, Heft 1, Hamburg 2001, S. 18
➜ O. V.: Lufthansa Technik: Your next-door neighbour worldwide. In: LUFTHANSA TECHNIK AG (Hrsg.): Lufthansa Technik Connection, Heft 6, Hamburg 2000, S. 10 - 11

7.1.7 Handbücher für den Flugzeugeinsatz

Die **Airport planning manuals** eines Flugzeugmusters enthalten Flugzeugdaten und Verfahren, die für die Abfertigung des entsprechenden Musters auf Flughäfen von Bedeutung sind.

Das **AOM (Airplane operations manual)** ist das Flugzeughandbuch und stellt eine Bedienungsanweisung für ein Flugzeugmuster dar. Es enthält Leistungsdaten (Performances), Verfahrensanweisungen (Procedures) und Angaben, die die Cockpitbesatzung für den sicheren Betrieb des Flugzeugmusters benötigt. Während das AOM in Papierform meist mehrere Ordner umfasst, hat Lufthansa in den Jahren 2001/2002 das **Pilots WorkPad** eingeführt. Es handelt sich dabei um eine system- und flugzeugmusterunabhängige IT-Plattform (Hardware: Note-book) für das Cockpitpersonal, auf dem neben Anwendungen zur Berechnung der Take-off Performance auch ein Flugbetriebshandbuch, technische Handbücher oder Streckenhandbücher bereitgestellt werden.   Durch das WorkPad soll die Arbeit der Piloten in allen Phasen der Flugvorbereitung und –durchführung von der Schulung, über das Briefing bis zum Flight reporting unterstützt werden.

AOM A320	Normal Procedures	II	6. 60/2
Airplane Operations Manual	AFTER LANDING AND PARKING		REV 13

PARKING (cont'd)

SEAT BELTS .... OFF   2
Ground Crew Contact .... ESTABLISH   1
PARK BRK .... AS RQRD   1
    Relase parking brake after ground crew announces that chocks are in position.
    Note: It is recommended not to use the parking brake for prolonged periods if brakes temperature is > 200°C to avoid hydraulic fluid degradation.

EXT LT .... AS RQRD   2
ECAM Status .... CHECK   2
    If a status reminder is present on E/WD, check STATUS and/or MAINTENANCE status messages.
    If applicable, enter MAINTENANCE status messages in TLB.

```
————————————— PARKING CHECKLIST —————————————

Engines 1 + 2 ........................................... OFF | 1
Landing Lights ......................................... OFF | 1
BEACON ................................................ OFF | 1
SEAT BELTS ........................................... OFF | 1
Spoilers .............................................. RET | 1
RADAR ................................................ OFF | 1
Parking Brake ..................................... AS RQRD | 1
FLAP Lever ............................................. 0 | 1
```

LEAVING AIRPLANE

This procedure shall be accomplished every time the airplane is left unattended by qualified personnel or an estimated ground time of more than 2 hours can be assumed.

Crew Oxygen Supply .... OFF   2
ADIRS (3) .... OFF   2
    Note: ADIRS should not be switched off during stops at latitudes above 70° N to avoid excessive alignment time.

EXT LT .... OFF   2
EMER EXIT LT .... OFF   2
APU BLEED .... OFF   2
Fuel Pumps .... OFF   2
BRK FAN .... AS RQRD   2
Panel Lighting .... OFF   B
CRT's/MCDU's .... OFF/DARK   B
EXT PWR/APU/BAT 1 + 2 .... AS RQRD   2
    Leave batteries on if APU remains running.
    Set batteries to OFF if the airplane is supplied by external electrical power.

```
————————————— LEAVING AIRPLANE CHECKLIST —————————————

Oxygen ................................................ OFF | 1
ADIRS ................................................. OFF | 1
Emergency Exit Lights ................................. OFF | 1
External Power/APU/BAT 1 + 2 ...................... AS RQRD | 1
Fuel Pumps ........................................... OFF | 1
CRT's/MCDU's ..................................... OFF/DARK | 1
```

Abb. 87 Auszug aus dem Airplane operation manual des Airbus A320:
Normal procedures

Für den Flugbetrieb von Bedeutung ist die **MEL (Minimum equipment list)**. Sie ist Bestandteil des AOM und listet auf, welche Flugzeugkomponenten und -systeme Fehlfunktionen aufweisen dürfen bzw. wann das Flugzeug nicht mehr einsetzbar ist. In diesem Fall muß das Flugzeug **AOG (Aircraft on ground)** gemeldet werden und die Ersatzteilbeschaffung und Reparatur müssen stattfinden. Viele Flugzeugsysteme sind aus Sicherheitsgründen mehrfach vorhanden; die MEL gibt die Minimalausrüstung an, die nicht unterschritten werden darf.

AOM A320 Airplane Operations Manual	**Minimum Equipment List** **NAVIGATION**	II	7. 34/6
			REV 15

Item	A. Required for all flight conditions except as provided in column B. B. Remarks and/or Exceptions.	
-40 Independent Position **Determining** (cont'd)		
-42-2 Automatic Callouts	0*	
-48-1 GPWS	1	a) In the event of malfunction or failure the airplane may continue the flight or series of flights but may not depart a station where repairs or replacements can be made. b) Visual GPWS Below Glide Slope warning (G/S light) may be inoperative.
-48-2 GPWS FAULT Light		Refer to item -48-1.
-50 Dependent Position **Determining**		
-51-1 DME Receiver	2	Both may be inoperative if not required for flight procedures on specific routes. *Note: Dispatch with only one DME is not allowed.*
-52-1 ATC Transponder	2	a) One may be inoperative. b) Both may be inoperative if not required according to Route Manual (refer to chapter "Special Instructions", subchapter "Air Traffic Control").
-53-1 ADF Receiver	2	a) One may be inoperative. b) Both may be inoperative provided: 1) Both VOR systems are operative, and 2) navigation is not based on the use of ADF, and 3) subject to ATC agreement, if required.
-55-1 VOR Receiver	2	VOR 2 may be inoperative provided: 1) ADF system is operative, and 2) ADF coverage is assured, and 3) Subject to ATC agreement, if required.
-55-2 Marker Receiver	1*	May be inoperative (subject to ATC agreement, if required) provided navigation procedures are not predicated on its use.
-57-1 VOR/DME RMI		
a) Compass Card	0	
b) VOR Pointer	2	VOR 2 pointer may be inoperative.
c) DME Counter	2	One or both may be inoperative if DME is not required (refer to item -51-1).

Abb. 88 Auszug aus der Minimum equipment list des Airbus A320

7.2 Physikalisch-aerodynamische Grundlagen des Fliegens

Aus dem Bereich der Flugphysik und Aerodynamik wird hier nur kurz auf die Kräfte, die auf ein Flugzeug im Flug einwirken, und auf die Flugzeug-Steuerung eingegangen. Basisfragen sind:

> ✈ Warum fliegt ein Flugzeug (wie kommt es, daß sich eine B747 mit 400 t Startgewicht bei 535 m^2 Flügelfläche in der Luft halten kann)?
> ✈ Welche Aufgaben haben die Steuerflächen und Auftriebshilfen?
> ✈ Welche Funktion haben die einzelnen Baugruppen des Flugzeugs?

7.2.1 Kräfte am Flugzeug

Auf ein Flugzeug wirken im Horizontalflug vier Kräfte ein:

> ✈ **Auftrieb (Lift)** als eine nach oben wirkende aerodynamische Kraft,
> ✈ **Schwerkraft (Gravity)** oder **Gewicht (Weight)** als eine nach unten, zum Erdmittelpunkt wirkende Kraft,
> ✈ **Schub (Thrust)** als eine nach vorne in Flugrichtung wirkende Kraft des Antriebssystems,
> ✈ **Widerstand (Drag)** als eine entgegen der Flugrichtung nach hinten wirkende aerodynamische Kraft.

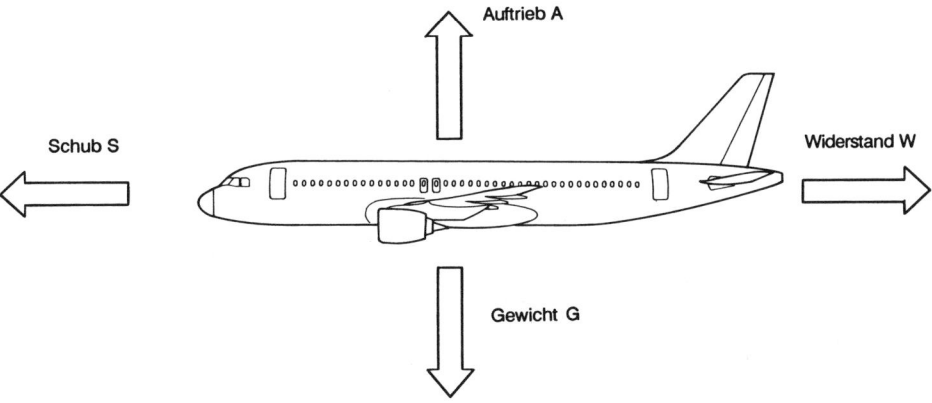

Abb. 89 Kräfte am Flugzeug
(Quelle: HÜNECKE: Die Technik des modernen Verkehrsflugzeuges, S. 147)

Der Schwerkraft (dem Gewicht) und dem Widerstand unterliegen alle Körper, die von der Erde abgehoben und durch die Luft bewegt werden. Schub und Auftrieb dagegen sind künstlich erzeugte Kräfte, die die natürlichen Kräfte Schwerkraft und Widerstand überwinden und so den Flug mit einem Flugzeug, das schwerer als Luft ist, ermöglichen.

Im **Horizontalflug** sind bei gleichbleibender Geschwindigkeit die einander **gegenüberliegenden Kräftepaare ausgeglichen**, d. h.

Auftrieb = Schwerkraft/Gewicht

Schub = Widerstand

Das **Flugzeuggewicht** und dessen Berechnung wird in Kapitel 9 kurz behandelt, es ist Gegenstand der Ausbildung in Operations/Flugzeugabfertigung; dort werden im Rahmen der Treibstoff- und Gewichtsberechnungen (Weight and balance) die einzelnen Flugzeuggewichte wie DOM (Dry operationg mass), ZFM (Zero fuel mass), TOM (Take-off mass), LAM (Landing mass) usw. ermittelt und Schwerpunktberechnungen (wie beim DOI: Dry operating index) oder die Erstellung von Load- und Trim-Sheets durchgeführt.

Die Entstehung des **Schubs**, den die Triebwerke liefern, wird weiter unten im Kapitel 7.3.5 im Zusammenhang mit dem Aufbau und der Funktion von Triebwerken behandelt.

Der **Auftrieb** wird durch das **Tragflächenprofil** (= Flügelquerschnitt) erzeugt. Das Profil ist so ausgelegt, daß die Luftströmung an der Flügeloberseite durch eine Wölbung beschleunigt wird. Da die vorbeiströmende Luft auf der Profiloberseite aufgrund des längeren Weges schneller strömen muß als an der Unterseite, entsteht auf der Profiloberseite ein geringerer statischer Druck (Unterdruck).

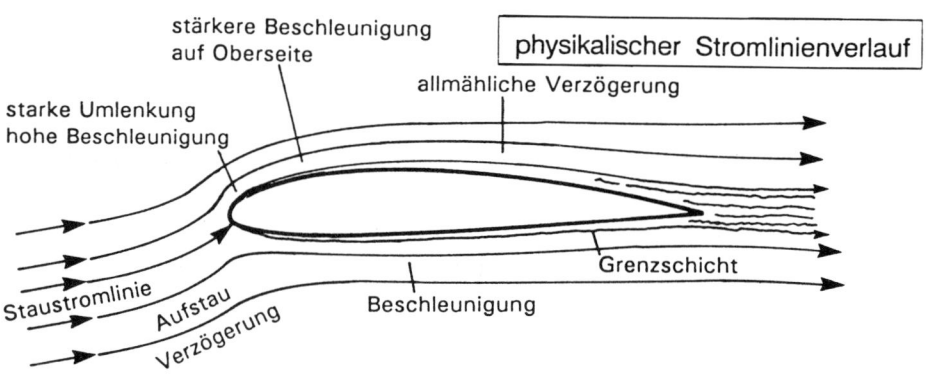

Abb. 90 Strömung am Tragflächenprofil
        (Quelle: HÜNECKE, K.: Die Technik des modernen Verkehrsflugzeuges, S. 40)

Gleichzeitig bewirkt das Auftreffen der Luftströmung auf der Profilunterseite eine Druckerhöhung unterhalb des Tragflügels. Der Auftrieb wird also durch die **Druckdifferenz am Flügel**, d. h. durch ein Gebiet hohen Drucks an der Unterseite des Tragflächenprofils und ein Gebiet niedrigen Drucks an der

Oberseite des Tragflächenprofils erzeugt, wobei der Gesamtauftrieb zu Zweidritteln aus **Sogkräften** (Unterdruck an der Sogseite des Profils) und zu einem Drittel aus **Druckkräften** (Überdruck an der Stauseite des Profils) besteht:

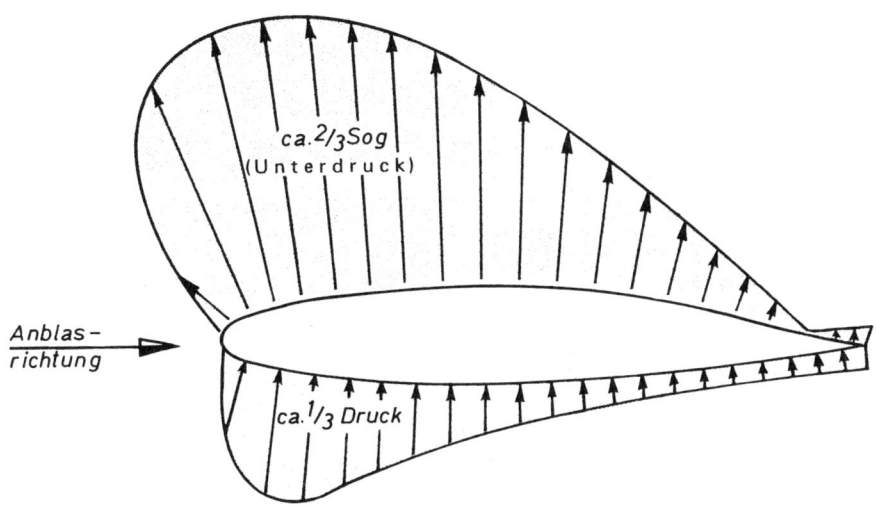

Abb. 91 Druckverteilung am Tragflügel
        (Quelle: KÜHR, W.: Der Privatflugzeugführer, Bd. 1, Technik 1, S. 11)

Wichtig ist, daß die Luftströmung an der Tragfläche anliegt. Wenn die Strömung sich vom Tragflächenprofil löst, verwirbelt und abreißt, hat das Flugzeug einen **Strömungsabriß** (engl. **Stall**), der den Auftrieb zusammenbrechen läßt. Der Strömungsabriß hängt von der Geschwindigkeit des Flugzeugs (Stalling-speed) und dem Anstellwinkel (Winkel der anströmenden Luft an der Tragfläche) ab.

Für **technisch interessierte Leser** sei hier angemerkt, daß aufgrund der hohen Unterschallgeschwindigkeiten heutiger Verkehrsflugzeuge an einigen Stellen des Flügels lokale Überschallzonen auftreten. Dabei entstehen Verdichtungsstöße, die den Widerstand erhöhen. Es handelt sich hierbei um die ersten Ausläufer der Schallmauer. Moderne Verkehrsflugzeuge (z. B. alle Airbus-Typen) besitzen deshalb sogenannte **transsonische (oder superkritische) Tragflächenprofile**. Dies sind Profile, bei denen Überschall- und Unterschallströmungen gemischt vorkommen. Kennzeichnend für einen transsonischen Flügel ist eine relativ gleichmäßige Geschwindigkeits- bzw. Druckverteilung über der Tragflächenoberseite, die gute Eigenschaften bei Flügen mit hoher Unterschallgeschwindigkeit gewährleistet. Zusätzlich zu einer besseren aerodynamischen Leistung bietet er eine Reihe weiterer Vorteile: das im Vergleich zu einem konventionellen Flügel größere Volumen erlaubt die Aufnahme zusätzlichen Treibstoffs und die größere Profildicke ermöglicht eine höhere Biegefestigkeit der Konstruktion.

Rein äußerlich unterscheidet sich das transsonische Profil durch drei charakteristische Merkmale vom klassischen Profil:

↣ großer Nasenradius,

↣ geringe Oberseitenwölbung,

↣ „S"-Schlag auf der Unterseite in Richtung der Hinterkante.

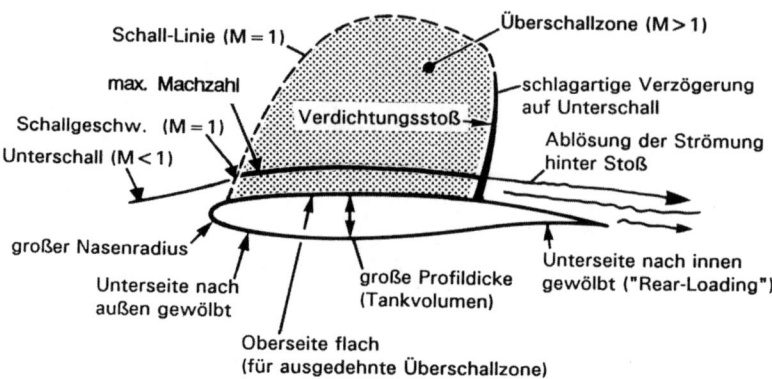

Abb. 92 Transsonischer Flügel
(Quelle: HÜNECKE, K.: Die Technik des modernen Verkehrsflugzeuges, S. 54)

Grundsätzlich erfolgt die Auslegung eines Tragflügels nach den Bedingungen des Reiseflugs, d. h. für Hochgeschwindigkeit. Daneben muß der Flügel für Start und Landung aber auch ausreichende Langsamflugeigenschaften besitzen.

Der **Widerstand**, die vierte Kraft, die auf ein Flugzeug einwirkt, hat vielfältige Ursachen. Während des Fluges treten am Flugzeug zwei Grundarten von Widerstandsanteilen auf: auftriebsunabhängige Widerstandsanteile (z. B. Reibungs-, Druck-, Interferenzwiderstand) und auftriebsabhängige Widerstandsanteile, die hervorgerufen werden durch die Druckunterschiede an der Flügelunter- und -oberseite. Hier wird exemplarisch nur dieser auftriebsabhängige oder **induzierte Widerstand** (engl. induced drag oder vortex drag) behandelt, da er im Flugbetrieb auf den Flughäfen von großer Bedeutung ist.

Infolge des Druckunterschieds zwischen der Flügelober- und Flügelunterseite versucht der hohe Druck auf der Unterseite des Profils sich mit dem Unterdruck auf der Oberseite auszugleichen. Die Luft unter dem Tragflügel neigt dazu, von der Flügelwurzel zum Flügelende abzuströmen. Sie wälzt sich am Flügelende zur Oberseite des Profils hin und erzeugt sogenannte Randwirbel, die in Form von **zwei entgegengesetzt drehenden Wirbelschleppen** hinter dem Flugzeug hergezogen werden und den induzierten Widerstand verursachen. Hinter dem Tragflügel gleicht sich der hohe Druck der Unterseite mit dem Unterdruck der Oberseite des Profils aus. Der **induzierte Widerstand** kann durch Anbringung

von Randkeulen (keulenartige Kraftstofftanks an den Flügelenden) oder Winglets
- bei Airbus: Wing tip fences - (vgl. Kap. 7.3.1) verringert werden.

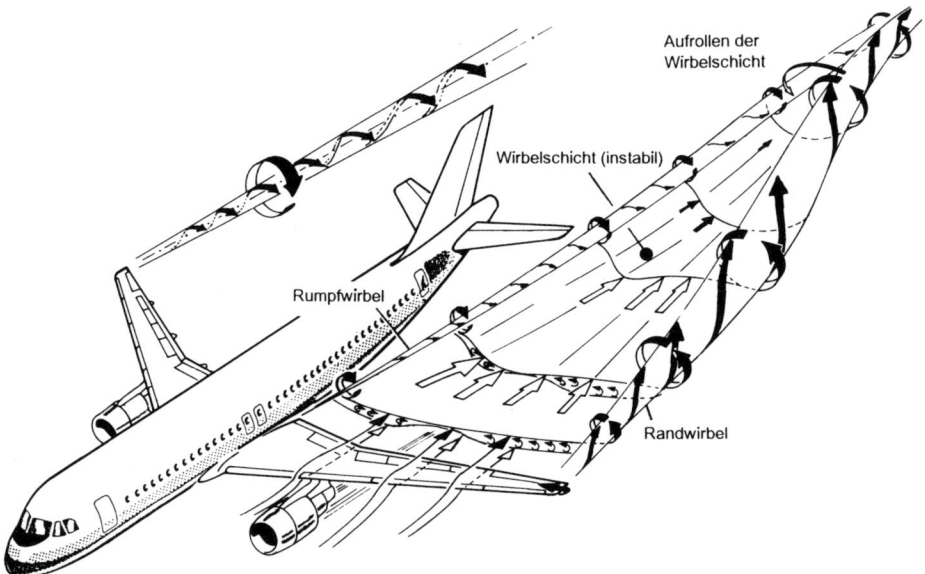

Abb. 93 Entstehung des induzierten Widerstands, Wirbelschleppen
(Quelle: HÜNECKE, K.: Die Technik des modernen Verkehrsflugzeuges, S. 49)

Die **Wirbelschleppen** (engl. **wake turbulence**) großer Flugzeuge stellen eine
Gefahr für andere Luftfahrzeuge dar und sind leider nicht sichtbar. Sie erstrecken
sich als schnell drehende Luftwirbel meilenweit hinter dem großen Flugzeug und
sind besonders stark ausgeprägt, wenn bei Start oder Landung die Slats und Flaps
ausgefahren sind (vgl. Kap. 7.3.1).
Die Wirbelschleppen einer B747 erzeugen Abwinde von mehr als 100 km/h. Ein
kleineres Flugzeug, das in diese Wirbelschleppen gerät, kann in den heftigen
Turbulenzen unkontrollierbar werden und abstürzen.
Das veranlaßt die Flugsicherung (ATC), die Flugzeuge zu staffeln, d. h. bei Start
oder Landung größere Abstände zwischen den einzelnen Flugzeugen zu lassen.
ATC klassifiziert **Flugzeuge** anhand der **Kategorie der Wirbelschleppen** in drei
Gruppen:

> ✈ **H (heavy):** höchstzulässiges Startgewicht 136 t und mehr,
> ✈ **M (medium):** höchstzulässiges Startgewicht über 7 t bis unter 136 t,
> ✈ **L (light):** höchstzulässiges Startgewicht bis 7 t einschließlich.

Die Wirbelschleppen hinter dem Flugzeug sinken normalerweise innerhalb von
zwei bis drei Minuten ab und treiben in Windrichtung. Deshalb sollte sich ein
nachfolgendes Flugzeug immer über der Flugbahn des vorausfliegenden
Flugzeugs halten.

Bei Flughäfen mit dicht nebeneinander liegenden parallelen Runways (z. B. Frankfurt, vgl. Kap. 8.1.1.3) können die Wirbelschleppen bei Seiten- wind auch zu Turbulenzen auf der benachbarten Runway und damit zu größerer Staffelung der Flugzeuge und zu Kapazitätsproblemen auf dem Flughafen führen.

7.2.2 Steuerung eines Flugzeugs

Alle Bewegungen eines Flugzeugs während des Fluges lassen sich durch Einzelbewegungen um drei Achsen beschreiben. Alle drei Achsen schneiden sich im Schwerpunkt des Flugzeugs.

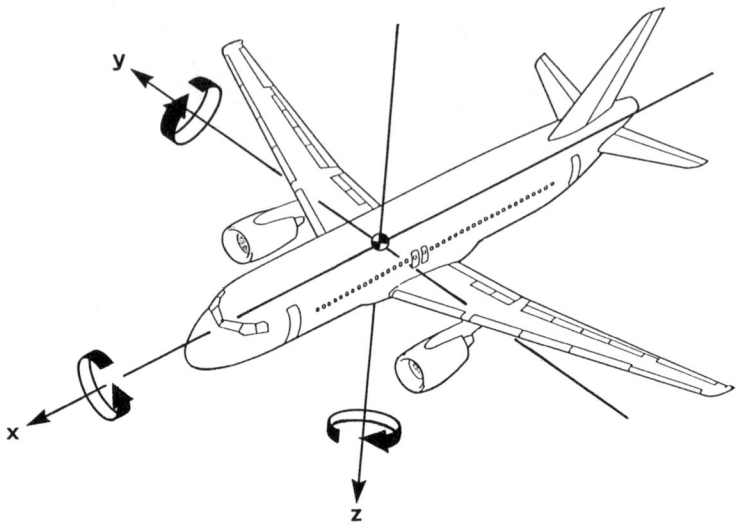

Abb. 94 Achsen des Flugzeugs
(Quelle: HÜNECKE: Die Technik des modernen Verkehrsflugzeuges, S. 146)

Die **Längsachse (x)** erstreckt sich längs durch den gesamten Rumpf vom Bug (vorne) bis zum Heck. Die Bewegung des Flugzeugs um die Längsachse nennt man „**Rollen**" (engl. **roll**), sie wird mit dem **Querruder (Aileron)** an der Flügelhinterkante erzeugt. Der Pilot bewegt hierzu den Sidestick oder das Steuerhorn im Cockpit nach links oder rechts.

Die **Querachse (y)** erstreckt sich quer durch das Flugzeug von Flügelspitze zu Flügelspitze. Die Bewegung um die Querachse heißt „**Nicken**" oder „**Kippen**" (engl. **pitch**), sie wird durch Betätigung des **Höhenruders (Elevator)** hervorgerufen. Dazu muß der Pilot den Sidestick oder die Steuersäule nach vorne drücken (um zu sinken) oder nach hinten ziehen (um zu steigen).

Die **Hochachse (z)** des Flugzeugs verläuft senkrecht durch den Schwerpunkt. Die Drehung um diese Achse nennt man „**Gieren**" oder „**Wenden**" (engl. **jaw**), sie wird durch Betätigung des **Seitenruders (Rudder)** ausgelöst. Der Pilot tritt in diesem Fall in das rechte oder linke Seitenruderpedal.

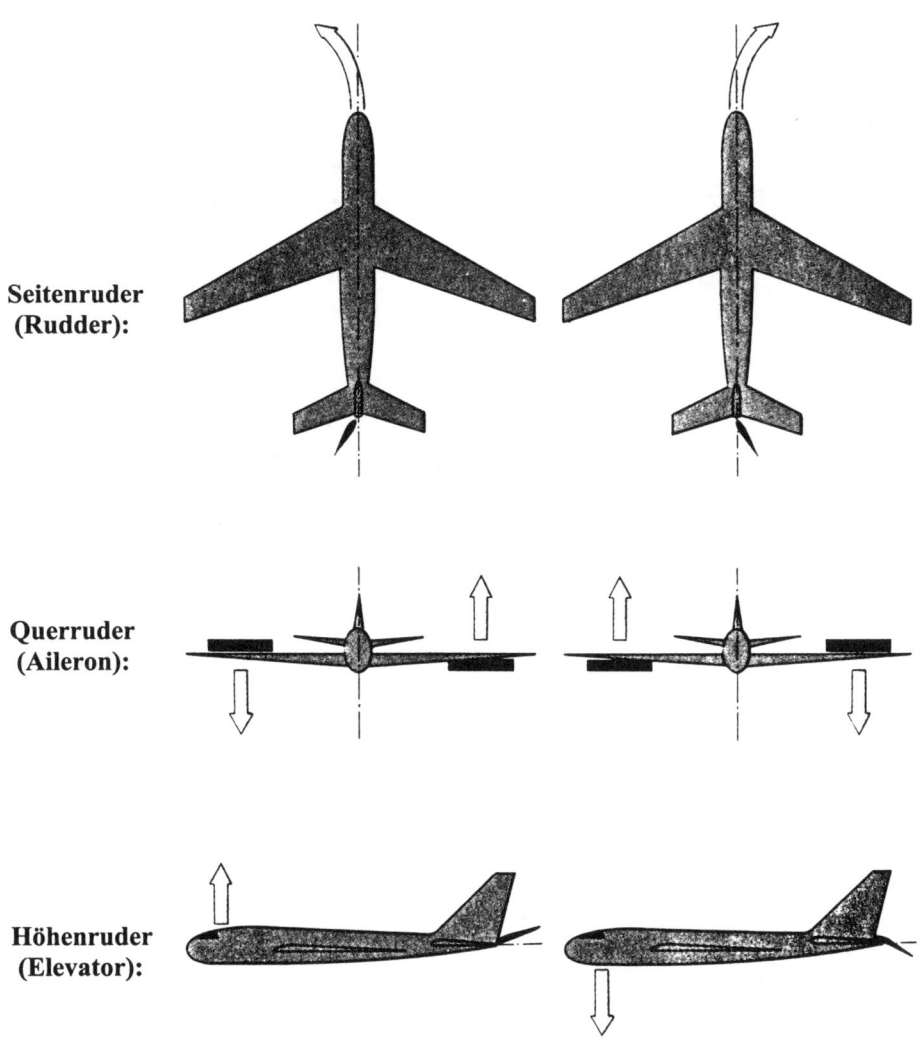

Seitenruder (Rudder):

Querruder (Aileron):

Höhenruder (Elevator):

Abb. 95 Steuerflächen am Flugzeug
(Quelle: RELLS, K.: Luftverkehr, S. 45)

7. 3 Baugruppen von Verkehrsflugzeugen

Die Hauptbaugruppen eines Verkehrsflugzeugs werden in Form eines Rundgangs um das Flugzeug vorgestellt. Dabei werden zunächst äußerlich sichtbare Baugruppen und Teile des Flugzeugs erklärt.

Abb. 96 Dreiseiten-Ansicht des Airbus A320
(Quelle: MORGENSTERN, K., PLATH, D.: Airbus A320/321; S. 132)

Die Flugzeugbaugruppen werden anhand des Airbus A320 erläutert, wobei andere Flugzeugtypen ergänzend hinzugenommen werden, da nicht alle technischen Einzelheiten an einem Flugzeugmuster demonstriert werden können. Die A320, die ihren Erstflug 1987 hatte, hat eine Länge von 37,57 m und eine Spannweite (Flügelspitze zu Flügelspitze) von 34,09 m. In einem typischen 2-Klassen-Kabinenlayout kann sie 150 Passagiere transportieren; ihre Reichweite beträgt bis zu 5700 km. Sie wird in zwei verkürzten Version als A318 bzw. A319 und in einer verlängerten Version als A321 angeboten. Einen Eindruck von den Gewichtsanteilen der einzelnen Baugruppen an der Flugzeugmasse (ohne Nutzlast und Treibstoff) vermittelt die folgende Abbildung:

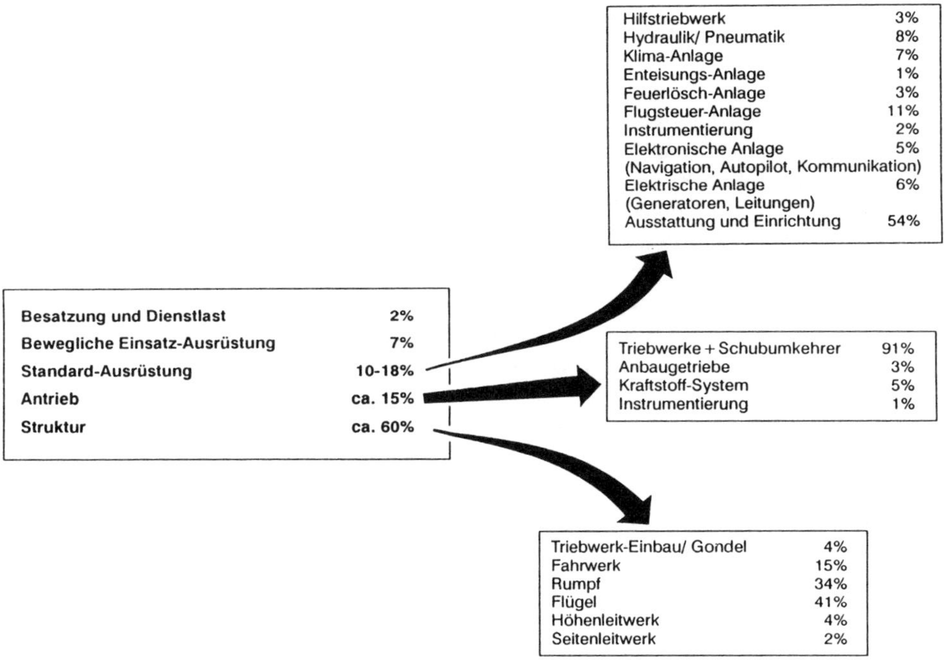

Abb. 97 Aufteilung der Betriebs-Leermasse
(Quelle: HÜNECKE: Die Technik des modernen Verkehrsflugzeuges, S. 135)

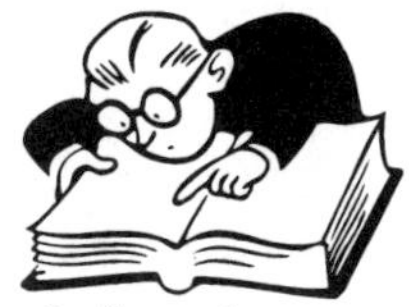

Hinweis auf **weitere Informationsquellen:**

Weiterführende Literatur zu den Themen Flugphysik, Flugzeugtechnik und Flugzeugkomponenten:

- HÜNECKE, K.: Die Technik des modernen Verkehrsflugzeuges
- KÜHR, W.: Technik I, Der Privatflugzeugführer, Band 1
- KÜHR, W.: Technik II, Der Privatflugzeugführer, Band 3
- Lufthansa Reports zu verschiedenen Technik-Themen (siehe Literaturverzeichnis)

7.3.1 Tragflügel

Das aerodynamisch bedeutsamste und technologisch hochwertigste Bauteil eines
Flugzeugs ist der Flügel mit seinen beweglichen Teilen, den sogenannten
„movables", z. B. **Querruder (Ailerons), Spoiler, Vorflügel (Slats)** an der
Vorderseite (Leading edge) und **Klappen (Flaps)** an der **Hinterseite (Trailing
edge)**. Die beweglichen Teile des Flügels kann man anhand ihrer Funktion
einteilen in:

> ✈ **Steuerflächen** (Querruder und Spoiler),
> ✈ **„Auftriebsvernichter"** (Spoiler als Speedbrakes),
> ✈ **Hochauftriebshilfen** für den Langsamflug (Slats und Flaps).

Die **Steuerflächen** an den Flügeln lösen die Rollbewegung um die Längsachse
des Flugzeugs im Kurvenflug aus (siehe auch Kap. 7.2.2, Abb. 94 und 95). Bei
den meisten Flugzeugmustern gibt es mehrere Steuerflächen, etwa die klassischen
Querruder an den **Flügelhinterkanten** oder auch die **Spoiler** in den **Flügel-
oberflächen**. Viele Flugzeugmuster (z. B. B747, B767, B777) benutzen **innere
(inboard ailerons**: im mittleren Tragflächenbereich für den Schnellflug) und
äußere Querruder (**outboard ailerons**: an den Flügelenden für den
Langsamflug). Im Reiseflug werden nur die inneren Querruder bewegt und die
äußeren Querruder automatisch abgeschaltet, weil aufgrund der Elastizität der
Tragflächen sonst der Außenflügel verdreht würde.

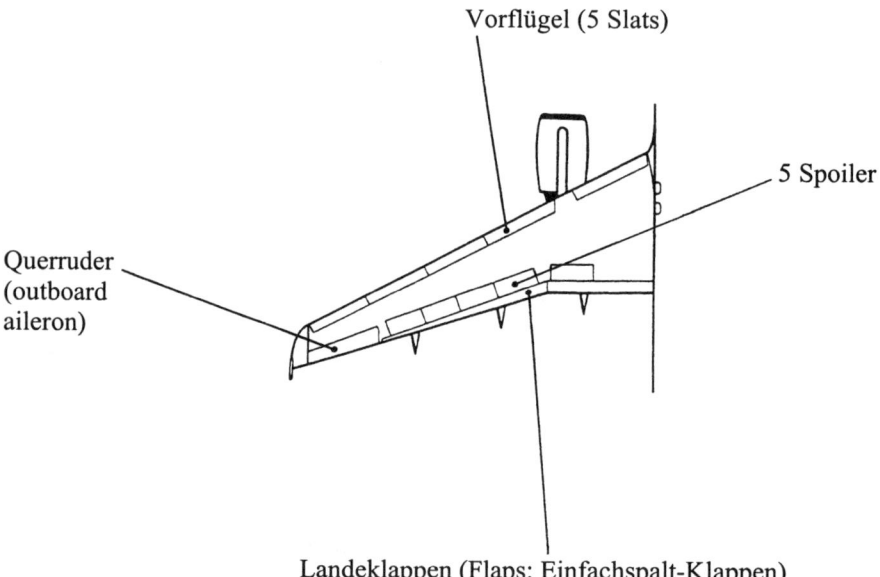

Vorflügel (5 Slats)

5 Spoiler

Querruder
(outboard
aileron)

Landeklappen (Flaps: Einfachspalt-Klappen)

Abb. 98 Tragflügel des Airbus A320 mit „Movables"

Während die Querruder an der Flügelhinterkante angebracht sind, nennt man **Spoiler** die in der **Flügeloberfläche** eingebauten flachen rechteckigen Segmente, die durch Hydraulikzylinder gegen den Luftstrom nach oben ausgefahren werden können. Werden sie nur auf einer Seite ausgefahren, stören sie die am Flügel anliegende Luftströmung und damit den Auftrieb etwas (deshalb auch die deutsche Bezeichnung Störklappen), so daß sich der Flügel nach unten bewegt und das Flugzeug sich in die Kurve legt.

Die einzelnen Flugzeugmuster besitzen unterschiedlich viele Spoiler (z. B. B737 fünf pro Flügel, B747 sechs, A300 sieben); welche der vielen Spoiler-Segmente für bestimmte Funktionen aktiviert werden, kann von Flugzeugtyp zu Flugzeugtyp unterschiedlich sein. Ein Sonderfall ist der Airbus A310, dessen Spoiler so wirksam sind, daß man auf herkömmliche Querruder ganz verzichten konnte.

Als „**Auftriebsvernichter**" werden die Spoiler gleichzeitig auf beiden Flügel-seiten eingesetzt, wenn das Flugzeug schnell sinken muß, beispielsweise auf Anweisung der Flugsicherung im Landeanflug. In dieser Funktion werden die Spoiler auch „**Speedbrakes**" oder „**Airbrakes**" genannt. Dann stören sie die Luftströmung so stark, daß der Widerstand rapide zunimmt; die Vibrationen im Flugzeug lassen ahnen, wie stark die Luftverwirbelung dieser **Luftbremsen** wirkt.

In voller Aktion sind die Spoilerflächen kurz nach dem Aufsetzen des Flugzeugs, dann klappen sie fast senkrecht nach oben, lassen den restlichen Auftrieb schnell zusammenbrechen und drücken das Flugzeug mit seinem ganzen Gewicht auf das Fahrwerk zur Unterstützung der Wirkung der Radbremsen.

Da die Tragflächen für den Hochgeschwindigkeitsbereich im Reiseflug ausgelegt sind, liefern die Flügel bei geringen Geschwindigkeiten (im Langsamflug, in Start- und Landephasen) nicht genügend Auftrieb, um das Flugzeug in der Luft zu halten. Aus diesem Grund werden in die Flügel zusätzliche Hilfen eingebaut, die bei geringen Geschwindigkeiten den Auftrieb erhöhen.

Zu diesen **Hochauftriebshilfen** gehören die **Klappen (Flaps)** an den **Hinterkanten der Flügel** (Trailing edge); sie werden in mehreren Stufen nach hinten gefahren und nach unten geschwenkt. Zusätzlich können an der Vorderseite der Tragflächen (Leading edge) **Vorflügel (Slats)** ausgefahren werden.

Durch die Slats und Flaps vergrößert sich die Fläche der **Tragflügel (Wings)** und deren Wölbung. Das **Flügelprofil (Airfoil)** erzeugt durch die starke Wölbung jetzt hohen Auftrieb, aber auch hohen Widerstand.

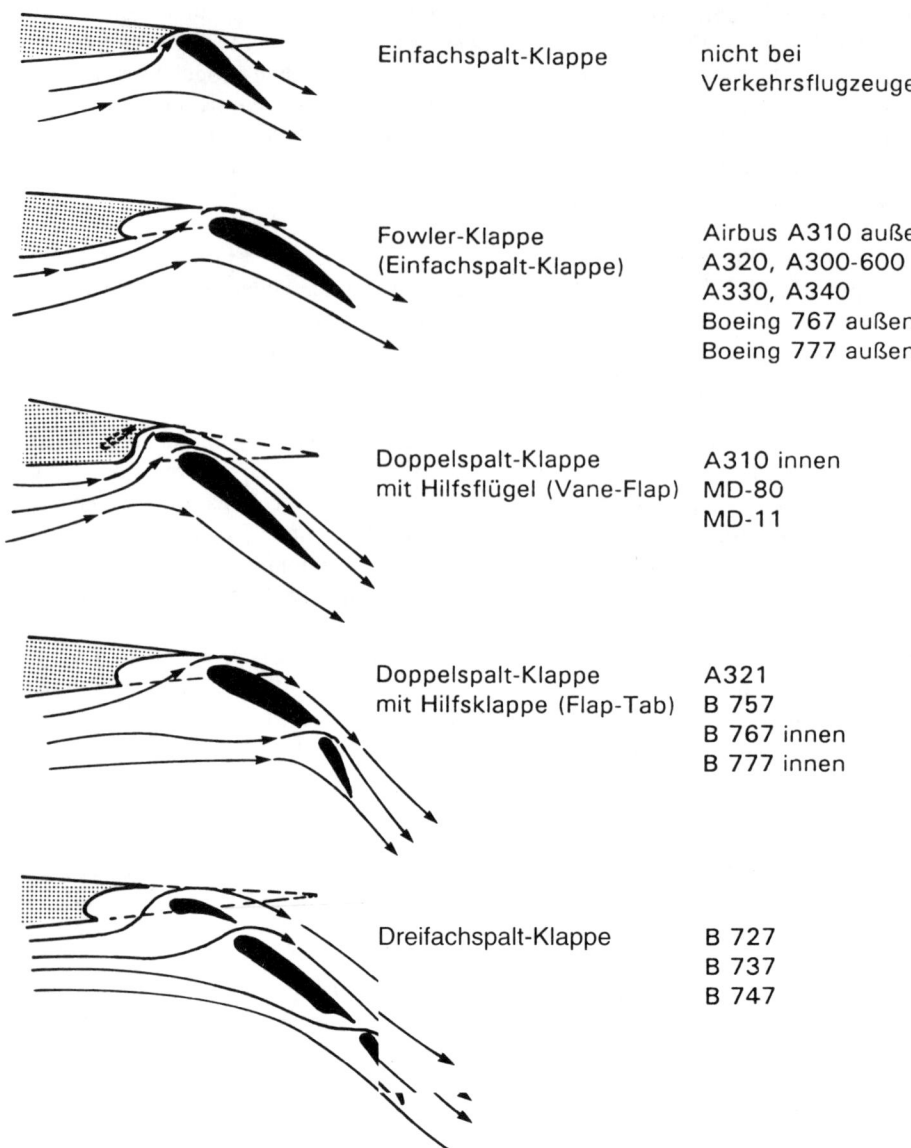

	Einfachspalt-Klappe	nicht bei Verkehrsflugzeugen
	Fowler-Klappe (Einfachspalt-Klappe)	Airbus A310 außen A320, A300-600 A330, A340 Boeing 767 außen Boeing 777 außen
	Doppelspalt-Klappe mit Hilfsflügel (Vane-Flap)	A310 innen MD-80 MD-11
	Doppelspalt-Klappe mit Hilfsklappe (Flap-Tab)	A321 B 757 B 767 innen B 777 innen
	Dreifachspalt-Klappe	B 727 B 737 B 747

Abb. 99 Hinterklappen-Systeme
(Quelle: HÜNECKE, K.: Die Technik des modernen Verkehrsflugzeuges; S. 60)

Bei modernen Jets ist die Wirkung der Landeklappen an der Flügelhinterkante von ausgefahrenen Vorflügeln abhängig.
Deshalb ist die Betätigung beider Systeme in der Regel gekoppelt; die Winkelstellungen der Slats stehen mit den Klappenstellungen der Hinterkanten in fester Zuordnung.

Reiseflug

Start

Landung

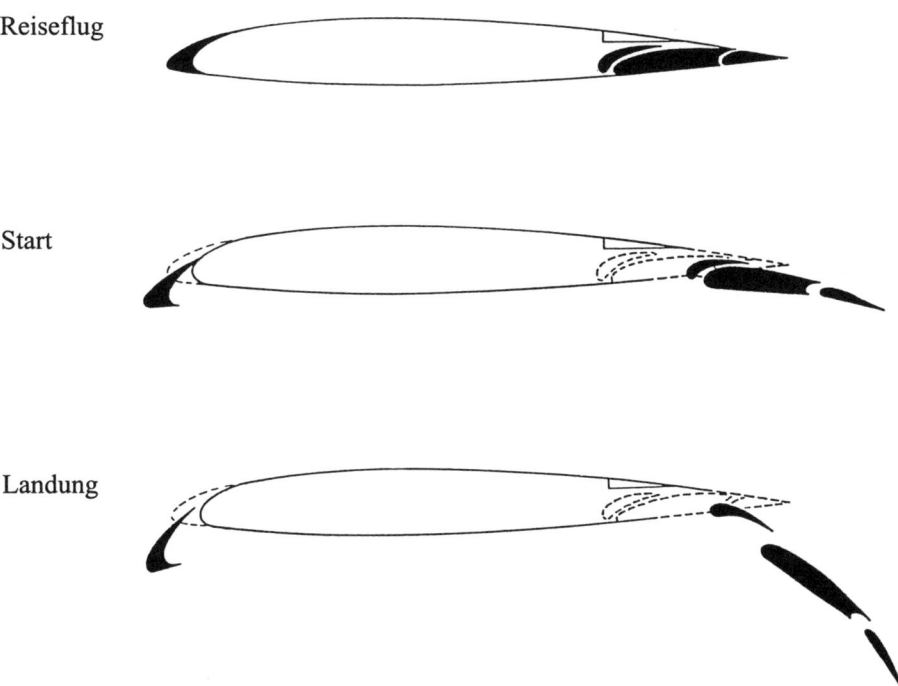

Abb. 100 Klappenstellung in verschiedenen Flugphasen

An den **Flügelspitzen (Wing tips)** haben viele moderne Jets nahezu senkrecht nach oben ragende Mini-Flügel. Diese **Winglets** (bei Airbus auch „**Wing tip fences**" genannt) sollen den induzierten Widerstand beim Flug (siehe auch Kap. 7.2.1) mindern.

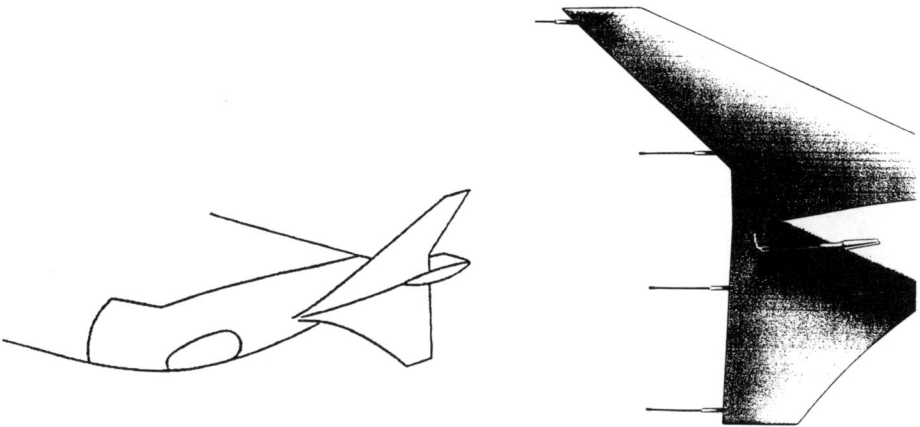

Abb. 101 Winglets

Bei den kleinen Metallstäben, die am Winglet und am Tragflügel befestigt sind, handelt es sich um **„Static dischargers"**, die für einen Abfluß der während des Fluges entstehenden elektrostatischen Ladung sorgen.

7.3.2 Leitwerk

Leitwerke dienen dazu, die Bewegung des Flugzeuges im Luftraum zu stabilisieren und kontrollierbar zu machen, sie sind am Heck angeordnet und bestehen aus Höhen- und Seitenleitwerk.

Das **Höhenleitwerk (Horizontal tailplane)** dient der Steuerung um die Querachse, damit das Flugzeug steigen oder sinken kann. Das Höhenleitwerk ist unterteilt in die feststehende (aber für die Trimmung einstellbare) **Flosse (Stabilizer)** und das bewegliche **Höhenruder (Elevator)**. Aerodynamisch wirkt das Höhenleitwerk wie ein Tragflügel.

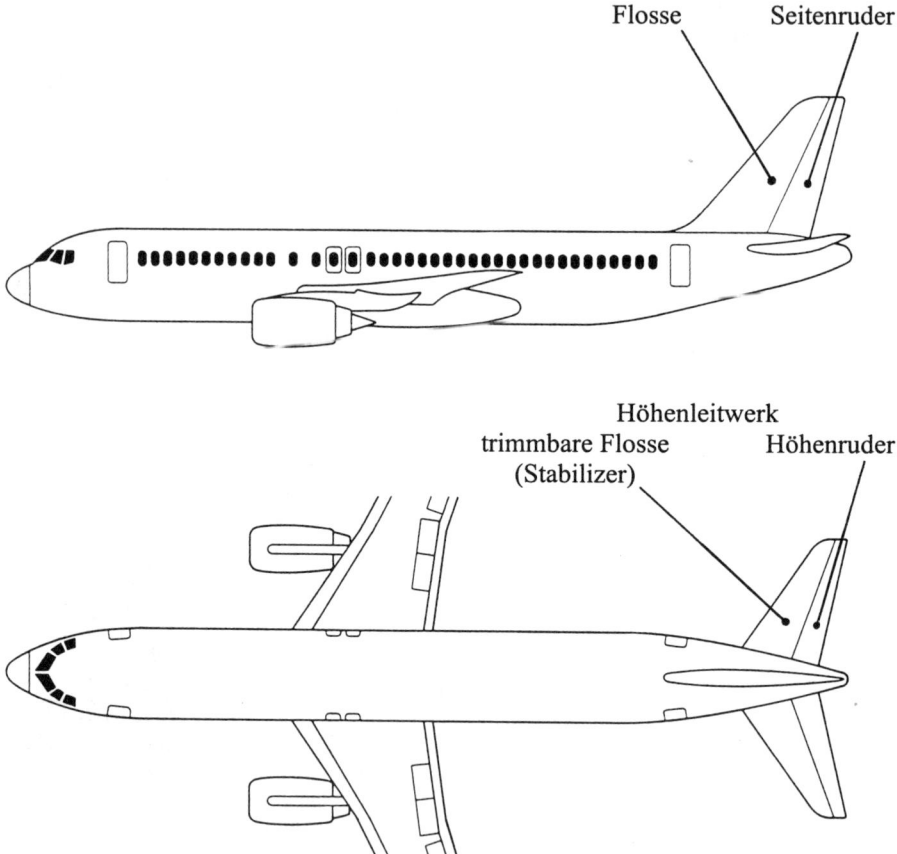

Abb. 102 Leitwerk des Airbus A320

Die Steuerung des Flugzeugs um die Hochachse (nach links oder rechts) wird mit dem **Seitenleitwerk (Vertical tailplane)** durchgeführt; es wird unterteilt in die feststehende **Flosse (Fin)** und das bewegliche **Ruder (Rudder)**. Die Größe des Seitenleitwerks ist so bemessen, daß auch bei einseitigem Triebwerksausfall und der dadurch verursachten asymmetrischen Strömung ausreichende Richtungssteuerbarkeit gegeben ist.

Von den verschiedenen Leitwerkformen moderner Verkehrsflugzeuge hier zwei typische Anordnungen:

konventionelles Leitwerk
(Airbus, Boeing 737 bis 777)

T-Leitwerk
(MD 80, B717, Canadair Jet, Avro)

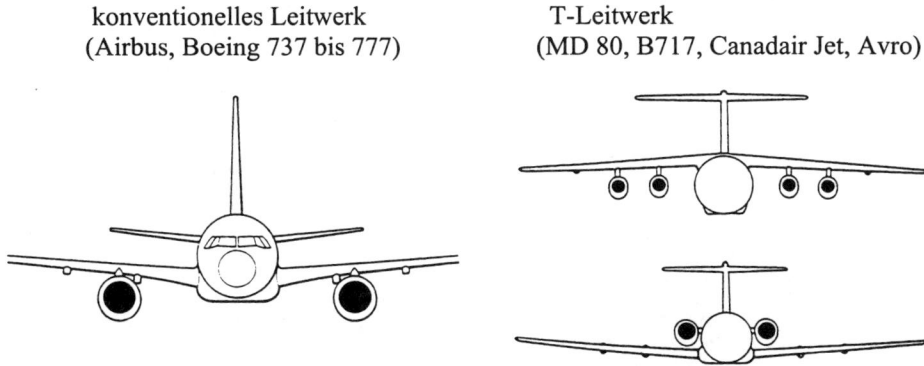

Abb. 103 Leitwerkformen

7.3.3 Flugzeugrumpf

Am Flugzeugrumpf (Fuselage) sowie an den Tragflügeln und Leitwerken sind außen verschiedene „Anbauten" zu sehen:

→ **Meßsonden** (Pitot-Rohr, Static ports, Anstellwinkelgeber),
→ **Lichter**,
→ **Antennen**,
→ **Anschlüsse** für externe Energieversorgung usw.

Am Flugzeugbug, meist vor oder unterhalb des Cockpits, befinden sich metallene Haken, die nach vorne spitz zulaufen und eine kleine Öffnung haben. Mit Hilfe dieser **Pitot-Rohre** (Pitot-Tube, im Deutschen auch **Staurohr** genannt) wird die Geschwindigkeit des Flugzeugs gemessen. Der Druck des anströmenden Fahrtwindes wird durch die Öffnung in der Spitze der Pitot-Rohre gemessen und in Geschwindigkeit umgerechnet. Aus Sicherheitsgründen sind die Pitot-Rohre mehrfach vorhanden; sie befinden sich in der Nähe des Flugzeugbugs, weil die Luftströmung hier frei von Turbulenzen ist, die die Anzeige stören könnten. Das Pitot-Rohr gibt immer nur Auskunft über die Geschwindigkeit gegenüber der Luft („Indicated airspeed"), über die Geschwindigkeit gegenüber dem Erdboden („Groundspeed") sagt das (wegen möglicher Gegen- oder Rückenwinde) nichts aus. Steht das Flugzeug längere Zeit am Boden, werden die Pitot-Rohre mit Plastikschutzkappen abgedeckt, um Verschmutzung und Fehlanzeige zu vermeiden; die Schutzkappen müssen unbedingt vor Inbetriebnahme des Flugzeugs entfernt sein (vgl. hierzu auch die Unfallanalyse des Birgenair-Absturzes im Februar 1996 vor Puerto Plata in: van Beveren, Runter kommen sie immer).

 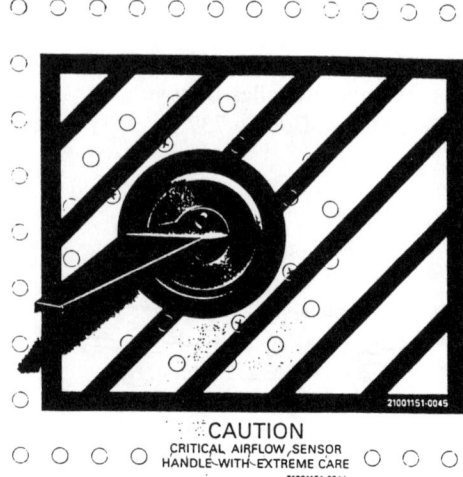

Abb. 104 Pitot-Rohr, Anstellwinkelgeber
(Quelle: Lufthansa Bordbuch 6/97; S. 16)

Bei der Arbeit am Flugzeug sind die **Anstellwinkelgeber (Critical airflow sensor)** äußerst vorsichtig zu behandeln. Die meisten Flugzeuge haben zwei dieser Sensoren, die in der Nähe des Bugs seitlich unter den Cockpitfenstern eingebaut sind und etwa zehn Zentimeter aus dem Rumpf herausstehen. Diese keilförmigen Flügelchen sind drehbar gelagert und stellen sich genau nach der gerade herrschenden Anströmrichtung der Luft ein. Der Sensor mißt den Anstellwinkel (Winkel mit dem die anströmende Luft auf die Tragflächen trifft) mit einer Genauigkeit von 0,2 Grad und gibt diesen Wert in den Air Data Computer des Flugzeugs ein. Die Daten werden dann genutzt, um den optimalen Anstellwinkel, Auftrieb oder Steigraten zu ermitteln.

Über sogenannte „**Static ports**" (Statikdrucköffnungen), kleine Metallscheiben mit Öffnungen an den Seiten des Flugzeugrumpfs, wird der statische Druck der Umgebungsluft gemessen. An das statische Drucksystem sind der Höhenmesser und das Variometer (zeigt die Steig- oder Sinkrate des Flugzeugs an) ange-schlossen. Auch hier können verstopfte Öffnungen fehlerhafte Instrumenten-anzeigen verursachen.

Jedes Flugzeug hat drei **Positionslichter (Navigation lights)**; zwei sind an den Spitzen der Tragflächen angebracht (links rot, rechts grün), ein weißes Positionslicht ist am Heck montiert.

Weit auffälliger als die Positionslichter sind die **weißen Blitzlichter** in den Flügelspitzen. Man nennt sie **Anti-collision-lights** oder Zusammenstoß-Warnlichter (auch Strobe ligths); sie sind bei Nacht und klarer Sicht über 30 km weit zu sehen. Die Luftverkehrsordnung schreibt **rot blinkende Kollisions-Warnlichter (upper/ lower Anti-collision-beacon)** auf dem Rücken und unter dem Bauch des Flugzeugs vor, sie müssen vor dem Starten der Triebwerke eingeschaltet werden und dürfen erst nach dem Abstellen der Triebwerke ausgeschaltet werden; sie blinken einmal pro Sekunde.

Zwei weitere Scheinwerfer **(Wing leading edge inspection lights)** sind seitlich am Rumpf montiert und werfen Licht auf Flügel und Triebwerk. Der Pilot kann sie während des Fluges einschalten, um z. B. die Flügelvorderseite auf Eisansatz hin zu prüfen.

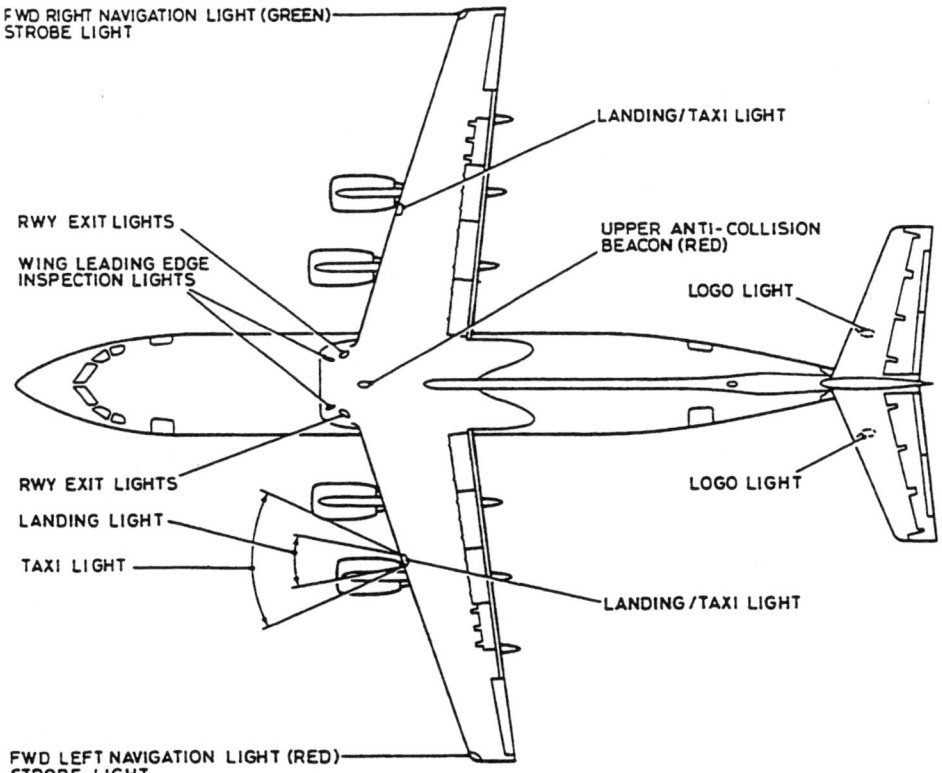

Abb. 105 External Lighting Avro RJ
        (Quelle: BRITISH AEROSPACE, Avro-RJ Series, Airplane Characterisitcs for Airport Planing, S. 7)

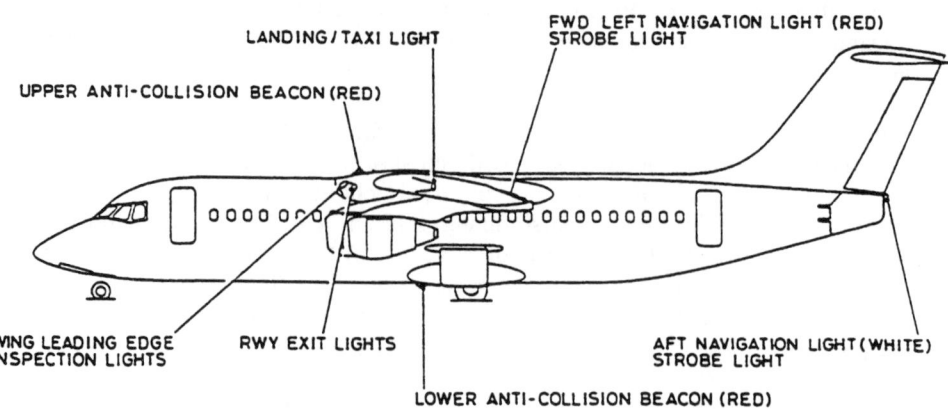

Abb. 105 External Lighting Avro RJ (Fortsetzung)

Die **Landescheinwerfer** werden schon in größerer Höhe beim Landeanflug eingeschaltet, um von anderen Flugzeugen besser gesehen zu werden. Sie sind oft in den Tragflächen nahe am Rumpf oder am Bugfahrwerk montiert und leuchten nachts beim Rollen am Boden die Run- und Taxiways aus. Die meisten Flugzeugtypen haben am ausgefahrenen Bugrad einen Rollscheinwerfer **(Taxi light)**, der nach dem Aufsetzen eingeschaltet wird und die Landebahn bestrahlt. Zwei weitere schräg stehende Scheinwerfer **(Runway exit lights)** leuchten den Boden rechts und links der Piste aus; sie sind Wegweiser, die beim Verlassen der Landebahn den Rollweg (Taxiway) finden helfen. Auch das von **Logo lights** angestrahlte Seitenleitwerk, das das Logo der Airline zeigt, hebt das Flugzeug vom dunklen Hintergrund ab.

Vorwiegend an der Ober- und Unterseite des Flugzeugrumpfes befinden sich **Antennen** für Sprechfunk und elektronische Navigation (VOR, DME, ADF, ILS). Sie sind meist in Form kleiner Dreiecke oder Rechtecke an den Flugzeugrumpf montiert. In der Bugspitze ist die Antenne für Wetterradar untergebracht.

Im Flug erfolgt die **Energieversorgung** des Flugzeugs über die Triebwerke. Nach dem Abstellen der Triebwerke kann elektrische Energie entweder extern über eine Ground power unit (GPU) oder die im Flugzeug eingebaute Auxiliary power unit (APU) erzeugt werden. Bei der **Ground power unit (GPU)** handelt es sich um einen auf einem Fahrzeug installierten Dieselmotor mit nachgeschaltetem Generator zur Stromerzeugung. Die **Auxiliary power unit (APU)** ist ein kleines Strahltriebwerk, das im Heck oder Fahrwerkschacht des Flugzeugs eingebaut ist (erkennbar oft am für Turbinen typischen Pfeifgeräusch, das in Flugzeugnähe deutlich hörbar ist, und an der Austrittsöffnung für Abgase am Flugzeugheck). Dadurch steht am Boden jederzeit elektrische Energie für die Stromversorgung oder Luft für die Klimaanlage zur Verfügung. Die APU wird elektrisch angelassen und mit dem gleichen Kraftstoff wie die Triebwerke versorgt. Bei einigen Flugzeugtypen kann sie auch während des Fluges betrieben werden.

Bei Ausfall aller Generatoren im Flug kann die **Ram air turbine** (kleines Windrad) aus Rumpf oder Tragfläche herausgeklappt werden. Vom Fahrtwind angeblasen, treibt sie einen Notgenerator zur Stromerzeugung.

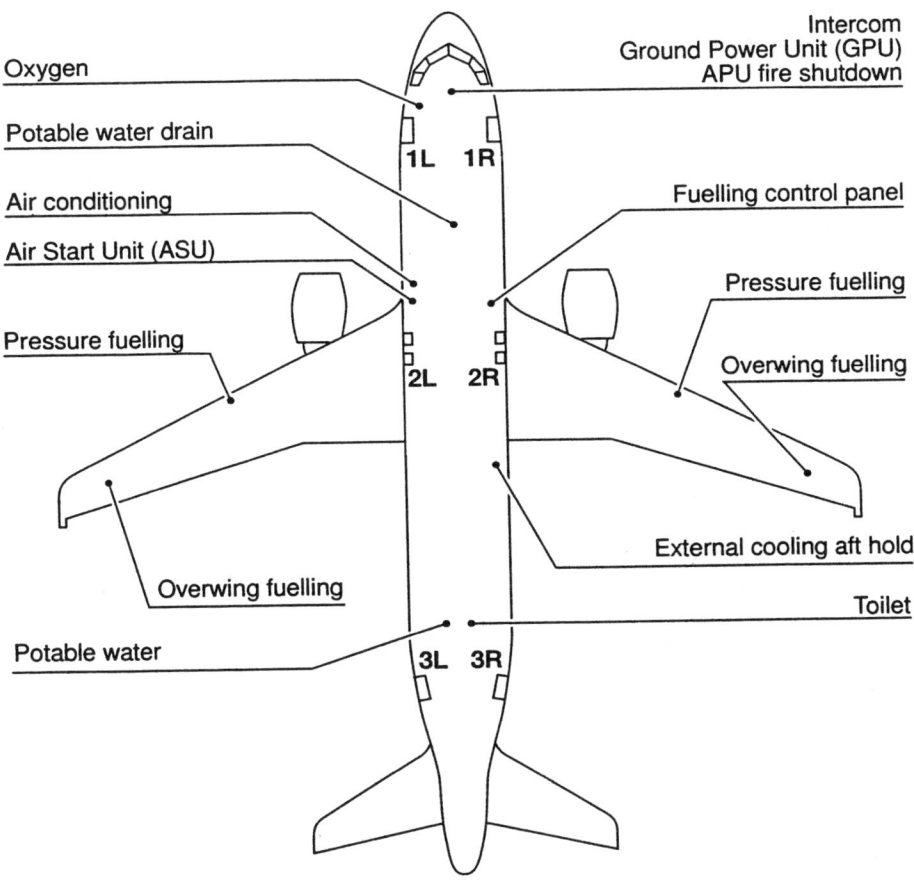

Abb. 106 Airbus A320 Servicing points

Daneben sind im Rumpf und an den Tragflächen eine Reihe von **Anschlüssen, Ventilen und Öffnungen (Ground service connections)** eingelassen, von denen einige wegen ihrer Bedeutung für die Flugzeugabfertigung kurz aufgezählt seien. Abbildung 106 zeigt neben Anschlüssen zur Betankung (overwing pressure fueling), Versorgung mit Wasser (potable water) und Sauerstoff (Oxygen), Entsorgung der Toiletten (Toilet) auch Anschlüsse für externe elektrische Energie (GPU) und für die externe Klimaanlage (Air conditioning).

7.3.4 Fahrwerk

Das Fahrwerk besteht aus dem lenkbaren **Bugfahrwerk (Nose landing gear)** und den **Hauptfahrwerken (Main landing gears)**. Bei einigen Flugzeugtypen (z. B. B747) ist zusätzlich **ein mittleres Hauptfahrwerk (Center landing gear)** installiert.

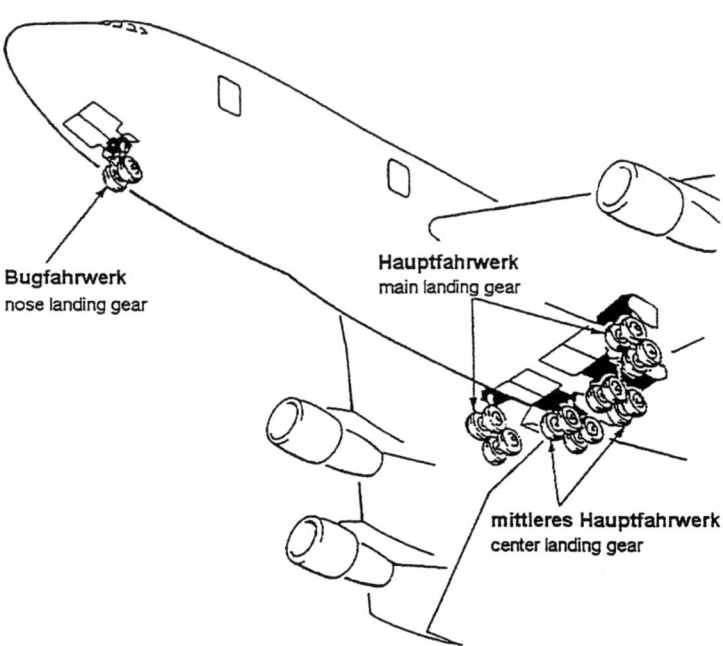

Bugfahrwerk
nose landing gear

Hauptfahrwerk
main landing gear

mittleres Hauptfahrwerk
center landing gear

Abb. 107 Fahrwerk der Boeing B747

Räder und Fahrwerk werden während des Fluges (kurz nach dem Abheben) in den Rumpf oder in die Innenflügel eingezogen, womit der Luftwiderstand erheblich vermindert wird.

Die Anzahl der **Räder** variiert mit der Größe des Flugzeugs. Beim Canadair Jet wird die Last auf vier Hauptträder verteilt, dazu kommt ein doppeltes Bugrad. Die

B747 rollt auf sechzehn Haupträdern und zwei Bugrädern und hat fünf Fahrwerkbeine. Ein einzelnes Rad trägt je nach Flugzeugtyp 15 bis 25 Tonnen. Die Belastungen, denen die Räder ausgesetzt sind, erkennt man besonders bei der Landung, wenn die Räder beim Aufsetzen mit einem Schlag von Null auf 250 km/h beschleunigt werden und Qualmwolken verbrannten Gummis zu sehen sind. Ein Reifen muß nach etwa 150 Landungen runderneuert werden; die Runderneuerung wird insgesamt neunmal durchgeführt. Ein Flugzeugreifen hat nur Längsrillen, weil er auf der Startbahn stets geradeaus läuft. Zur Sicherheit sind die schlauchlosen Reifen mit Stickstoff statt Luft gefüllt, das mindert die Feuergefahr. Der Reifendruck, der täglich kontrolliert wird, beträgt 12 bis 14 Bar.

Zwischen Start und Landung legen Flugzeuge auf dem Weg vom Terminal zur Startbahn im Schnitt acht Kilometer auf Rädern zurück.

Zum **Bremsen** benutzen Verkehrsflugzeuge neben Spoilern als Luftbremsen und der Schubumkehr der Triebwerke auch Radbremsen. Jedes Rad besitzt Bremsscheiben aus Stahl oder Kohlefaser, die beim Abbremsen 700 bis 800 Grad Celsius heiß werden. Mit Stahlbremsen sind in der Regel 600 bis 1100 Landungen möglich; Kohlefaser-Bremsscheiben erlauben 1200 bis 1800 Landungen. Daneben sparen Kohlefaser-Scheiben Gewicht: eine der 16 Bremseinheiten der B747-400 wiegt 170 Kilogramm, wenn die Scheiben aus Stahl bestehen und nur 100 Kilogramm in der Kohlefaser-Ausführung. Bei der Landung wird die Arbeit der Piloten durch ein automatisches Bremssystem erleichtert. Vor der Landung wird die gewünschte Bremswirkung vorgewählt, der Bordcomputer überwacht dann beim Aufsetzen genau, ob alle Räder bereits den Boden berührt haben und ob ihre Belastung ausreicht, um die gewünschte Bremswirkung zu erzielen. Erst dann betätigt das Autobrake-System die Bremsen ohne Zutun des Piloten. Damit alle Räder mit derselben Bremskraft arbeiten, werden sie mit einem Anti-Skid-System geregelt: Sensoren vergleichen die Drehgeschwindigkeit aller Räder, und wenn nur eins blockiert, senkt die Automatik den Druck auf die Bremsscheiben, bis sich wieder alle Räder gleichmäßig drehen. Aus dieser in der Luftfahrt schon vor Jahrzehnten eingeführten Technik entstand auch das Anti-Blockier-System (ABS) für Autos.

7.3.5 Triebwerk

Der Vortrieb des Flugzeugs wird durch den **Schub (Thrust)** der Triebwerke bewirkt. Er entsteht dadurch, daß ein Körper durch Rückstoß vorwärts bewegt wird.

An einem Spielzeug-Luftballon läßt sich der physikalische Vorgang der Schub-Erzeugung anschaulich demonstrieren: im aufgeblasenen Luftballon wirkt der Luftdruck gleichmäßig auf die Hülle des Ballons. Wird das Mundstück losgelassen, fliegt der Ballon immer entgegengesetzt zum Mundstück durch den Raum bis sein Luftvorrat aufgebraucht und der Druck abgefallen ist. Dabei strömt aus dem Mundstück ein Teil der vorher verdichteten Luft nach hinten aus. Andere

Luftteile drücken gegen die vordere Ballonwand und schieben diese und damit den Ballon nach vorne.

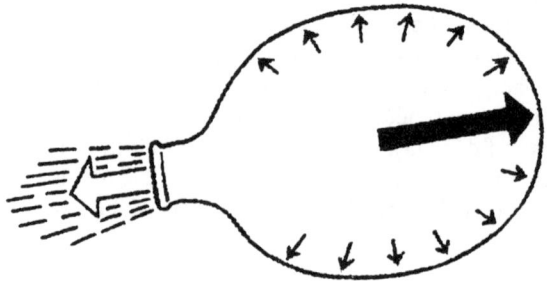

Abb. 108 Prinzip der Schub-Erzeugung

Im Flugzeug-Triebwerk wird eine Luftmasse in der Düse auf hohe Geschwindigkeit beschleunigt und dann in die Atmosphäre ausgestoßen; dadurch können sich innerhalb des Triebwerks (an den Schaufeln und Wandungen) Reaktionskräfte absetzen, die als Schub den Vortrieb des Flugzeugs bewirken.

Die in modernen Verkehrsflugzeugen am häufigsten eingesetzten Triebwerke sind **Mantelstrom-Triebwerke** (auch **Bypass-Triebwerk, Turbofan** oder **Zweikreis-Triebwerk** genannt), sie bestehen aus folgenden Baugruppen:

- ✈ Einlaßrotorblätter **(Fan)**,
- ✈ **Verdichter** (Compressor),
- ✈ **Brennkammer** (Combustion chamber),
- ✈ **Turbine** (Turbine),
- ✈ **Schubdüse** (Exhaust nozzle),
- ✈ **Schubumkehr** (Thrust reverser).

Das erste von außen sichtbare Laufrad ist der **Fan** (Bläser) mit 22 - 38 Laufschaufeln. Die Fan-Schaufeln sind so geformt, daß die Luft angesaugt und verdichtet wird. Das Fan-Laufrad hat bei heutigen Großtriebwerken einen Durchmesser von 2,50 bis 3,5 m und nimmt bei Startschub pro Sekunde etwa 1000 kg Luft auf; die Drehzahl beträgt dabei etwa 3800 Umdrehungen pro Minute.
Unmittelbar hinter dem Fan-Rotor wird der Luftstrom aufgeteilt in einen **inneren heißen Primärkreis** und einen **äußeren kalten Sekundärkreis**. Das Nebenstromverhältnis (Bypass-Ratio) gibt das Verhältnis von sekundärem zu primärem Luftstrom an, es liegt heute zwischen 4:1 und 6:1. Es wird also vier- bis sechsmal soviel Luft durch den Nebenstrom gepreßt wie in die Brennkammern gelangt.

Der **äußere kalte Luftstrom des Sekundärkreises** wird mantelförmig um das Basis-Triebwerk herumgeleitet, in der Schubdüse des kalten Kreises bis auf Schallgeschwindigkeit beschleunigt und dann in die Atmosphäre entlassen.

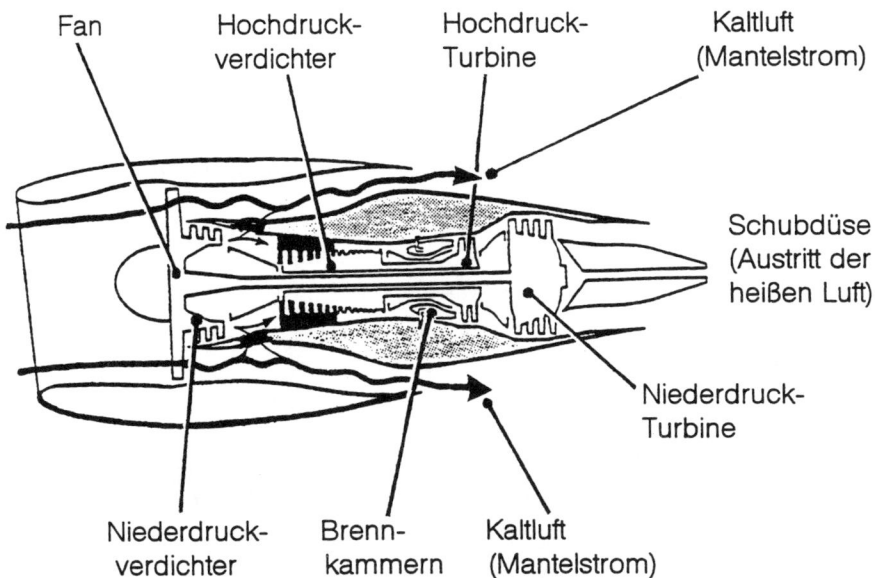

Abb. 109 Stark vereinfache Darstellung eines Bypass-Triebwerks

Der innere heiße Luftstrom des Primärkreises durchläuft die Baugruppen Verdichter, Brennkammer, Turbine, Schubdüse, die den eigentlichen Kern des Triebwerks (Core engine, hot section) darstellen. Nachdem die durch den Fan angesaugte Luft aufgeteilt ist, wird der innere Primärstrom zunächst im **Niederdruck-Verdichter** (LPC: Low pressure compressor) danach im **Hochdruck-Verdichter** (HPC: High pressure compressor) zur Erhöhung des Drucks (und damit auch der Temperatur) komprimiert. Verdichter bestehen aus einer Reihe hintereinander angeordneter Verdichterlaufräder (Rotoren), die Ventilatoren ähnlich sind und sehr schnell zwischen feststehenden Leitschaufeln (Statoren) rotieren (im Hochdruckverdichter etwa 10000 Umdrehungen/Minute).

In den **Brennkammern** (Combustion chamber) wird der aus dem Verdichter kommenden Luft Kraftstoff zugemischt. Hier findet eine ununterbrochene Verbrennung des Kraftstoff-Luft-Gemischs statt, wobei die Flammen eine Temperatur bis 2100 Grad Celsius erreichen. Der Verbrennungsprozeß wird durch elektrische Zündung eingeleitet und läuft danach selbsttätig ab. Aus den Brennkammern tritt ein Heißgasstrom (ca. 1300 Grad Celsius) mit hoher Geschwindigkeit (ca. 500 Meter/Sekunde) aus.

Danach strömt das heiße Gas zunächst in die **Hochdruck-Turbine** (High pressure turbine), die über eine Welle den Hochdruck-Verdichter vor der Brennkammer antreibt. Bei 1000 Grad Celsius Betriebstemperatur glühen ihre Schaufeln gelbrot. Die letzte Turbine ist die **Niederdruck-Turbine** (Low pressure turbine) zum Antrieb des Fans und der Anbaugeräte (z. B. Kraftstoffpumpe, Hydraulikpumpe, Stromgenerator).

Der Gasaustritt erfolgt durch die **Schubdüse** (Exhaust nozzle), in der zur Erhöhung der Vortriebswirkung das austretende Gas nochmals beschleunigt wird. Je nach Bauform kann die Abströmung in die Atmosphäre in zwei getrennten Schubdüsen, eine für den kalten Kreis (der etwa 70% des Schubes bewirkt) und eine für den heißen Kreis erfolgen, oder in einer gemeinsamen Düse, die den heißen und kalten Kreislauf noch im Triebwerk vermischt (z. B. CFM56 im Airbus A340).

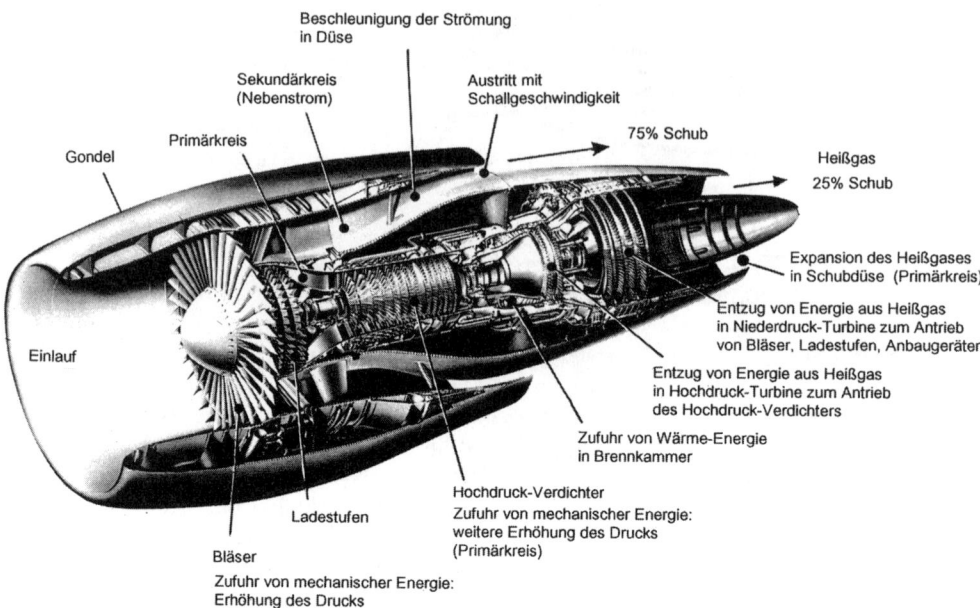

Abb. 110 Aufbau des Flugtriebwerks CF6-50 von General Electric
(Quelle: HÜNECKE: Die Technik des modernen Verkehrsflugzeuges, S. 111)

Bei Aufsetzgeschwindigkeiten von 200 km/h und mehr benötigen Flugzeuge wegen ihrer großen Masse lange Bremswege, da die Leistungen der mechanischen Radbremsen begrenzt sind. Hinzu kommt, daß bei nasser oder verschneiter Landebahn die Haftung der Reifen gering ist. Es lag daher nahe, das Vortriebsprinzip des Flugzeugs auch zur Verkürzung der Bremswege zu nutzen. Dies führte zur Entwicklung **der Schubumkehr**-Vorrichtungen **(Thrust reverser),** die als Teil des Abgassystems in die Schubdüse integriert sind. Durch ein Klappensystem kann der austretende Luftstrom und damit der Schub nach vorne umgekehrt werden (reverse). Während anfänglich der gesamte Strahl (heißer und kalter Kreis) umgelenkt wurde, wenden moderne Fan-Triebwerke das Umlenkprinzip nur auf den kalten Luftstrahl an, während der heiße Strahl unbeeinflußt bleibt.

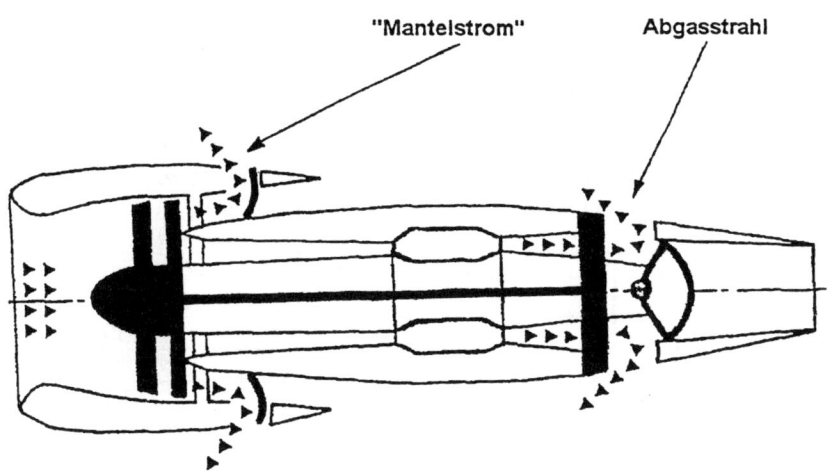

"Mantelstrom"   Abgasstrahl

Schubumkehr zum Abbremsen

Abb. 111 Vereinfachte Darstellung der Schubumkehr

Die Triebwerke sind heute meist unter den Tragflächen in **Gondeln** (Nacelle) montiert, die Triebwerksverkleidungen heißen **Cowling**.

Flugzeug Triebwerk	B747-400 CF6-80C2 General Electric	B777 GE 90 General Electric	A320 CFM56-5A CFMI	Canadair Jet CF34-3 General Electric
Länge	4,27 m	5,18 m	2,42 m	2,62 m
Fan- Durchmesser	2,69 m	3,40 m	1,74 m	1,24 m
Trockengewicht	ca. 4400 kg	ca. 7556 kg	ca. 2200 kg	ca. 760 kg
Bypass- Verhältnis	5,05 – 5,31	8 - 9	6,0 - 6,2	6,2
Schubbereich in kN	233 - 276	340-513	98 - 118	41,1

Startschub in Kilonewton (101,9716 Kilopond)
Abb. 112 Typische Triebwerkdaten
          (Quelle: Übersicht Turbofan-Triebwerke, Aero 11/2002, S. 35)

Triebwerke, bei denen die gesamte angesaugte Luft durch das Verbrennungssystem und die Turbine strömt, werden als **Einkreistriebwerke (Turbojets)** bezeichnet. Sie sind am geeignetsten für Vortrieb bei Überschallgeschwindigkeiten. Bei **Turboprops** (z. B. Fokker 50) werden die aus der Turbine austretenden Verbrennungsgase zum Antrieb des Propellers genutzt. Der von der Turbine über eine zusätzliche Welle angetriebene Propeller erzeugt den überwiegenden Teil des Vortriebs, wohingegen der Rückstoß durch die Abgase nur noch gering am Vortrieb beteiligt ist.

Die **Treibstofftanks** sind in allen Flugzeugtypen in den Tragflächen und im Tragflächenmittelstück (das ist die Rumpfsektion zwischen den Tragflächen) eingebaut. Einige Flugzeugmuster benutzen Zusatztanks im Rumpf oder im Leitwerk. **Kerosin** ist dem Lampenpetroleum sehr ähnlich, wie es auch zum Heizen und Kochen verwendet wird. In der zivilen Luftfahrt wird allgemein Kerosin mit der Bezeichnung „**Jet A1**" getankt, es hat einen Gefrierpunkt von minus 47 Grad Celsius und einen Flammpunkt von 42 Grad.

Flugzeugmuster	Tankkapazität in Litern	Durchschnittlicher Verbrauch in Litern/h
B747-400	216000	12650
B767-300	91380	5800
B737-500	20100	2550
A340-200	138650	7400
A320-200	23850	2900
CRJ 100	8100	1280
Avro RJ85	12900	2300

Abb. 113 Tankkapazität und Durchschnittsverbrauch ausgewählter Flugzeugmuster (Quelle: Lufthansa, Zahlen, Daten, Fakten 2000/2001, S. 54 - 57)

Flugzeugtriebwerke werden von drei großen **Herstellern** produziert:

> ✈ General Electric (USA),
> ✈ Pratt&Whitney (USA);
> ✈ Rolls Royce (GB).

Die Entwicklungskosten für neue Triebwerke sind sehr hoch, so daß sich die großen Hersteller untereinander oder mit kleineren Herstellern zu Hersteller-konsortien zusammenschließen, um neue Triebwerke zu entwickeln:

> ✈ IAE (International Aero Engines: Pratt&Whitney, Rolls Royce, MTU, Japanese Aero Engine Corporation,)
> ✈ CFM (General Electric, Snecma/Frankreich),
> ✈ BR (BMW Rolls Royce).

Kleinere Triebwerke für Regional- oder Business-Jets werden z. B. von Allied Signal (Honeywell), Allison oder Pratt&Whitney/Canada hergestellt. AlliedSignal liefert außerdem APUs für die Airbus-Modelle.

KEY MARKET SHARE BATTLES		
Manufacturer	**Engines**	**Total**
Airbus A320 family		
CFM International	CFM56	53,0%
IAE	V2500	35,8%
Pratt&Whitney	PW6000	0,5%
Unannounced	PW300	10,7%

Engine Market Share Summary (Fortsetzung)		
Manufacturer	**Type**	**Total**
Airbus A330/340		
General Electric	GE90	12,3%
CFM International	CFM56	35,9%
Pratt & Whitney	PW4000	22,0%
Rolls-Royce	Trent	29,7%
Total market		
CFM International	CFM56	32,3%
General Electric	CF34/GE90	23,5%
GE-P&W Alliance	GP7200	0,4%
IAE	V2500	8,9%
Pratt & Whitney	PW2/4000	12,0%
Rolls-Royce	Trent etc.	19,6%
Unannounced	CFM56	3,4%

Note: **"Total"** includes engines in service and on order

Abb. 114 Marktanteile der Triebwerkhersteller (Quelle: Special Report: Engines. In: Airline Business, March 2003, S. 52 – Auszug)

Die Triebwerke werden in Flugrichtung von links nach rechts mit 1, 2 usw. bezeichnet. An der Ober- und Unterseite des Flugzeugrumpfes befindet sich je ein **rotes Blinklicht** (Vgl. Kap. 7.3.3). Dieses Licht wird vor dem Anlassen der Triebwerke eingeschaltet und bedeutet:

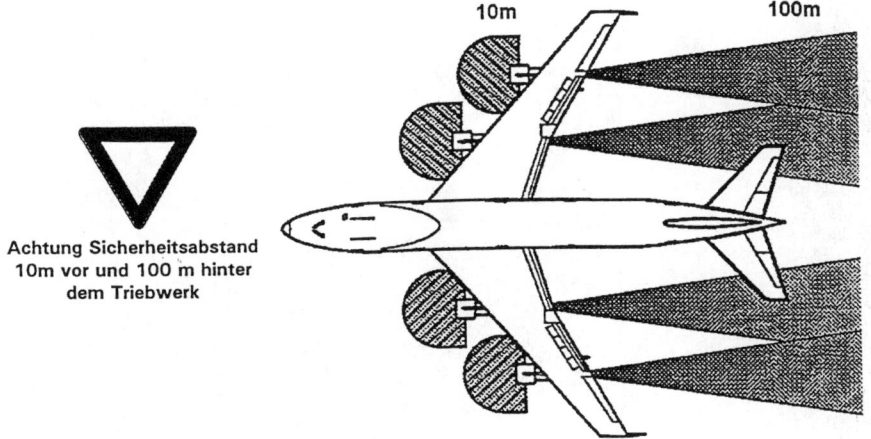

Achtung Sicherheitsabstand
10m vor und 100 m hinter
dem Triebwerk

Abb. 115 Sicherheitsabstand zum laufenden Triebwerk

7.3.6 Cockpit

Seit den achtziger Jahren hat sich das Cockpit in Verkehrsflugzeugen weitreichend geändert. Als richtungweisend für modernes Cockpit-Design gilt die Airbus A320-Familie. Auch die übrigen Flugzeughersteller verwenden inzwischen ein ähnliches Cockpit-Design.

Abb. 116 Airbus flight deck A318/319/320/321 – (Erläuterungen Seite 212)
(Quelle: Fast, Airbus Technical Digest, Nr. 20/1996, S. 2)

F **ELECTRONIC CENTRALISED AIRCRAFT MONITORING SYSTEM - ECAM**
UPPER DISPLAY UNIT (DU)
Engine primary indication, fuel quantity, slats/flaps position, warning/caution/memo message
LOWER DISPLAY UNIT (DU)
Aircraft system synoptics, status of systems

G **MULTI-PURPOSE CONTROL DISPLAY UNIT (MCDU)**
Controls the Flight Management System (FMS) and the Central Fault and Display System (CFDS)

H **SIDESTICK**

I **PULL-OUT WORKING TABLE**
In stowed position - Footrest pedals right and left

J **FULL-SIZE PRINTER**

K **STAND-BY INSTRUMENTS**
Attitude, altitude, speed, DDRMI, compass

A **OVERHEAD PANEL**
System panels used more frequently are in lower part, centre row for engine related systems, flow scheme from bottom to top. Push-button controls, dark cockpit philosophy

B **FLIGHT CONTROL UNIT (FCU)**
Engages autopilot and autothrust. Selection of modes HEADING, SPEED, MACH, ALTITUDE, VERTICAL SPEED, LOC, APPROACH

C **EFIS CONTROL PANEL**
Select modes, ranges and options of Electronic Flight Instruments System, BARO:STD selection, master warning, master caution, autoland warning and sidestick priority lights

D **PRIMARY FLIGHT DISPLAY (PFD)**
Engage status of Flight Director, autopilot and autothrust. Flight Mode Annunciation. Indication of ATTITUDE, AIRSPEED, ALTITUDE, VERTICAL SPEED, HEADING, ILS-DEVIATION, MARKER, RADIO ALTITUDE

E **NAVIGATION DISPLAY (ND)**

Abb. 116 Airbus flight deck A318/319/320/321 – (Fortsetzung)
(Quelle: Fast, Airbus Technical Digest, Nr. 20/1996, S. 2)

Das Cockpit der A320 läßt sich durch folgende Merkmale charakterisieren:

- ✈ **Zwei-Mann-Cockpit:** der früher übliche Flugingenieur ist mit der Einführung von Computern entbehrlich geworden.
- ✈ **„Fly-by-wire"-Technik:** elektrische Signalübertragung der Steuerbefehle des Piloten zu den Ruder- und Steuerflächen. An die Stelle von Seilzügen, Umlenkrollen und Spannfedern traten Computer und elektrische Signalleitungen. Durch die Einbeziehung eines Systems von Rechnern in die elektrische Signalübertragung wird eine genaue, kontrollierte und sichere Steuerung aller Flugbedingungen möglich. Das elektronisch gegebene Steuersignal der Piloten wird - bevor es an der Steuerfläche ankommt - von den zwischengeschalteten Rechnern auf Richtigkeit überprüft. Da in die Datenbänke der Flugzeugcomputer alle Geschwindigkeiten, Fluglagen und zulässigen Manöver eingegeben sind, kann das Flugzeug nie zu schnell fliegen, zu hoch belastet werden oder einen Strömungsabriß bekommen. An die Stelle der klassischen Steuersäule tritt bei der A320 ein Sidestick.
- ✈ **Gläsernes Cockpit:** Anstelle einer großen Zahl herkömmlicher (analoger) Zeiger-Instrumente (Uhrencockpit) sind auf dem Hauptinstrumentenbrett alle zur Bedienung des Flugzeugs erforderlichen Informationen auf wenigen Bildschirmen dargestellt.

7.3.7 Passagierkabine

Die **Druckkabine** von Verkehrsflugzeugen erzeugt in Flughöhen von etwa 12700 m einen **Luftdruck**, der einer Höhe von maximal **2400 m** (8000 Fuß) entspricht. Dies ist erforderlich, da in den Flughöhen der Jets aufgrund des Sauerstoffmangels kein Leben mehr möglich ist. Die **Druck-Klimaanlage** ist wie alle Systeme im Flugzeug in mindestens doppelter Ausführung vorhanden. Sie regelt Temperatur, Feuchtigkeit, Reinheit und Verteilung der Luft. So kann die Kabine der A320 in zwei unabhängig voneinander regulierbare Klimazonen unterteilt werden, in einer A340 sind drei und in der B747-400 sechs solcher Zonen möglich. Für jede dieser Zonen kann der Purser einen individuellen Temperaturwert vorwählen. Dazu werden große Mengen warmer Luft, die die Triebwerke (genauer: die Verdichter) liefern, zur Druck-Klimaanlage geleitet und dort entsprechend der gewünschten Kabinentemperatur mit kalten Luftmassen von außen gemischt. Diese klimatisierte Luft wird in die Kabine geleitet und anschließend über regelbare Klappen (Outflow valves) nach außen gelassen, ohne daß damit ein Druckabfall im Kabineninneren verbunden ist. Der Kabinendruck wird im Steig- und Sinkflug automatisch geregelt, so daß der Fluggast in der Regel kaum die Veränderung wahrnimmt. Im Steigflug erfolgt der Druckabfall in der Kabine wesentlich langsamer als das Flugzeug an Höhe gewinnt. Entsprechendes gilt auch für den Druckanstieg im Sinkflug. Da der Innendruck der Kabine höher als der Außendruck ist, werden die Flugzeuge quasi aufgepumpt. Dadurch dehnt sich der Rumpf deutlich aus, beispielsweise wächst der Umfang bei einem Airbus A340 um 26 Zentimeter.

Aufgrund der großen Differenz zwischen dem Innen- und dem Außendruck lastet in Reiseflughöhe auf einer rund 2,6m² großen **Flugzeugtür** ein Druck von ca. 16 t. Die Türen sind als ausklappbarer Teil der Flugzeugzelle so konstruiert, daß sie aufgrund der Druckdifferenz noch fester in die Halterung gepreßt werden.

Durch die Türen der linken Seite betreten und verlassen die Fluggäste das Flugzeug, während die Türen auf der rechten Seite normalerweise dem Catering (Kabinenbeladung) dienen.

Die Türen werden in Flugrichtung gesehen von vorn nach hinten durchnummeriert und zusätzlich mit der Abkürzung der Flugzeugseite versehen. **1L** ist also die vordere linke Tür, **3R** die dritte Tür von vorne auf der rechten Seite. Diese Bezeichnung wird auf die bei den Türen angebrachten Flugbegleitersitze **(Flugbegleiterstationen)** und auch auf den entsprechenden Flugbegleiter übertragen, der für diese Tür verantwortlich ist (Sicherheitscheck, Rutschen, Sicherung der Tür usw.). Damit wird gleichzeitig seine Funktion und Arbeitsposition an Bord beschrieben.

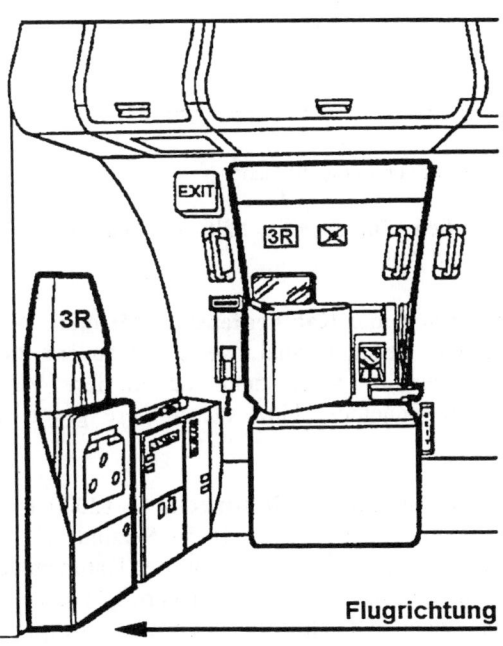

Abb. 117 Tür mit Flugbegleiterstation

Flugzeugtüren stellen immer auch Notausgänge dar, die der Evakuierung der Passagiere in Notfällen dienen. An der Tür hängt ein Sicherheitspaket, in dem sich die zusammengelegte **Notrutsche (Slide)** befindet. Vor dem Start wird die Rutsche entsichert. Dies geschieht dann, wenn über den Bordlautsprecher angeordnet wird: „All doors in flight". Wird die Tür jetzt geöffnet, entfaltet sich die entsicherte Rutsche automatisch.

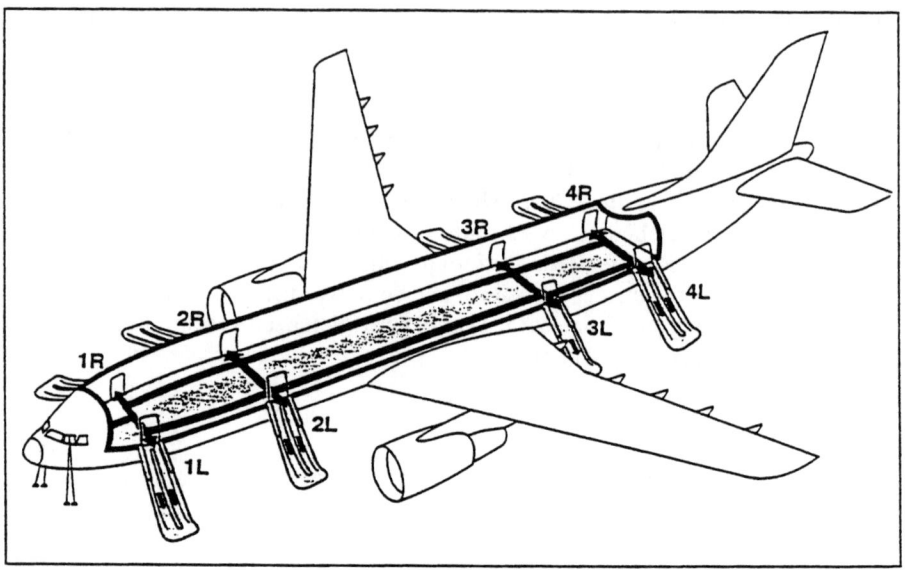

Abb. 118 Flugbegleiterstationen mit Notrutschen

Mit einer 5,78 m hohen Türschwelle hält der Airbus A340 zur Zeit den Höhenrekord für Ein- und Aussteiger.

Aus Sicherheitsgründen sind die **Kabinenfenster** (Material: Acrylglas) aus drei Scheiben hergestellt, von denen normalerweise die äußere die Druckdifferenz aufnimmt. Sollte sie zerstört sein, kann die mittlere voll ihre Funktion übernehmen. Die innere Scheibe schützt die mittlere gegen Kratzer und hält Schall und Staub ab.

Ein **plötzlicher Verlust des Kabinenluftdrucks** in 12000 m Höhe führt zum Verlust des Bewußtseins in kaum mehr als 30 Sekunden. Deshalb fallen bei Druckverlust automatisch Sauerstoffmasken von der Kabinendecke, die von den Passagieren sofort anzulegen sind; der Sauerstoffvorrat ist so bemessen, daß er für 16 bis 22 Minuten reicht. Gleichzeitig leitet die Cockpit-Besatzung einen Notsinkflug ein, bei dem in etwa vier Minuten eine Sicherheitshöhe von 3300m erreicht wird.

Flugzeugsitze benötigen eine Musterzulassung, sie werden bis zur sechzehnfachen Normalbelastung getestet. Die zweite Hauptforderung an Sitze ist Feuersicherheit. Flugzeugsitze dürfen nicht brennen.

Während die Kabinentechnik für ein gegebenes Flugzeugmuster nahezu identisch ist, konkurrieren die Fluggesellschaften über das Kabinenlayout, die Gestaltung, Funktion und Größe der Sitze, das Angebot an Inflight-entertainment oder den Service. Im Rahmen der Produktpolitik können diese Elemente als Marketinginstrument eingesetzt werden.

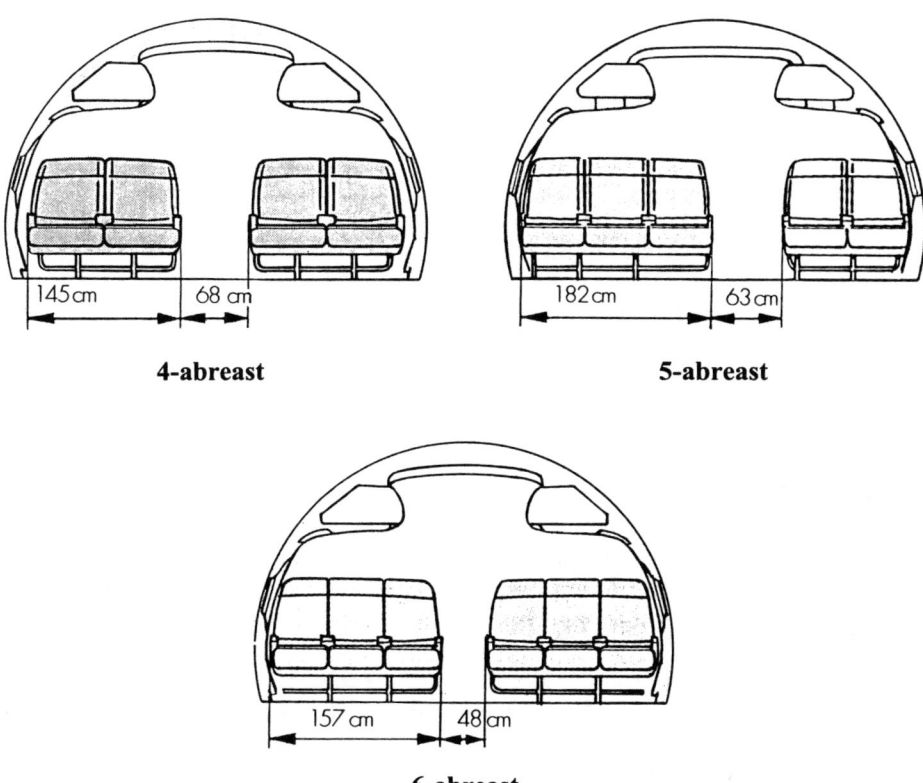

4-abreast   **5-abreast**

6-abreast

Abb. 119 A320 Kabinen-Auslegungen

Die Küche an Bord eines Flugzeugs bezeichnet man als **Galley**. Narrowbodies verfügen in der Regel über zwei Galley-Bereiche, den einen im Bereich der vorderen und den anderen in der Nähe der hinteren Tür; dadurch wird eine leichte und schnelle Beladung ermöglicht. Bei Widebody-Flugzeugen sind die Bordküchen so verteilt (z. B. B747: vier Küchenbereiche mit achtzehn Öfen), daß die Flugbegleiter beim Servieren keine allzu langen Wege zurücklegen müssen und der Service rasch und passagierfreundlich abgewickelt werden kann. Lage und Komponenten der Galley sind von der Fluggesellschaft frei wählbar, die Einbauten sind standardisiert. Dazu zählen Öfen, Kaffeemaschinen, Schränke, Fächer und Standorte für Trolleys (Servierwagen) und Container (Boxen aus Kunststoff oder Leichtmetall zur Aufbewahrung von Serviceartikeln).

In Langstrecken-Flugzeugen kann hinter (B747) oder unter (A340) dem Hauptdeck ein mobiler **Ruheraum (MCR: Mobile crew rest)** für die Kabinenbesatzung eingebaut werden. Der MCR, der mit Liege-Kojen, Klimatisierung, Sauerstoffanschlüssen und Bordtelefon ausgestattet ist, kann wie ein Frachtcontainer leicht ein- und ausgeladen werden.

Der **Airbus A320** wird von der **Lufthansa Passage Airline** innerdeutsch und auf Europaflügen im **Zwei-Klassen-Kabinenlayout** (Beförderungsklassen: Business/ Economy) eingesetzt.

Die beiden Beförderungsklassen werden durch den **MCD (Movable class divider)** getrennt, einen beweglichen Vorhang, mit dem man die Kabine entsprechend der Nachfrage in Business/Economy unterteilen kann.

Alle Sitze sind Ledersitze in Lufthansa-Design. Auf innerdeutschen Flügen wird die Kabine in beiden Klassen in „6-abreast Version" (6 Sitze pro Reihe) ausgestattet.

Auf Europaflügen wird die Business-Class in 5-abreast Version eingesetzt, indem die linke Kabinenseite durch den **CVS (Convertible seat)**, mit dem die Flugzeuge ausgestattet sind, von drei auf zwei Sitze umgebaut wird.

Die Sitzreihen werden von vorne nach hinten durchnummeriert, die Sitze in einer Reihe werden mit Buchstaben (A bis F bei Narrowbodies; A bis K bei Widebody-Flugzeugen) bezeichnet.

Die Sitzbezeichnungen beim Kabinenlayout der A320 in Abbildung 120 heißen **Window** (Sitze A und F), **Center** (Sitze B und E) und **Aisle** (Sitze C und D).

Im Interkont-Bereich fliegt Lufthansa im **Drei-Klassen-Kabinenlayout** mit den Beförderungsklassen First, Business und Economy.

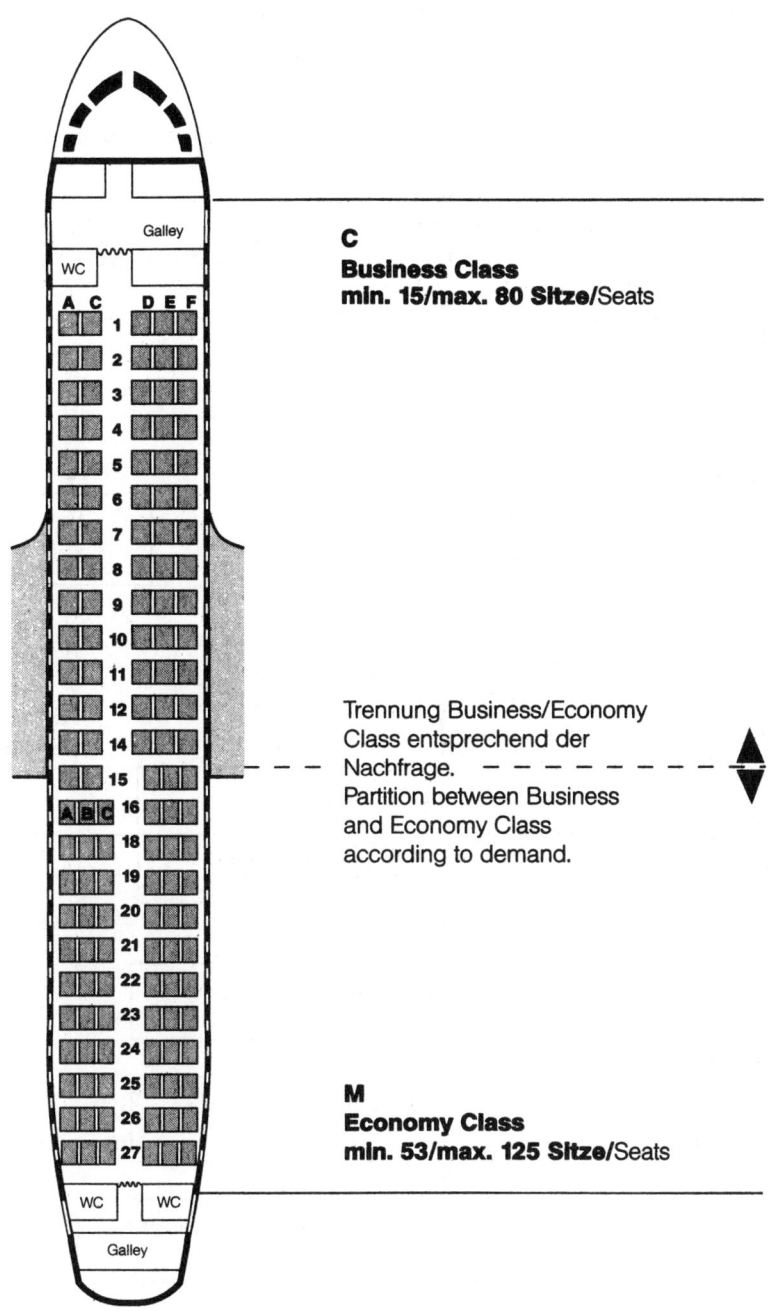

Abb. 120 A320 Kabinenlayout der Lufthansa auf Europaflügen
(Quelle: Lufthansa Flugplan 28 Oktober 2002 - 30 März 2003, S. 255)

8 Einrichtungen und Verfahren auf Flughäfen

Die Einrichtungen eines Flughafens lassen sich einteilen in:

→ Die „**Luftseite**" **des Flughafens** (Airside) mit ihren technisch-operativen Einrichtungen zur Abwicklung des Flugverkehrs, bei der das Flugzeug im Vordergrund steht,

→ die „**Landseite**" **des Flughafens** (Landside) mit den Einrichtungen zur Passagierabfertigung und –betreuung, bei der der Passagier im Vordergrund steht.

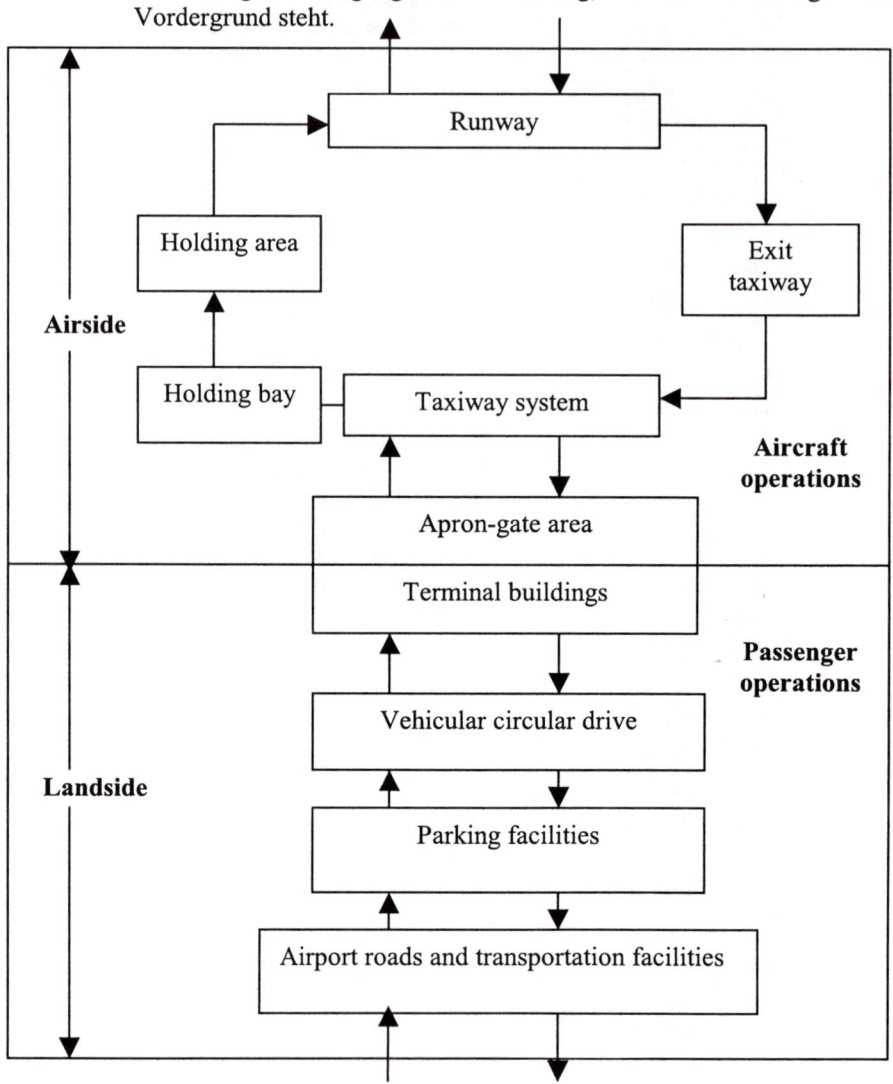

Abb. 121 Airport Components
(Quelle: WELLS, A.T.: Airport planning and management; S. 139)

8.1 Technisch-operative Einrichtungen von Flughäfen

Wesentliche Angaben über die technisch-operativen Einrichtungen der Luftseite der Flughäfen findet man sowohl für die Verkehrsflughäfen als auch für die Landeplätze im **Luftfahrthandbuch Deutschland (AIP: Aeronautical information publication).**

8.1.1 Betriebsflächen des Flughafens

Wichtige **Betriebsflächen** eines Flughafens sind

- ✈ die **Start- und Landebahnen (Runways)**,
- ✈ die **Rollwege (Taxiways)**,
- ✈ das **Vorfeld (Apron, Ramp)** einschließlich der **Wartungsflächen (Maintenance areas)**.

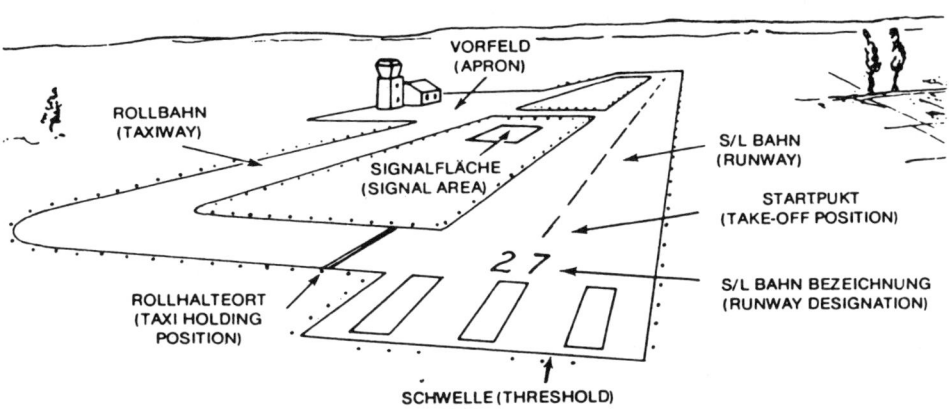

Abb. 122 Flugplatz-Betriebsflächen (vereinfachte Darstellung)
(Quelle: FÖH-KLÖS: Sprechfunk im Sichtflug, S. V-19)

Der Flugbetrieb auf diesen Flächen wird in den folgenden Kapiteln am Beispiel eines Verkehrsflughafens mit Flugverkehrskontrollstelle (ATC:Tower) dargestellt. Für Verkehrslandeplätze gelten vereinfachte Vorschriften.

Durch § 21 ff LuftVO wird sichergestellt, daß der gesamte Flugplatzverkehr überwacht und gelenkt werden kann, entweder durch den Tower (Run- und Taxiways) oder durch den Flugplatzunternehmer (Aerodrome operator) für den Bereich Apron/Ramp. Sämtliche Fahrzeug- und Flugzeugbewegungen bedürfen der vorherigen Genehmigung/Freigabe (engl. Clearance) durch die Flugplatzkontrollstelle (Tower) oder den Flugplatzbetreiber, wobei der Sprechfunkverkehr grundsätzlich in englischer Sprache durchgeführt wird. Auf besonders festgelegten Frequenzen kann er auch in deutscher Sprache abgewickelt werden.

8.1.1.1 Vorfeld (Apron/Ramp)

Zum **Vorfeld (Apron oder Ramp)** gehören die Abstell- und Wartungsflächen (Parking and Maintenance areas für Flugzeuge), die Apron-taxiways (Rollwege der Flugzeuge) und Apron-service-roads (Vorfeldbereiche, auf denen die Servicefahrzeuge fahren). Für die Verkehrsabwicklung auf dem Vorfeld ist der Flugplatzunternehmer verantwortlich, der sämtliche Verkehrsteilnehmer (Flugzeuge, Fahrzeuge) steuert; das Rufzeichen im Sprechfunk (Callsign) der Vorfeldkontrolle ist „Apron", „Ramp" oder „Vorfeld". Für alle Bewegungen der Flugzeuge und Fahrzeuge auf dem Vorfeld sind die Signale, Zeichen und Anweisungen des Flugplatzbetreibers zu befolgen.

Das Vorfeld des Flughafens Frankfurt/Main z. B. verfügte im Jahr 2002 über ca. 197 Parkpositionen für Flugzeuge, davon sind 63 **Gebäudepositionen (Gate-/ Terminalpositionen)** mit Brückenbedienung, der Rest sind **Außenpositionen** auf dem Vorfeld. An den Gate-Positionen gehen die Passagiere über ein- und ausfahrbare **Fluggastbrücken (Finger)** vom Warteraum direkt ins Flugzeug. Parkt das Flugzeug auf einer Außenposition, so werden die Passagiere mit dem Vorfeldbus zum Flugzeug gebracht und steigen über eine fahrbare Treppe (Gangway) ein.

Der Flughafen München besitzt außerdem **„Boarding Stations" (Einsteige-Pavillons)**. Die vom Terminal kommenden Busse fahren dort vor, und die Fluggäste gelangen direkt in ihr Flugzeug.

Hangars sind Hallen, in denen Flugzeuge abgestellt und/oder gewartet werden.

Automatische Andocksysteme helfen auf vielen Flughäfen dem Piloten auf den letzten Metern, das Flugzeug richtig zu parken. Sie werden eingeschaltet, wenn das Flugzeug den letzten Rollabschnitt erreicht hat. Im Prinzip bestehen sie aus einer Art „Flugzeugampel" und in den Boden vor der Parkposition verlegten Induktionsschleifen. Die Ampel zeigt dem Piloten ein Flugzeugsymbol und einen senkrechten Mittelbalken. Liegen Mittelbalken und Flugzeugsymbol übereinander, rollt der Jet korrekt zur Halteposition. Einen Meter vor der endgültigen Parkposition leuchten zwei gelbe Lampen auf, im endgültigen Haltepunkt blinken vier rote Lampen und das Leuchtsignal „Stop" auf.

Abb. 123 Automatisches Andocksystem für Flugzeuge
(Quelle: Flughafen München, Flugbetrieb, S. 11)

8.1.1.2 Rollbahnen (Taxiways)

Das **Rollfeld (Manoeuvring area)** umfaßt die Start- und Landebahnen (Runways) einschließlich der sie umgebenden Schutzstreifen (Strips) und die Rollbahnen (Taxiways).

Der Verkehr auf dem Rollfeld internationaler Verkehrsflughäfen der BRD wird von der Deutschen Flugsicherung GmbH (DFS) gelenkt und kontrolliert. Auf unkontrollierten Flugplätzen der BRD (z. B. viele Verkehrslandeplätze) besteht lediglich ein Flugplatzinformationsdienst, der den Flugzeugführern über Sprechfunk Informationen bereitstellt, aber grundsätzlich keine Flugverkehrskontrolle oder Verkehrslenkung vornimmt.

Rollbahnen (Taxiways) sind festgelegte Wege, die für das Rollen von Flugzeugen vor allem von und zur Start-/Landebahn vorgesehen oder besonders hergerichtet sind; sie können befestigt oder unbefestigt sein. Ein dichtes Netz an Taxiways bietet gerade auf großen Flughäfen jeweils die kürzeste Verbindung vom Vorfeld zur Start-/Landebahn. Dies ist besonders auf Flughäfen mit hohem Verkehrsaufkommen wichtig, damit die Landebahnen für nachfolgende Flugzeuge schnell geräumt werden können. Manche Flughäfen (z. B. München) besitzen zusätzlich **Schnellabrollwege (High speed taxiways),** auf denen Flugzeuge die Start-/Landebahnen mit höherer Geschwindigkeit verlassen können, da die Winkel, in denen die Landebahnen verlassen werden, klein sind und die Flugzeuge nach der Landung nicht so stark abgebremst werden müssen.

Taxiways werden normalerweise durch **Buchstaben** (z. B. Taxiway Alpha, Bravo, Charly usw.) oder Zahlen bezeichnet; die Kennzeichnungen können aus den in der AIP Deutschland enthaltenen Flugplatzkarten entnommen werden.

Taxiways sind **am Tag** durch **gelbe** breite Mittellinien gekennzeichnet, kleine Schilder am Rollbahnrand zeigen zusätzlich die Bezeichnung. **Nachts** werden die Taxiways durch **blaue** Lampen (Überflurfeuer) an den Seitenrändern und **grüne** Unterflurlampen auf der Mittellinie befeuert.

Die Flug- und Fahrzeugbewegungen auf dem Rollfeld werden von Fluglotsen im **Tower gelenkt.** Das Callsign im Sprechfunk lautet „Ground" oder „Rollkontrolle" (z. B.: „Frankfurt Ground").

Kreuzungen von Runways sowie Einmündungen von Taxiways in Runways bezeichnet man als **„Intersections".** Piloten können zur Beschleunigung des Start-/Landebetriebs von ATC angewiesen werden, von einer Intersection aus zu starten, wenn die verbleibende Startstrecke für einen sicheren Start ausreicht. Das Schild **„TORA"** (Take-off run available) an der Einmündung zur Runway gibt die verfügbare Startstrecke an.

In einer Entfernung von mindestens 30m (100 Fuß) vor der Einmündung einer Rollbahn in eine Startbahn befindet sich der **Rollhalteort (Taxi-holding-position),** ein für die Abwicklung des Flugbetriebs wichtiger Punkt. Die einem Flugzeug bei Verlassen des Vorfeldes erteilte Rollgenehmigung (Taxi clearance) gilt bis zur Taxi-holding-position und bedeutet, daß das Flugzeug nicht auf die Startbahn rollen darf. Erst nach einer erneuten Freigabe durch ATC darf der Rollhalteort überquert und auf die Runway zum Startpunkt (Take-off position) gerollt werden. Für den Start ist eine erneute Freigabe durch ATC („Take-off clearance") erforderlich.

Run-up-areas (Run-up-positions) können benutzt werden, um die Motoren abzubremsen (warmlaufen lassen).

8.1.1.3 Start-/Landebahnen (Runways)

Die **Start-/Landebahnen** (die englische Sprache kennt nur den Begriff **„Runway"** für beide Funktionen) werden entsprechend ihrer geographischen

Ausrichtung gekennzeichnet. Die Richtung der Bahn ergibt sich aus der vorherrschenden Windrichtung. Hierzu sind eingehende klimatologische Untersuchungen über die lokalen Windverhältnisse erforderlich. Überschreiten Querwinde ein gewisses Maß, muß eine sogenannte Querwindbahn (wie z. B. in Köln) angelegt werden.

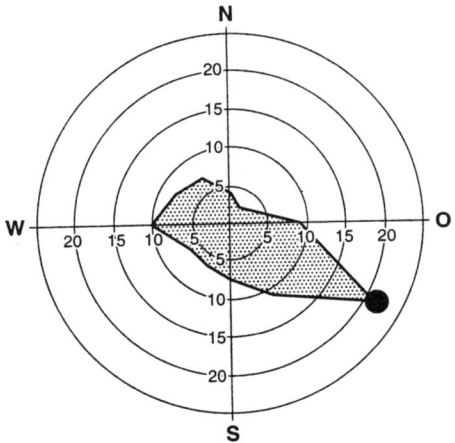

Abb. 124 Häufigkeit der Windrichtungen in % am Flughafen Köln-Bonn
(Quelle: Wetteramt Essen; Beispiel: in 21,6% der gemessenen Windrichtungen kommt der Wind aus 120 Grad oder Ostsüdost)

Die **Bezeichnung der Runways** richtet sich nach den Gradzahlen der Kompaßrose (Nord: 360, Ost: 090, Süd: 180, West: 270 Grad), dabei wird die dreistellige Kompaßrichtung auf volle Zehnerstellen auf- oder abgerundet.

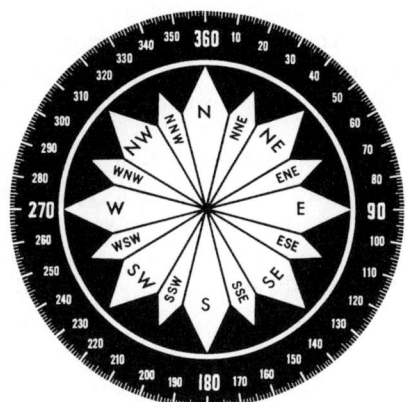

Abb. 125 Kompaßrose

Beispiel: Eine Startbahn verläuft genau in West- (270 Grad)/Ost- (090 Grad) Richtung, sie heißt demnach 27/09. Startet das Flugzeug nach Westen, steht es am Ostende der Startbahn, die hier mit 27 markiert ist. Der Kompaß des Flugzeugs zeigt in der Take-off Position 270 Grad an. Startet das Flugzeug nach Osten, steht es am Westende der Runway, die hier mit 09 bezeichnet ist; in der Take-off Position zeigt der Kompaß 090 Grad an.

Da ein Flugzeug grundsätzlich gegen den Wind startet und landet (dies erzeugt maximalen Auftrieb und verkürzt die Start- und Landestrecke), werden die Runways je nach den aktuellen Windverhältnissen benutzt. Bei Wind aus Westen ist im o. g. Beispiel die 27 die **„Runway in use".**

Abbildung 126 zeigt das Runway-System des Flughafens Köln-Bonn. Der Flughafen besitzt zwei parallele Start-/Landebahnen 14/32 (3815 m bzw. 1863 m lang) und eine Querwindbahn 07/25 (2459 m lang), die bei Westwind-Lagen benutzt wird.

Bei **parallelen Runways** wird die Lage der einzelnen Bahnen zueinander zusätzlich in die Bezeichnung aufgenommen, z. B. **25R (Right), 25C (Center), 25L (Left).** So hat z. B. der Flughafen Köln die Runways 14L/32R und 14R/32L, der Flughafen Frankfurt die 25L und 25R oder München die 26L und 26R.

Die Kennzeichnung der Runway ist unmittelbar hinter der **Bahnschwelle (Threshold)** am Anfang der Piste in auffälliger Farbe aufgemalt. Weiterhin sind nach ICAO-Vorschrift die Mittellinien, Seitenlinien, Schwellen **und Aufsetzzonen (Touchdown zones)** besonders markiert.

Bei Nacht sind die Seiten und die **Mittellinie (Runway center line)** weiß, die Schwelle grün und das Bahnende rot befeuert. Bereits 900 m vor der Bahnschwelle beginnt die **Anflugbefeuerung,** die aus weißen Richtstrahlern in der Mitte (Verlängerung der Center line) und Ketten roter Feuer links und rechts davon auf den letzten 300 m vor der Schwelle besteht.

Start- und Landefreigaben (Take-off/landing clearances) und damit die **Verkehrslenkung** übernehmen Tower-Controller. Das Rufzeichen im Sprechfunk lautet „Tower" oder „Turm" (z. B. „Frankfurt Tower").

Nächste Seite: **Abb. 126** Flugplatzlageplan Köln
(Quelle: Luftfahrthandbuch Deutschland (AIP), Band III)

Flugplatzkarte
Aerodrome Chart

KÖLN/BONN
EDDK

Berichtigung: Intersection Take-off, TWY K, Zust.-grenze, Hubschr.-Abstellfläche.
Correction: Intersection Take-off, TWY K, area of comp., helicopter parking.

Befeuerungseinrichtungen
Lighting Aids

RWY	APCH	PAPI	Blitzbefeuerung Sequence Flash	THR/ RWY Ende/End	TDZ	RWY
07	W VRB LIH/LIL	3°	x	G/R VRB LIH	–	W VRB LIH
25	W VRB LIH/LIL	3°	x	G/R VRB LIH	–	W VRB LIH
14L	W VRB LIH/LIL	3°	x	G/R VRB LIH	W VRB LIH	W VRB LIH
32R	W VRB LIH/LIL	3°	x	G/R VRB LIH	W VRB LIH	W VRB LIH
14R	W VRB LIH/LIL	3°	x	G/R VRB LIH	–	W VRB LIH
32L	W VRB LIH/LIL	3°	x	G/R VRB LIH	–	W VRB LIH

RCL 07/25: 0–1550m W VRB LIH, 1550–2150m R/W VRB LIH, 2150m–RWY end R VRB LIH
RCL 14L/32R: 0–2900m W VRB LIH, 2900–3500m R/W VRB LIH, 3500m–RWY end R VRB LIH
RCL 14R/32L: 0–900m W VRB LIH, 900–1500m R/W VRB LIH, 1500–1800m R VRB LIH

INTERSECTION TAKE-OFF

RWY	TWY	TORA	TODA	ASDA
32R		3815	3875	3815
32R	A1	3585	3645	3585
32R	A2	2560	2620	2560
32R	A3	1795	1855	1795
14L	A3	2120	2180	2120
14L	A4	2740	2800	2740
14L	A5	3560	3620	3560
14L		3815	3875	3815
14R	T2	1330	1390	1330

1 : 35 000

Rollbahnrandfeuer/ B LIL
Taxiway edge lights B LIL

Zuständigkeitsgrenze
Area of Competency

Flughafen Hotel
Airport hotel

In Bau
Under construction

Abstellfläche Allgemeine Luftfahrt
Parking general aviation

Hubschrauber–Abstellfläche
Helicopter Parking

Note:
MIL Apron 12 HR PPR.
Pilots intending to use mil. apron
contact GND 312.100.

Anmerkung:
MIL Apron 12 HR PPR.
Luftfahrzeugführer, die mil. Vorfeld benutzen
wollen, müssen 15 Min. vor Landung Sprechfunk–
verbindung mit GND 312.100 aufnehmen.

VDF/UDF

112.15 KBO
CH58y

Terminal 1
Terminal 2
Apron C
Apron B
Apron A
MET
GAT
TWR
AIS
ABM
Apron West
Terminal West
Feuerwehr
Fire station
Hallen
Hangars
Apron 2
Apron 1
MIL

3815 × 60 m
2459 × 45 m
1863 × 45 m

230 ft
272 ft
302 ft
259 ft
231 ft
221 ft

12 DEC 2002   © DFS Deutsche Flugsicherung GmbH

Für den **Flugbetrieb und die Kapazität** des Flughafens entscheidend ist das Runwaysystem, d. h. die Lage, Anzahl, Länge, Breite und der Abstand zwischen den Runways. Die FAA unterscheidet 22 verschiedene Runway-Layouts (Advisory circular 150/5060-5). Die vier Basis-Konfigurationen zeigt die folgende Abbildung:

System	Annual Capacity
Single runway	170.000 – 215.000
Parallel runways Close parallels 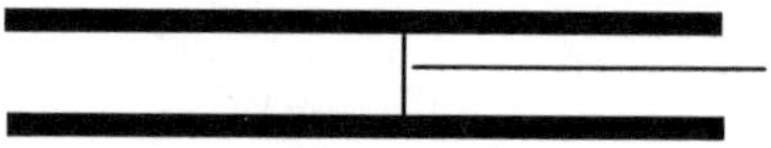 (<1500 m)	280.000 - 385.000
Far parallels - offset 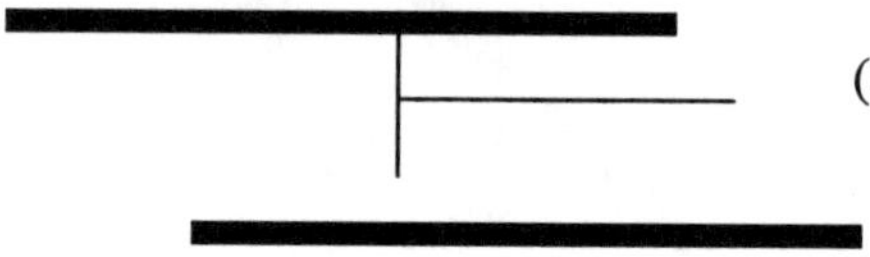 (>1500 m)	340.000 – 430.000
Dual-lane runway 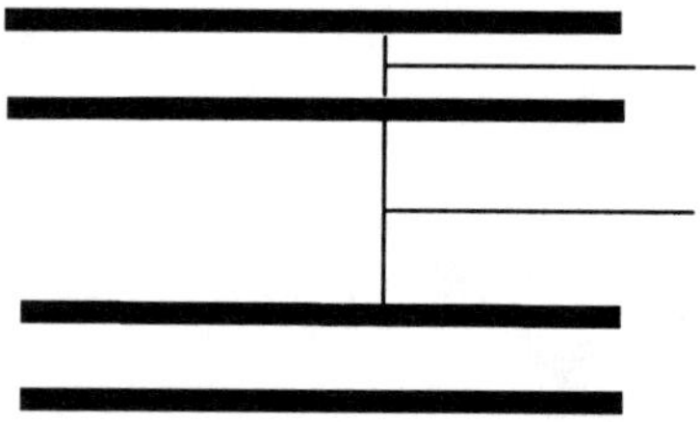 (<1500 m) (>1500 m)	560.000 – 770.000
Open-V runways 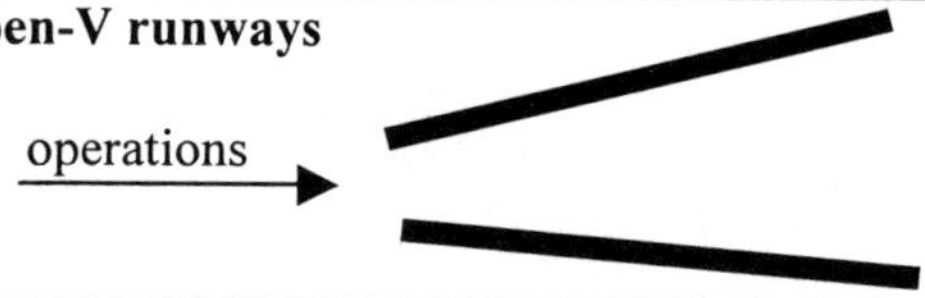 operations	295.000 – 420.000
Intersecting runways near threshold  operations	255.000 – 375.000

Anmerkung: die Kapazitätsangaben variieren stark in Abhängigkeit von Flugzeugmix und operativen Bedingungen

Abb. 127 Runway-Configuration, FAA Layout – gekürzter Auszug
        (Quelle: WELLS, A. T.: Airport planning and management, S. 141)

Eine Runway haben beispielsweise die Flughäfen Dresden, Erfurt, Saarbrücken, Stuttgart, Bremen oder Nürnberg. **Parallelbahnsysteme** besitzen in der BRD die Flughäfen Berlin-Tegel, Berlin-Schönefeld, Düsseldorf, Frankfurt, Hannover oder München. Wegen der **Wirbelschleppen-Problematik** (siehe Kap. 7.2.1) sollte der Abstand bei parallelen Runways mindestens 1500 m sein, damit auf beiden Bahnen simultan ein voneinander unabhängiger Flugbetrieb möglich ist, wie z. B. in München; dort haben die Runways einen Abstand von 2300 m und sind um 1500 m versetzt, Frankfurt dagegen hat parallele Bahnen mit nur 518 Meter Abstand, die keinen voneinander unabhängigen Betrieb erlauben.

Ein **doppeltes Parallelbahnsystem** besitzen z. B. die Flughafen Atlanta, Los Angeles oder Paris Charles de Gaulle.
Kreuzende Bahnsysteme findet man z. B. auf den Flughäfen Hamburg oder Köln-Bonn (gekreuztes Parallelbahnsystem), während der Flughafen Leipzig-Halle **konvergierende Bahnen (Open-V runways)** besitzt.

Kapazitätsangaben für Flugbewegungen variieren sehr stark; sie hängen vom Flugzeugmix (prozentuale Zusammensetzung der einzelnen Wirbelschleppen-kategorien der startenden und landenden Flugzeuge), Navigationshilfen, meteorologischen und von operativen Bedingungen am Flughafen ab.

Lange (und breite) **Runways** sind erforderlich, damit Langstreckenflugzeuge ohne Beschränkungen in Gewicht und Reichweite starten können. Bei kurzen Bahnen können diese Flugzeuge wegen der erforderlichen Startstrecke nicht mit voller Beladung starten und müssen entweder weniger Passagiere/Fracht oder/und weniger Treibstoff mitnehmen. Auf modernen Flughäfen sind die Bahnen in der Regel 45 oder 60 m breit und - bei Interkontinentalflughäfen - 3000 bis 4000 m lang. (München: 2 Bahnen je 60 x 4000 m). Der Flughafen JFK in New York verfügt über eine Piste, die über 4400 m lang ist.

Aus **meteorologischen Gründen** benötigen Flughäfen, die hoch und/oder in heißen Klimazonen liegen („hot and high") lange Runways. Wegen der geringeren Luftdichte („Density altitude") sind hier besonders lange Start-strecken nötig.

Temperatur/Platzhöhe	Startstrecke	Landestrecke
+ 20° C	1920 m	1463 m
5000 Fuß	2256 m	1661 m
+ 20° C und 5000 Fuß	2469 m	1661 m

für eine B767-200 mit CF6-80C2B2f Turbofan-Triebwerken

Abb. 128 Einfluß von Temperatur und Platzhöhe auf die Start-/Landestrecke

Nächste Seite: **Abb. 129** Flugplatzlageplan Frankfurt
         (Quelle: Luftfahrthandbuch Deutschland (AIP); Band III)

Flugplatzkarte
Aerodrome Chart

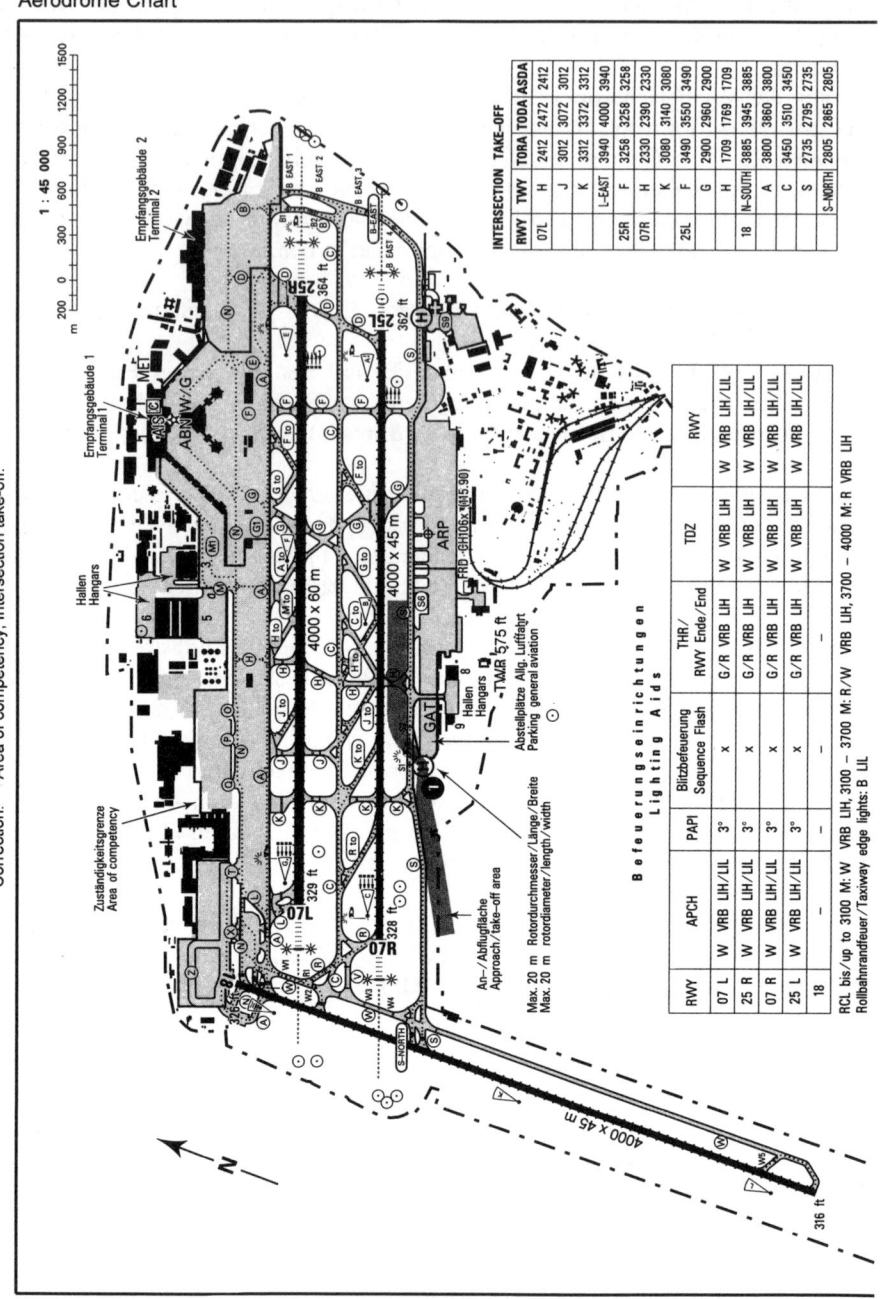

Berichtigung: Zuständigkeitsgrenze, Intersection take-off.
Correction: Area of competency, Intersection take-off.

14 NOV 2002   © DFS Deutsche Flugsicherung GmbH

Bei der Betrachtung bestehender Flughäfen ist es oft schwer ein klares Flughafenkonzept zu erkennen. Die Ursachen liegen zu einem großen Teil in der historischen Entwicklung der Flughäfen. Steigender Verkehrsbedarf und die technische Entwicklung der Flugzeuge machten neue Anpassungen und Erweiterungen der Flughäfen erforderlich. Flughafenkonzepte lassen sich eher an neu konzipierten Flughäfen wie München, Atlanta, Hongkong, Denver oder Athen erkennen.

Faktoren, die den Bau und Layout von Runways beeinflussen, sind:
- ✈ Umweltaspekte,
- ✈ Lärmbelästigung der Flughafenumgebung durch An-/Abflugrouten,
- ✈ Boden und Untergrund müssen große Belastungen tragen können,
- ✈ natürliche (z. B. Berge) und künstliche (Gebäude, Brücken) Hindernisse,
- ✈ Wind- und Wetterverhältnisse,
- ✈ Größe und Leistung der Flugzeuge, die die Runways benutzen werden.

Hinweis auf **weitere Informationsquellen:**

- ✈ detaillierte Angaben und Pläne aller deutschen Flugplätze enthält das Luftfahrthandbuch Deutschland (AIP = Aeronautical information publication), das von der Deutschen Flugsicherung GmbH herausgegeben wird
- ✈ WELLS, A.T.: Airport planning and management

8.1.2 Navigations- und Anflughilfen

Flughäfen besitzen verschiedene optische und funknavigatorische Einrichtungen, die den Flugzeugen im Anflug die Navigation erleichtern (siehe zu den folgenden Ausführungen auch Abbildungen 126 und 129).

So besitzt der Flughafen ein **Flugplatzleuchtfeuer (ABN: Aerodrome beacon)** als optische Orientierungshilfe. Dabei handelt es sich um einen rotierenden Doppelscheinwerfer an einer überhöhten Stelle auf dem Flugplatz (meistens auf dem Kontrollturm), der in weißer oder grüner Farbe strahlt. Auf deutschen

Flughäfen wird das Flugplatzleuchtfeuer während der Nacht und zusätzlich am Tage, wenn dies von den Piloten beantragt oder von der Flugplatzkontrollstelle für erforderlich gehalten wird, in Betrieb gesetzt.

Viele Flughäfen sind ausgerüstet mit **VASIS (Visual approach slope indicatior system)**, ein System, das den Piloten im Landeanflug durch einen optischen Gleitweg unterstützt. Links und rechts der Aufsetzzone befinden sich Reihen von Lichtern mit einem weißen Segment im oberen und einem roten Segment im unteren Lichtstrahl. Wenn der Pilot sich auf dem richtigen Anflug-Gleitpfad befindet, sieht er die vordere Lichterreihe weiß und die hintere rot. Ist er über dem Anflugpfad, sieht er beide Lichterreihen weiß, ist er zu tief, leuchten beide Lichterketten rot.

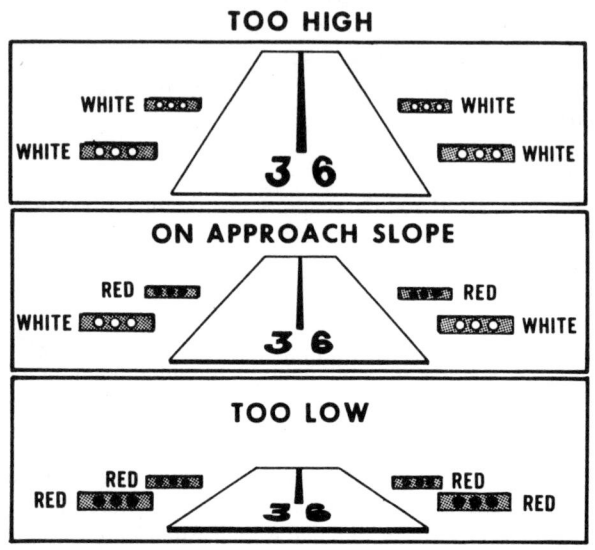

Abb. 130 Using Vasis on landing approach
(Quelle: FAA: Flight Training Handbook, S. 80)

Als elektronische Anflughilfen findet man an Flughäfen VOR, NDB, DME, ILS und Radar. Wegen seiner Bedeutung für den gesamten Flughafenbetrieb soll nur das ILS näher erklärt werden, alle anderen Verfahren werden nur kurz behandelt.

Das **NDB (Non-directional beacon)** ist ein ungerichteter Mittelwellen-Sender, der ständig Funkwellen nach allen Richtungen gleichmäßig ausstrahlt. An Bord des Flugzeugs befindet sich ein automatischer Peilempfänger (ADF: Automatic direction finder), auf dessen Kompaßrose die Nadel automatisch in die Richtung des NDBs zeigt.

Bei einer **VOR (Very high frequency omnidirectional radio range beacon)** handelt es sich um ein Drehfunkfeuer im Bereich der Ultrakurzwelle, das heute weltweit als Strecken- oder Anflugfeuer eingesetzt wird. Es strahlt über ein spezielles Antennensystem sogenannte Radiale ab. An Bord wird auf einem Cockpitinstrument angezeigt, auf welchem Radial sich das Flugzeug befindet. Ein Flugzeug kann auf einem vorgewählten Radial präzise auf eine VOR-Station zu (TO) oder von ihr weg (FROM) fliegen. Das Cockpitinstrument zeigt das gewählte Radial, die eventuelle Abweichung des Flugzeugs vom Radial sowie die Flugrichtung TO/FROM bezogen auf die VOR an. Weicht das Flugzeug vom gewählten Radial ab, gibt ein Zeiger dem Piloten an, ob er nach links oder rechts steuern muß, um das Radial wieder zu erreichen.

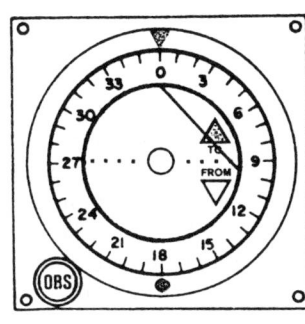

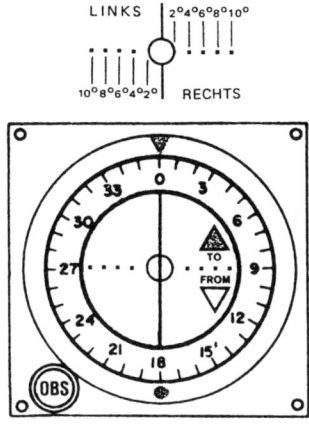

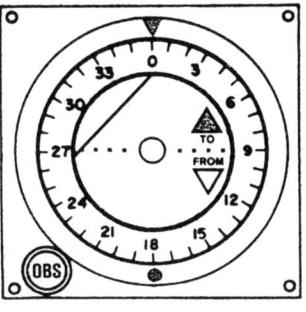

NADEL „B"
Flugzeug ist 10° LINKS
vom eingewählten VOR-Kurs

NADEL „A"
Flugzeug ist genau auf dem
eingewählten VOR-Kurs

NADEL „C"
Flugzeug ist 10° RECHTS
vom eingewählten VOR-Kurs

Abb. 131 VOR/LLZ-Gerät
(Quelle: KÜHR, W.: Band 4B, Funknavigation, S. 80 – 81)

In den modernen Cockpit-Layouts der Verkehrsflugzeuge werden die NDB- oder VOR-Anzeigen im NDB-/VOR-Mode auf das Navigations-Display aufgeschaltet.

Ein **DME (Distance measuring equipment)** ist ein elektronisches Entfernungsmeßgerät, das im Cockpit laufend die Entfernung zu einem vorher gewählten Funkfeuer zeigt; viele VORs sind heute mit DME kombiniert.

Radar (Radio detection and ranging) bedeutet Erfassung und Entfernungsmessung von Objekten mit Funkwellen. Radar ist heute das wichtigste Hilfsmittel der Flugsicherung (ATC) zur Überwachung des Luftraums oder auch des Rollfeldes. Radar liefert ein aktuelles Luftlagebild mit genauen Angaben über die Entfernung, Richtung und Höhe von Flugzeugen und ermöglicht die Überwachung und Lenkung von Flügen.

Im Bereich der Flughäfen werden zwei Arten von Radar-Anlagen eingesetzt, das

→ **Flughafen-Rundsicht-Radar (ASR: Airport surveillance radar)** wird von den Anflugkontrollstellen (APP: Approach) der Verkehrsflughäfen für die Radarüberwachung und Radarkontrolle der an- und abfliegenden Jets verwendet. Die Radarlotsen liefern dem Piloten auf Anfrage auch Radar-Führung (mit Radar-Vektoren) zur Landebahn;

→ **Rollfeldüberwachungs-Radar (ASDE: Airport surface detection equipment)** wird vom Tower zur Überwachung der Run- und Taxiways bei Schlechtwetter-Flugbetrieb eingesetzt.

Bei den heute in der BRD von ATC eingesetzten Geräten handelt es sich um **Sekundär-Radargeräte (SSR: Secondary surveillance radar).** Dabei wird der vom Boden ausgestrahlte Radarimpuls von einem im Flugzeug installierten Antwortgerät **(Transponder)** empfangen und beantwortet, indem der Flugzeugtransponder Informationen (Flughöhe, Geschwindigkeit, Flugnummer oder Transpondercode des Flugzeugs) an das Bodenradargerät sendet. Der ATC-Kontroller sieht diese Daten im Radarbild neben der Positionsdarstellung des Flugzeugs und kann somit die Flugzeuge besser identifizieren und kontrollieren.

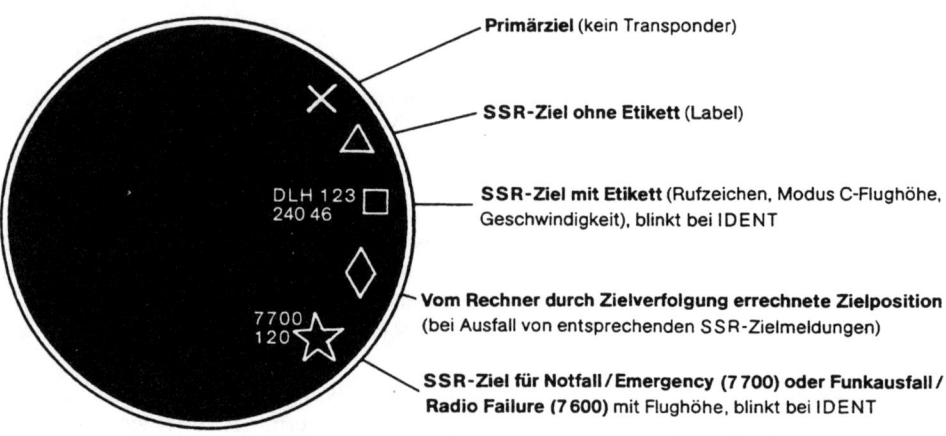

Abb. 132 Darstellung von Sekundär-Radar-Daten auf dem Monitor
(Quelle: KÜHR, W.: Band 4B, Funknavigation, S. 135)

Mit dem **Instrumentenlandesystem (ILS: Instrument landing system)** sind Landungen auch bei schlechter Sicht gefahrlos möglich. Die ILS-Bodenanlage besteht aus vier Komponenten, die räumlich bis zu 12 km auseinanderliegen.

Komponenten der ILS-Bodenanlage sind:

- ✈ Landekurssender (Localizer, LLZ),
- ✈ Gleitwegsender (Gilde path transmitter, GP),
- ✈ Sender für das Haupteinflugzeichen (Middle marker, MM),
- ✈ Sender für das Voreinflugzeichen (Outer marker, OM).

Der **Landekurssender (LLZ: Localizer)** steht genau auf der verlängerten Anfluggrundlinie (Verlängerung der Runway center line) etwa 300 bis 350 m hinter der Landebahn. Das bis zu 27m breite Antennensystem hat eine Reichweite von ca. 46 km und sendet eine horizontale Kursinformation.

Der **Gleitwegsender (GP: Glide path transmitter),** dessen Antennen auf einem 10 m hohen Mast montiert sind, steht ca. 150m neben der Runway einige hundert Meter hinter deren Schwelle in der Nähe der Aufsetzzone (rot-weißes Senderhaus und Antennenmast). Er sendet parallel zur horizontalen Kursführung des Landekurssenders einen etwa um 3° vom Aufsetzpunkt nach oben geneigten Gleitweg zur vertikalen (Flughöhen-) Führung des Flugzeugs. Seine Reichweite beträgt ca. 18km.

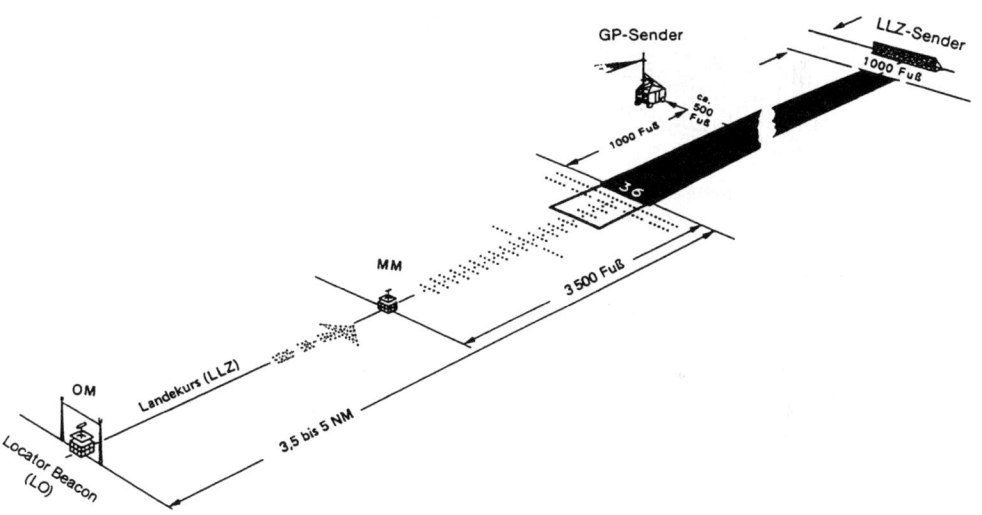

Abb. 133 ILS-Bodenanlage
(Quelle: KÜHR, W.: Band 4B, Funknavigation, S. 102)

Der Sender für das **Voreinflugzeichen (OM: Outer marker)** befindet sich 6,5 - 9,2 km vor der Landebahnschwelle und zeigt dem Piloten durch optische (blaues Blinklicht) und akustische Information den Beginn des Endanflugs.

Der Sender für das **Haupteinflugzeichen (MM: Middle marker)** ist ca. 1000 m vor der Landebahnschwelle installiert, ungefähr an dem Punkt, an dem die Entscheidungshöhe (siehe Kap. 8.1.3, Abb. 133) erreicht wird. Beim Überflug leuchtet ein gelbes Blinklicht im Cockpit auf.

Auf manchen Flughäfen befindet sich zusätzlich ein Platzeinflugzeichen (Inner marker) zwischen Middle marker und Landebahnschwelle, normalerweise über der Mitte der Anflugbefeuerung. Bei Überflug leuchtet im Cockpit eine weiße Lampe auf.

Das ILS strahlt zwei Leitebenen (horizontal: Kursinformation, vertikal: Gleitweg-Höheninformation) aus, die eine Art elektromagnetisches Fadenkreuz bilden.

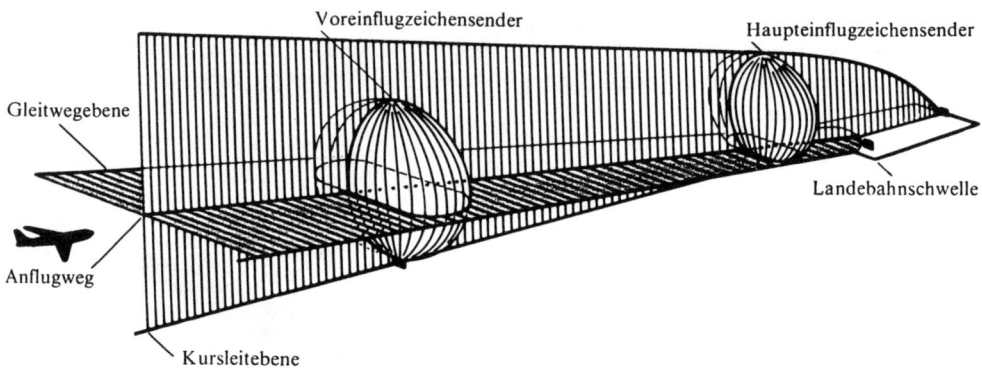

Abb. 134 Prinzip des Instrumentenlandesystems
(Quelle: RELLS, K.: Luftverkehr, S. 143)

Lange Zeit war die wichtigste Komponente der **ILS-Bordanlage** im Landeanflug ein Kreuzzeigerinstrument (Abb. 131 VOR/LLZ), bei dem zwei sich kreuzende Nadeln die Lage der beiden Leitebenen in Bezug auf das Flugzeug anzeigen. Sie bilden ein rechtwinkliges Kreuz in der Mitte des Instruments, wenn sich das Flugzeug genau auf dem Anflugweg befindet. Zeigt die Nadel für die Kursinformation nach links, muß der Pilot in diese Richtung steuern bis der Zeiger in der Mitte steht. Ist die horizontale Nadel nach unten versetzt, muß der Pilot sinken, um die Gleitwegebene zu errreichen.

Bei modernen Cockpit-Layouts (siehe Abb.116) wird die horizontale und vertikale Position des Flugzeugs in Relation zu den Signalen des Landekurs- und

Gleitwegsenders im entsprechend eingestellten Display (PFD: Primary flight display oder ND: Navigation display) angezeigt.

Hinweis auf **weitere Informationsquellen:**

✈ KÜHR, W.: Funknavigation, Der Privatflugzeugführer Band 4B, Bergisch Galdbach

8.1.3 Betriebsstufen der Schlechtwetterlandung

Die ICAO hat die Anforderungen sowohl an die Einrichtungen am Flughafen (z. B. ILS, Radar) als auch an die Ausrüstung an Bord der Flugzeuge und an die Ausbildung der Piloten definiert, die für Allwetterlandungen erforderlich sind. In Abhängigkeit von den Sichtverhältnissen wurden **drei Betriebsstufen** (Kategorien, engl. abgekürzt **CAT**) festgelegt.

Die einzelnen Betriebsstufen werden durch Minimalforderungen an die Landebahnsicht und an die Entscheidungshöhe definiert.

Entscheidungshöhe (Decision height) ist die Höhe, in der der Pilot den Entschluß zur Landung oder zum Abbruch des Landeanflugs und Durchstarten fassen muß.

Die **Landebahnsicht (Runway visual range)** gibt an, wieweit man die Landebahn im Bereich der Aufsetzzone sehen kann.

Für die einzelnen Betriebsstufen gelten folgende Grenzwerte:

Betriebsstufe/ Kategorie	Entscheidungshöhe	Landebahnsicht
CAT I	200 ft (60m)	550m
CAT II	100 ft (30m)	300m
CAT IIIa	< 100 ft (15m)	200m
CAT IIIb	< 50 ft	100m
CAT IIIc	0 ft	0m

Abb. 135 Mindestsichtweiten der CAT-Betriebsstufen

Während z. B. bei CAT II Anflug und Landung noch manuell durchgeführt werden können, kommt bei CAT IIIc nur noch eine automatische Landung in Frage, bei der sogar das Abbremsen und Rollen auf der Runway von der Flugzeug-Elektronik übernommen wird.

Ein Flughafen, der CAT III-Zulassung hat, muß u. a. eine umfangreiche Anflugbefeuerung der Runway, Mittellinienbefeuerung der Taxiways und ein Rollfeldüberwachungs-Radar haben.
In der BRD besitzen zur Zeit z. B. folgende Flughäfen Betriebsstufe Cat I: Augsburg, Kiel, Rostock-Laage, Saarbrücken. CAT IIIb Zulassung haben z. B.: Bremen, Dresden, Düsseldorf, Frankfurt, Köln-Bonn, München.

8.1.4 Bodengeräte (Ground support equipment)

Um Flugzeuge möglichst schnell abzufertigen und die Bodenzeiten so kurz wie möglich zu halten, gibt es auf Flughäfen eine Fülle von technischen Einrichtungen, Geräten und Fahrzeugen, die entweder der Flughafengesellschaft, der Fluggesellschaft oder Abfertigungsgesellschaften gehören. Die einzelnen Geräte lassen sich zu Funktionsgruppen zusammenfassen:

Schleppgeräte	• Flugzeugschlepper • Schleppstangen
Transportgeräte	• Container Transportwagen • Transportanhänger • Fahrzeuge zur Personenbeförderung einschl. Busse
Be- und Entladegeräte	• Fahrbare Fluggast- und Servicetreppen • Hebebühnen für Container und Paletten • Förderbandwagen • Cateringhubwagen • Containerumsetzgeräte
Flugzeugwartungs-geräte	• Enteisungsgeräte • Wartungstreppen und –bühnen (Docks) • Flugzeugheber • Sauerstoff- und Stickstoffwagen
Ver- und Entsorgungs-geräte	• Startgeräte zum Anlassen der Triebwerke • Klimageräte • Bodenstromaggregate • Wasserwagen • Fäkalienwagen • Tankwagen • Dispenser (Druckreduzierung bei Unterflurbetankung)
Flughafenwartungs-geräte	• Kehrblasgeräte • Winterdienstgeräte • Fahrzeuge zur Ermittlung des Bremskoeffizienten (Griffigkeit der Runway-Oberfläche)

Abb. 136 Ground support equipment (Bodengeräte)
(Quelle: SCHMIDT, G. H. E.: Handbuch Airlinemanagement, S. 28-29)

Wenn das Flugzeug seine Parkposition erreicht hat und „On-blocks" ist, stehen je nach Bedarf mobile oder fest installierte Abfertigungs- und Serviceeinrichtungen zur Verfügung. In den **Ground operation manuals** der Airlines ist für die verschiedenen Flugzeugmuster dargestellt, wie die Service-Fahrzeuge optimal um das Flugzeug zu gruppieren und in welcher Reihenfolge die Arbeitsabläufe durchzuführen sind.

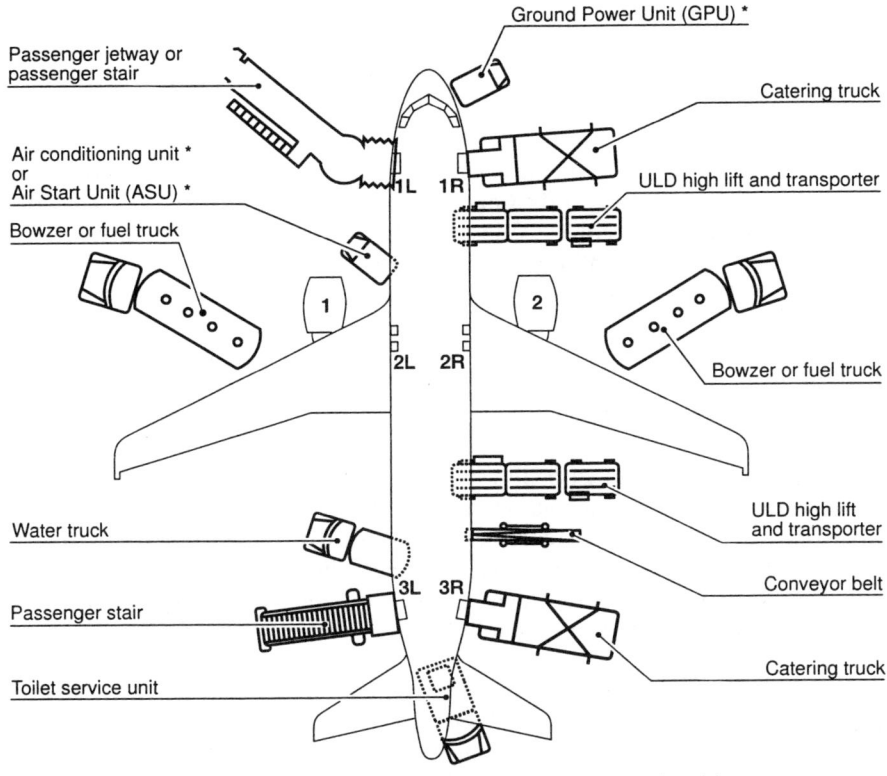

Ground Power Unit (GPU) *

Passenger jetway or passenger stair

Catering truck

Air conditioning unit *
or
Air Start Unit (ASU) *

ULD high lift and transporter

Bowzer or fuel truck

Bowzer or fuel truck

Water truck

ULD high lift and transporter

Passenger stair

Conveyor belt

Toilet service unit

Catering truck

* if Auxiliary Power Unit (APU) is unserviceable

Abb. 137 Airbus A320 Ground support equipment

Dem Boarding oder Deboarding dienen entweder **Fluggastbrücken,** über die die Passagiere direkt vom Terminalgate ins Flugzeug gelangen oder fahrbare **Gangways** und **Vorfeldbusse,** die die Passagiere zwischen Terminal und den auf Außenpositionen geparkten Flugzeugen befördern.

Auf großen Flughäfen sind computergesteuerte, automatisch arbeitende **Gepäck-förder- und -sortieranlagen** installiert. Die Koffer werden dabei meist in Transportwannen liegend transportiert. Bei der Aufgabe eines Koffers am Check-in-Schalter verknüpft ein Computer die Nummer der Transportwanne mit den Fluginformationen des Passagiers. Gelangt der Behälter an eine Weiche des Transportsystems, wird von einem Rechner abgefragt, an welchem Gate der betreffende Flug abgefertigt wird.

Man unterscheidet zwei Arten der Fracht- und Gepäckbeladung: **Container-beladung** (z. B. A320) und **Bulk-Beladung** (z. B. Boeing 737). Bei Flugzeugen mit Containerbeladung werden **Container-Hubwagen** eingesetzt, deren Hub-bühnen und Übergabeplattformen mit Rollenbahnen ausgestattet sind. Den Transport des Gepäcks auf dem Vorfeld führen kleine Schlepper mit Transport-anhängern durch. Zur Be-/Entladung von Jets mit Bulk-Beladung, die keine Container an Bord nehmen können, werden **Gepäckbandwagen** verwendet, die über ein teleskopartig ausfahrbares und in der Höhe verstellbares Förderband verfügen. Es wird an der Laderaumluke des Flugzeugs in Position gebracht.

Kritisch bezüglich der Zeit ist beim Umsteigen der Passagiere nicht der Weg des Fluggastes zur Anschlußmaschine, sondern der aufwendige Gepäckumschlag. Die Koffer müssen entladen und auf die einzelnen Anschlußflüge aufgeteilt werden, bevor sie wieder verladen werden können. Nur mit Hilfe der oben erwähnten computergesteuerten Gepäckanlagen gelingt es, die **Mindestumsteigezeiten (Minimum connecting times)** zu gewährleisten.

Das **Cleaning** (Reinigungsteam an Bord) ist für die Kabine und die Galleys (Küchen) sowie die Oberflächensäuberung der Toiletten zuständig. Für starke Verschmutzungen muß ein Special cleaning erbeten werden.

Den Toilettendienst erledigt ein Fäkalienwagen, der zugleich besondere Tanks mit desinfizierender Spülflüssigkeit füllt.

Das **Catering** (Bordverpflegung) liefert Mahlzeiten, Getränke, Sanitärartikel, Unterhaltungs-, Verbrauchs- und Werbematerial; die Trinkwasservorräte werden von einem Frischwasserfahrzeug aufgefüllt.

Das Kerosin für die Flugzeuge liefern entweder **Großtankwagen** oder ein Unterflurbetankungsystem. Der Tankwart hält Angaben über Dichte und Temperatur des Treibstoffs bereit.
Auf großen Flughäfen (Frankfurt, München) ist ein **Unterflurbetankungssystem** (Rohrleitungsversorgung unter dem Flugfeld) installiert, dessen Rohrnetz an den Flugzeugpositionen eingebaute Hydranten speist. Zur Betankung werden

zwischen den **Hydranten (Pits)** und den Flugzeugen Servicefahrzeuge (mobile Pumpfahrzeuge: **Dispenser-Fahrzeuge**) zwischengeschaltet, die für einen gleichmäßigen Druck in den Tankschläuchen sorgen, den Treibstoff filtern und die gezapfte Menge Kerosin registrieren. Sie verfügen über hydraulisch anhebbare Plattformen, so daß sie die Tankanschlüsse unter den Tragflächen einer B747 in einer Höhe von 4,60m bis 4,80m erreichen. Während der gesamten Betankung muß eine **Erdung** bestehen, weil es beim Fließen nichtleitender Flüssigkeiten leicht zu elektrostatischen Aufladungen kommen kann. Versorgt wird das Unterflurbetankungssystem aus Großtankanlagen, deren Tankbehälter mehrfach gegen Leckagen abgesichert sind. Die Tanklager der Flughäfen werden über Pipelines und Tankzüge (in München) oder Schiffe (in Frankfurt) versorgt. Die Pumpanlagen werden elektronisch gesteuert. Das Gesamtsystem wird von einer Zentrale ständig überwacht, die bei Störungen automatisch Gegenmaßnahmen ergreift.

Wichtig ist, daß kein **Tankvorgang mit Passagieren an Bord** stattfindet. Nur in Absprache mit der Crew und mit spezieller Vorbereitung wäre dies möglich, aber den Besatzungen nicht angenehm. (siehe hierzu die in den Ground operation manuals der Fluggesellschaften vorgeschriebenen Verfahren: Türenöffnung, Fluchtwege, Creweinteilung)

Es gibt einige Zusatzgeräte, die für das Flugzeug nötig sein können, z. B. Startgeräte mit eingebauter Turbine für die Triebwerke (Air start units) oder Bodenstromgeräte (**GPU: Ground power units oder EPU: external power units**). Diese Fahrzeuge, auf denen ein Dieselmotor mit Generator installiert ist, versorgen das Bordnetz abgestellter Flugzeuge mit elektrischer Energie. Einige Flughäfen besitzen **Bodenbordstromanlagen.** Dabei kommt der Bordstrom an den Vorfeldpositionen aus im Boden versenkbaren „Stromsäulen" oder aus Kabelanschlüssen der Fluggastbrücken.

Bei kalter Witterung kann ein Heizgerät bzw. bei Hitze eine **Klimaanlage** bestellt werden, die dann extern die Klimaanlage des Flugzeugs speisen.

Im Winter müssen Flugzeugoberflächen (besonders Tragflächen und Leitwerke) vor dem Start von Schnee, Eis und Reif befreit und vor Wiedervereisung geschützt werden; nur so kann ein eventueller Strömungsabriß an vereisten Tragflächen verhindert werden. Je nach Flughafen muß das Bodenpersonal das Flugzeug zur **Enteisung** anmelden, um dann eine Sequenznummer zum Anlassen und Rollen zur Enteisungsanlage zu erhalten. Bei extremer Vereisung bis in die Triebwerksschaufeln hinein muß ein Heißluftgerät für die nötige Hilfe sorgen. Enteisungsflüssigkeiten (Glykol-Wasser-Gemisch) haben verschiedene Typ- und Mischungsbezeichnungen. Es ergibt sich dann aus Witterungsbedingungen und Enteisungsart eine **Holdover-time,** die dokumentiert, wielange die Enteisungsflüssigkeit wirksam ist, bzw. wann nach der Enteisung spätestens der Start erfolgen muß. Enteisungsanlagen können mobil oder stationär sein.

Abb. 138 InfraTek-Enteisungshalle der Continental Airlines in Newark

InfraTek ist ein **Enteisungssystem** das **mit Wärme** statt mit chemischen Mitteln arbeitet. Dabei rollen Flugzeuge zur Enteisung in eine zu beiden Seiten offene Halle. Heizelemente unter der Hallendecke erzeugen Wärmestrahlung, die besonders gut von Schnee und Eis absorbiert wird. Nur Bereiche des Flugzeugs, die im Wärmeschatten liegen, müssen konventionell enteist werden. Aktiviert werden jeweils nur die Heizelemente, die für einen Flugzeugtyp auch tatsächlich benötigt werden.

Um Flugzeuge, die mit ihrem Bug frontal zur Wand parken (Nose in), aus der Andockposition zurückzuschieben (dieser Vorgang wird als **Push back** bezeichnet), sind spezielle **Schlepper (Aircraft tugs)** erforderlich. Hier wird entweder ein Schlepper mit einer **Schleppstange (Towing bar)** oder ein Schlepper mit Hebevorrichtung benötigt. Beim Push out mit Schleppstange ist zu beachten, daß für jeden Flugzeugtyp eine spezielle Schleppstange nötig ist.
Eine zweite Art von Schlepper stellt das **Plane transport system (PTS)** dar; bei diesem Fahrzeug werden die Bugräder des Flugzeugs auf das offene U-förmige Heck des Schleppers angehoben, so daß der Flugzeugbug auf den Rädern des Schleppers ruht und keine Schleppstange erforderlich ist.

8.2 Luftfahrtdienste auf Verkehrsflughäfen

Auf Verkehrsflughäfen werden von verschiedenen Organisationen zur Flugvorbereitung eine Reihe von Diensten angeboten.
Das **MET-Office** eines jeden Flughafens stellt Wetterdaten, die vom **Deutschen Wetterdienst (DWD)** in Offenbach zusammengetragen bzw. errechnet worden sind, zur Flugvorbereitung zur Verfügung. Hierzu gehören z. B. TAF (Terminal aerodrome forecast: Flugplatz Wettervorhersage), METAR (Meteorological aerodrome routine report: Bodenwettermeldungen der Flughäfen), SIGMET

(signifikante meteorologische Erscheinungen: Wetterwarnungen), Upper Wind Chart (Höhenwetterkarte).

Airlines und Handling Agents haben diese Daten oft in ihr eigenes Dispatch-System eingespeist.

Der **Flugberatungsdienst (AIS: Aeronautical Information Service)** gehört zur Deutschen Flugsicherung (DFS) und hat u. a. die Aufgabe, Flugzeugführer bei der Flugvorbereitung durch geeignete Unterlagen zu unterstützen, Flugpläne entgegenzunehmen, zu prüfen und weiterzuleiten, NOTAMS (Notice for airmen: Luftfahrernachrichten) bereitzustellen oder Airway-Slots (CTOT) zu beantragen.

8.3 Das Terminal - die Landseite des Flughafens

Jeder Flughafen benötigt die Verknüpfung mit bodengebundenen Verkehrssystemen. Das **Terminal** bildet die Nahtstelle zwischen der **Landseite** mit den Anlagen zur Verkehrsanbindung von Schiene und Straße und der **Luftseite,** zu der die Runways, Taxiways und das Vorfeld gehören. Es enthält alle notwendigen Einrichtungen zur Abfertigung der Passagiere und ihres Gepäcks, darüber hinaus aber auch die „Flughafenstationen" der Airlines und Abfertigungsgesellschaften (Handling Agents).

Das **GAT (General aviation terminal)** dient der Abfertigung von Privatflugzeugen, die nicht im planmäßigen Linien- und Charterverkehr im Einsatz sind. Neben Fluggastterminals gibt es auch **Frachtterminals**, die hier jedoch nicht behandelt werden.

Man kann vier **Terminalgrundtypen** unterscheiden: Linearsystem, Piersystem, Satellitensystem und das mobile Transporter-System. Daneben gibt es eine ganze Reihe von Varianten und Mischformen.

Das **Linearsystem** stellt eine Weiterentwicklung des ältesten Terminaltyps dar, bei dem sich auf der einen Seite (Landseite) die Straßenanbindung mit der Vorfahrt für Autos befindet und auf der anderen Seite (Luftseite) unmittelbar am Gebäude die Flugzeuge abgestellt werden. Das Linearsystem erfordert keine langen Piers, Finger oder Satelliten, aber es besitzt auch keine zentralen gemeinsamen Passagier-Einrichtungen (wie Ticketschalter oder Lounges), vielmehr muß jede Linear-Einheit alle zur Passagier-Abfertigung notwendigen Einrichtungen enthalten. Dieses System gewährleistet für Fluggäste, die mit dem Auto anreisen, kurze Wege („Drive-in-Flughafen"), führt aber auf Großflughäfen zu weitläufigen Anlagen mit langen Wegen für umsteigende Passagiere. Deshalb wird das Linearsystem in der Regel nur auf kleineren Flughäfen mit geringem Umsteigeranteil angewandt. In der BRD besitzt z. B. der Flughafen München ein Linearsystem.

Lineare Terminalkonzepte:

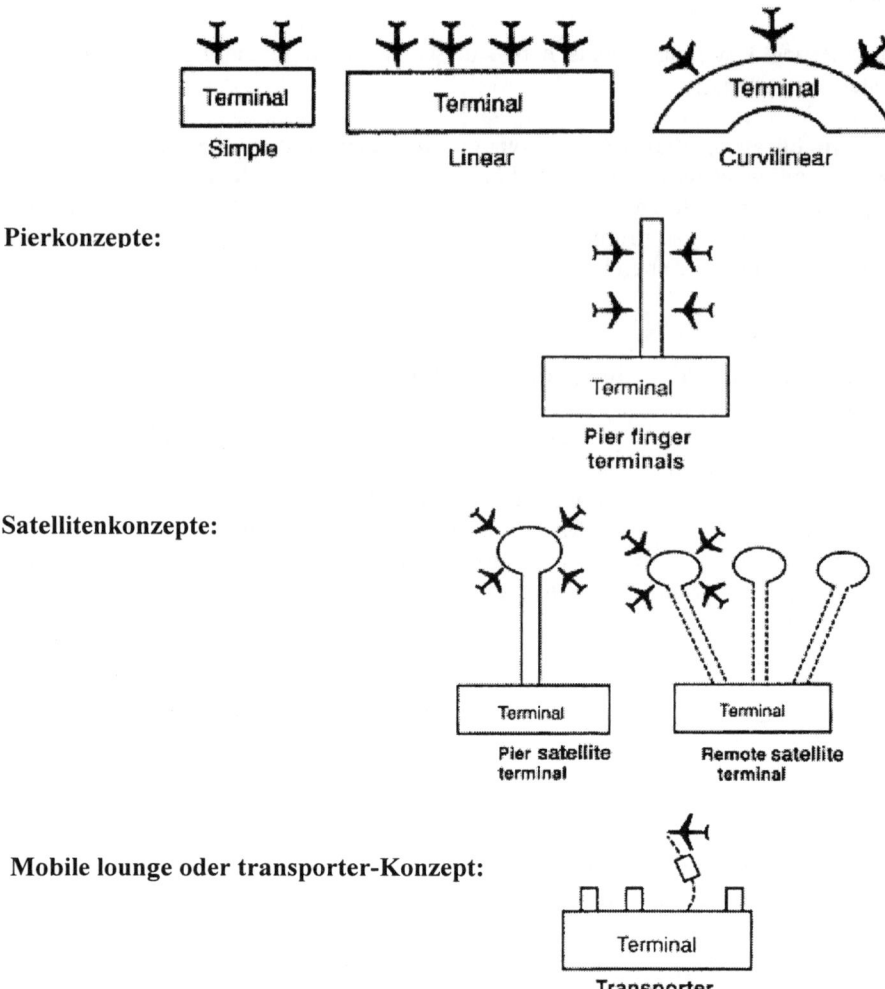

Pierkonzepte:

Satellitenkonzepte:

Mobile lounge oder transporter-Konzept:

Abb. 139 Terminal building design concepts
(Quelle: WELLS, A.T.: Airport planning and management, S. 176)

Terminals mit Flugsteigfingern (**Pieranlagen**) und teleskopartig ausfahrbaren Fluggastbrücken, die weit auf das Vorfeld hinausführen, sind in den USA und in Europa auf Großflughäfen am weitesten verbreitet. Ähnlich wie in Seehäfen besitzen Pieranlagen vom Hauptgebäude auf das Vorfeld führende Piers, an denen sich die Flugzeugpositionen befinden. Nachteilig sind bei Pieranlagen die langen Wege vom Hauptgebäude mit den Service- und Abfertigungseinrichtungen zu den Gates. Je mehr Flugzeuge entlang einer Pier andocken können, desto größere Entfernungen haben die Passagiere zurückzulegen. Oft können durch einfache Verlängerung der Pieranlagen neue Gatepositionen für Flugzeuge geschaffen werden, wobei dann wertvoller Platz auf dem Vorfeld bebaut wird. In der BRD besitzt z. B. der Flughafen Frankfurt Pieranlagen.

Beim **Satellitensystem** sind die Flugsteigkomplexe wie Satelliten rund um das Zentralgebäude angelegt, in dem die Einrichtungen zur Passagierabfertigung (Ticketschalter, Check-in-Schalter, Gepäckausgabe) untergebracht sind. Die Verbindung zwischen Zentralgebäude und Satelliten kann auch unterirdisch angeordnet sein (remote satellite), wodurch auf dem Vorfeld mehr Platz für Flugzeugbewegungen zwischen Hauptterminal und den Satelliten zur Verfügung steht. Satellitenanlagen kommen in der BRD z. B. auf den Flughäfen Frankfurt oder Köln-Bonn vor.

Beim **Mobilsystem** übernehmen fahrbare Warteräume, die auf großen Hubwagen (mobile Lounges) montiert sind, die Verbindung zwischen Terminal und Flugzeug. Zum Einsatz solcher „Mobile Lounges" sind großzügig bemessene Vorfeldflächen erforderlich. Dieses Konzept wird in den USA z. B. in Washington (Dulles International Airport) und Tampa (International Airport) eingesetzt. Auf europäischen Flughäfen kommt das Mobilsystem z. B. in Verkehrsspitzen zur Anwendung, wenn alle Gatepositionen durch Flugzeuge besetzt sind und Vorfeldbusse zwischen den auf Außenpositionen geparkten Flugzeugen und besonderen Bus-Gates im Terminal eingesetzt werden.

Welche Terminalkonzeption angewandt wird, hängt von verschiedenen Faktoren und Anforderungen ab:

- ✈ Größe und Zuschnitt der verfügbaren Fläche (Breite und Tiefe),
- ✈ Lage des Terminals zum Runwaysystem,
- ✈ Möglichkeiten der landseitigen intermodalen Anbindung,
- ✈ Verkehrsmix und Verkehrsaufkommen auf der Landseite,
- ✈ Gestaltung der Passagierströme,
- ✈ Flottenmix (z. B. Anteil an Großraumgerät),
- ✈ Funktion des Flughafens: internationaler Hub (oft Mischung verschiedener Terminalkonzepte wegen unterschiedlicher Anforderungen), „Saisonflughafen" in touritschen Zielgebieten (oft Linear- oder Pierkonzept).

Bei den meisten Flughäfen hat sich das Terminalkonzept entsprechend dem Verkehrsaufkommen und den lokalen Bedingungen im Laufe ihres Bestehens weiterentwickelt und zeigt heute sowohl Varianten als auch Kombinationen der dargestellten Terminalgrundtypen.

So besitzt z. B. der Flughafen Atlanta ein lineares Satellitenkonzept, bei dem die einzelnen Satelliten Linearsysteme sind.
Auf dem Flughafen Frankfurt sind verschiedene Terminalkonzepte anzutreffen: die Terminals 1-A und 1-C sind im Pierkonzept gebaut, Terminal 1-B im Satellitenkonzept und Terminal 2 im Linearkonzept (vgl. auch Abb. 5).

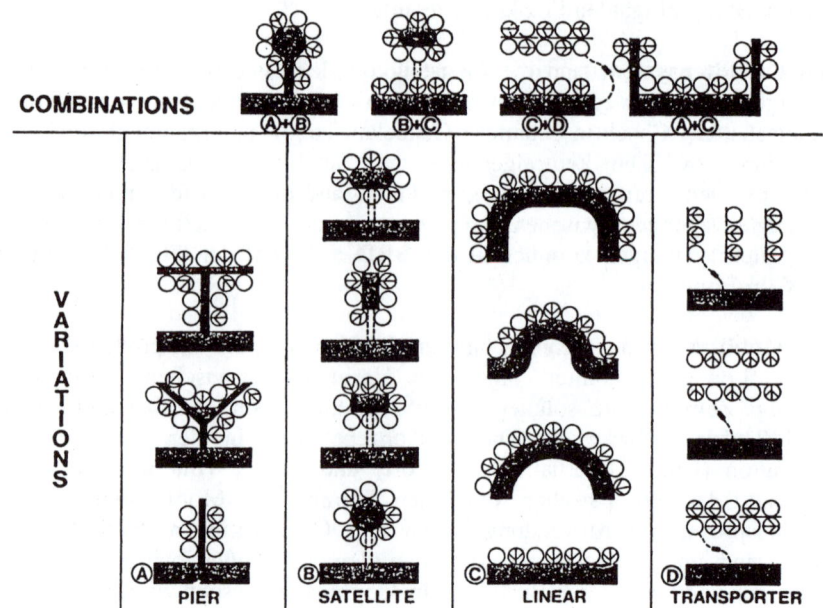

Abb. 140 Varianten und Kombinationen der Terminalgrundtypen
(Quelle: FEDERAL AVIATION ADMINISTRATION: Planning and design
guidelines for airport terminal facilities, Advisory Circular 150/5360-13, S. 32)

Die Terminals auf den Flughäfen Hannover oder Köln-Bonn stellen Varianten des
Linearsystems dar, bei denen die Hauptachse kreisbogenförmig verläuft.
Flughäfen mit mehreren Terminals realisieren oft unterschiedliche Konzeptionen.

Eigentümer der Terminals können sowohl die Flughafenbetreiber (z. B. Fraport
in Frankfurt), als auch die Airlines (z. B. Terminal C in Newark gehört
Continental Airlines) oder Flughafenbetreiber und Airlines gemeinsam sein (z. B.
Terminal 2 in München, Lufthansa und Flughafen München FMG) .

Ankommende und abfliegende Passagierströme können auf einer
Terminalebene (Single level) abgefertigt werden oder wie bei vielen
Terminalkonzepten auf zwei Ebenen aufgeteilt sein. Diese Trennung bezieht sich
zumindest auf die Vorfahrten sowie die Abflughallen mit den Check-in-Schaltern
und die Ankunfthallen mit der Gepäckausgabe. Darüber hinaus werden zum Teil
auch die Passagierströme in den Gängen der Flugsteigfinger (Piers) auf
verschiedene Ebenen gelegt.

Passagiereinrichtungen (Zoll, Sicherheitsüberprüfung, Gepäckabfertigung,
Ticketschalter, Check-in, Lounges usw.) können in einem Gebäude **zentralisiert**
sein oder in kleineren Gebäudeeinheiten verteilt und wiederholt also
dezentralisiert werden.

Besondere Maßnahmen erforderte das Schengener Abkommen (vgl. Kap. 6.3.2), das einen Wegfall der Binnengrenzkontrollen zwischen den Schengen-Staaten in Europa vorsieht. Auf den Flughäfen mussten durch bauliche Maßnahmen die Passagierströme von Intra-Schengenflügen und von Non-Schengenflügen getrennt werden. Auf manchen Flughäfen werden Inlandsflüge und internationale Flüge getrennt in eigenen Terminals abgefertigt.

Je größer ein Flughafen ist, je bedeutender wird die Aufgabe, die **Passagierströme (Passenger flow)** so zu lenken, daß Fluggäste sich ohne Rückfragen zurechtfinden. Dies erfordert oft eine Gliederung und Bezeichnung der einzelnen Terminals und Bereiche z. B. nach Anflug-/ Abflugebenen, nach Inlands- (Domestic) oder Auslandsflügen (International) und nach Fluggesellschaften oder Allianzen, die in einem Terminal(bereich) untergebracht sind.

Um die **Passagierströme (Passenger flow)** zu lenken, werden **Piktogrammsysteme (Bildsymbole)** eingesetzt, die leicht verständlich und einprägsam sind.

Auch **kommerzielle Aspekte** (Lenkung durch die Einkaufs- und Dienstleistungsbereiche des Flughafens) sind bei der Steuerung der Fluggastströme zu beachten.

Verschiedene **Abteilungen der Flughafengesellschaft** steuern und überwachen die vielfältigen Abläufe auf dem Flughafen.
Um die Ansprüche der Passagiere erfüllen zu können, sind in den Terminals der größeren Flughäfen vielfach **Einkaufszentren, Dienstleistungseinrichtungen** (z. B. Tagungsflächen, Konferenzräume, Hotelbetriebe, Reisebüros, Autovermieter, Banken usw.) und **Serviceeinrichtungen** (z. B. Lounges, ärztliche Dienste) entstanden.

So ist die **zentrale Verkehrsleitung** für die Aufrechterhaltung des betriebssicheren Zustands des Flughafens verantwortlich. Die **Verkehrsleitung Flugbetrieb** erfüllt ihre Aufgaben mit den Diensten Vorfeld-Kontrolldienst und Verkehrszentrale, die für die tägliche Verkehrsabwicklung und Betriebssicherheit auf den Flugbetriebsflächen zuständig sind. Gleichzeitig führt sie die Flugzeuge von der Grenze des Rollfeldes zur zugewiesenen Parkposition, indem sie Flugzeugaußenpositionen und Gates zuteilt.

Die **Informationszentrale** arbeitet eng mit den Airlines, der Flugsicherung (ATC) und anderen Stellen zusammen. Sie stellt die betriebliche Datenbasis für den gesamten aktuellen Flugbetrieb bereit. Hier laufen alle Flugpläne ein, die Starts oder Landungen auf dem betreffenden Flughafen vorsehen; diese Daten werden in das **Flughafen-Informationssystem** eingegeben, das mit Hilfe von Fernsehmonitoren und Fluggastinformationstafeln die Informationen im Terminal verbreitet (in München auch MAS: Monitor- und Anzeige-System genannt).

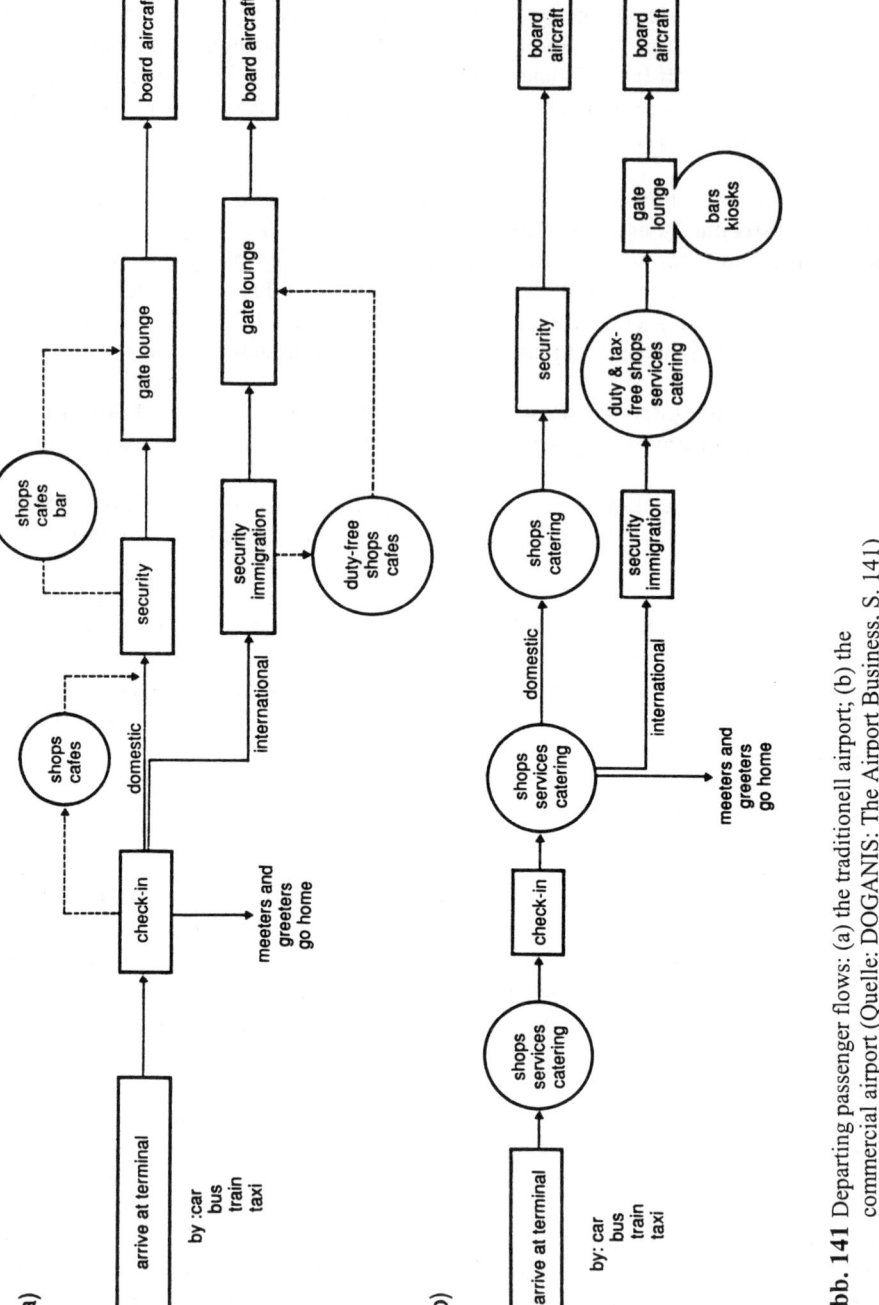

Abb. 141 Departing passenger flows: (a) the traditionell airport; (b) the commercial airport (Quelle: DOGANIS: The Airport Business, S. 141)

8.4 Operative Verfahren zur Kapazitätserhöhung

Der Flughafen **Frankfurt** hat - wie viele andere deutsche Flughäfen auch - **Kapazitätsprobleme** im operativen Bereich. Aufgrund der Anordnung der Runways (zu geringer Abstand der Parallelbahnen) können die Bahnen wegen der Wirbelschleppenproblematik nicht unabhängig voneinander genutzt werden, die Anzahl der Flugbewegungen kann nicht erhöht werden.

Durch das **Anflugverfahren HALS/DTOP** (High approach landing system - dual threshold operation) können die Parallelbahnen zu gleichzeitigem Landeanflug freigegeben werden.

Während eine schwere Maschine (Wirbelschleppenkateogie „heavy", über 136 t MTOM) auf der einen Bahn früh aufsetzt, darf ein zweites leichteres Flugzeug (Wirbelschleppenkategorie „medium", Flugzeuggewicht 7 bis 136 t MTOM) auf der anderen Parallel-Bahn 1500 m später aufsetzen. Die leichtere Maschine fliegt damit über den möglichen Wirbelschleppen des größeren Flugzeugs (vgl. zur Einteilung der Flugzeuge nach Wirbelschleppenkategorien Kap. 7.2.1).

Dadurch kann bei höhenversetzt gestaffelten Anflügen die Staffelung für Landungen von Flugzeugen der Wirbelschleppenkategorie „medium" hinter solchen der Kategorie „heavy" von 5 (nautischen) Meilen auf 2,5 Meilen verringert werden.

Trotz Optimierungsmaßnahmen bei An- und Abflugverfahren und im Rollbahnsystem wird am Flughafen Frankfurt eine **Kapazitätserhöhung** in Form eines zusätzlichen Start-/Landebahnsystems (zur Zeit 3 Start- aber nur 2 Landebahnen) erforderlich, da sich mit dem vorhandenen Runway-System maximal 80 Flugbewegungen pro Stunde erreichen lassen. Um die Wettbewerbsfähigkeit im Vergleich zu anderen europäischen Flughäfen (London Heathrow, Amsterdam, Paris - Charles de Gaulle) zu erhalten, werden 120 Flugbewegungen pro Stunde benötigt.

Auf zahlreichen deutschen Flughäfen bestehen außerdem **Nachtflugverbote oder –beschränkungen** (Night curfew), die die Nutzung der Flughafenkapazitäten einschränken.

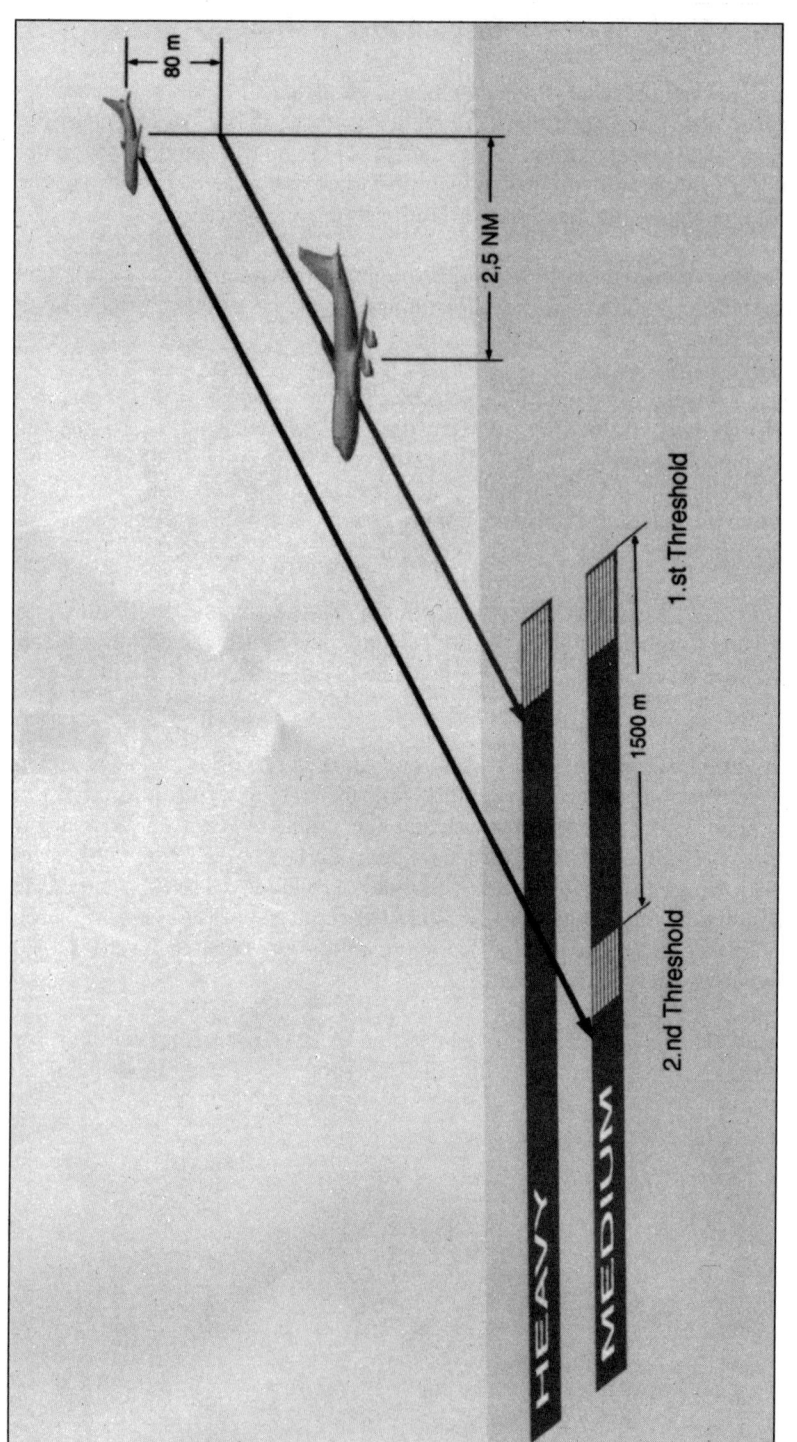

Abb. 142 HALS/DTOP-Anflugverfahren Frankfurt
(Quelle: HUHNOLD, M., HULICK, D.: HALS/DTOP. In: Deutsche Lufthansa
(Hrsg.), Flightcrewinfo, Heft 1, Frankfurt 1999, S. 10)

Hinweis auf **weitere Informationsquellen:**

↗ WELLS, A. T.: Airport planning and management, 4th edition, New York 2000, sehr guter und leicht verständlicher Überblick über den gesamten Bereich Airport Management,

↗ DEUTSCHE FLUGSICHERUNG GMBH (Hrsg.): Luftfahrthandbuch Deutschland, Aeronautical information publication, enthält detaillierte Pläne der deutschen Flughäfen mit ihren operationellen Einrichtungen sowie An- und Abflugverfahren,

↗ BACHMANN, P.: Internationale Flughäfen Europas, Stuttgart,

↗ KÜHR, W.: Der Privatflugzeugführer, Bd 4b, Funknavigation,

↗ KUPZOG, J.: Der Privatflugzeugführer, Bd. 4c, Satellitennavigation, bei den letzten beiden Veröffentlichungen handelt es sich um gut verständliche Einführungen in Navigationsverfahren

9 Produktion eines Linienfluges

Lange bevor ein Flug im Flugplan gedruckt wird, von einem Passagier gebucht wird oder schließlich als reale Reise abläuft, ist er theoretisch geplant und festgelegt. Umfangreiche Management-Prozesse sind dazu notwendig, die in Ausschnitten im Teil 3 (ab Kap. 10) behandelt werden.

Um einen Linienflug optimal zu produzieren, müssen viele verschiedene Prozesse im richtigen Augenblick stattfinden. So hat im Jahr 2001 alleine der Lufthansa-Konzern (ohne Condor) 540.674 Flüge produziert, die aus einer Vielzahl unterschiedlicher Aktivitäten bestehen, die zeitgleich ablaufen und so koordiniert werden müssen, daß sie das Produkt Flug ergeben. Für alle Teilprozesse gilt die exakte Einhaltung der vorgeplanten Zeitabläufe bis zum geplanten Abflug (STD: Scheduled time of departure):

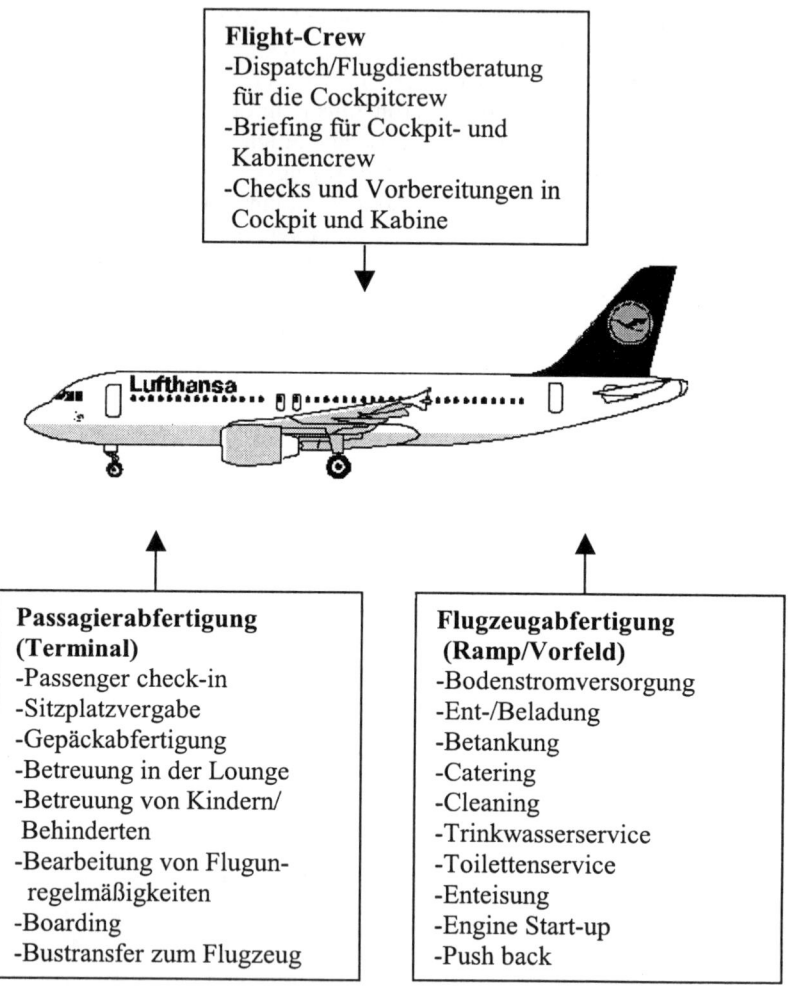

Flight-Crew
-Dispatch/Flugdienstberatung
 für die Cockpitcrew
-Briefing für Cockpit- und
 Kabinencrew
-Checks und Vorbereitungen in
 Cockpit und Kabine

Passagierabfertigung (Terminal)
-Passenger check-in
-Sitzplatzvergabe
-Gepäckabfertigung
-Betreuung in der Lounge
-Betreuung von Kindern/ Behinderten
-Bearbeitung von Flugun- regelmäßigkeiten
-Boarding
-Bustransfer zum Flugzeug

Flugzeugabfertigung (Ramp/Vorfeld)
-Bodenstromversorgung
-Ent-/Beladung
-Betankung
-Catering
-Cleaning
-Trinkwasserservice
-Toilettenservice
-Enteisung
-Engine Start-up
-Push back

Abb. 143 Prozesse bei der Flugzeugabfertigung

Hinweis auf **weitere Informationsquellen:**

✈ Detaillierte Informationen zu Passagier- und Flugzeugabfertigung enthalten die Ground operation manuals der Airlines,
✈ DEUTSCHE LUFTHANSA AG (Hrsg.): Lufthansa Report, Zusammenspiel, Die Produktion eines Linienfluges, Frankfurt, o.J.
✈ WIESKE-HARTZ, H. C.: Airline Operation, Ausgabe 2003, Hamburg 2003.

9.1 Passagierabfertigung

Die Passagierabfertigung (Passengerhandling) umfaßt alle Kundenkontakte und Serviceleistungen vom Einchecken des Fluggastes bis zum Boarding. Die hierbei anzuwendenden Verfahren und Regelungen werden von der Fluggesellschaft im Ground operations manual (GOM) oder Passenger service manual (PSM) festgelegt und sind für die Abfertigung durch die Fluggesellschaft selbst und für Handlingagents (Abfertigungsgesellschaften) bindend. Verfahren zur Passagierabfertigung beziehen sich beispielsweise auf:

✈ Handhabung der Tickets und Flugschein-Coupons,
✈ Check-in-Verfahren (vgl. Kap. 3.1.2),
✈ Check-in Zeiten und Annahmeschluß (Check-in deadline),
✈ Sitzplatzvergabe allgemein und für bestimmte Passagiergruppen (z. B. Familien mit Kleinkindern, Behinderte),
✈ Beförderung von Fluggästen im Cockpit (Jump seat),
✈ Regelungen für unbegleitete Kinder (Unaccompanied minors = UMs), Kranke (MEDA), Behinderte (WCH-Wheelchairs), Blinde (BLND) usw.,
✈ maximale Passagierzahlen (Infants, Wheelchairs) für bestimmte Flüge,
✈ Standardgewichte für Passagiere und Gepäck,
✈ Handhabung von Handgepäck (Anzahl, Gewicht),
✈ Begrenzungen für Anzahl, Größe und Gewicht von Reisegepäck je nach Beförderungsklasse,
✈ Regeln für die Beförderung und Zurückweisung von Dangerous Goods (explosive, giftige, radioaktive Stoffe usw.),
✈ Regelungen zur Beförderung von Tieren wie z.B. Tiere, die in der Kabine (PETC: Pet in cabin) oder Tiere, die im Laderaum befördert werden (AVIH: animal in hold),
✈ Maßnahmen im Falle von Verspätungen (Information, Ausgabe von Vouchers, Umbuchungen etc.),

✈ Maßnahmen bei Überbuchungen (Wartelisten, Prioritäten, Sonder-
leistungen, Umbuchungen, Entschädigungen (DBC: Denied boarding
compensation, vgl. Kap.11.3.2.2.2),
✈ Beförderung von Standby-Passagieren,
✈ Zurückweisung von Passagieren (beispielsweise Unruly Passengers:
verhaltens- auffällige Passagiere z. B. aufgrund von übermäßigem
Alkohol- oder Drogengenuß oder mit renitentem Verhalten),
✈ Boarding und Boarding-Verfahren (z. B. Zonen-Boarding, Boarding
nach Sitzreihen, Preboarding).

Etwa 2 Stunden vor der Abflugzeit checken im Terminal die ersten Passagiere ein.
Das eingecheckte (aufgegebene) Gepäck soll synchron mit den Passagieren zum
Flugzeug befördert werden. Bei Passagieren, die einen Weiterflug gebucht haben,
erfordert dies besondere Koordination. Die Gepäckverladung nimmt einen großen
Stellenwert bei allen Flügen ein. Die Lademannschaft und auch die Piloten
erhalten Informationen darüber, wieviel Gepäck in welcher Zeit noch angeliefert
wird.

Das sogenannte **zeitkritische Gepäck**, das zu einem Transferflughafen
weitergeleitet werden muß, wird in mit „Hot" gekennzeichnete Container geladen
und am Zielort zuerst ausgeladen, um so schneller an den Anschlußflug zu
gelangen.

Gepäck wird aus Sicherheitsgründen nur mitgenommen, wenn auch der dazu
gehörige Passagier die Flugreise mit antritt. Im Zweifel oder zur Stichprobe wird
das Gepäck manchmal vor dem Flugzeug zur persönlichen Identifikation durch
den Gast aufgestellt **(Baggage check)**. Kommt ein eingecheckter Gast nicht, wird
sein Gepäck ungeachtet des Zeitaufwands entladen.

Für Passagiere gibt es bei den meisten Airlines ein **Annahmeende (Deadline)**
von 15 bis 30 Minuten vor Abflug.

Ungefähr 30 Minuten vor Abflug beginnt das **Boarding**, die ersten Passagiere
steigen an Bord. Dafür müssen alle bordseitigen Vorbereitungen (Betankung,
Cleaning, Catering) abgeschlossen und das Flugzeug technisch startklar sein. Ist
dies der Fall, kann das Gate planmäßig einsteigen lassen. Am Gate beginnt mit der
Boarding-control der Einsteigevorgang. Familien mit Kleinkindern (Infants),
Kinder (UM: Unaccompanied minors), behinderte Personen und Rollstuhlfahrer
(WCH: Wheelchair) werden im **Preboarding** als erstes an Bord gebeten.

Während die Gäste einsteigen wird 20 Minuten vor Abflugzeit die **Warteliste**
angenommen und geklärt, ob noch Plätze für Passagiere frei sind (z. B. für IDs:
Passagiere mit Industrie discount, die verbilligt oder kostenlos reisen; PADs:
Passengers available for disembarcation: oft Airline-Mitarbeiter, die keine
Festbuchung haben, sondern standby fliegen).

Ist das Flugzeug auf einer Außenposition des Vorfeldes (und nicht an einer Fluggastbrücke) geparkt, muß ein Bus bereitgestellt werden, der die Passagiere zum Flugzeug bringt.

9.2 Flugzeugabfertigung

Bei den eingesetzten Flugzeugen gibt es von der Planung her zwei Unterschiede:

✈ Flugzeuge, die bereitgestellt werden, kommen frisch in den Einsatz/Umlauf;

✈ Flugzeuge, die im Laufe des Tages schon Flughäfen angeflogen haben, befinden sich in einem Umlauf. Im Linienalltag sind Kurz- und Mittelstreckenflugzeuge zwischen einer halben und einer Stunde an ihrem Zielflughafen, bevor der nächste Flug beginnt. Nur eine genaue Planung ermöglicht es, diese Turnaround-Zeiten einzuhalten.

Die Zentralstelle der Produktion ist die **Verkehrszentrale** (Operations control center). Sie ist das Koordinations- und Kommunikationszentrum für den Flugbetrieb. Über die Company-Frequenz oder ein satellitengestütztes Datennetz werden die notwendigen Daten für die weltweit operierende Flotte an die Zentrale gesendet und dort analysiert. Sensoren, beispielsweise an den Triebwerken, der Kabine oder an den Fahrwerken melden ständig den jeweiligen Betriebszustand des Flugzeugs an die Zentrale. Bei Abweichungen werden unverzüglich die zuständigen Bodenstellen informiert, um Lösungen für die Behebung der Beanstandung anzubieten.

Zur Koordination und Kontrolle der komplexen Abfertigungsvorgänge auf dem Vorfeld, die möglichst zeitsparend und sicher ablaufen sollen, wird ein **Rampagent eingesetzt.** Der Rampagent soll die Besatzungen während der gesamten Flugzeugabfertigung unterstützen und entlasten; die Verantwortung für den Gesamtablauf verbleibt jedoch beim Kapitän.

Parallel zum Eintreffen der Crew am Flugzeug beginnt der technische Serviceablauf: Betankung und Reinigung. Befindet sich das Flugzeug im Umlauf, ist das Reinigen umfangreicher und beginnt direkt nach der Landung und dem Aussteigen der Passagiere. Während die Mitarbeiter der **Reinigungskolonne (das Cleaning)** noch dabei sind, die Kabine zu säubern, beginnt das **Catering** mit dem Beladen von Essen und Getränken und Dingen, die dem Wohl der Passagiere und dem Komfort beim Fliegen dienen (wie z. B. Zeitungen, Erfrischungstücher, Spielzeug, Kissen, Decken, Kopfhörer). Die Hubwagen des Catering-Unternehmens fahren in der Regel rechts, die Tankwagen links an das Flugzeug heran.

Mit dem Schließen des Check-in's, beginnt die Flugzeugabfertigung (Operations) die letzten Gewichtsangaben in das Loadsheet einzutragen. Sollten in den letzten Minuten vor Abflug jedoch Änderungen auftreten, die noch nicht im Loadsheet erfasst worden sind, so werden diese z.B. von der Besatzung als **LMC – Last Minute Change** eingearbeitet.

Nachdem das Boarding der Passagiere abgeschlossen ist und alle Koffer verladen sind, sollten idealerweise fünf Minuten vor Abflug die Türen und die Laderäume geschlossen sein.

Drei Minuten vor Abflug (STD) werden Fluggastbrücken und Treppen abgelegt. Die Besatzung holt die Freigabe für das Pushback und das Anlassen der Triebwerke ein. Ist die Freigabe erhalten und hat der Rampagent seinen Kontrollgang um das Flugzeug beendet, kommt es zum Anlaßvorgang. Über Kopfhörer am langen Kabel kommt der Kontakt zwischen der Cockpit-Crew und dem Rampagenten zustande. Das **rote Beacon** (rotes Blinklicht) an der Unter- und Oberseite des Flugzeuges wird eingeschaltet, die Triebwerke gestartet, Bodenstromanschluß und Bremsklötze entfernt. Das Pushback des Flugzeugs aus der Parkposition kann entweder vor, während oder nach dem Anlaßvorgang stattfinden. Der Normalfall ist eine Kombination aus Anlassen und Pushback. Das Pushback-Fahrzeug, ein bis zu 700 PS starker Schlepper, schiebt das Flugzeug entweder mit einer Schleppstange (Towing bar) oder durch Anheben des Bugfahrwerks rückwärts aus seiner Parkposition.

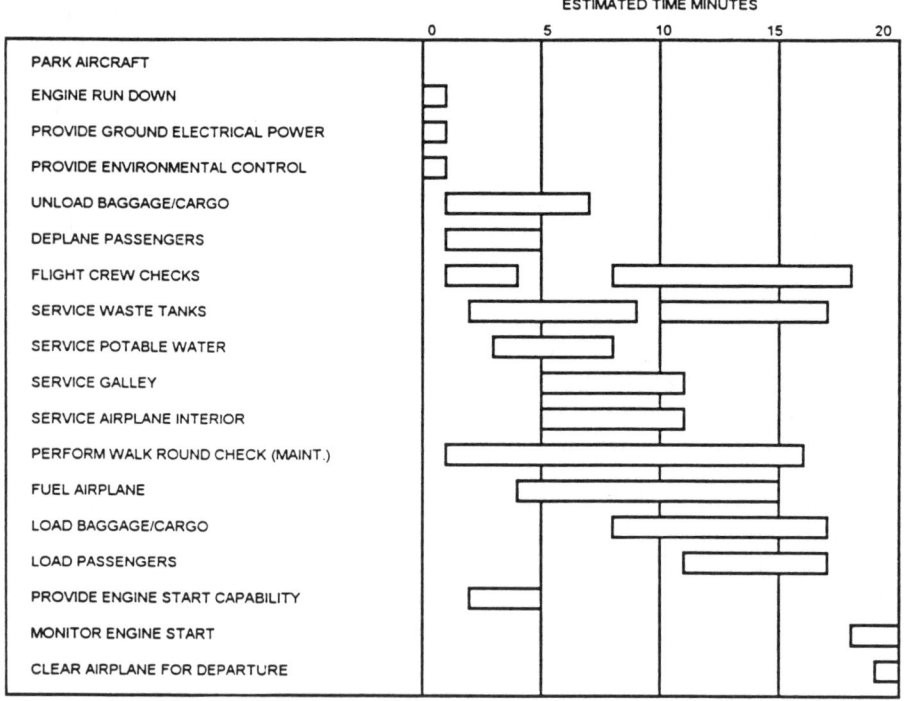

Abb. 144 Terminal operations, Turnround stations
(Quelle: British Aerospace, Avro RJ-Series, Airplane Characteristics for Airport Planing, Section 3, Page 14)

9.3 Crewvorbereitung

Etwa 90 Minuten vor der geplanten Abflugzeit trifft sich die Besatzung. Die Crews werden durch die personellen Einsatzpläne für die jeweiligen Flüge zusammengestellt. Im sogenannten Dispatching-Raum erhalten die Piloten vom **Dispatcher** (Flugdienstberater) alle wichtigen Unterlagen und Informationen für ihren Flug. Bei automatisierten Dispatch-Verfahren, wie sie z. B. von Lufthansa in ihren Flight Operations Center in Frankfurt und München eingesetzt werden, erhält die Cockpit-Crew nach Eingabe ihrer Flugnummer in das Computersystem ein komplettes Briefing-Package (vgl. Kap. 9.4.1) mit Unterlagen zur Flugplanung.

Danach kommen die Cockpit- und Kabinenbesatzung im Briefingraum zusammen. Nachdem der Kapitän bereits vorher die Flugunterlagen abgeholt und studiert hat, wird die Kabinencrew im **Briefing** über den Flug informiert. Dabei geht es um Flugroute, Flugzeit, Wetterlage oder außergewöhnliche Ereignisse auf dem Flug. Die Crew erhält außerdem Informationen über die zu erwartenden Fluggäste, zum Beispiel unbegleitete Kinder oder spezielle Essenswünsche. Der **Purser** (Kabinenchef) weist die Kabinenbesatzung in Servicedetails, Zeitabläufe und Einteilung der Arbeitspositionen an Bord ein und wiederholt ein Notfallbeispiel zur Erinnerung. Nachdem das Briefing abgeschlossen ist, wird die Crew etwa 45 Minuten vor dem geplanten Abflug mit dem Crewbus an Bord des Flugzeuges gebracht.

Die Piloten überprüfen beim **Preflight-check** das Flugzeug außen auf sichtbare Veränderungen und Beschädigungen (Tragflächen, Klappen, Rumpf, Triebwerkseinlaß, Fanblätter, Sensoren, Fahrwerk, Bremsen, Reifen). Anschließend beginnen die Flugvorbereitungen im Cockpit, die Überprüfung aller Geräte und Instrumente und die Eingabe der Flugdaten (z. B. Funkfeuer, die als Waypoints überflogen werden) in das Flight Management System (FMS). Parallel hierzu beginnt das Kabinenpersonal mit dem Kabinen-check (z. B. Galley-check, Emergency-check).

Einige Minuten vor der planmäßigen Abflugzeit holt die Cockpitcrew bei der Flugsicherung ATC die Pushback-Freigabe ein. Dann löst der Pilot die Bremsen des Flugzeugs, die Maschine wird langsam vom Schlepper zurückgeschoben bis auf die Mittellinie des Rollweges, von der aus sie mit eigener Kraft vorwärtsrollen kann, nachdem die Startup-Erlaubnis zum Anlassen der Triebwerke erteilt wurde. Die Maschine rollt über die Taxiways zur Taxi-holding-position, um nach einer erneuten Freigabe auf die Runway in die Line-up-Position (Take-off-position) zu rollen.

Während die Kapitän die Gesamtverantwortung für den Flug trägt, führt der Purser bzw. die Purserette als Manager das Kabinenteam. Auf einem Großraumflugzeug sind dies bis zu 15 Flugbegleiter. Purser bilden außerdem eine Schnittstelle zwischen Bord und Boden. Sie arbeiten im Team, koordinieren die Tätigkeit der Kabinencrew und überwachen den Service.

9.4 Unterlagen zur Flugvorbereitung

Jede Fluggesellschaft hat eine **Dispatch-Abteilung** (Flugdienstberatung), die die aktuelle Planung und Optimierung aller Flüge computergestützt durchführt und Flugunterlagen zusammenstellt.

Im Linienflugbetrieb erhält die Besatzung ihre Unterlagen in der Regel komplett aus dem Operations-Bereich der eigenen Flughafenstation oder vom Handlingagent; nur im Ausnahmefall stellt die Cockpitcrew die benötigten Flugunterlagen durch Besuch beim MET-Office oder Flugberatungsdienst (AIS) selbst zusammen.

Nach JAR-OPS 1 sind von der Cockpit-Crew folgende Unterlagen mitzuführen:

+ technisches Bordbuch,
+ vorgeschriebenes Kartenmaterial (z. B. An-/Abflugkarten der Flughäfen),
+ weitere Unterlagen, die von den vom Flug betroffenen Staaten gefordert werden können (z. B. Frachtbrief, Fluggastverzeichnis),
+ Flugdurchführungsplan (Operational flight plan, OFP),
+ ATS-Flugplan (Air traffic services flight plan oder ATC-FP: bei der Flugverkehrskontrolle ATC aufgegebener Flugplan),
+ NOTAMS/AIS-Beratungsunterlagen,
+ Wetterinformationen (METAR, TAF, Upper wind chart, SIGMET),
+ Unterlagen über Masse und Schwerpunktlage (Load and trim sheet),
+ Benachrichtigungen über besondere Kategorien von Fluggästen (z. B. PIL: Purser oder Passenger information list),
+ NOTOC (Notification to Captain: Benachrichtigung des Kapitäns über besondere Ladung).

9.4.1 Operational Flight Plan und ATS-Flugplan

Nach JAR-OPS 1 1.1060 umfaßt der Flugdurchführungsplan (Operational flight plan, OFP) und die während des Fluges vorgenommenen Eintragungen folgende Punkte:

1) Eintragungszeichen des Flugzeugs,
2) Flugzeugmuster und Flugzeugbaureihe,
3) Datum des Fluges,
4) Flugnummer oder entsprechende Angabe,
5) Namen der Flugzeugbesatzungsmitglieder,
6) Zuweisung der Aufgaben an die Flugbesatzungsmitglieder,
7) Startflugplatz,
8) Abflugzeit (tatsächliche Abblockzeit, Startzeit),
9) Landeflugplatz (geplanter und tatsächlicher),
10) Ankunftszeit (tatsächliche Landezeit und Anblockzeit),
11) Betriebsart (z. B. Flug nach Instrumentenflugregeln – IFR)

12) Strecke und Streckenabschnitte mit Kontroll-/Wegepunkten, Entfernungen, Zeiten, Kursen über Grund,

13) geplante Reisegeschwindigkeit und Flugzeiten zwischen den Kontroll-/Wegepunkten, voraussichtliche und tatsächliche Überflugzeiten,

14) Sicherheitshöhen und Mindestflugflächen,

15) Kraftstoffberechnungen und Aufzeichnungen der Kraftstoffmengenüberprüfungen während des Fluges,

16) Kraftstoffmenge, die sich zum Zeitpunkt des Anlassens der Triebwerke an Bord befindet,

17) Ausweichflugplätze (einschließlich der in den Nummern 12, 13, 14 und 15 geforderten Angaben),

18) ursprüngliche ATS-Flugplanfreigabe und nachfolgend geänderte Freigaben,

19) Berechnungen im Fall von Umplanungen während des Fluges,

20) einschlägige Wetterinformationen.

Angaben, die in anderen Unterlagen oder aus anderen annehmbaren Quellen schnell verfügbar sind oder für die Betriebsart ohne Belange sind, können im OFP weggelassen werden.

Der **Operational flight plan** (vgl. Abb. 145) stellt die Navigations- und Arbeitsunterlage für die Cockpitcrew zur Planung, Durchführung und Kontrolle des Fluges dar und enthält ausführliche Angaben zu den oben erwähnten Punkten. Der OFP wird meist von der Dispatch-Abteilung der Fluggesellschaft nach den Kriterien Sicherheit, Pünktlichkeit und Wirtschaftlichkeit computergestützt errechnet. Dabei wird für jeden durchzuführenden Flug unter Berücksichtigung verschiedener Einflußfaktoren, wie z. B. Wetter- und Flugzeugdaten, eine optimale Flugstrecke berechnet

Alle Fluggesellschaften müssen ATC (Air traffic control) ihre Absicht einen Flug durchzuführen durch Aufgeben eines **ATS-Flugplans** (vgl. Abb. 147) mitteilen

Der ATS-Flugplan (ATS: Air traffic services; auch: ATC-FPL, Air traffic control flightplan) wird für die Flugverkehrskontrolle ATC erstellt und ist der Plan, der die von ATC festgelegte, akzeptierte und verbindliche Flugroute enthält, auf der das Flugzeug überwacht und geleitet wird. Er ist wesentlich kürzer als ein Operational flight plan (OFP), da er nur die für ATC wichtigen Flugdaten enthält. So enthält er z. B. die Angabe der Wirbelschleppenkategorie des Flugzeugs (heavy, medium, light, vgl. Kap. 7.2.1), die für ATC wichtig ist, um die Flugzeuge staffeln zu können, d. h. Mindestabstände zwischen den Flugzeugen festlegen zu können. Bei den Flugrouten handelt es sich meist um Standard-Routings, die über bestimmte Wegepunkte (Waypoints, meist VOR-/NDB-Funkfeuer) führen und von ATC-Kontrollstellen (z. B. ACC: Area control center) überwacht werden.

Um den Flug durchführen zu können, ist neben dem **ATS-Flugplan** ein **ATC-Slot** (Airway-Slot, vgl. Kap. 10) erforderlich.

```
┌─────────────────────────────────────────────────────────────────────────────┐
│  Jan 27 2003 09:13            LH3874/27/FRA/MLA                    Page 1      │
│                                                                               │
│  --- OFP incl. ATS-FPL produced at (27.01.2003/06:51 UTC)-------------------  │
│                                                                               │
│  OFP      LH3874/27    27JAN EDDF/ FRA  LMML/ MLA   ELEVATION      230         │
│  5         DAISC  (104.0)    0835/0852  1058/1100   FMS                        │
│                              EST ..../....  ..../....  COST INDEX              │
│                              CTOT   ....             ROUTE        FRAMLA1      │
│  ATS C/S  .........          ACT ..../....  ..../....  TTL DIST       939      │
│                                                     SPEED      300-780         │
│             LOAD     ZFW   ADDFU           LW    TOW  AVGE FF        2913       │
│  EST      18707    69147    0L    MAL 75500   89000  AVGE WC        P043       │
│  PLN      18707    69147    0L    PLN 72744   78893                            │
│                                                                               │
│  ACT      ......   ......           ......   ......  TKOF ALTN  .......        │
│  --------- --------- --------- --------- --------- --------- -----             │
│  FLIGHT PLAN ROUTE                                                             │
│  -EDDF/18 ANEKI2L ANEKI Y163 NATOR UN850 ODINA UM727 GIANO UL12 PAL           │
│   UM742 GZO DCT LMML/32                                                        │
│  --------- --------- --------- --------- --------- --------- -----             │
│  TIME              TRK  DIST                    TAS  G/S  PRC  REFU            │
│  TTL      POSITION      TTL  LVL  TP  T   W/V                   PLN            │
│  PTO      ETO  ATO                                              ACT            │
│  --------- --------- --------- --------- --------- --------- -----             │
│  ....      EDDF/18                 41 P02 35/037              .... ....        │
│    9                    45   CLB                                               │
│  0009     ANEKI        0045        40 -01 35/057                  8.0          │
│  ....      .... ....                                          .... ....        │
│   15                   128                                   300               │
│  0024     T O C        0173  350   40 -36 36/061             780  6.9          │
│  ....      .... ....                                          .... ....        │
│    1               T174  11                       449  509                    │
│  0025     GERSA        0184        41 -55 36/062                  6.8          │
│  ....      .... ....                                          .... ....        │
│    7                174   56                       449  509                    │
│  0032     ODINA       0240        41 -55 01/064                  6.5          │
│  ....      .... ....                                          .... ....        │
│    4                151   31                       449  500                    │
│  0036     SRN         0271        41 -55 02/076                  6.3          │
│  ....      .... ....                                          .... ....        │
│   23                143  184                       449  482                    │
│  0059     AMTEL       0455        40 -56 03/092                  5.3          │
│  ....      .... ....                                          .... ....        │
│    7                175   60                       447  519                    │
│  0106     TAQ         0515        40 -56 04/094                  4.9          │
│  ....      .... ....                                          .... ....        │
│   24                171  206                       448  509                    │
│  0130     GIANO       0721        35 -56 04/065                  3.8          │
│  ....      .... ....                                          .... ....        │
│    8                146   60                       449  467                    │
│  0138     PAL         0781        34 -55 03/044                  3.5          │
│  ....      .... ....                                          .... ....        │
│    4                158   34                       449  474                    │
│  0142     T O D       0815        34 -55 36/021                  3.3          │
│  ....      .... ....                                          .... ....        │
│   15                    96   DES                            760               │
│  0157     GZO         0911             01/019               280  3.1          │
│  ....      .... ....                                          .... ....        │
│   10                    28                                                     │
│  0207     LMML/32     0939                                       2.9          │
│                                                                               │
│  --------- --------- --------- --------- --------- --------- -----             │
│                                                                               │
│             ALTN       DIST LVL   WC  TIME   FUEL VIA                          │
│             LICC/08    124  140  M012 0029   1463 GZO2D GZO N982 NELDA         │
│                                                   L137 CAT                     │
│       INFO/LICJ/07     178  200  M016 0038   1848 GZO2D GZO UM742 PAL          │
│                                       P0009   P384                            │
│       INFO/LICT/31L    188  220  M012 0039   1903 GZO2D GZO UM742 PAL          │
│                                       P0010   P440                            │
│       INFO/DTTA/01     229  260  M010 0044   2155 GZO2D GZO UM978 TUC DCT      │
│                                       P0016   P692                            │
│  --------- --------- --------- --------- --------- --------- -----             │
└─────────────────────────────────────────────────────────────────────────────┘
```

Abb. 145 Operational flight plan für den Lufthansa-Flug Frankfurt-Malta
(Quelle: LIDO Briefing-Package für LH 3874 vom 27.01.2003)

Erläuterungen zu Abb. 145:
Es handelt sich um den OFP für den Flug LH 3874 von Frankfurt nach Malta am 27.01.2003 mit dem Flugzeug D-AISC (Airbus A321).

Spaltenüberschrift	Bedeutung
Time	Flugzeit vom Start an gerechnet, TTL: total (Gesamtzeit), PTO: planned time over (Überflugzeit)
Position	Navigations-/Wegepunkte (z. B. Funkfeuer) ETO: estimated time over, ATO: actual time over (geplante und tatsächliche Überflugzeit)
TRK	Track: Kurse, die zu fliegen sind
DIST	Flugstrecke bis zum nächsten Navigationspunkt (DIST) und kumulierte Flugstrecke (TTL: total) vom Startflughafen an
LVL	Level: Angaben zur Flughöhe, CLB = Climb, Flight level 370 = Flugfläche 370 in 37000 Fuß, DES = Descend
TP	Höhe der Tropopause (Grenzschicht zwischen Troposphäre und Stratosphäre: z. B. 37 = 37000 Fuß)
T	Außentemperatur
W/V	Windrichtung (W) und Windgeschwindigkeit (V)
TAS	True airspeed (Geschwindigkeit durch die Luft)
G/S	Groundspeed (Geschwindigkeit über Grund)
PRC	Cruising procedure (Standardgeschwindigkeiten für das eingesetzte Flugzeugmuster für Steig-, Sink-, Reiseflug)
REFU	Verbleibende Treibstoffmenge (remaining fuel), PLN: planned; ACT: actual

Man unterscheidet zwei Typen von ATS-Flugplänen: Dauerflugpläne (Repetitve flight plans) für regelmäßig durchgeführte Flüge im Linien- und Charterverkehr laufen als abgekürzte Form eines ATS-Flugplans bei den Flugverkehrsdiensten (ATC) auf. Für alle anderen Flüge wird ein individueller Flugplan (Formblatt: ICAO Model flight plan, erhältlich beim Aeronautical Information Service der DFS auf den deutschen Verkehrsflughäfen) eingereicht.

Typen von ATS-Flugplänen	
Repetitive Flight Plan (RPL) (Dauerflugplan)	**ICAO Model Flight Plan**
für regelmäßig durchgeführte Flüge im Linien- und Charterverkehr als abgekürzte Form eines ATS-Flugplans	individueller Flugplan für alle anderen Flüge, die nicht im RPL gelistet sind
Details siehe: Ground operations manual der Airlines	Details siehe: Ground operations manual der Airlines

Abb. 146 Typen von ATS-Flugplänen

Den zum Operational flight plan aus Abbildung 145 gehörenden ATS-Flugplan enthält Abbildung 147:

ATS-Flugplan	Erläuterung
FF EBBDZMFP LFPYZMFP	Adresse der Eurocontrol
270651 EDDFDLHD	Zeit (Wochentag und Uhrzeit) und Ort der Aufgabe (LH Dispatch Frankfurt)
FPL – DLH3874 - IS	Flugnummer/ I= Instrumentenflug-regeln/ Art des Fluges
A321/M-SDEIRWY/S	Flugzeugmuster/M = Wirbelschleppen-kategorie/ Flugzeugausrüstung
EDDF 0835	Startflugplatz/Zeit
N0448F350 ANEKI2L ANEKI Y163 NATOR UN850 ODINA UM727 GIANO UL12 PAL UM742 GZO DCT	Geschwindigkeit 448 Knoten, Flughöhe 35000 Fuß/Flugroute mit Waypoints
LMML0157 LICC	Zielflughafen/Flugzeit/Ausweichflug-hafen
EET/EDUU013 LSAS0020 LIMM0032 LIRR054 LMMM0152	Angabe der Einflugszeit in die FIRs/UIRs (Flight information regions/Upper information regions: ATC-Fluginformationsgebiete, z. B.: EDUU = Karlsruhe nach 13 Minuten, LSAS = Zürich nach 20 Minuten, LIMM = Mailand, LIRR = Rom, LMMM = Malta)
REG/DAISC OPR/DLH DOF/030127 RVR/200	Flugzeugkennzeichen/Flugzeug-betreiber/Flugtag

Abb. 147 ATS-Flugplan für den Lufthansa-Flug 3874 Frankfurt-Malta
(Quelle: LIDO Briefing-Package für LH 3874 vom 27.01.2003)

9.4.2 Wettermeldungen

Wetterinformationen und damit Wettermeldungen und Wetterkarten gehören zu den **grundlegenden Unterlagen für jede Flugvorbereitung** und Flugplanung. Sie können durch die Cockpit-Crew beim MET-Office selbst abgeholt werden oder von einem Dispatcher (Flugdienstberater), Handlingagent oder einem airline-eigenen System (bei Lufthansa z. B. LIDO) bereitgestellt werden.

Die Besatzung oder der Dispatcher werten die Wettermeldungen nach Strecken-bedingungen und Start-/Landebeschränkungen aus. Wichtig für Bodenmitarbeiter ist es, die Wettermeldungen lesen und gegebenenfalls an die Cockpitcrew (per Funk) mitteilen zu können. Man kann folgende Wettermeldungen unterscheiden:

METAR	TAF	Upper Wind Chart	Significant Wheater Chart/ SIGMETS
aktuelle Bodenwetter- meldungen von Flugplätzen	Flugplatz Wetter- **vorhersagen**	Höhenwetter- karten (**Wind-** und **Temperatur-** vorhersage)	signifikante meteorologische Wetter- **Warnungen**

Abb. 148 Arten von Flugwettermeldungen

Bodenwettermeldungen (Metar und Taf) sind für Start, Landung, An- und Abflüge von Bedeutung. Hier muß die Cockpitcrew Informationen über Bodenwind, Sichtweite, Wolkenuntergrenzen, Luftdruck sowie Wetter-erscheinungen wie Regen, Gewitter oder Nebel haben. Bodenwind ist ab 3 m/sec entscheidend für die Start-/Landerichtung und beeinflußt ab 10 m/sec als Seitenwind die Start- und Landebedingungen. Bodenwettermeldungen haben folgende Gültigkeit:

aktuelles Wetter	Metar	SA	halbstündlich neu (+20 und +50)	Trend 2 Stunden gültig
Vorhersage	Taf	FC	3 stündlich neu	9 Stunden gültig
Langzeitvorhersage	Long taf	FT	6 stündlich neu	18 Stunden gültig

Abb. 149 Gültigkeit der Bodenwettermeldungen

METARs (**MET**eorological **a**erodrome routine **r**eport) enthalten Informationen über das aktuelle Flughafen-Bodenwetter. Sie werden in den Wettermeldungen mit SA (= Station actuals auch surface aerodrome) abgekürzt und in der BRD und einigen europäischen Ländern halbstündlich (jeweils volle Stunde +20 Minuten und + 50 Minuten; z. B. 11.20; 11.50) neu erstellt und verbreitet. Metars besitzen folgenden Aufbau:

Flughafen	Metar	Beobachtungszeit	Wind	Sicht	Wetter
EDDF	SA	061150Z	05020KT	4000	DZ

Wolken	Temp/Taupunkt	QNH	Zusatzinfo	Trend
BKN008	08/06	Q1030	REDZ	NOSIG

Abb. 150 Aufbau eines Metars

Dieses Metar bedeutet: am Flughafen Frankfurt (ICAO-Code: EDDF) herrscht am 6. des Monats um 11.50 UTC (Z = Kennung für UTC) Wind aus 50 Grad (Nordost) mit 20 Knoten Windgeschwindigkeit, die Bodensicht beträgt 4000m, schwacher Sprühregen (DZ = drizzle), der Himmel ist zu 5/8 bis 7/8 bedeckt (BKN = broken), die Wolkenuntergrenze liegt in 800 Fuß Höhe, die Temperatur beträgt 8 Grad, der Taupunkt 6 Grad, der Luftdruck am Flugplatz (QNH) 1030 hpa (Hektopascal), seit der letzten Wetterbeobachtung - nicht jedoch aktuell (RE

= recent) - gab es Sprühregen (DZ = drizzle), es wird keine wesentliche Änderung in den nächsten 2 Stunden geben (NOSIG = no significant change).

TAFs (Terminal aerodorme forecast) werden in kurzfistige und langfristige Vorhersagen unterschieden. Die kurzfristige Flughafen-Wettervorhersage (Kennung **FC**) macht in der BRD eine Prognose für 9 Stunden, sie wird alle 3 Stunden erstellt und für Kurzstreckenflüge verwendet. Die langfristige Flughafen-Wettervorhersage in der BRD prognostiziert für den internationalen Flugverkehr die Wetterentwicklung für 18 Stunden; sie wird alle 6 Stunden erstellt und hat die internationale Kennung **FT**. Ein Taf besteht im Wesentlichen aus einer Hauptwettervorhersage und einem Zusatzteil, der die mögliche Wetterentwicklung behandelt.
TAFs besitzen folgenden Aufbau:

Flughafen	Taf	Gültigkeitsdauer	Wind	Sicht
EDDF	FC	151601	27005KT	1500

Wetter	Wolken	Änderungsgruppe	Temp. Prognose
SHRA	BKN005	BECMG1719 0300 FZFG VV001	

Abb. 151 Aufbau eines Taf

Dieses Taf bedeutet: Flugplatz-Wettervorhersage für Frankfurt (ICAO-Code: EDDF) für die nächsten 9 Stunden, Gültigkeitsbeginn am 15. des Monats um 16 Uhr UTC (Beginn der Vorhersageperiode) bis 01 Uhr UTC (Ende der Vorhersageperiode), Wind aus 270 Grad (Westen) mit 5 Knoten Windgeschwindigkeit, Bodensicht 1500 Meter, Regenschauer (SH = shower, RA = rain), Himmel zu 5/8 bis 7/8 bedeckt (BKN = broken), Wolkenuntergrenze in 500 Fuß, zwischen 17 und 19 Uhr UTC übergehend zu 300 Meter Bodensicht, gefrierender Nebel (FZ = freezing, FG = fog), Vertikalsicht (=VV) 100 Fuß .

Zur **Streckenwetterinformation** dienen Höhenwetterkarten, Significant weather charts und Sigmets.

Der Deutsche Wetterdienst gibt viermal täglich (alle sechs Stunden) **Höhenwetterkarten** (Upper wind charts, Temperatur- und Windvorhersagekarten) für die Höhen (FL: Flight-Level, Flugfläche) FL 50, 100, 180, 240, 300, 340, 390, 450 und 530 heraus. Die Höhenwetterkarten entsprechen den Standarddruckflächen 850 hpa (FL 50), 700 hpa (FL 100), 500 hpa (FL 180), 400 hpa (FL 240), 300 hpa (FL 300), 250 hpa (FL 340), 200 hpa (FL 390), 150 hpa (FL 450) und 100 hpa (FL 530).

Für einen Transatlantik-Flug ist z. B. die Höhenwetterkarte 390 interessant, die Flight-Level 390, also 39 000 Fuß (etwa 13 000 m) Flughöhe entspricht. Höhenwetterkarten enthalten in Form von Windpfeilen Vorhersagen über die Windrichtung, Windgeschwindigkeit und Temperaturangaben. Die Richtung der Windpfeile zeigt die Windrichtung, Form und Anzahl der Federn am Windpfeil geben die Windstärke an.

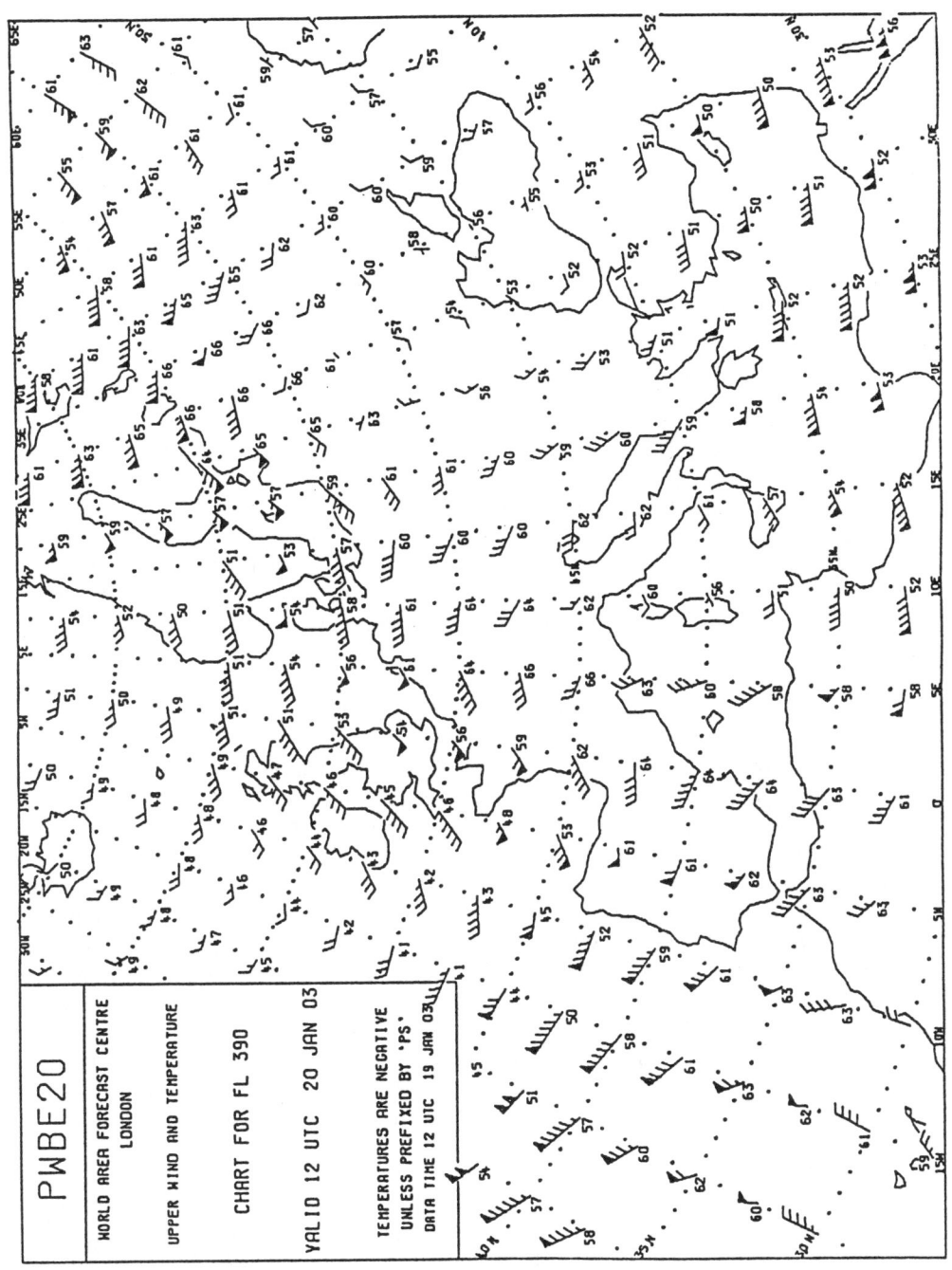

Abb. 152 Höhenwetterkarte Europa für 200 hPA/Flight-level 390 für den 20.01.2003
(Quelle: Deutscher Wetterdienst, MET-Office Flughafen Köln-Bonn)

Sigmets sind Informationen über vorhandene oder zu erwartende signifikante meteorologische Erscheinungen wie Gewitter, starke Turbulenz, starke Vereisung, starke Vereisung durch unterkühlten Regen, starke Gebirgswellen oder Vulkanaschewolken. Beispiele sind folgende am 27.01.2003 vom DWD herausgegebenen Sigmets:

LIRR SIGMET 04 VALID 270700/271100 LIMM- ROMA FIR MOD VA
LAST OBS (270625) EXT 30 NM WSW OF ETNA BTN FL070 AND
FL110 MOV SSW 25 KT=

LIRR SIGMET 02 VALID 270700/270900 LIMM- ROMA FIR SEV
TURB FCST BTN FL 240 AND FL360 MAINLY N AND CENTRAL
PART MOV SE NC=

(Quelle: LIDO Briefing-Package für LH 3874 Frankfurt-Malta vom 27.01.2003)

Das erste Sigmet ist gültig am 27.01.2003 von 7 bis 11 Uhr und sagt für das Fluginformationsgebiet Rom (FIR = Flight information region) mäßige (MODerate) Vulkanasche (VA) voraus, beobachtet (LAST OBServation) mit einer Ausdehnung (EXTension) von 30 nautischen Meilen (Nautical Miles) westsüdwestlich (WSW) des Etna zwischen (BTN: between) 7000 und 11000 Fuß Höhe (Flight-Level 70 und 110). Die Asche bewegt sich (MOVing) mit 25 Knoten Geschwindigkeit nach Südsüdwest (SSW).

Das zweite Sigmet gilt ebenfalls für den 27.01.2003 von 7 bis 9 Uhr im Fluginformationsgebiet Rom und sagt schwere Turbulenzen (SEVere TURBulence) zwischen (BTN: between) 24000 und 36000 Fuß Höhe (Flight-Level 240 und 360) voraus (FCST = Forecast) und zwar hauptächlich (MAINLY) im Zentrum und nördlichen Teil des Fluginformationsgebietes (N AND CENTRAL PART). Die Turbulenzen bewegen sich (MOVing) nach Südosten (SE: southeast)

Significant weather charts stellen Gebiete mit markanten Wettererscheinungen (significant weather) dar. Sie erscheinen ebenfalls viermal täglich (alle sechs Stunden) und enthalten z. B. Wetterfronten, Jetstreams, Gewitter, Vereisungsbedingungen, Turbulenzen und Höhe der Tropopause (Grenzschicht zwischen Troposphäre und Stratosphäre).

So bedeutet z. B. **CAT clear air turbulence**, also Turbulenzen im wolkenfreien Raum, die für die Piloten deshalb wichtig sind, da man diese Turbulenzen nicht an der Wolkenbildung und Wolkenform erkennen kann. Sie können ein Flugzeug „ohne Vorwarnung durch Wolken" treffen.

Jetstreams (Strahlströme) sind eng gebündelte Starkwinde in großen Flughöhen, die sehr hohe Windgeschwindigkeiten erreichen. Jetstreams werden definiert als Starkwindbänder mit mindestens 60 Knoten Windgeschwindigkeit, sie erreichen über dem Nordatlantik Geschwindigkeiten bis zu 200 Knoten. Für die Flugplanung sind sie wichtig, da man sie als Gegenwind zu vermeiden versucht oder als Rückenwind zu nutzen versucht.

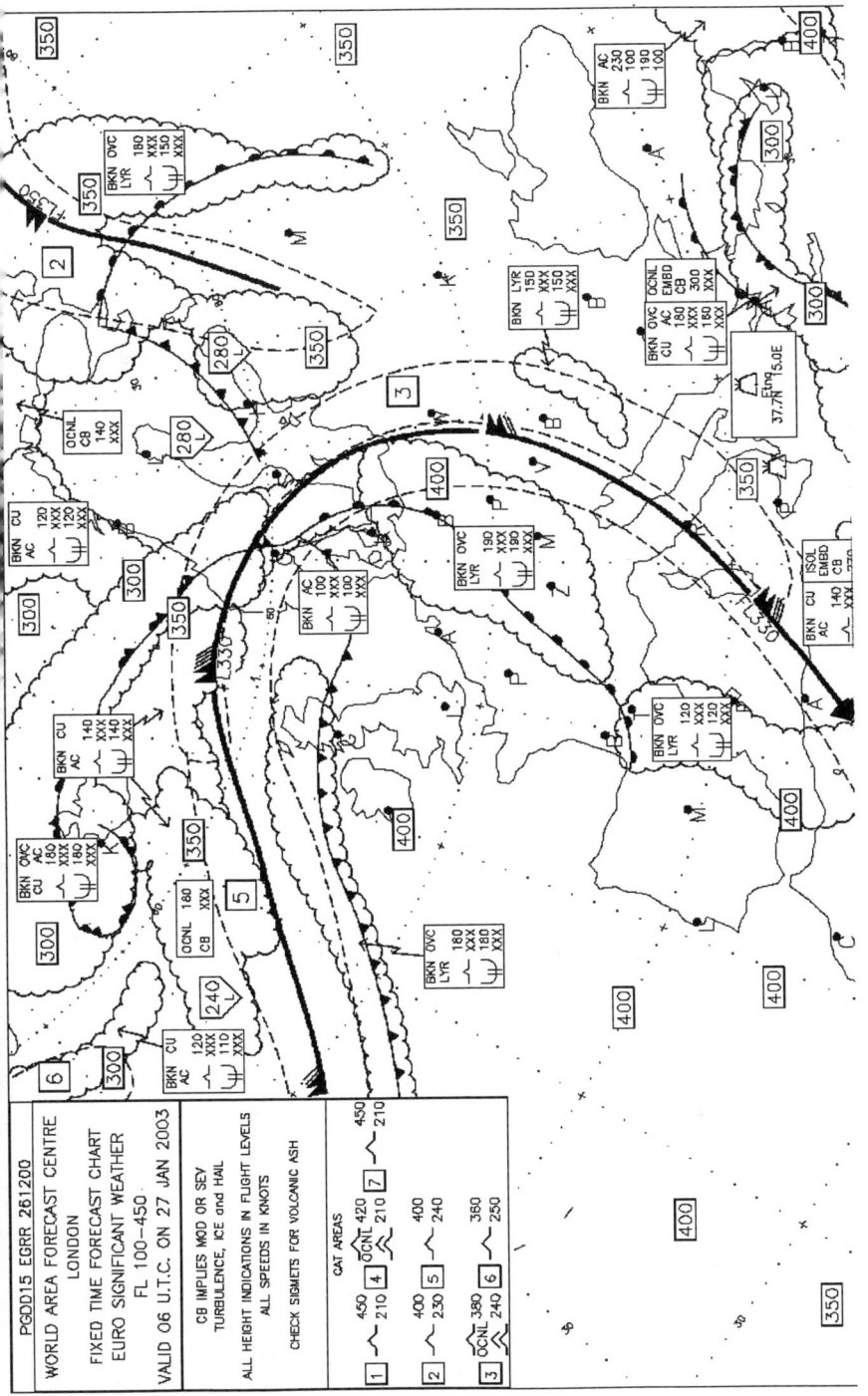

Abb. 153 Significant wheater chart für Europa für Flight-level 100–450 (10000 bis 45000 Fuß) für den 27.01.2003 (Quelle: LIDO Briefing Package zu Lufthansa Flug LH 3874 Frankfurt-Malta am 27.01.2003)

Abbildung 153 zeigt Jetstreams z. B. über Europa in Flight-Level 330 mit 120 bis 140 Knoten und in Flight-Level 350 mit 100 Knoten Windgeschwindigkeit.

Die Tropopausenhöhe beträgt z. B. über Südspanien 40000 Fuß oder nördlich von Sizilien 35000 Fuß.

Gebiete mit Clear air turbulence (CAT) sind z. B. durch kleine Rechtecke mit den Ziffern eins bis sechs gekennzeichnet, wobei die Ziffern die Höhe angeben, in der die Turbulenzen auftreten (siehe auch Kartenlegende).

Die größeren rechteckigen Felder enthalten Informationen über Wolkenart, Vereisungsbedingungen und Turbulenzen (CAT).

Hinweis auf **weitere Informationsquellen:**

⤥ aus der Vielzahl der Veröffentlichungen zur Meteorologie und Flugmeteorologie bietet eine auch für Laien gut verständliche Einführung in das Gebiet der Flugwetterkunde: KÜHR, W.: Grundlagen der Flugwetterkunde, Der Privatflugzeugführer Band 2, Bergisch Gladbach,

⤥ Wetterschlüssel des DWD („METAR/TAF, Wetterschlüssel für die Luftfahrt", hrsg. v. DWD, Geschäftsfeld Luftfahrt), in dem die Abkürzungen und Symbole erklärt sind, die in METAR und TAF vorkommen können, ist z. B. im jeweiligen MET-Office des DWD auf den deutschen Verkehrsflughäfen erhältlich,

⤥ Produkthandbuch Flugwetterdienst des DWD,

⤥ aktuelle Flugwettermeldungen sind ebenfalls im jeweiligen MET-Office des DWD auf den deutschen Verkehrsflughäfen erhältlich, manche Airlines und Handlingagents haben die Wetterdaten in ihr eigenes Dispatch-System eingespeist,

⤥ Internetseite des DWD: www.dwd.de.

9.4.3 Load & Trim-Sheet

Die gesamte Ladung eines Flugzeugs muß vor dem Abflug in einem **Load & Trim-sheet** erfaßt werden. Dazu zählen insbesondere das Gewicht und die Verteilung von Passagieren, Deadload (Fracht, Gepäck, Post) und Kerosin, sowie die zur Betreibung des Flugzeugs notwendige Ausrüstung (Crew, Catering, Trinkwasser etc.). Das Load & Trim-Sheet ermöglicht die Kalkulation der aktuellen Massen (früher: Gewichte) und damit die Darstellung der Gesamtladung sowie deren Verteilung innerhalb des Flugzeugs. Es dient der Überwachung der maximal zulässigen Massen (Structual limits) und der Schwerpunktlage des Flugzeugs, um eine sichere Steuerung der Maschine zu gewährleisten. Deshalb ist die Erstellung einer Weight- and balance-calculation (WAB) für jeden Flug Pflicht. Das Load & Trim-sheet kann sowohl manuell (handschriftlich in einem

Vordruck) als auch mit Hilfe eines Computersystems (EDP) erstellt werden. Seit einigen Jahren hat sich zunehmend die weniger aufwendige und zeitsparende Alternative der Übertragung von EDP-Loadsheets (auch Datalink Loadsheets genannt) mittels ACARS (Aircraft communication adressing and reporting system) direkt auf den Drucker im Cockpit durchgesetzt.

Laut **JAR-OPS 1.625** müssen mindestens folgende Daten erfasst werden:

1) Registrierung und Flugzeugmuster,
2) Flugnummer und Datum,
3) Identität des Kommandanten,
4) Identität der Person, die die Unterlagen erstellt hat,
5) Dry operating mass (weight) und Dry operting index,
6) Take-off fuel, Trip fuel,
7) Gewicht der Verbrauchsmittel (Catering, Trinkwasser etc.),
8) Gewicht der Zuladung (Passagiere, Gepäck, Fracht usw.),
9) Flugzeuggewicht beim Start, bei der Landung und im beladenen Zustand ohne Kraftstoff,
10) Verteilung der Ladung,
11) Schwerpunktlagen des Flugzeugs in der Startposition, bei der Landung und im beladenen Zustand ohne Kraftstoff,
12) Grenzwerte für Masse und Schwerpunktlage,
13) LMC – Last minute changes bei kurzfristig auftretenden Veränderungen nach Erstellung des Load & Trim-sheets.

Durch Überladung kann die Beschaffenheit eines Flugzeugs und damit dessen sichere Steuerung gefährdet werden. Die Flugzeughersteller legen deshalb aufgrund **struktureller** Bedingungen **Begrenzungen** für das Flugzeuggewicht, sogenannte **Maximum gross weights** fest:

MZFM **Maximum zero fuel mass (weight)**	MTOM **Maximum take-off mass (weight)**	MLAM **Maximum landing mass (weight)**
Höchstgewicht des Flugzeugs einschließlich Ladung, ohne Treibstoff	Höchstgewicht des Flugzeugs einschließlich Ladung und Treibstoff beim Start	Höchstgewicht des Flugzeugs einschließlich Ladung und Treibstoff bei der Landung
schützt die Struktur der Tragflächenwurzeln, da Treibstoff ein struktur-entlastendes Gegengewicht zum Auftrieb ist	gewährleistet, dass der Triebwerksschub ausreicht	schützt die Struktur des Fahrwerks

Die aus rechtlicher Sicht bindenden Begrenzungen der Flugzeuggewichte werden von den staatlichen Luftfahrtbehörden festgeschrieben (**Maximum weight for take-off, Landing and Zero fuel**). Diese höchstzulässigen Gewichte liegen meist unter den von der Flugzeugindustrie angegebenen Maximum gross weights.

Der früher gebräuchliche **Begriff Gewicht** ist seit Einführung der JAR OPS 1 durch den **Begriff Masse** (engl. mass) ersetzt worden, er wird nachfolgend in Klammern hinzugesetzt, da er in der Praxis noch weit verbreitet ist.

Die Bestimmung des tatsächlichen Gewichts eines Flugzeugs basiert auf Wägungen des Herstellers und der Airline, sowie auf der Addition von Zuladungsgewichten. Zunächst wird das Grundgewicht des Flugzeug beim Herstellers gewogen (Operator's empty mass). Nach Einbau der von der Fluggesellschaft gewünschten Ausstattung wird die Basic mass bestimmt. Die Airline selbst ermittelt die sogenannte Dry operating mass (weight), das Flugzeuggewicht inklusive Crew, Pantry und Frischwasser. Für einen konkreten Flug werden die elementaren Gewichte durch das Zusammenfassen von Dry operating mass (weight) und Zuladung errechnet. Die folgende Darstellung zeigt die Ermittlung einzelner Massen (Gewichte) auf:

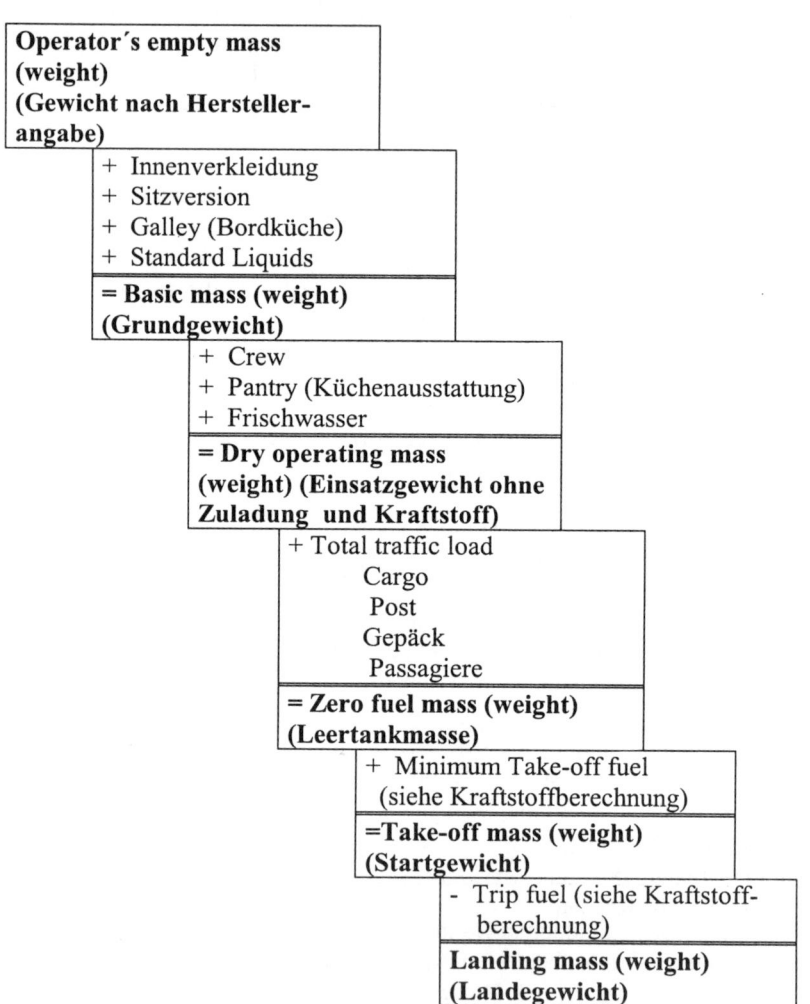

Abb. 154 Berechnung der Flugzeuggewichte

Während das Loadsheet die Kalkulation der Flugzeugmasse im beladenen Zustand sowie in den entscheidenden Flugphasen beim Start und bei der Landung aufführt, stellt das **Trimsheet** die Verteilung der Ladung und den daraus resultierenden Schwerpunkt des Flugzeugs dar.

Der Schwerpunkt (engl. center of gravity) ist eine fundamentale Größe in der Luftfahrt, er beeinflußt die Flugfähigkeit eines Flugzeugs. In der Dry operating mass (weight) wird der Schwerpunkt durch den DOI (Dry operating index) ausgedrückt. Durch Beladung und Betankung verschiebt sich die Lage des Schwerpunkts. Da in der Praxis eine perfekte Balance kaum umsetzbar ist, konstruieren die Flugzeughersteller eine sogenannte Safe loading range (Trimmtoleranzbereich). Befindet sich der Schwerpunkt innerhalb diesen Bereichs, läßt sich ein Ungleichgewicht durch Trimmen des Stabilizers am Leitwerk des Flugzeugs ausgleichen. Im Load & Trim-sheet wird die zur Einstellung des Stabilizers notwenige Größe, der MAC (Mean aerodynamic chord), in Prozent errechnet.

9.4.4 Kraftstoffberechnung

Laut **JAR-OPS 1.255** ist der Flugzeugbetreiber verpflichtet, eine genaue Kraftstoffberechnung im Rahmen der Flugplanung durchzuführen. Für jeden Flug muß gesichert sein, daß ausreichend Kerosin für die geplante Strecke sowie Reservekraftstoff für eventuell auftretende Abweichungen mitgenommen wird.

Unter **Reservekraftstoff** fasst die JAR OPS 1.255 Contingency-, Alternate-, Final reserve- und Additional fuel zusammen. Die Mindestkraftstoffmenge, die der Gesetzgeber vorschreibt, wird aus verschiedenen Komponenten berechnet (vgl. Abb. 155).

Fluggesellschaften können über die Mindestkraftstoffmenge hinaus Kerosin tanken, allerdings bedeutet jedes Kilogramm mehr an Bord zusätzlichen Mehrverbrauch und damit höhere Kosten.

Kerosin stellt heute eine der kostenintensivsten Ressourcen für den Flugbetrieb dar. Treibstoffkosten machen nahezu 20 % der direkten Betriebskosten aus. Der Kerosinpreis wird durch die internationalen Rohölmärkte bestimmt und läßt sich von den Airlines nur geringfügig durch Verhandlungen mit den Zulieferern oder durch Termin-/ bzw. Kurssicherungsgeschäfte beeinflussen.

Airlines prüfen bei der Flugplanung, welche der angeflogenen Flughäfen günstige Kraftstoffpreise bieten. So kann es manchmal ökonomisch sinnvoll sein, auf einem Flughafen mehr Kraftstoff als erforderlich bereits für den darauffolgenden Streckenabschnitt mitzutanken (= **Tankering**), obwohl das Flugzeug durch diese zusätzlich getankte Kraftstoffmenge einen größeren Verbrauch hat.

	Trip fuel	✈ Kraftstoff für den eigentlichen Flug vom Start- zum Zielort (Steig-, Reise-, Sink- und Landeanflug)
+	Contingency fuel	✈ Reservekraftstoff für **unvorhergesehenen** Mehrverbrauch ✈ z.B. aus Wetter- oder Verkehrsgründen ist ein Umweg nötig bzw. eine ungünstige Flughöhe zu wählen ✈ Berechnung nach JAR OPS 1, Subpart D AMC 1.255, Seite 2-D-5
+	Alternate fuel	✈ Reservekraftstoff für den Flug zum 1. Ausweichflughafen (Alternate)
+	Final reserve fuel (früher: Holding fuel)	✈ Endreserve für 30 min Warteschleife in 450 m Höhe über dem Alternate
+	Additional fuel	✈ Reservekraftstoff z.B. für ETOPS-Flüge
=	**Minimum take-off fuel (bei LH: Planned take-off fuel)**	✈ **Mindestkraftstoff in der Startposition**
+	Extra fuel	✈ Vom Kapitän angeforderter Zusatzkraftstoff für **absehbaren** Mehrverbrauch (z.B. durch Wetterbedingungen, Anflugverzögerungen)
=	**Take-off fuel**	✈ **Kraftstoff in der Startposition**
+	Taxi fuel	✈ Fixwert je nach Flugzeugtyp zum Anlassen, Rollen und Warten auf die Startfreigabe
=	**Block fuel**	✈ **Kraftstoffmenge, auf die das Flugzeug aufgetankt wird und die vor Anlassen der Triebwerke im Tank ist**

Abb. 155 Kraftstoffberechnung

Kraftstoffkosten können vor allem über den Verbrauch eingespart werden, d.h. über die benötigte Menge pro Sitzkilometer. Betriebsverfahren, die zur Ersparnis von Treibstoff beitragen sind u. a.:

✈ Gewichtsreduzierung (z. B. Reduzierung der Betriebsleermasse durch Ausbau von für Überwasserflüge geforderte Notfallausrüstung auf Inlandsflügen, oder durch Ausbau nicht benötigter Teile für den Passagierservice oder durch Nutzung von Bulk- statt Container-Beladung),

✈ Wahl der optimalen Flughöhe (Flug in Step climbs, je leichter ein Flugzeug im Reiseflug durch den Verbrauch an Treibstoff wird, desto höher sollte es fliegen),

✦ Wahl einer optimalen Geschwindigkeit (mit Hilfe des Flight management systems im Cockpit),

✦ Optimierung der Streckenführung,

✦ Fuel mileage monitoring (zur Reduzierung des Reservekraftstoffs).

Für die **Fuel Policy einer Airline** ist gerade der letzte Punkt wichtig. Bis September 1999 schrieb der Gesetzgeber laut LuftBO für den Contingency fuel pauschal einen Wert von 5 % des Trip fuels vor. Die JAR-OPS 1 erlaubt nun vier Möglichkeiten zur Berechnung des Contingency Fuels, u. a. aufgrund statistischer Verfahren. Dabei werden für jede Flugstrecke Daten der beiden letzten Jahre ausgewertet und angegeben, wie hoch die Menge an Contingency fuel mit 90% bzw. 99% Wahrscheinlichkeit sein müßte. Bei diesem Verfahren muß der Contingency fuel laut JAR OPS 1 für mindestens 15 Minuten Holding (Warteschleifen) ausreichen.

Lufthansa setzt dieses Verfahren seit einigen Jahren ein und konnte dadurch den Contingency fuel senken.

In letzter Konsequenz entscheidet der Kapitän bei der Flugvorbereitung über die tatsächlich aufzutankende Kraftstoffmenge, z.B. durch die zusätzliche Bestellung von Extra fuel, wenn schwierigen Wetterlagen oder Verkehrsverhältnisse zu erwarten sind.

9.4.5 Weitere flugrelevante Unterlagen für die Cockpit-Crew

NOTOC (Notification to captain) sind Benachrichtigungen für den Kapitän über besondere Ladung einschließlich gefährlicher Güter (Dangerous goods).

Informationen über Passagiere und eventuelle Besonderheiten werden in Form der **PIL (Purser oder Passenger information list)** bereitgestellt und enthalten z. B. Informationen über Behinderung, Krankheit, kulinarische Wünsche, Statuskunden, Anschlußflüge usw. Form und Inhalt dieser Informationen sind von Airline zu Airline unterschiedlich.

Der **Ladeplan** wird für das Ladepersonal erstellt und enthält Anweisungen für die Verteilung der Ladung, i. d. R. als Standard-Verladung aufgrund von Buchungsdaten.

Um starten zu können, benötigt ein Flugzeug auf vielen Flughäfen einen Slot (Zeitfenster oder Zeitnische für den Start, vgl. hierzu Kap. 10). Die **Slotvergabe (Airway-slot)** erfolgt in Europa durch die CFMU in Brüssel als CTOT (calculated take-off time). Der Slot ist gültig in einem Zeitfenster von 5 Minuten vor der CTOT bis 10 Minuten nach CTOT.

NOTAMS (Notice to airmen) enthalten Informationen über zeitlich befristete Änderungen zur AIP (Aeronautical information publication: Luftfahrthandbuch Deutschland), die für den Flugverkehr von Bedeutung sind.

Sie werden von der NOTAM-Zentrale der Deutschen Flugsicherung GmbH herausgegeben und enthalten z. B. Angaben über Zustand oder Veränderungen von Flughafen- einrichtungen, An- und Abflugverfahren oder Navigationshilfen.

EDDK /CGN COLOGNE

1A13/03
ILS 32R CAT 3B POSSIBLE. SINGLE FLIGHTS HAD REPORTED
SCALLOPS 4 TO 5 NM PRIOR TOUCHDOWN : PLEASE REPORT ANY
UNUSUAL BEHAVIOR OF **ILS** SIGNALS ON TWR FREQUENCY. RDH
50FT.

LIMC /MXP MILAN/MALPENSA

1A277/03
ILS MLP **RWY35R DOWNGRADED** T CATEGORY II.

LIRR   ROME FIR

1A79/02
WARNING. IN THE EVENT OF NEGATIVE RADIO CONTACT WITH
ROMA FIC ON FREQ 125.750 THAT MAY EFFECT THE PROVISION OF
FIS AND ALS, FLIGHTS ARE SUGGESTED TO ESTABLISH POSITIVE
RADIO CONTACT WITH THE NEAREST ATS UNIT WITHIN ROMA FIR
F) GND G) FL195

Abb. 156 NOTAM - Beispiele
(Quelle: LIDO Briefing Package zu Lufthansa Flug LH 3874 Frankfurt-Malta am 27.01.2003)

Hinweis auf **weitere Informationsquellen:**

✈ Informationen und Unterstützung bei Fragen der Flugvorbereitung
   bietet der Flugberatungsdienst (AIS = Aeronautical information
   service) der Deutschen Flugsicherung GmbH (DFS).
   AIS-Beratungs- stellen befinden sich zur Zeit auf allen
   Verkehrsflughäfen. Der AIS nimmt ATS-Flugpläne entgegen, stellt
   NOTAMS und Unterlagen zur Flugvorbereitung bereit.
✈ Informationen über den AIS enthält auch die Internetadresse der DFS
   GmbH: www.dfs.de

10 Slotmanagement

Die Notwendigkeit einer Slotzuteilung (Slot allocation) entstand durch das rasante Wachstum des Luftverkehrs, mit dem die Kapazitäten der Flughäfen und der Flugsicherung (ATC) nicht mehr schritthalten konnten. Die Engpässe waren und sind aufgrund zunehmender Verspätungen, langer Schlangen wartender Jets vor den Startbahnen und vieler Warteschleifen (Holdings) von Flugzeugen, die auf eine Landeerlaubnis warten, nicht zu übersehen. Folgende Aspekte veranschaulichen die Bedeutung der Slotsituation für Fluggesellschaften:

✈ Durch Anflugverzögerungen verbrachten Lufthansa-Flugzeuge im Jahr 2001 weltweit 19.600 Stunden mehr in der Luft als geplant und verbrauchten dabei in Summe 48.900 Tonnen mehr Treibstoff. (Ursache: zuwenig Airport-Slots).

✈ 44 Prozent der Verspätungen bei Lufthansa gingen im ersten Vierteljahr 1999 auf die unzulängliche Infrastruktur in der Luft zurück. Europa hat heute 49 Kontrollzentren und 31 nationale Flugsicherungssysteme; die eingesetzten Geräte stammen von 18 verschiedenen Herstellern, die Software ist in 30 verschiedenen Programmiersprachen geschrieben (Folge: zuwenig Airway-Slots).

✈ Mit ca. 80 Gesamtbewegungen pro Stunde (Slots für Starts und Landungen zusammen) ist der Flughafen Frankfurt an seiner Kapazitätsgrenze angelangt; der Flughafen stagniert damit in einem insgesamt wachsenden Flugverkehrsmarkt (zuwenig Airport-Slots).

✈ Auch die Anzahl der Slots, die eine Fluggesellschaft oder Airline-Allianz auf einem Flughafen besitzt, ist von großer Bedeutung. So kann eine Airline mit großem Slotanteil eine monopolähnliche Stellung oder einen Fortress-Hub auf dem betreffenden Flughafen aufbauen (Marktzugangsbeschränkung für neue Wettbewerber).

✈ Aber nicht nur die Anzahl der Airport-Slots, die eine Fluggesellschaft auf einem Flughafen besitzt, ist wichtig, auch die zeitliche Lage der Slots stellt einen bedeutenden Wettbewerbsfaktor dar. So sind z. B. für Geschäftsreisende Slots in den Tagesrandlagen morgens und abends besonders wichtig.

✈ Auch beim Kauf oder bei der Beteiligung an einer Fluggesellschaft (z. B. Beteiligung von Lufthansa an British Midland) spielt der Erwerb von Slots durch den Käufer eine große Rolle.

10.1 Definition und Arten von Slots

Der Begriff Slot wird mit Zeitfenster oder auch Zeitnische übersetzt. So definiert die Verordnung der EU über die „Zuweisung von Zeitnischen auf Flughäfen in der Gemeinschaft" im Artikel 2 Zeitnische als „flugplanmäßige Lande- oder Startzeit" (Verordnung EWG Nr. 95/93 des Rates vom 18.01.1993). Allgemein bezeichnet der **Begriff Slot** einen Zeitraum, in dem ein Flugzeug eine Flugbewegung vollzieht. Slots können Start-, Lande-, Einflug- oder Überflugzeiten sein.

Man unterscheidet zwei Arten von Slots, die ihrem Zweck und dem **Vergabeverfahren (= Slot allocation)** nach verschieden sind:

Slotart	Airport-Slot	Airway-Slot
Zuständigkeit	Flughafenkoordinator der BRD, Frankfurt	Central flow management unit (CFMU) der Eurocontrol in Brüssel
Zweck	Zeitfenster für Starts und Landungen als Planungswerte für die nächste Flugplanperiode	Zeitfenster für Start, Landung oder Überflug, die aufgrund der aktuellen Wetter- und Verkehrssituation am Flugtag zugeteilt werden
Charakter	Planwert	tagesaktueller Wert
Engpaßfaktor	Bodenkapazität	Luftkapazität

Abb. 157 Slot-Arten

Airport-Slots werden als Start- bzw. Landezeiten über die Flughafenkoordinatoren der jeweiligen Länder und über Slotkonferenzen der IATA halbjährlich im voraus den Airlines zugeteilt. Airport-Slots sollen die beschränkten Flughafenkapazitäten optimal auf die Fluggesellschaften verteilen (Slot allocation). Da bei der Vergabe von Airport-Slots die aktuellen Verhältnisse am Flugtag (Wetter, Streiks, Krieg, Überlastung des Luftraums, ATC-Probleme) nicht bekannt sind, können Airport-Slots nur Planwerte sein. Am entsprechenden Flugtag muß deshalb bei der CFMU in Brüssel ein **Airway-Slot** (auch Take-off-slots, ATC-slot, En-route slot oder CTOT = calculated take off time genannt) beantragt werden, der aufgrund der momentanen Verkehrssituation zugeteilt wird. Herrschen am Flugtag „normale" Verhältnisse, stimmen Airport- und Airway-Slot überein.

Der Airport-Slot stellt als Planwert die Grundlage für die Zuteilung des Airway-Slots dar. Am Flugtag selbst überschreibt der Airway-Slot immer den Airport-Slot. Der Airway-Slot ist am Flugtag der wichtigere Slot, der als tatsächlicher Wert eine Art „Feintuning" unter Berücksichtigung der aktuellen Verhältnisse (Wetter etc.) darstellt.

10.2 Airport-Slots

Bei den vom Flughafenkoordinator zugeteilten Airport-Slots handelt es sich um On-/Off-block-Zeiten (Gatezeiten), die im Flugplan der Airline veröffentlicht werden. Als Faustregel gilt: um die Take-off-Zeit zu erhalten, addiert man im Durchschnitt 10 Minuten zum zugeteilten Start-Slot; um den Zeitpunkt der Landung (Touch down) zu erhalten, subtrahiert man 5 Minuten vom zugeteilten Lande-Slot.

10.2.1 Einteilung der Flughäfen

Flughäfen kann man nach verschiedenen Kriterien einteilen (vgl. hierzu Kap. 2.2.1); unter dem Gesichtspunkt der Slotallokation unterscheidet man drei Gruppen von Flughäfen:

nicht koordinierte Flughäfen	koordinierte Flughäfen (Schedule movement advice)	Vollständig koordinierte Flughäfen (Slot clearance request)
z. B. Friedrichshafen	z. B.: Bremen, Dresden, Erfurt, Leipzig, Hamburg, Hannover, Köln-Bonn, Münster-Osnabrück, Nürnberg, Saarbrücken	z. B.: Frankfurt, München, Düsseldorf, Stuttgart, Berlin (alle drei Flughäfen)
Anmeldung des Fluges bei der Flughafengesellschaft	Anmeldung des Slot beim Flughafenkoordinator, keine Genehmigung erforderlich	Genehmigung des Slot durch den Flughafenkoordinator erforderlich

Abb. 158 Einteilung der Flughäfen

Bei einem **nicht koordinierten Flughafen** exisitieren keine Kapazitätsengpässe. Die Fluggesellschaft, die den entsprechenden Flughafen anfliegen will, meldet den Flug bei der Flughafengesellschaft an, Flughafen und Fluggesellschaften müssen sich untereinander über die Start- und Landezeiten einigen.

Koordinierte Flughäfen (EU-Terminologie: coordinated airports, IATA-Terminologie: Schedule movement advice) haben leichte Kapazitätsengpässe, die der Flughafen jedoch alleine lösen kann; in der Regel sind Angebot und Nachfrage ausgewogen. Für den Flughafen wurde ein Flughafenkoordinator benannt, bei dem die Luftverkehrsgesellschaften ihre Flüge anmelden, es ist jedoch keine Genehmigung des Koordinators erforderlich.

Vollständig koordinierte Flughäfen (EU-Terminologie: fully coordinated airports, IATA-Terminologie: Slot clearance request) haben große Kapazitätsengpässe; die Nachfrage übersteigt das Angebot. Ein Slot muß beim Flughafenkoordinator beantragt und von ihm genehmigt bzw. der Airline zugewiesen werden. Einige koordinierte Flughäfen müssen nur zu den Hauptverkehrszeiten vollständig koordiniert werden.

10.2.2 Koordinationseckwerte eines Flughafens

Die **Slotkapazität eines Flughafens** hängt davon ab, wie die Infrastrukturelemente (Runways, Taxiways, Flugzeugpositionen, Vorfeld, Flugzeugbrücken, Terminal-Anlagen für Passagiere, Frachtanlagen) dimensioniert sind. Ist nur eins dieser Elemente unterdimensioniert, wirkt sich das verkehrsbehindernd auf die übrigen Bereiche aus. Der Flughafen funktioniert nicht mehr effizient, es kommt zu Überlastungen und damit zu Verspätungen und verpaßten Anschlüssen.

TOP 30 CAPACITY-CONSTRAINED AIRPORTS	
	Main Constraint
AMSTERDAM	Environment
ATHENS	Runway
BASEL/MULHOUSE	Local airspace
BARCELONA	Runway
BERLIN TEGEL	Terminal
BRUSSELS	Local airspace
DUSSELDORF	Environment
FRANKFURT	Runway
GENEVA	Runway
HAMBURG	Runway
HERAKLION	Terminal
KERKYRA	Terminal
LANZAROTE	Runway
LISBON	Terminal
LONDON GATWICK	Runway
LONDON HEATHROW	Runway
LONDON LUTON	Runway
MADRID	Runway
MANCHESTER	Runway
MILAN MALPENSA	Environment
MUNICH	Runway
NICE	Local airspace
OSLO	Environment
PARIS ORLY	Environment
PARIS C. DE GAULLE	Local airspace
RHODES	Terminal
ROME FIUMICINO	Terminal
STUTTGART	Terminal
VIENNA	Runway
ZURICH	Local airspace

Abb. 159 Top 30 Capacity-constrained airports in Europe
(Quelle: AEA Yearbook 2002, S. III-6)

Am **Flughafen Frankfurt** beispielsweise wird die Kapazität maßgeblich durch den Engpaßfaktor Start-/Landebahnsystem bestimmt (der Abstand der Runways ist unter anderem wegen der Wirbelschleppenproblematik zu gering, um parallelen Flugbetrieb auf beiden Bahnen durchzuführen). Daneben gibt es weitere Restriktionen wie z. B. maximal vier Transatlantik-Abflüge pro Viertelstunde oder maximal alle zwei Stunden einen Israel-Flug (da nur ein Hochsicherheitsgate in Frankfurt vorhanden ist).

Die **operationelle Kapazität eines Flughafens** ist diejenige Kapazität, bei der alle Flugbewegungen noch ohne nennenswerte Verzögerungen abgewickelt werden können. Sie schwankt je nach Wetterlage (Nebel, Schneefall, häufiger Wechsel der Windrichtung, starke Gewitter, keine Instrumentenflugbedingungen mehr) bis hin zur völligen Schließung des Flughafens unter extremen Wetterbedingungen. Die Anzahl der Flugbewegungen zu einem bestimmten Zeitpunkt kann sich auch in Abhängigkeit von Verspätungen, Verfrühungen, kurzfristigen Zusatzflügen und Streichungen bereits koordinierter Flüge verändern. Solche kurzfristigen Schwankungen und Veränderungen können bei der Flughafenkoordination nicht berücksichtigt werden. Aus diesem Grunde ist es für die Flughafenkoordination erforderlich, planerische Kapazitäten vorzugeben, die mit großer Wahrscheinlichkeit über die gesamte nächste Flugplanperiode (unter statistischer Berücksichtigung der während dieser Periode auftretenden unterschiedlichen Bedingungen) einen sicheren und reibungslosen Betriebsablauf gewährleisten. Diese Vorgaben werden als „**Grenzwerte für die Koordination (GFK)**" oder **Koordinationseckwerte** bezeichnet.

Koordinationseckwerte eines Flughafens sind also **Mittelwerte für die Flughafenkapazität**. Sie werden an dem jeweiligen Engpaßfaktor der Luftverkehrsinfrastruktur, die für einen Flughafen bestimmend ist, ausgerichtet. An Flughäfen, wo dies das Start- und Landebahnsystem ist, werden die Eckwerte z. B. unter Berücksichtigung des voraussichtlichen **Flugzeugmixes** (Wirbelschleppenkategorie: leichte, mittlere, schwere Flugzeuge, siehe Kap. 7.2.1), der Hauptwindrichtungen, der Staffelungskriterien und der An- und Abflugverfahren festgelegt. Dementsprechend gibt es jeweils einen Grenzwert für den Start- und den Landebetrieb sowie für die Gesamtflugbewegungen. Die Eckwerte beruhen auf bekannten Engpaßfaktoren, Kapazitäts- und Wahrscheinlichkeitsberechnungen sowie Simulationen des Verkehrsgeschehens.

Die Koordinationseckwerte und die Flughafenkategorie (koordiniert - vollständig koordiniert) werden vom Bundesministerium für Verkehr nach Anhörung der **Koordinierungsausschüsse** festgelegt. Die Koordinierungsausschüsse tagen pro Flughafen und pro Flugplanperiode einmal, Teilnehmer sind der Flughafenkoordinator, Vertreter der Flugsicherung (DFS), der Flughafennutzer (Airlines) und des Flughafenbetreibers unter Vorsitz von Vertretern des Bundesministeriums für Verkehr. Ein Koordinierungsausschuß kann für einen oder mehrere Flughäfen gebildet werden.

Für verschiedene Zeitintervalle gibt es unterschiedliche Koordinationseckwerte, wobei das jeweils höhere Intervall nicht das Vielfache des kleineren ist. Für die deutschen Flughäfen galten im Sommer 2003 folgende Koordinationseckwerte:

Stadt	Flug-hafen	pro 10 Minuten			pro 30 Minuten			pro 60 Minuten		
		Arr	Dep	Mix	Arr	Dep	Mix	Arr	Dep	Mix
Bremen	BRE	3	3	5	-	-	-	18	18	30
Köln	CGN	-	-	-	-	-	-	40	40	52
Dresden	DRS	4	3	4	8	7	10	11	10	18
Düsseldorf	DUS	-	-	8	-	-	-	-	-	40
Erfurt	ERF	-	-	-	-	-	-	9	9	18
Münster-Osnabrück	FMO	-	-	-	-	-	-	11	11	22
Frankfurt	FRA	9	9	16	23	25	43	$43^{1)}$	$48^{1)}$	$78^{1)}$
Hannover	HAJ	3	4	6	-	-	-	18	24	30
Hamburg	HAM	-	-	9	-	-	-	-	-	51
Leipzig-Halle	LEJ	4	4	4	9	9	14	12	12	20
München	MUC	12	12	15	-	-	-	58	58	87
Nürnberg	NUE	5	5	8	-	-	-	20	20	30
Saarbrücken	SCN	-	-	-	-	-	-	10	12	20
Stuttgart	STR	4	5	7	11	12	20	21	22	36
Schönefeld	SXF	4	4	6	-	-	-	20	20	-
Tempelhof	THF	4	4	6	-	-	-	15	16	30
Tegel	TXL	4	4	8	-	-	-	17	18	-

[1)] ab 14.00 bis 22.00 Uhr 45/48/80

Abb. 160 Koordinationseckwerte deutscher Flughäfen Sommersaison 2003; Arr = arrival, Dep = departure, Mix = arrival und departure
(Quelle: Obert, Armin, Flughafenkoordinaton der BRD)

10.2.3 Regelwerke für die Slotzuteilung

Für die Slotvergabe an deutschen Flughäfen sind vier Regelwerke von großer Bedeutung: die IATA Worldwide Scheduling Guidelines, die Verordnung (EWG) Nr. 95/93 der europäischen Gemeinschaft, das deutsche Luftverkehrsgesetz und die deutsche Verordnung zur Durchführung der Flughafenkoordination.

In diesen Quellen sind die Vorschriften und Regeln über Slotvergabe, Slotmonitoring, Flughafenkoordinatoren, Flugplankonferenzen, Bestimmung der Koordinationseckwerte usw. festgelegt:

✈ **1. Worldwide Scheduling Guidelines der IATA** (früher IATA SP-Guide: Scheduling Procedures Guide); sie stellen das älteste und über lange Zeit auch einzige Regelwerk zur Slotvergabe dar und enthalten Bestimmungen zu folgenden Bereichen:
- Festlegung der Airportkategorie (SCR – SMA, vgl. S. 276),
- Ernennung eines Koordinators,
- Slotvergabe,
- Slotbeantragung und -nutzung,
- Festlegung von Fristen und Deadlines,
- Tausch von Slots (Slotswaps),
- Durchführung und Ablauf der Flugplan-Konferenz.

✈ **2. Verordnung (EWG) Nr. 95/93** des Rates über gemeinsame Regeln für die Zuweisung von Zeitnischen auf Flughäfen in der Gemeinschaft vom 18. Januar 1993. Die EU hat in diesem **„Code of Conduct for Slot Allocation"** Durchführungsverfahren zur Slotvergabe an hochbelasteten Flughäfen unter besonderer Berücksichtigung der Stimulierung des Wettbewerbs vorgelegt. Diese Verordnung folgt im wesentlichen den Regeln der IATA Scheduling Guidelines, seine Bestimmungen sind jedoch restriktiver als die der IATA. Der Code of Conduct hat innerhalb der EU Gesetzeskraft und enthält u.a. Regelungen zu:
- Airportkategorie (coordinated/fully coordinated),
- Flughafenkoordinatoren,
- Slotvergaberegeln,
- Definition „Historische Priorität",
- Definition „New Entrant" (Fluggesellschaften, die auf einem Flughafen Neubewerber sind),
- Slotpools,
- Slotmonitoring,
- Slotswaps (Tausch).

✈ **3. § 27a und b des deutschen Luftverkehrsgesetzes**

✈ **4. §§ 1 – 4 der deutschen Verordnung zur Durchführung der Flugplankoordinierung vom 13. Juni 1994**

10.2.4 Regeln zur Slotzuteilung

Airport-Slots werden durch die Flughafenkoordinatoren der jeweiligen Länder nach Prioritätsregeln zugeteilt. Nach dieser **Primärverteilung der Slots** durch die Flughafenkoordinatoren erfolgt in der Praxis oft eine **Sekundärverteilung** durch die Airlines selbst in Form von **Slottausch (Slotswap)** oder **Slothandel**. (Siehe hierzu auch Kapitel 10.2.9 „alternative Slot-Allokationsverfahren"). Airport-Slots werden durch die Flughafenkoordinatoren nach folgenden Regeln zugeteilt:

> ✈ **1. Historische Slots („Grandfather rights")**
> Nach dem Prinzip der historischen Priorität hat eine Airline Anspruch auf Zuteilung eines Slots, wenn ihr dieser Slot in der vorhergehenden Saison zugeteilt war und sie diesen Slot zu mindestens **80%** genutzt hat (**„Use it or loose it"-Regel**).

> ✈ **2. Slots für geänderte historische Flüge („Retimed historics")**
> Darunter versteht man Slots, die einer Fluggesellschaft in der vorhergehenden Saison zugeteilt waren, und die zeitlich verlegt werden sollen.

> ✈ **3. Slots für Neubewerber (New entrants)**
> Neubewerber sind Fluggesellschaften, die weniger als vier Slots pro Tag an dem betreffenden Flughafen haben (weitere Merkmale: siehe Artikel 2 der EU-Verordnung).

> ✈ **4. Slots für neue Altbewerber (New incumbents)**
> Ein Altbewerber (der bereits mehr als vier Slots pro Tag hat) will einen neuen Flug einführen (z. B. LH expandiert in Frankfurt und benötigt weitere Slots).

> ✈ **5. Slots für Einzelflüge**
> Hierunter fallen z. B. Messe-, Überführungs-, Sonder-, Zusatzflüge (werden zum Teil erst nach der Flugplankonferenz koordiniert).

Innerhalb aller fünf Regeln gilt zusätzlich:

> ✈ **tägliche** Flüge haben Vorrang **vor nicht täglichen** Flügen,
> ✈ Flüge über **die ganze Saison** werden Flügen über Teile der Saison **vorgezogen.**

Nicht genutzte Slots, neu geschaffene Slots (z. B. durch Erhöhung der Korrdinationseckwerte) und aufgegebene Slots fallen einem **Slot-Pool** zu, aus dem 50% an Neubewerber vergeben werden.

10.2.5 Der Flughafenkoordinator der BRD

Flughafenkoordinatoren wurden mittlerweile für nahezu alle wesentlichen und hochfrequentierten Flughäfen der Welt eingeführt.

Für die Flughafenkoordination in Deutschland ist der **Flughafenkoordinator der BRD** zuständig, dessen Institution durch die Veröffentlichung im „Zehnten Gesetz zur Änderung des Luftverkehrsgesetzes vom 23.7.1992 (§ 31a) offiziellen Charakter hat. Er ist eine eigenständige, **dem Bundesministerium für Verkehr nachgeordnete Organisation,** mit der durch den Bundesverkehrsminister beliehenen Aufgabe, dem Luftverkehrsteilnehmer Flugplanzeiten (also Slots) unter Berücksichtigung der Kapazitäten der einzelnen Infrastrukturelemente des Luftverkehrs (Flugsicherungskapazität im An- und Abflugbereich von Flughäfen sowie im Streckenbereich, Flughafenkapazitäten im Bereich der Start- und Landebahnen, Terminals, Vorfelder usw.) zuzuweisen.

Die Dienststelle des Flugplankoordinators ist 1971 geschaffen worden. Zum ersten Flugplankoordinator wurde der ehemalige Lufthansa Flugkapitän Gering berufen. 1986 trat der heutige Flughafenkoordinator **Claus Ulrich** sein Amt an.

Sitz des Flughafenkoordinators ist der Flughafen Frankfurt Terminal 2-E. Die **Inanspruchnahme des Flughafenkoordinators** ist für die planerische und aktuelle Flugplanung an den Flugplätzen zwingend vorgeschrieben, für die der Bundesminister für Verkehr Koordinationseckwerte festgelegt hat (§27a IV LuftVG).

Einen Überblick über **Organisation und Aufgabenbereiche** des Flughafenkoordinators zeigt folgende Darstellung:

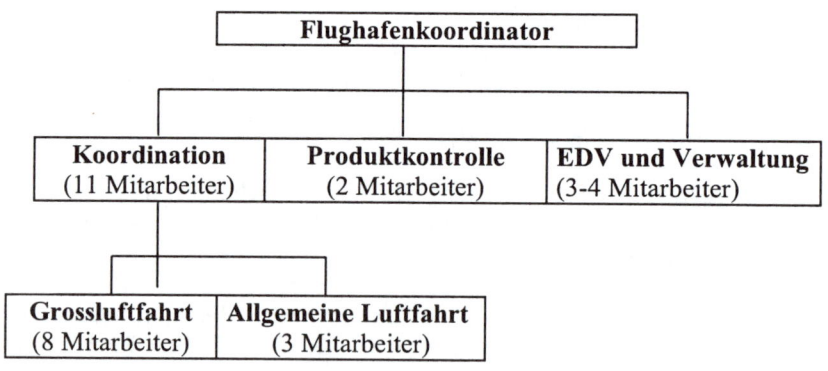

Abb. 161 Organisation der Flughafenkoordination

Die **Aufgabenbereiche des Flughafenkoordinators** sind Koordinierung des Linien- und Charterverkehrs und Produktkontrolle:

✈ die **Flughafenkoordination** umfaßt z. B. die Verteilung der verfügbaren Slots, die Vorbereitung und Durchführung von IATA-Flugplankonferenzen, die Mitwirkung bei der Festlegung der Koordinationseckwerte, die ständige Aktualisierung der Slots (z. B. bei Slottausch zwischen Airlines während der laufenden Flugplanperiode) und die Bearbeitung von Anfragen der Airlines für kurzfristige Änderungen. Dabei hat der Flughafenkoordinator die Slotwünsche der Airlines unparteiisch und jederzeit objektiv nachprüfbar zu behandeln.

✈ die **Produktkontrolle (Slot-Monitoring)** umfaßt den regelmäßigen Soll-/Ist-Vergleich; sie kontrolliert, ob die koordinierten Slots von den Airlines tatsächlich genutzt werden oder ob die von den Fluggesellschaften im Flugplan veröffentlichten Zeiten mit den koordinierten Slots übereinstimmen.

10.2.6 Kosten eines Slots

Legt man die Daten des Jahrers 2002 zugrunde, so sind bei der Dienststelle des Flughafenkoordinators jährlich ca. 3 Mio. Euro an Kosten angefallen, wobei ca. 2,4 Mio. Slots koordiniert wurden. Verteilt man die anfallenden Kosten auf die koordinierten Slots, so kostete ein Slot ca. 1,25 Euro. Die Kosten für die Flughafenkoordination werden nur von den deutschen Luftfahrzeughaltern getragen, ausländische Nutzer zahlen nichts. Dadurch müssen die deutschen Fluggesellschaften die Kosten der Slots ausländischer Airlines mittragen. Die Deutsche Lufthansa AG zahlt etwa 50% der Gesamtkosten (also 1,5 Mio. Euro), den Rest tragen die übrigen deutschen Luftverkehrsgesellschaften sowie die allgemeine Luftfahrt. Für Flüge im Bereich der General Aviation (Business Charter) kostete ein Slot ca. 1,25 Euro.

10.2.7 Bußgelder bei Regelverstößen

Bei Regelverstößen, wenn z. B. eine Fluggesellschaft einen Start oder eine Landung ohne zugeteilten Slot durchführt oder zu anderen als den zugeteilten Slots fliegt, hat die Flughafenkoordination Sanktionsmöglichkeiten. Die Situation wird zunächst genauer untersucht; handelt es sich um einen einmaligen Verstoß, so wird nur darauf hingewiesen. Bei schwerwiegenden Verstößen kann das Luftfahrtbundesamt Strafen bis zu 5.000 Euro verhängen, bei Vorsatz bis 50.000 Euro.

10.2.8 IATA-Flugplankonferenzen

Die Börsen der Flughafenkoordination sind die seit 1947 zweimal jährlich statt-
findenden **Flugplankonferenzen der IATA** (Schedule coordination conferences),
an denen sich außer den IATA-Airlines auch Nicht-IATA-Gesellschaften des
planmäßigen und nicht planmäßigen gewerblichen Luftverkehrs beteiligen.

Die Flugplankoordination wird nach Regeln durchgeführt, die im Rahmen der
IATA vom **„Scheduling Procedures Committee"** (SPC) erarbeitet werden.
Diese Regeln sind in den **„Worldwide Scheduling Guidelines"** der IATA
zusammengestellt, die als Handbuch der Flugplankoordination gelten.

Die Konferenz für die Planung des Winterflugplans findet im Juni, für die
Planung des Sommerflugplans im November statt.

An den Konferenzen, die an **wechselnden Orten** stattfinden und eine Woche
dauern, nehmen die Flughafenkoordinatoren der Länder und ca. 700 Repräsentan-
ten (Flugplaner) von über 220 Fluggesellschaften sämtlicher Kontinente teil, um
Start- und Landezeiten für ca. 180 Flughäfen zu koordinieren. Die Wahl des Aus-
tragungsortes hängt hauptsächlich von der Hotelkapazität ab. Zur Durchführung
der Konferenzen werden große Hotels mit entsprechenden Konferenzräumen
benötigt, in denen sämtliche Teilnehmer untergebracht werden können.

Einige Wochen **bevor eine Flugplankonferenz** stattfindet, müssen alle Airlines
ihre „Wunschzettel" (Slotrequests) mit den Flughäfen, die sie in der nächsten
Saison anfliegen wollen, beim jeweiligen nationalen Flughafenkoordinator über
das Kommunikationssystem SITA abgeben. In darauffolgenden Wochen bis
zur Konferenz überprüfen die Flughafenkoordinatoren die Anfragen der Airlines
und vergleichen sie mit den vorhandenen Kapazitäten der Flughäfen und der
Flugsicherung (ATC).

Zu **Beginn der Konferenz** wird den Fluggesellschaften durch eine **Slot
allocation list** mitgeteilt, welche Slot-Anforderungen realisierbar sind und welche
nicht. Jede Airline findet in einer großen Fächerwand, die im Konferenzhotel
aufgestellt wird, in ihrem Fach Listen der Flughafenkoordinatoren mit zugeteilten
Slots. Im Anschluß daran vereinbaren die Airline-Repräsentanten **Appointments**
mit denjenigen Flughafenkoordinatoren, von denen sie weitere Slots benötigen.
Für die Vertreter der Airlines ist es sehr wichtig, einen in sich stimmigen und am
Markt verkaufbaren Flugplan zu präsentieren. War das Appointment mit dem
betreffenden Flughafenkoordinator erfolglos, bleibt als letzte Möglichkeit für die
Airlines nur ein Slottausch („Slotswap") untereinander. Oft tauschen Airlines
untereinander über mehrere Stationen hinweg Slots, bis die erreichten Ankunfts-
und Startzeiten allen Beteiligten besser passen.

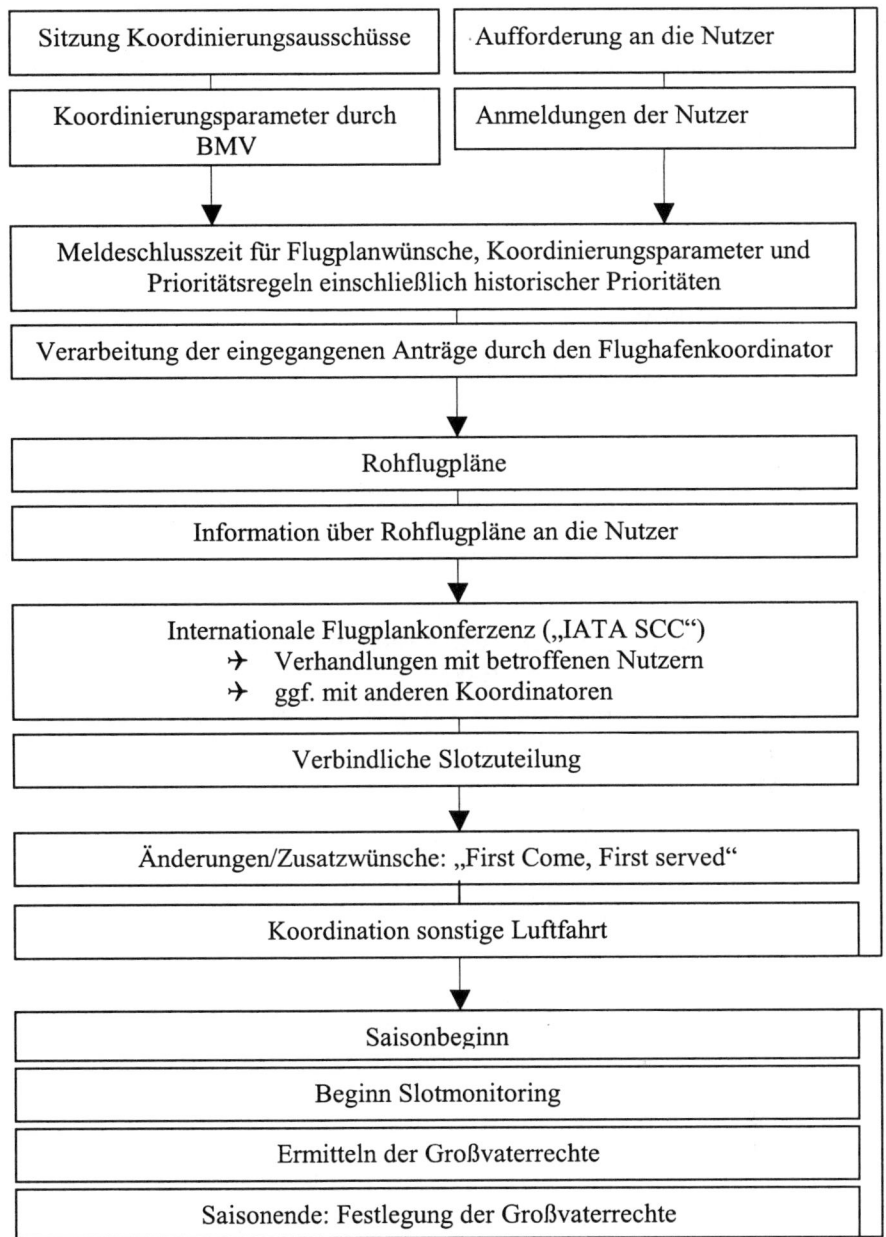

Abb. 162 Ablauf des Verfahrens zur Zuteilung von Airportslots – zusammenfassender
Überblick
(Quelle: Internetseiten des Flughafenkoordinators der BRD: www.fhkd.org)

10.2.9 Alternative Slot-Allokationsverfahren

Die knappen Slots sind ein begehrtes **Wirtschaftsgut**, deren Zuteilung eine verstärkte verkehrs- und wettbewerbspolitische Bedeutung gewinnt. Slots zu stark nachgefragten Flugzeiten (z. B. Tagesrandverbindungen) haben einen hohen wirtschaftlichen Wert (z. B. geschätzter Wert eines Slots in Frankfurt in Verkehrsspitzen = Peaks: 5 Mio Euro).
Für die Zuweisung von Slots bestehen unterschiedliche Verfahren:

- ✈ **administrative Zuteilungsverfahren** über Flughafenkoordinatoren, Flugplankonferenzen und Regelwerke bzw. Verordnungen (wie bisher beschrieben),
- ✈ **Slotauktionen** in Form einmaliger oder regelmäßig wiederkehrender Versteigerung der Slots nach unterschiedlichen Auktionsmodellen,
- ✈ **Slotverlosungen/Slotlotterien**,
- ✈ **Slothandel**, d. h. Kauf oder Leasing von Slots zu Marktpreisen.

Ein **Handel mit Slots** findet seit 1986 für inneramerikanische Flüge auf vier Flughäfen in den **USA** statt (Chicago O`Hare, New York: John F. Kennedy und La Guardia, National Airport Washington).

U.S. domestic slots held by selected groups (%)

Airport	Holding entity	1986	1991	1996	1998
O'Hare	American and United	66	83	87	82
	Other established airlines	28	13	9	12
	Financial institutions	0	3	2	0
	Post-deregulation airlines	6	1	1	7
Kennedy	Shawmut Bank/First Security Bank, American and Delta[1]	43	60	75	83
	Other established airlines	49	18	13	14
	Financial institutions	0	19	6	0
	Post-deregulation airlines	9	3	7	3
LaGuardia	American, Delta and US Airways	27	43	64	62
	Other established airlines	58	39	14	28
	Financial institutions	0	7	20	5
	Post-deregulation airlines	15	12	2	4
National	American, Delta and US Airways	25	43	59	59
	Other established airlines	58	42	20	32
	Financial institutions	0	7	19	5
	Post-deregulation airlines	17	8	3	3

Notes: Numbers sometimes do not add to 100% because of rounding. Some airlines that held slots have gone bankrupt, and as a result, financial institutions have acquired slots.
1. Shawmut Bank held slots as trustee for TWA until 1996; those slots were held by First Security Bank as of March, 1998.
SOURCE: GAO's analysis of data from the Federal Aviation Administration.

Abb. 163 „Halter" von Slots an ausgewählten US-Airports (Quelle: FELDMAN, J. M.: Calling the slots. In: Air Transport World, July 1998, S. 154)

Die Slot-Zuteilung für internationale Flüge an diesen Flughäfen wird gemäß den IATA-Richtlinien gesteuert. Stark nachgefragte Slots sollen bis zu 3 Mio. $ erzielen. Geregelt bzw. überwacht wird der Slothandel durch die FAA. In der Airline Business 1/97 (WALKER, K.: Bespoke fortunes, S. 35) werden als Preise über 2 Mio. $ für einen Slot im Peak und 0,5 Mio. $ für einen Offpeak-Slot in den USA genannt. Am Slothandel in den USA partizipieren auch Finanzdienstleister wie Banken und spezialisierte Slot-Broker. Besonders ausgeprägt sind in den USA sog. „sublease contracts", aufgrund derer Slots gegen eine monatliche Zahlung von einer Airline an eine andere Airline „verleast" werden. Slotinhaber und Slotnutzer können damit auseinanderfallen.

Slothandel ist in der EU bisher **nicht erlaubt**, obwohl Gerüchte über einen Schwarzmarkt existieren. So besteht der Verdacht, daß bei einem legalen Slottausch oft nicht nur die reinen Slots getauscht werden, sondern auch Ausgleichszahlungen zwischen den Airlines geleistet werden, wenn z. B. eine Airline für die preisgegebenen Slots dieselbe Anzahl wirtschaftlich geringwertiger Slots oder eine geringere Anzahl höherwertiger Slots (ungleichwertiger Slottausch) oder lediglich eine Geldzahlung (entgeltlicher Slottausch) erhält. Man versucht dies durch eine Kontrolle seitens des Flughafenkoordinators zu verhindern, indem er über jeden Tausch informiert werden muß.

In der Air Transport World (Nr. 7, 1998, S. 154) werden 6,3 Mio $ als Preis genannt, die British Airways an Air UK für acht tägliche Slots in London Heathrow gezahlt haben soll.

Ein anderer Weg Slots zu kaufen besteht im legalen **Kauf einer anderen Airline** oder in einer **Kapitalbeteiligung** an einer Airline. Bei solchen Käufen oder Beteiligungen steht oft die Übernahme der Slots oder der Flugrechte im Vordergrund. So zahlte z. B. American Airlines für die Übernahme der TWA-Flugrechte einschließlich der Slots nach London Heathrow 400 Mio. $. Andere Beispiele sind die Beteiligung der Swissair an Sabena (Slots in Brüssel) oder von Lufthansa an British Midland 1999 (Slots in London Heathrow), sowie der Kauf der PanAm Berlin-Strecken durch Lufthansa.

Bei der **Diskussion über Slot-Allokations-Verfahren** werden u. a. folgende Argumente benutzt:

- ✈ durch die historischen Rechte (Grossvater-Rechte) haben neue Airlines kaum eine Möglichkeit, an attraktive Slots zu gelangen (Behinderung des Wettbewerbs),
- ✈ beim Slothandel haben etablierte Airlines wegen ihrer größeren Finanzkraft bessere Möglichkeiten als neue Airlines,
- ✈ herrscht Slotmangel, sollten größere Flugzeuge bei der Slotvergabe bevorzugt berücksichtigt werden.

Die europäische Kommission in Brüssel überarbeitet zur Zeit die Regeln zur Slotvergabe auf Flughäfen in der europäischen Gemeinschaft (Verordnung EWG

Nr. 95/93 von 1993). Vorschläge für neue Slotvergabe-Regeln sind z. B.: begrenzter Handel oder Auktionen mit Slots; Slots sollen als zeitlich limitierte Konzessionen auf zehn Jahre begrenzt vergeben werden; Slots dürfen Fluggesellschaften entzogen werden, wenn dies für den Wettbewerb notwendig erscheint (vgl. BUYCK, C. In: Air Transport World, January 2001, S. 54)

Hinweis auf **weitere Informationsquellen:**

- ✈ Internetadresse des Flughafenkoordinators für die BRD: www.fhkd.org,
- ✈ Informationen der IATA zu Flugplankonferenzen sowie die IATA Worldwide Scheduling Guidelines enthalten die Internetseiten der IATA: www.iata.org/sked
- ✈ Vorschläge der EU zur Neuregelung der Slotvergabe erläutern: BAKER, C.: Slot reform, slot machines. In Airline Business, June 2001, S. 91-93
  BUYCK, C.: New commissioner, old story, Slot angst. In: Air Transport World, January 2001, S. 54-56
- ✈ BAKER, C.: Slot trading revealed in DoT filings. In: Airline Business, October 2001, S. 18
- ✈ EWERS, H-J., u. a., Möglichkeiten der besseren Nutzung von Zeitnischen auf Flughäfen (Slots) in Deutschland und der EU, Studie im Auftrag der Hochtief AirPort GmbH, TU Berlin, Berlin 2001
- ✈ KILIAN, M.: Slotallokation und Slothandel. In: Transportrecht 2000, S. 159-168

10.3 Airway-Slots („ATC-Slots")

Fluggesellschaften müssen der ATC (Air traffic control: Flugverkehrskontrolle) ihre Absicht, einen Flug durchzuführen, durch Aufgeben eines ATS-Flugplans (ATS: Air traffic services) mitteilen. Um den Flug durchführen zu können, ist neben dem **ATS-Flugplan** ein **ATC-Slot** (Airway-Slot) erforderlich.
Es gibt zwei unterschiedliche Verfahren der Slot-Zuteilung und Behandlung von ATS-Flugplänen, die davon abhängen, ob ein Flug

- ✈ **in einem Land der IFPS-Zone** (Europa) startet,
  (bei IFPS handelt es sich um das „Integrated Initial Flight Plan Processing System" der **Central Flow Management Unit (CFMU)** von Eurocontrol in Brüssel. Die IFPS-Zone umfaßt in etwa Europa.)
- ✈ **in einem Land außerhalb der IFPS-Zone** (z. B. USA) startet.

Nachfolgend wird ausschließlich die Flugplanaufgabe und Zuteilung von Airway-Slots in Europa - also innerhalb der IFPS-Zone - behandelt.

10.3.1 ATS-Flugpläne und Slot-Zuteilung

Abb. 164 In der Taxi holding position

Wie oben erwähnt, muß jeder Flug, den eine Luftverkehrsgesellschaft durchführt, bei den Flugverkehrsdiensten (ATC: Air traffic control, auch ATS: Air traffic services) mit einem **ATS-Flugplan (ATS FPL: Air traffic services flight plan)** angemeldet werden. Der ATS-Flugplan ist der Plan, der die von der ATC festgelegte, akzeptierte und verbindliche **Flugroute** enthält, auf der das Flugzeug überwacht und geleitet wird. Bei den Flugrouten handelt es sich meistens um „Standard-Routings", die über bestimmte Funkfeuer (z. B. VORs) führen und von ATC-Kontrollstellen (z. B.: ACC Area control center) überwacht werden. Ein Beispiel für einen ATS-Flugplan zeigt Abbildung 147.

Bei der **Zuteilung von Airway-Slots und Flugroutings** spielt die **Auslastung von Lufträumen** eine große Rolle. Im europäischen Luftraum sind wichtige Engpässe die Funkfeuer von Chatillon bei Paris, Frankfurt oder Genf.

Eine Flugstrecke von Frankfurt nach Larnaca kann z. B. über Italien oder Bulgarien führen, wobei je nach aktueller Auslastung der Lufträume unterschiedliche Slots zugeteilt werden. Unter Berücksichtigung der Faktoren Wind, Flugsicherungsgebühren und durch die Wahl eines ATC-unkritischen Routings (keine Überbelastung des Luftraums) kann die Pünktlichkeit und Wirtschaftlichkeit von Flügen erheblich verbessert werden. Erhält eine Airline z. B. für eine bestimmte Flugstrecke wegen Überfüllung des Luftraums einen gegenüber dem Flugplan verspäteten Slot, so kann sie versuchen, durch ein **Rerouting** (d. h. eine andere Flugstrecke durch weniger überlastete Lufträume oder in einer anderen Flughöhe) einen früheren Slot zu erhalten.

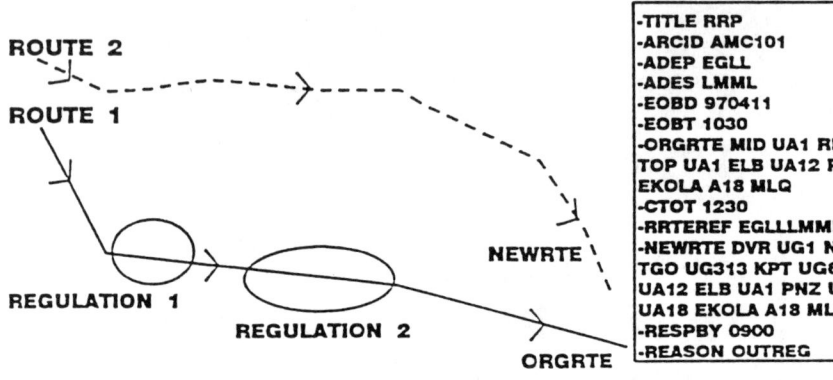

Message description:

```
-TITLE RRP
-ARCID AMC101
-ADEP EGLL
-ADES LMML
-EOBD 970411
-EOBT 1030
-ORGRTE MID UA1 RBT UG32
 TOP UA1 ELB UA12 PAL UA18
 EKOLA A18 MLQ
-CTOT 1230
-RRTEREF EGLLLMML2
-NEWRTE DVR UG1 NTM UB6
 TGO UG313 KPT UG60 BRENO
 UA12 ELB UA1 PNZ UA13 PAL
 UA18 EKOLA A18 MLG DCT MLQ
-RESPBY 0900
-REASON OUTREG
```

ROUTE 2

ROUTE 1

REGULATION 1

REGULATION 2

NEWRTE

ORGRTE

ROUTE 2 : NO REG.   **===> OUTREG <=== APPLY**
ROUTE 1 : REG.1 and REG.2   **===> CTOT 1**

Abb. 165 Rerouting
(Quelle: Central Flow Management Unit, Overview of CFMU operations - Edition 4.1, S. 13)

Erläuterungen zu Abbildung 165:
Die ursprüngliche Flugroute 1 führt durch Gebiete mit ATC-Kapazitätsengpässen (Regulation 1 und 2), die neue Flugroute 2 umgeht diese Gebiete.

Die **Zuteilung von Airway-Slots** richtet sich also nicht primär nach den vorhandenen Flughafenkapazitäten (Airport-Slots) sondern nach der Auslastung der durchflogenen Lufträume am aktuellen Flugtag. Ist im Flugplan die Durchquerung eines Luftraums mit Verkehrsflußregelung (wegen Kapazitätsengpässen) vorgesehen, wird der Startzeitpunkt so festgelegt, daß der Einflug in diesen Luftraum keine Probleme verursacht.

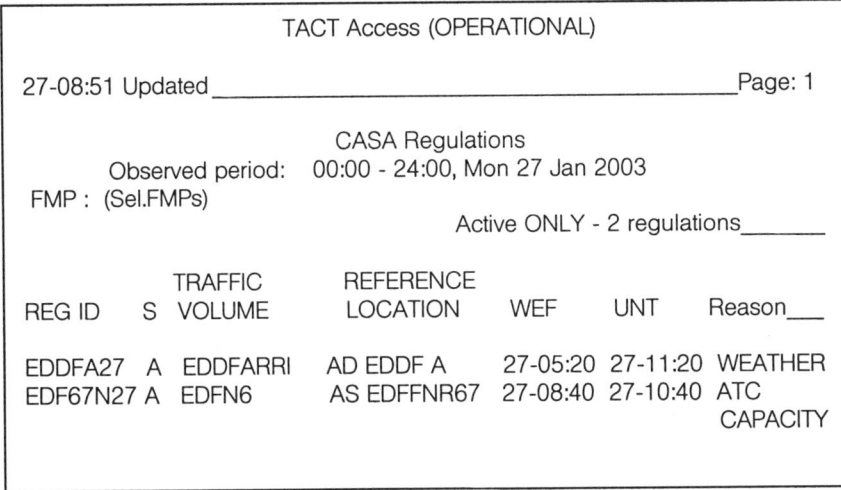

```
                        TACT Access (OPERATIONAL)

27-08:51 Updated_____Page: 1

                              CASA Regulations
            Observed period:  00:00 - 24:00, Mon 27 Jan 2003
FMP : (Sel.FMPs)
                                   Active ONLY - 2 regulations_____

                TRAFFIC      REFERENCE
REG ID      S   VOLUME       LOCATION     WEF      UNT      Reason___

EDDFA27     A   EDDFARRI     AD EDDF A    27-05:20 27-11:20 WEATHER
EDF67N27    A   EDFN6        AS EDFFNR67  27-08:40 27-10:40 ATC
                                                            CAPACITY
```

Abb. 166 Beispiele für CFMU-regulierte ATC-Gebiete am 27.01.2003

Informationen über die Aufgabe von ATS-Flugplänen und die Slot-Zuteilung befinden sich in den Ground operations manuals der Airlines und im Luftfahrthandbuch Deutschland (AIP).

Die Dispatch-Abteilung der Airline bekommt in Europa (in der IFPS-Zone) von der CFMU in Brüssel Slots für jeden Flug mitgeteilt. Diese Slots werden als **CTOTs (Calculated take off times)** zugeteilt und beziehen sich auf den Beginn des Take-off run (Beschleunigung des Flugzeugs vor dem Abheben). CTOTs sind Zeitfenster, die einen Take off 5 Minuten vor CTOT bis zehn Minuten nach CTOT erlauben (z. B. CTOT 950 Uhr: Take off zwischen 945 Uhr und 1000 Uhr).

> **Slotwindow = CTOT - 5/+ 10 Minuten**

Im Idealfall stimmen die CTOTs mit den im Flugplan veröffentlichten Zeiten überein. Ist dies nicht der Fall, muß der Dispatcher prüfen, ob eine alternative Streckenführung (Rerouting durch einen anderen Luftraum) gewählt werden kann und für diese alternative Route ein günstigerer Slot zugeteilt werden kann. Bei Verspätungen (Delays; z. B. durch technische Probleme oder Passagiere verursacht), die bis zur Abflugzeit nicht behoben werden konnten, muß bei der CFMU ein Slot für die neue geplante Abflugzeit angefragt werden.

10.3.2 Eurocontrol und CFMU

Seit März 1996 erfolgt die Verkehrsflußsteuerung und die damit verbundene **Vergabe von „ATC-Slots" (Airway-Slots)** in 36 Mitgliedsstaaten der ECAC (European Civil Aviation Conference) zentral durch die von Eurocontrol betriebene **Central Flow Management Unit (CFMU) in Brüssel.** Primäre Aufgabe der CFMU ist es, Überlastungssituationen bei der Flugverkehrskontrolle im europäischen Rahmen zu verhindern und die vorhandene Kapazität der Flugsicherung durch geeignete Maßnahmen zur Steuerung von Verkehrsströmen optimal auszunutzen. Die CFMU, als Verteilerstelle für ATC-Kapazität, steuert den Verkehrsfluß in der knappen und wertvollen Ressource „Luftraum", speziell bei hoher Nachfrage.

Vor der Inbetriebnahme der CFMU wurde die Verkehrsflußsteuerung in Europa von fünf Flow Management Units (London, Paris, Frankfurt, Madrid, Rom) subregional wahrgenommen. Slots für Flüge, die den Zuständigkeitsbereich mehrerer Flow Management Units berührten, mußten zwischen den beteiligten Stellen koordiniert werden. In der zweiten Hälfte der achtziger Jahre stiegen die Flugsicherungsverspätungen in Europa so stark an, daß eine zentrale Verkehrsflußsteuerung erforderlich wurde.

Die CFMU steuert heute den Verkehrsfluß in 36 europäischen Ländern mit 65 Area Control Centern; dieser Luftraum teilt sich in ca. 440 En-Route- und 120 Approach-Sektoren.

Die CFMU besteht aus den Bereichen Flight Data Operations Division (FDO) und der Central Executive Unit (CEU). Der Bereich FDO übernimmt dabei insbeondere den Betrieb des **Integral Initial Flight Plan Processing System (IFPS),** die CEU ist verantwortlich für die Durchführung der europäischen Verkehrsflußregelung und nutzt hierfür das **TACT/CASA-System** (Tactical air traffic flow managment/ Computer assisted slot allocation - system*).*

Die **Verkehrsflußsteuerung (ATFM: Air traffic flow management)** durch die CFMU wird in **drei Phasen** durchgeführt:

1. **strategische Phase**
   Planung der Verkehrsströme mit mehreren Monaten Vorlauf bis zwei Tage vor dem aktuellen Ereignistag (Flugtag) mit Hilfe der strategischen Datenbank STRAT.
2. **prätaktische Phase**
   Basierend auf den strategischen Vorhersagen werden planende und koordinierende Aktivitäten (z. B. Berechnung von Überlastungssituationen, Erstellen von taktischen Plänen für den Flugtag) in den letzten zwei Tagen vor dem Ereignistag durchgeführt und falls nötig Restriktionen erlassen. Außerdem werden die Fluggesellschaften und ATC über AFTM-Maßnahmen am Flugtag informiert.
3. **taktische Phase**
   Das taktische System der CFMU (TACT) führt alle Aktivitäten am Ereignistag (laufenden Flugtag) durch. Dazu gehört z. B. das Errechnen von Slotzeiten (durch CASA: Computer assisted slot allocation) oder das Rerouting einzelner Flüge oder von Gruppen von Flügen.

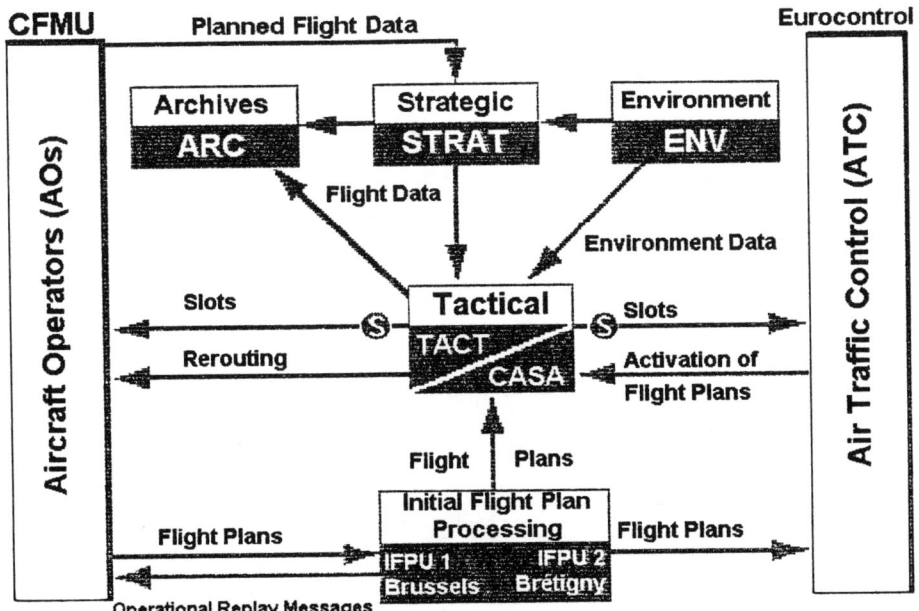

Abb. 167 CFMU - Serving the Customer
(Quelle: Internetseiten der CFMU)

Zu den **Maßnahmen der Verkehrsflußregelung** gehören u.a.

➜ das Zeitraster-Zuweisungsverfahren **(Slot allocation procedure)**: zu bestimmten Zielgebieten oder für Abflüge zu bestimmten Flughäfen werden Slots zugewiesen, um durch eine zeitliche Verlagerung von Flügen eine Überlast zu verhindern,

➜ Empfehlungen für Entlastungs- oder Umleitungs-Streckenführungen **(Reroutings)**

10.3.3 Kommunikation mit der CFMU - Slot-Zuteilung

Die Kommunikation mit der CFMU zur Aufgabe eines ATS-Flugplans und zur Slot-Zuteilung kann von der Airline (Aircraft Operator) oder einem Handlingagent mit der CFMU (IFPS) direkt oder über die zuständige Flugberatungsstelle (AIS = Aeronautical Information Service der Deutschen Flugsicherung) geführt werden.

Voraussetzung zur Kommunikation mit der CFMU ist eine SITA-Adresse und die Beachtung von Formvorschriften zur Flugplanaufgabe.

Falls kein Dauerflugplan (RPL, vgl. Kap. 9.4.1) vorliegt, ist für Flüge, die Verkehrsflußregelungsmaßnahmen unterliegen, eine frühzeitige Flugplanabgabe - spätestens drei Stunden vor der EOBT (Estimated off-block time) - erforderlich. Zwei Stunden vor der EOBT wird ein Slot in Form einer CTOT zugeteilt.

In der Praxis läuft das Verfahren zur Vergabe von Airway-Slots folgendermaßen ab:

1. Schritt: Aufgabe eines ATS-Flugplans an IFPS/CFMU über SITA

2. Schritt: Zuweisung einer Slotzeit durch die CFMU (SAM: Slot allocation message)

TITLE SAM	Meldungsart: Slot allocation message
ARCID DLH 4528	Flugzeugkennung
ADEP EDDF	Startflughafen
ADES EGLL	Zielflughafen
EOBD 030127	voraussichtlicher Abflugtag
EOBT 0835	voraussichtliche Off-block-Zeit
CTOT 0934	kalkulierte Startzeit
REGUL EGLLA27	Kennzeichnung regulierter Gebiete
TAXITIME 0015	Rollzeit zur Startbahn
REGCAUSE WA 84	Regulierungsgrund

Abb. 168 Slot allocation message der CFMU für den Lufthansa-Flug LH 4528 am 27.01.2003

10.4 Zusammenfassender Vergleich: Airport- und Airway-Slot

Slots	
Airport-Slot	**Airway-Slot**
Zuständigkeit: Flughafenkoordinator der BRD in Frankfurt	**Zuständigkeit:** Central Flow Management Unit (CFMU) der Eurocontrol in Brüssel
Zweck: Zeitfenster für Starts und Landungen als Planungswerte für die nächste Flugplanperiode	**Zweck:** Zeitfenster für Start, Landung oder Überflug, das aufgrund der aktuellen Wetter- und Verkehrssituation (Überlastung des Luftraums) am Flugtag zugeteilt wird
Charakter: Planwert	**Charakter:** tatsächlicher Wert
Engpaßfaktor: Bodenkapazität	**Engpaßfaktor:** Luftraumkapazität
Im **Flugplan** der Fluggesellschaft veröffentlichte **Start-/Landezeit** auf einem koordinierten Flughafen	**Zeitfenster** (- 5 min/ + 10 min) als CTOT (calculated take off time), in dem das Flugzeug **starten** muß (wird 2 Stunden vor der Startzeit über SITA von der CFMU mitgeteilt)
Vergabeverfahren: -Slotanfrage der Fluggesellschaften für die nächste Flugplanperiode bei dem jeweiligen nationalen Flughafenkoordinator -Flughafenkoordinator teilt Slots mit Slot allocation list zu -auf IATA-Flugplankonferenz Verhandlungen mit anderen Airlines und Koordinatoren über Slot-Tausch und Änderungen	**Vergabeverfahren:** - Flugplanaufgabe/Slotanforderung bei CFMU (IFPS) in Brüssel z. B. über SITA - Slotzuteilung der CFMU durch Slotmeldung (z. B. SAM)
Flugzeugbewegung (Bezugspunkt für den Slot): -Startslot: Flugzeug rollt von der **Gate-/Parkposition** (off block) -Landeslot: Flugzeug steht auf Gateposition/Parkposition (on block)	**Flugzeugbewegung (Bezugspunkt für den Slot):** innerhalb des CTOT-Zeitfensters von 15 Minuten muß das Flugzeug auf der Startbahn in **Take-off-position stehen** und starten
Zuständigkeit innerhalb der Airline: -Flugplanung/Netzmanagement	**Zuständigkeit innerhalb der Airline:** -Dispatchabteilung/Flightoperations
Einflußfaktoren/ Rahmenbedingungen: - Koordinierungseckwerte der Flughäfen - Regeln zur Slotverteilung - Flughafenkoordinator - Flugplankonferenzen	**Einflußfaktoren/ Rahmenbedingungen:** - aktuelle Verkehrs- und Wettersituation - Kapazität des Luftraums/der Flugsicherung - unvorhergesehene Ereignisse wie Streiks, Krieg usw.

Abb. 169 Vergleich von Airport- und Airway-Slot

10.5 Slotmanagement der Airlines

Organisatorisch ist das Slotmanagement einer Airline meist in zwei Bereiche geteilt: das Management der Airport-Slots fällt in den Bereich Netzmanagement/ Flugplanung/Flugplanerstellung, die Zuständigkeit für Airway-Slots in den Kompetenzbereich der Dispatch-Abteilung bzw. die Abteilung Flightoperations.

Vor allem Linienfluggesellschaften müssen auf ihren Strecken an bestimmten Wochentagen (meist täglich) und zu festen Tageszeiten durchgehend über die gesamte Saison operieren. Sie benötigen deshalb über die ganze Flugplanperiode bestimmte Slots für ihre Flüge. So sind z. B. Slots in den Tagesrandlagen besonders wertvoll, da sie gerne von Geschäftsreisenden genutzt werden (Hinflug zu Geschäftspartnern/ Meetings morgens, Rückflug abends).

Slots an unterschiedlichen Einzeltagen oder -zeiten, die nicht über die gesamte Flugplanperiode verfügbar sind, stellen daher in der Regel für eine Linienfluggesellschaft eine nicht sinnvoll zu nutzende Kapazität dar. Kapazitätsreste zu den Randzeiten sind für diese Fluggesellschaften ebenfalls nicht von besonderem Interesse. Lediglich einzelne Ferien- oder Frachtflüge könnten dort noch sinnvoll eingeplant werden, solange nicht Nachtflugbeschränkungen an den Ankunftsflughäfen auch solche noch theoretisch möglichen Flugbewegungen verhindern, was in Europa weitestgehend der Fall ist.

Die **Aufgaben des Airline-Slotmanagement** u. a. bestehen in:

- ✈ der Ermittlung der für zukünftige Flugpläne benötigten Slots (z. B. für den Eintritt in neue Märkte oder für das Angebot einer größeren Frequenzdichte),
- ✈ der Verwaltung des Slotbestandes der Airline,
- ✈ der Vertretung der Airline bei IATA-Flugplankonferenzen,
- ✈ dem Slotmonitoring (Nutzung der Slots, 80%-Regel),
- ✈ dem Slottausch mit anderen Fluggesellschaften,
- ✈ den Slotabstimmungen und dem Slottausch innerhalb der eigenen Allianz, mit Regionalflug- und Kooperationspartnern.

Hinweis auf **weitere Informationsquellen:**

✈ Umfangreiche Informationen enthalten die Internetseiten der CFMU unter www.cfmu.eurocontrol.be und der Eurocontrol unter www.eurocontrol.be,

✈ Luftfahrthandbuch Deutschland (AIP) der Deutschen Flugsicherung GmbH,

✈ Internetseiten der Deutschen Fugsicherung GmbH: www.dfs.de,

✈ Internetseiten des Flughafenkoordinators der BRD: www.fhkd.org,

✈ WIESKE-Hartz, H. C.: Airline Operation, Ausgabe 2003

11 Yieldmanagement

Mit dem Thema **„Yieldmanagement und Buchungssteuerung"** werden sowohl die Mitarbeiter (z. B. im Ticket-Verkauf auf der Flughafenstation oder in Reisebüros) als auch die Kunden von Fluggesellschaften in unterschiedlicher Weise konfrontiert, oft ohne die Hintergründe und Zusammenhänge zu kennen.

Aus **Kundensicht** läßt z. B. die Preisdifferenz auf einer Flugstrecke häufig die Frage aufkommen, wieso zwei Passagiere in der Economy Class, die nebeneinander sitzen, den gleichen Comfort und Service genießen, völlig unterschiedliche Ticketpreise bezahlen mußten.

```
FQDFRAHAM
ROE 0.994961 UP TO 1.00 EUR              TAX MAY APPLY
04FEB03**04FEB03/LH FRAHAM/NSP;EH/TPM    257/MPM .....
* STAR ALLIANCE CONVENTIONS PLUS ON GGAIRLHCONVENTIONSPLUS*
*** FOR STAR ALLIANCE RTW * SEE FQD XYZXYZ EG FRAFRA ***
LN FARE BASIS   OW    EUR  RT  B PEN  DATES/DAYS   AP MIN MAX R
01 COW1         245            C  -      -      -  +  -   -   - R
02 CRT1                   462  C  -      -      -  +  -   -   - R
03 YRTFLEX               439  Y  -      -      -  +  -   -   - R
04 YKOMBI1               430  Y NRF      -      -  +  +   -  12M R
05 BKOMBI1               400  B NRF      -      -  +  7+  -  12M R
06 GKOMBI1               290  G NRF      -      -  +  +   -  12M R
07 MKOMBI1               230  M NRF      -      -  +  7+  3  12M R
08 KKOMBI1               190  K NRF      -      -  +  +   -  12M R
09 HAP14D                134  H  50      -      -  +  7+SU    14 R
10 LKOMBI1               110  L NRF      -      -  +  +   -  12M R
11 QSAVE                  97  Q  50             -  +  7+SU+   14 R
12 TAKEOW        35            T NRF      -      -  +  +   -   - R
13 QYOUNG                 69  Q NRF      -      -  +  +SU    1M R
14 TKOMBI1                51  T NRF      -      -  +  +   -  12M R
                                              PAGE  1/ 1
```

Abb. 170 Amadeus Fare Quote Display Frankfurt - Hamburg
(Quelle: Computerreservierungssystem Amadeus vom 04.02.2003)

So kann es sein, daß ein Passagier in der Economy Klasse auf dem Flug von Frankfurt nach Hamburg (FRAHAM in Abb. 162) 51 Euro für das Rückflugticket bezahlt hat (billigster Economy-Tarif, Buchungsklasse T), während das Rückflugticket seines Sitz-Nachbarn 439 Euro (teuerster Economy Tarif, Buchungsklasse Y) gekostet hat (vergleiche Abbildung 162: Nr. 01 und 02 sind Business-Class Tarife, die Nummern 03 bis 14 sind Economy-Class Tarife; die Spalte B zeigt die zugehörige Buchungsklasse).

In einem ähnlichen Zusammenhang besteht Erklärungsbedarf, wieso ein Spezialticket nach New York in bestimmten Zeiten schon ab 350 Euro zu haben ist, während ein innerdeutscher Geschäftsreisender für ein Frankfurt-Hamburg-Ticket rund 462 Euro bezahlen muß.

In beiden Fällen definiert sich der Preis eines Tickets nicht über den Reiseweg und das Produkt, sondern insbesondere über die Flexibilität, die das jeweilige

Ticket zu bieten hat bzw. die **Buchungsrestriktionen**, die die Benutzung des Tickets einschränken. Abbildung 162 enthält die Buchungsrestriktionen Vorausbuchungsfrist (AP), Mindestaufenthalt (MIN), Maximalaufenthalt (MAX) und die Sunday-Rule (SU: frühester Rückflug am nächsten Sonntag ab 01.00 Uhr). Wenn ein Kunde frühzeitig weiß, wann und wohin er fliegen möchte und sicher ist, daß er den Flug nicht umbuchen oder stornieren muß, so kann er einen preiswerten und damit weniger flexiblen Tarif buchen. Je höher jedoch seitens des Kunden der Bedarf an Flexibilität ist, desto mehr muß er bereit sein, dafür zu bezahlen, damit er zum Beispiel Umbuchungen noch kurzfristig vornehmen kann. Die angebotene Flexibilität bedeutet für die Airline, daß sie bis kurz vor Abflug Sitzplatzkapazität freihalten muß. Dies ist mit Planungsunsicherheit und damit mit erheblichen wirtschaftlichen Risiken verbunden; wird die Sitzplatzkapazität nicht verkauft, entstehen der Fluggesellschaft Umsatzverluste.

Bei der Abfrage der Verfügbarkeit von Plätzen auf einem bestimmten Flug in den Computerreservierungssystemen (Availability; z. B. AN oder SN im CRS Amadeus) und in den Booking Surveys der Airlines fällt darüber hinaus die Fülle unterschiedlicher Buchungsklassen und Preise (in den Fare Quote Displays) für ein und denselben Flug auf.

```
** AMADEUS AVAILABILITY - AN ** ATL ATLANTA.USGA              68 SU 13APR
 1   DL 027  J7 D7 I7 Y7 B7 M7 H7  FRA 2 ATL S  0945    1340  E0/763
             K7 L0 U0 T0
 2   LH 444  F1 A0 O0 C9 D9 Z8 I0  /FRA 1 ATL N  1045   1440  E0/342
             R0 Y9 B9 M0 H0 X0 N0 V0 E0 S0
3LH:UA3507   F0 C9 D9 Y9 B9 M0 H0  /FRA 1 ATL N  1045   1440  0.342
             Q0 V0 W0 S0 T0 K0 L0 G0 A0 Z9
 4   DL 015  J7 D7 I7 Y7 B7 M7 H0  FRA 2 ATL S  1125    1525  E0/763
             Q0 K0 L0 U0 T0
 5   AF1619  C9 D9 Y9 S9 K9 H9 GR  /FRA 2 CDG2F  1350   1510  E0/735
             BR
     AF 304  P9 F9 J9 C9 D9 Z9 Y9  /CDG2C ATL S  1555   1920  E0/777
             K9 H9 GR BR
 6   AF1619  C9 D9 Y9 S9 U9 K9 H9  /FRA 2 CDG2F  1350   1510  E0/735
             T9 M9 V9 L9 Q9 W9 I9 N9 GR BR
 AF:DL8250   C7 D7 I7 Y7 B7 M7 H7  CDG2C ATL S  1555    1920  0/777
             Q0 K7 L0 U0 T0
 7   LH 014  C9 D9 Z9 I9 R9 Y9 B9  /FRA 1 STR 1  0935   1015  E0/320
             M9 H9 X9 Q9 N9 V9 E9 W9 S9 G9 K9 L9 T9
     DL 117  J7 D7 I7 Y7 B7 M7 H7  STR 1 ATL S  1120    1530  E0/763
             Q0 K7 L0 U0 T0
```

Abb. 171 Abfrage der Platzverfügbarkeit (Availability) auf der Flugstrecke Frankfurt – Atlanta für den 13.04.2003 (Quelle: CRS Amadeus, 04.02.2003)

Abbildung 171 zeigt die Buchungsklassen der Airlines und die Zahl der verfügbaren Sitzplätze (z. B. DL 027: 7 Plätze in Buchungsklasse J, in den Buchungsklassen L bis T sind keine Plätze verfügbar). Anzahl und Bezeichnung der Buchungsklassen sind je nach Airline unterschiedlich (vgl. Lufthansa und Delta Air Lines = DL bzw. Air France = AF).

Darüber hinaus wird die gesamte Airline-Industrie seit Jahren mit dem Problem des Yieldverfalls konfrontiert. Als einer der wichtigsten Gründe für den Yield-Verfall ist der Wandel des Verkehrsträgers Flugzeug vom Individualreisemittel zum Massentransportmittel anzusehen. Wurde das Flugzeug früher ausschließlich von einer kleinen Schicht überwiegend geschäftlich Reisender genutzt, so ist heute eine Flugreise für fast jedermann erschwinglich. Gerade das Privatreisesegment mit seinem überproportionalen Wachstum übte in der Vergangenheit einen großen Druck auf die Durchschnittserlöse aus. Durch eine zunehmende Preissensitivität der Kunden haben Sondertarife an Bedeutung gewonnen.

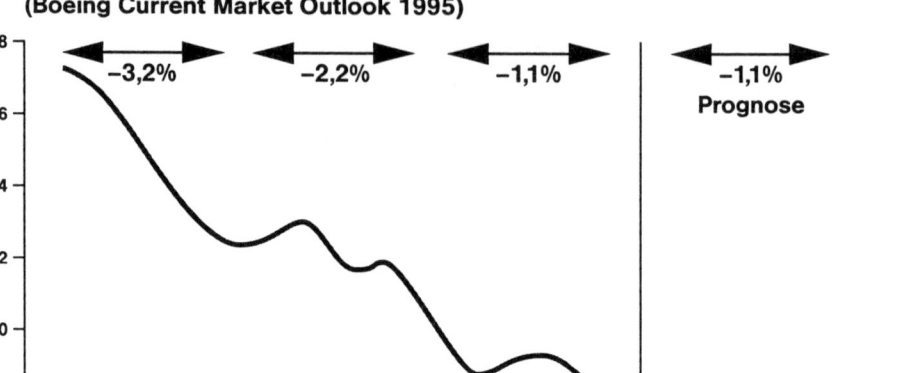

Abb. 172 Yieldverfall
(Quelle: Boeing, Current Market Outlook 1995)

Eine Betrachtung der **Rahmenbedingungen im Airline-Geschäft** zeigt, daß

- ✈ das Produkt „verderblich" ist, jeder leere Flugsessel nach Abflug ist unwiederbringlich verloren.
- ✈ die Nachfrage je nach Tageszeit und Saison erheblich schwankt. Die angebotenen Kapazitäten können diesen Schwankungen nur bedingt angepaßt werden.
- ✈ eine Fluggesellschaft mit Optionen handelt: eine Buchung garantiert noch keinen verkauften Sitz.
- ✈ sich Airlines in einem weltweiten Markt bewegen und mit anderen Fluggesellschaften in Konkurrenz um Fluggäste stehen.
- ✈ die Produkte heute noch überwiegend über Agenten und globale Systeme vertrieben werden.

Faßt man die erwähnten Beispiele zusammen, so ergibt sich ein erster Eindruck von **„Yieldmanagement"**; es geht um

✈ die Gestaltung von Flugpreisen (z. B. zur Generierung zusätzlicher Nachfrage durch Preisaktionen),

✈ die Steuerung der Kapazitätsauslastung der Flugzeuge (z. B. durch Öffnen und Schließen einzelner Buchungsklassen),

✈ die Anpassung der Kapazität an die vorhandene Nachfrage (z. B. durch Einsatz unterschiedlicher Flugzeugtypen),

✈ die optimale Ausschöpfung des Marktes bei hohen Durchschnittserträgen (z. B. durch Bereitstellen und Dimensionieren von ertragsoptimalen Kapazitäten in den einzelnen Buchungsklassen für einen individuellen Flug).

11.1 Definition „Yield" und „Yieldmanagement-Systeme"

Der **Begriff „Yield"** hat sich in der internationalen Luftfahrtindustrie als Kurzform von „Average Yield" durchgesetzt und bezeichnet den Durchschnittserlös je verkaufter Leistungseinheit.

Für eine Passage-Airline beschreibt er das Verhältnis der Erlöse bezogen auf die transportierten Passagier-Kilometer (Yield/PKT). Die international gebräuchlichste Bezeichnung im Passagierverkehr ist Cents/RPM, wobei RPM für Revenue passenger miles steht und die Erlöse in US-Währung zugrundegelegt werden. Im gemischten Passagier-/Frachtverkehr („Belly-Carrier") ändert sich die Bezugsgröße auf transportierte Tonnen-Kilometer (TKT).

Yieldmanagement (auch RMS: Revenue management system) ist ein Instrument zur **Ertragsoptimierung**, bei dem auf der Grundlage eines computergestützten integrierten Informationssystems eine dynamische **Preis-/Mengensteuerung** zur gewinnoptimalen Nutzung der Kapazitäten führen soll. Im Rahmen der Ertragsoptimierung ist das Ziel des Yieldmanagement, die Nachfrage über die Buchungssteuerung in der Form zu beeinflussen, daß sich die Verfügbarkeit der Dienstleistung für die Kunden mit der höchsten Zahlungsbereitschaft verbessert.

Grundlegender Gedanke des Yieldmanagement ist, daß eine Dienstleistung für unterschiedliche Nachfrager zu verschiedenen Zeitpunkten unterschiedlich viel wert ist.

Yieldmanagement ist damit nicht nur ein Instrument der Preispolitik, sondern dient darüber hinaus der Kapazitätssteuerung. Es ist der dynamischen Preispolitik zuzuordnen, weil es beim Verkauf eines Fluges im Zeitablauf unterschiedliche Preise festlegen kann.

Entstanden sind Yieldmanagement-Systeme in den USA nach 1978. Die 1978 durchgesetzte **Deregulierung des amerikanischen Luftverkehrsmarktes** hatte u.a. Marktanteilsverluste der großen Fluggesellschaften, Preisverfall (Yieldverfall) und hohe finanzielle Verluste zur Folge (vgl. Abb. 10). Zur Vermeidung oder Reduzierung der Verluste blieb den Fluggesellschaften der Versuch, betriebswirtschaftliche Steuerungskonzepte zur Auslastung der Kapazitäten zu verfeinern. Yieldmanagement ist ein solches Instrument zur Verbesserung der Ertragssituation.

Das **Grundproblem des Yieldmanagement** läßt sich an einfachen Überlegungen verdeutlichen:

+ wenn für einen Flug zu früh zu viele oder alle Sitze zu billigen Sondertarifen verkauft sind, hat die Airline zwar einen hohen Sitzladefaktor (hohe Kapazitätsauslastung) und große Planungssicherheit, sie hat jedoch nicht den optimalen Ertrag erzielt, da sie spät buchende Vollzahler und damit hohe Erträge abweisen muß.

+ werden zu viele Plätze für spät buchende Vollzahler freigehalten, entstehen unter Umständen Ertragseinbußen durch leere Flugsessel, d. h. nicht genutzte Kapazität, wenn diese Vollzahler ausbleiben. Vollzahler bringen der Airline zwar hohe Erträge, die nicht genutzte Sitzkapazität führt jedoch zu einem niedrigeren Sitzladefaktor und entgangenen Erträgen.

+ Grundgedanke des Yieldmanagement ist es nun, durch Preisdifferenzierung in Form verschiedener Buchungsklassen sowohl die gesamte Beförderungskapazität zu nutzen als auch die unterschiedliche Zahlungsbereitschaft (und damit die unterschiedlichen Yields) der Passagiere abzuschöpfen.

„Create a satisfactory balance between yield and load factor"

Durch ein **Fare-/Seat-mix-management** verfolgt Yieldmanagement das Ziel:

+ die richtige Anzahl von Flugzeugsitzen,
+ dem richtigen Kundentyp,
+ zum richtigen Preis und
+ zur richtigen Zeit zuzuordnen;
+ Umsatz und Auslastung des Streckennetzes sind zu optimieren.

11.2 Marketing-Aspekte des Yieldmanagement

Bevor die Merkmale von Yieldmanagement-Systemen behandelt werden, ist es erforderlich, einige Zusammenhänge und Grundbegriffe aus dem Airline-Marketing aufzugreifen, auf denen Yieldmangement basiert. Dies sind insbesondere: Marktsegmentierung, Preiselastizität, Buchungsverhalten, Buchungsklassen und Pricing.

11.2.1 Marktsegmentierung, Preiselastizität und Buchungs-verhalten

Unter **Marktsegmentierung** versteht man die Aufteilung eines Gesamtmarktes in bezüglich ihrer Marktreaktion intern homogene und untereinander heterogene Untergruppen von Passagieren (= Marktsegmente).

Eine einfache Form der Segmentierung des Passage-Marktes zeigt die folgende Abbildung:

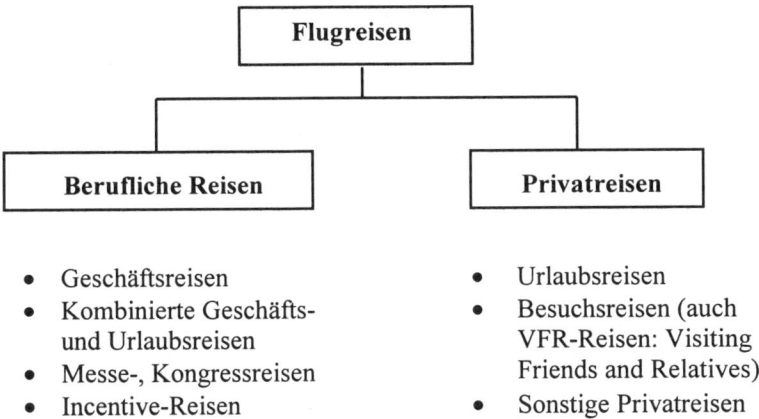

Abb. 173 Marktsegmentierung nach Reiseanlaß
(Quelle: POMPL, W.: Luftverkehr, 4. Aufl., S. 187)

Preiselastizität beschreibt die Reaktion der Nachfrager auf Preisänderungen und wird definiert als

$$\text{Preiselastizität der Nachfrage} = \frac{\text{prozentuale Änderung der Nachfragemenge}}{\text{prozentuale Preisänderung}}$$

Bei einem Wert über 1 spricht man von einer **elastischen Nachfrage**, da die relative Mengenänderung größer als die relative Preisänderung ist. Die Passagiere reagieren preissensibel: hebt die Airline die Preise an, führt dies zu einem (großen) Rückgang an nachgefragten Flugtickets.

Bei einem Wert unter 1 wird die Nachfrage als **unelastisch** bezeichnet, die Nachfrager reagieren auf eine Preisänderung der Airline mit einer geringen Änderung der Nachfragemenge.

Nimmt man eine grobe Einteilung der Passagiere in zwei typische **Markt-segmente** vor, gelangt man zu folgender Gegenüberstellung:

Privatreisende	Geschäftsreisende
✈ preissensibel/preiselastisch (reagieren stark auf Preis-änderungen)	✈ preisunelastisch (reagieren wenig auf Preis-änderungen)
✈ Frühbucher	✈ Spätbucher
✈ relativ flexibel in der Reise-planung	✈ benötigen hohe Flexibilität in der Reiseplanung
✈ Beförderungsklasse in der Regel Economy-Class	✈ höhere Produkt- und Servicean-sprüche
✈ meist niedrigere Ertragswertig-keit, auch als STP (Sondertarif-passagiere) bezeichnet	✈ meistens Häufig-/Vielflieger
	✈ hohe Ertragswertigkeit, auch als NTP (Normaltarifpassagiere) bezeichnet

Abb. 174 Buchungsverhalten der Marktsegmente

Das **Buchungsverhalten** (Booking pattern) beider Kundengruppen unterscheidet sich deutlich. **Ferienreisende** buchen meist sehr früh zu billigeren Sondertarifen und leisten damit einen geringeren Netzbeitrag als Vollzahler. Privatreisende sind zeitlich flexibler, aber in hohem Maße preissensibel (elastische Nachfrage-reaktion), sie wählen ihre Airline in erster Linie nach dem Preis aus. Demgegen-über ist die Ertragswertigkeit der **Geschäftsreisenden** hoch. Sie buchen Normaltarife, aber dies meist sehr kurzfristig. Geschäftsreisende wählen ihre Airline primär aufgrund der angebotenen Flugverbindungen und des Vielflieger-programms aus, sie sind nicht sehr preissensibel; Flexibilität der Buchung, Sitzverfügbarkeit und die zeitliche Lage der Flugzeiten sind für diese Kunden-gruppe wichtig.

11.2.2 Buchungsklassen, Tarifklassen und Beförderungsklassen

Tarifklasse (Fare class) ist die durch einen Code (Farebasis-Code) ausgedrückte Preiskategorie auf einer bestimmten Flugstrecke. Abhängig von der Tarifklasse ist die Zuordnung eines Passagiers zu einer bestimmten Buchungs- und Beförderungsklasse. Der erste Buchstabe des Farebasis-Codes bezeichnet in der Regel die Buchungsklasse (siehe Abb. 170: Spalte „Fare Basis").

Beförderungsklasse (auch Service- oder Reiseklasse) ist die physische Klasse, in der der Passagier an Bord befördert wird. Sie wird bestimmt durch Art und Umfang der Dienstleistungen (Servicekette), die eine Airline für einen Fluggast an Bord (Kabinenausstattung, Service), aber auch am Boden erbringt. Bei Lufthansa beispielsweise heißen die angebotenen Beförderungsklassen First Class, Business Class und Economy Class.

Die **Buchungsklasse (oder Reservierungsklasse)** ist ein Instrument zur ertragsorientierten Buchungssteuerung der Kapazitätsauslastung in der Buchungsphase und wird gebildet nach „**Revenue related aspects**". Je niedrigwertiger die Buchungsklasse ist, um so geringer ist der Flugpreis und um so mehr Buchungsrestriktionen sind mit dieser Buchungsklasse verknüpft. Abhängig von der gewählten Tarifklasse wird jede Buchung einer bestimmten Buchungsklasse zugeordnet. Sondertarife werden über die Buchungsklassen kontingentiert, um jederzeit eine Kontrolle über die Anzahl der verkauften Plätze zu dem jeweiligen Tarif zu haben. Deshalb wird jedem Tarif eine eigene Buchungsklasse zugeordnet. Anzahl und Bezeichnung der Buchungsklassen variieren von Fluggesellschaft zu Fluggesellschaft (siehe Abb. 171).

Seit Mitte des Jahres 2000 bis Oktober 2001 haben die Fluggesellschaften, die Mitglieder der Star Alliance sind, ihre Buchungsklassen harmonisiert und verwenden die gleiche Einteilung und dieselben Bezeichnungen und Codes für ihre 18 Buchungsklassen:

Beförderungs-klasse	Buchungs-klasse	Tarifart
First	F	First full fares
First	A	First discounted
First	O	Miles+More-Bonusklasse, freie und reduzierte Tickets (ID-/AD-/IP-Tickets)
Business	C	Business full fares
Business	D	Business discounted
Business	I	Business redemption , Miles+More-Bonusklasse, freie und reduzierte Tickets
Business	R	Business ID-/AD-/IP-Travel
Economy	Y	Economy flexible fares
Economy	B	Economy discounted
Economy	M	Economy discounted
Economy	H	Economy discounted (auch Produktflug)
Economy	X	Economy redemption, Miles+More-Bonusklasse, freie und reduzierte Tickets
Economy	Q	Economy discounted
Economy	N	Economy ID-/AD-/IP-Travel
Economy	V	Economy discounted (Veranstalter)
Economy	E	R1/1
Economy	W	Economy discounted, Spot sales, Restplatzvermarktung
Economy	S	Interline

Abb. 175 Buchungsklassen der Star Alliance-Mitglieder

Neben den innerhalb der Star Alliance vereinheitlichten Buchungsklassen, kann jedes Mitglied der Allianz zusätzlich eigene Buchungsklassen einrichten. So hat z. B. Lufthansa im Oktober 2002 aufgrund des zunehmenden Wettbewerbs innerhalb Europas die Klassen Z (Business discounted) und G, K, L, T (Economy discounted, unterhalb der Klasse S) eingeführt.

Hat ein Agent bei einer Flugbuchung einen passenden Sondertarif (Tarifklasse) für einen Kunden herausgefunden, so kann anhand der Buchungsklasse, die diesem Sondertarif zugeordnet ist, im CRS überprüft werden, ob zu diesem Tarif noch ein Platz in dieser Buchungsklasse buchbar ist. Die Wahl der Tarifklasse hat jedoch normalerweise keinen Einfluß auf die Platzwahl innerhalb einer Beförderungsklasse, d. h. alle Passagiere, die einen Sondertarif gebucht haben, sitzen normalerweise in der Economy-Class und hier bezogen auf die Buchungsklassen durcheinander.

11.2.3 Pricing

Der Ticketpreis definiert sich über den Markt, den Reiseweg und die **Buchungsrestriktionen**, die ein Ticket hat. Je weniger Bedingungen mit einem Ticket verknüpft sind, desto teurer ist das Ticket und desto höherwertiger ist die Buchungsklasse. Fluggesellschaften bieten eine Vielfalt von Tarifen mit unterschiedlichen Konditionen an, die über die Fare Quote Displays der CRS abrufbar sind (siehe Abb. 170, Vorausbuchungsfristen, Minimalaufenthalt, Maximalaufenthalt, Sunday-Rule).
Je nach der Art der Preisbildung kann man verschiedene Tarif-/Preisarten unterscheiden:

- ✈ **IATA-Tarife** sind multilateral vereinbarte Flugtarife. Veränderungen in Höhe, Bedingungen oder Gültigkeitszeitraum werden auf IATA-Konferenzen von allen anwesenden Luftverkehrsgesellschaften einstimmig beschlossen. Diese Tarife sind uneingeschränkt interlinefähig, d. h. sie gelten zwischen allen Airlines, die diese Strecke bedienen und die ein Interline-Abkommen abgeschlossen haben.

- ✈ **Carrier fares** sind in den CRS veröffentlichte Durchgangstarife der jeweiligen Fluggesellschaft. Sie werden von der Airline allein für ihre Flüge festgelegt und liegen unterhalb des Levels der IATA-Tarife. Sie sind zunächst nicht interlinefähig und gelten nur für den anbietenden Carrier.

- ✈ **Marktpreise** sind inoffizielle und nicht in CRS publizierte Preise. Sie werden ebenfalls von einer Fluggesellschaft selbst festgelegt, aber nicht in den CRS dargestellt. Sie werden über Marktpreislisten angeboten und können dadurch bestimmten Vertriebskanälen oder Vertriebspartnern exklusiv angeboten werden. Sie sind flexibler in der Anwendung, haben allerdings den Nachteil, daß sie nicht ohne weiteres interlinefähig sind. Marktpreise gibt es, weil die IATA- und

Carrier-Tarife nicht immer der Zahlungsbereitschaft der Nachfrager in den Märkten entsprechen und zum anderen die Absatzmittler flexiblere Handelsspannen fordern. Informationen über Marktpreise sind den Wettbewerbern nur erschwert und meist zeitverzögert zugänglich.

Nach dem Zeitpunkt der eigenen Preisaktionen im Vergleich zu denen der Wettbewerber werden die Begriffe proaktive oder reaktive Marktbearbeitung verwendet:

- ✈ bei einer **proaktiven Marktbearbeitung** wird z. B. Lufthansa aktiv und nimmt Preisaktionen anderer Airlines vorweg. Dabei kann die verzögerte Reaktion von Wettbewerbern zur Ergebnisverbesserung genutzt werden.
- ✈ umgekehrt würde z. B. Lufthansa bei einer **reaktiven, nachgelagerten Preisaktion** auf die Preispolitik der Konkurrenz reagieren und sich anpassen.
- ✈ unter **Matching** versteht man die Übernahme des Tarifes eines anderen Carriers in das eigene Tarifsystem. Preise eines anderen Carriers würden dann z. B. von Lufthansa in Preis und Konditionen identisch angeboten. Ob eine Airline einen Tarif matcht, hängt ab von dem Produkt des Wettbewerbers, der Attraktivität seines Flugplans und der Zielgruppe, auf die seine Maßnahme zielt.

Preissetzung im LH-Netz im Jahr 2000

✈ Anzahl der öffentlichen LH-Tarife insgesamt	850.000
✈ Anzahl der Marktpreise	800.000
✈ Anzahl der O&Ds mit LH-Tarifen	70.000
✈ Anzahl der unterschiedlichen Fare Class Codes	7.000
✈ Anzahl der unterschiedlichen Konditionen	35
✈ Anzahl der Buchungsklassen	18
✈ Anzahl der Tarifänderungen im April 2000 (10.000 pro Tag)	300.000
✈ Anzahl der Tarifänderungen im Zeitraum FEB – APR 2000 (6.700 pro Tag)	610.000

Abb. 176 Preissetzung im Lufthansa-Netz im Jahr 2000
(Quelle: Deutsche Lufthansa AG, Netzmanagement, September 2001)

Im Rahmen der **Preisdifferenzierung** werden für (nahezu) identische Produkte von den Kunden unterschiedlich hohe Preise gefordert. Die Preisdifferenzierung wird in der Regel mit Differenzierungsmaßnahmen bei anderen Marketinginstrumenten kombiniert. Preisdifferenzierung baut auf den Ergebnissen der Marktsegmentierung auf und erlaubt es, niedrige Tarife zu besonderen Konditionen (Restriktionen) anzubieten, mit denen Privatreisende angesprochen werden und gleichzeitig Geschäftsreisenden höhere Tarife zu verkaufen, die keine Restriktionen beinhalten und dem Reisenden die gewünschte Flexibilität gewähren.

Das für Dienstleistungen konzipierte **Yieldmanagement basiert auf den Grundüberlegungen der Preisdifferenzierung.** Es wird unterstellt, daß eine Dienstleistung zu unterschiedlichen Zeiten verschiedenen Nachfragern unterschiedlich viel wert ist. Im Vergleich zu statischen Preisdifferenzierungsstrategien bestehen zwei grundlegende Unterschiede:

> 1. Yieldmanagment ist nicht nur ein Instrument der Preispolitik, sondern dient darüber hinaus der Kapazitätssteuerung,

> 2. Yieldmanagement ist der dynamischen Preispolitik zuzuordnen, weil es beim Verkauf einer nach Art und Zeitpunkt festgelegten Dienstleistung im Zeitablauf unterschiedliche Preise festlegt.

Abbildung 177 zeigt den Zusatzertrag, den eine Airline bei der Einführung von vier Preisstufen erzielt, im Vergleich zu dem Ertrag, den ein Einheitspreis erbringen würde.

Effektives Pricing
Preisdifferenzierung

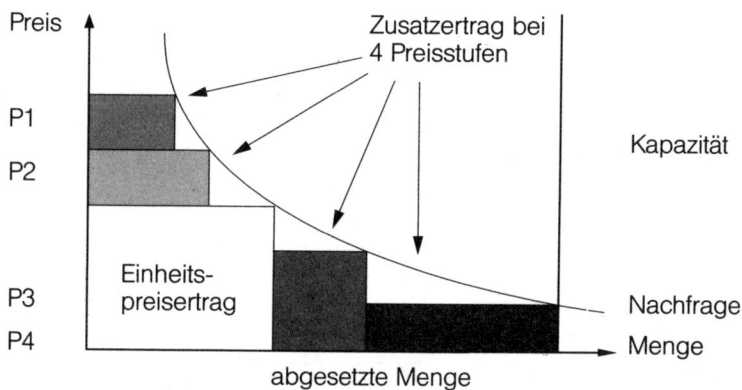

Abb. 177 Einheitspreis versus Preisdifferenzierung

Voraussetzung für eine Preisdifferenzierung ist eine Marktsegmentierung in dem Sinne, daß jede Nachfragegruppe nur den Tarif wählen kann, den sie gerade noch zu zahlen bereit ist und nicht einen preisgünstigeren. Zentrales Ziel ist eine Gewinnsteigerung durch Abschöpfung der Konsumentenrenten. Ausgehend von den beim Einheitspreis kaufenden Nachfragern werden zusätzliche Käufergruppen besser erschlossen: die, die bereit wären, einen höheren Preis als den Einheitspreis zu bezahlen und die Nachfrager, die beim Einheitspreis nicht kaufen würden, weil ihre Preisbereitschaft unterhalb des Einheitspreises liegt.

Auf dem Luftverkehrsmarkt werden die Teilmärkte nach räumlichen, zeitlichen, mengenmäßigen, personellen oder sachlichen Kriterien abgegrenzt. Da häufig mehrere Differenzierungskriterien gleichzeitig angewendet werden, handelt es sich um eine multidimensionale Preisdifferenzierungsstrategie:

→ **zeitliche Preisdifferenzierung**: je nach Reise- oder Buchungszeitpunkt werden verschiedene Formen der Preisdifferenzierung vorgenommen. So unterscheidet sich die Höhe des Flugpreises nach Saison (Hoch-/ Neben-/ Zwischensaison), nach Wochentagen (Sunday-Rule, Wochenmitte, Wochenende) oder nach erforderlichen Mindestaufenthalten. Auch nach dem Vorausbuchungs-/Reservierungszeitpunkt (PEX-/APEX-Tarife) werden Ticketpreise differenziert. So kann z. B. durch die Vorausbuchungspflicht die Nutzung eines Sondertarifs durch Geschäftsreisende behindert werden.

→ **mengenmäßige Preisdifferenzierung**: ist in den meisten Roundtrip-Flugtickets enthalten, die billiger sind als zwei Oneway-Tickets. Sondertarife für Gruppen oder Firmen/Großkunden stellen weitere Formen der mengenmäßigen Preisdifferenzierung dar.

→ **persönliche Preisdifferenzierung**: ist an personenbezogene Merkmale des Passagiers gebunden. Beispiele sind die Ermäßigungen für Jugendliche (ZZ), Studenten (ZS, SD), Senioren (CD), Kinder (IN, CH), Auswanderer (EM), Gastarbeiter (DL), Seeleute (SC), Behinderte (SB30) oder Agentenermäßigung (AD); (in Klammern Ticket Designator zur Kennzeichnung der Ermäßigung im Ticket).

→ **räumliche Preisdifferenzierung**: je nach Flugstrecke werden unterschiedliche Meilenpreise innerhalb des Streckennetzes verlangt. Durch Unterschiede in der Ausgabebereitschaft bezüglich der Flugstrecke oder der Nachfrager in der jeweiligen Verkaufsregion werden weitere räumliche Preisdifferenzierungen begründet. Es wird also eine routenbezogene, zum Teil sogar flugrichtungsbezogene oder verkaufsortbezogene räumliche Preisdifferenzierung angewendet (Ticketpreis für eine Flugstrecke bei Kauf im Ausland niedriger als bei Kauf in der BRD; vgl. hierzu die Verkaufsarten SITI, SOTI usw.).

Flugstrecke	Entfernung in MPM (MPM = max. erlaubte Flugmeilen)	Tarif	Flugpreis für ein Rückflug-Ticket (RT) in Euro	Preis pro Meile in Euro
FRA-BRU	228	C	633	1,39
FRA-MUC	186	C	399	1,07
FRA-NCE	534	C	1008	0,94
FRA-ZAG	548	C	775	0,71
FRA-ASU	8142	C	5867	0,36
FRA-SIN	8119	C	4072	0,25

Abb. 178 Beispiele räumlicher Preisdifferenzierung
(Quelle: CRS Amadeus, LH-Preise vom 04.02.2003)

11.3 Techniken des Yieldmanagement

Bevor die einzelnen Merkmale und Tools von Yieldmanagement-Systemen bis hin zu ODRMS (Origin and destination revenue management systems) behandelt werden, soll kurz die Frage beantwortet werden, wie die „Buchungssteuerung" ohne diese Systeme abläuft.

Hierzu schreibt Belobaba (Flight Transportation Laboratory des Massachusetts Institute of Technology), der in Heft 4/1997 der Airline Business in einer Modellsimulation die „benefits" von Yieldmanagement-Systemen unter verschiedenen Marktbedingungen und Aktionen der Airlines untersucht:
„In the absence of YM, an airline is assumed to use a „**first come, first serve"** **(FCFS) passenger acceptance rule**, under which it accepts all booking requests until the total capacity of the flight leg is reached. Note that, even under FCFS, some passengers will end up purchasing higher priced fare types, since the advance purchase and minimum stay conditions of lower fares might prevent these passengers from taking advantage oft the lowest available fares". (AB 4/97, S. 48).

11.3.1 Der Yieldmanagement-Prozeß

Der Yieldmangement-Prozeß läuft vereinfacht in folgenden Stufen ab:

1. Erfassung der historischen Nachfragestruktur,
2. Bestimmung der Kundenwertigkeit (customer value) unter Berücksichtigung individueller Ertragspotentiale und strategischer Marketingziele,
3. Prognose der zukünftigen Nachfragestruktur,

4. Planung von Volumen und Struktur bereitzustellender Kapazität (z. B. Leistungs- und Buchungsklassen, Leistungsfrequenz und Leistungsbereitschaftszeiten),

5. Preisbestimmung,

6. dynamische Anpassung der Preis- und Kapazitätsstruktur auf Basis der tatsächlichen Nachfrage- bzw. Buchungsentwicklung.

Ein integriertes Yieldmanagement-System zur Unterstützung dieses Prozesses besteht im allgemeinen aus drei Bausteinen:

Das **Prognosemodul** schätzt aufgrund der historischen Nachfrageentwicklung den aktuellen Nachfrageverlauf. Gleichzeitig wird versucht, den Anteil von Stornierungen und Noshows zu schätzen, um im Rahmen des Überbuchungsmoduls die Überbuchungen bestimmen zu können.

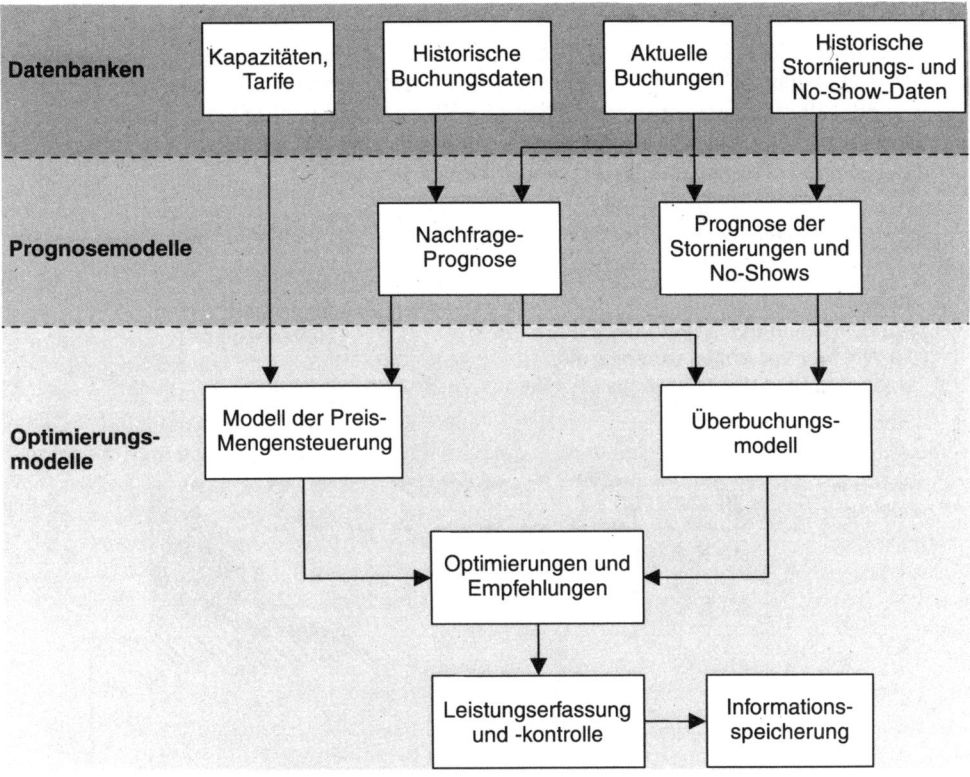

Abb. 179 Integriertes Yieldmanagement-System
(Quelle: MEFFERT, H. : Marketing, S. 556)

Die **Preis-/Mengensteuerung** optimiert auf der Basis der Erfahrungen in der Vergangenheit und der zu erwartenden Preiselastizität die Preishöhe und Kapazität in verschiedenen Buchungsklassen.

Das **Optimierungsproblem** besteht darin, die Flüge so auszulasten, daß mit Priorität diejenige Nachfrage mit der höchsten Zahlungsbereitschaft befriedigt wird.

Im Rahmen dieser Optimierung muß das Risiko der Umsatzverdrängung und Umsatzverluste minimiert werden.

Umsatzverluste entstehen, wenn Kapazität leer bleibt, weil eine Buchung in einer preisgünstigen Buchungsklasse abgelehnt wird, da die Kapazität für zahlungskräftigere Passagiere freigehalten werden soll, die letztlich aber nicht zu finden sind.

Zu einer **Umsatzverdrängung** kommt es, wenn die Buchung eines preisgünstigen Tarifes zugelassen wird, aber in letzter Minute noch ein Hochpreiskunde buchen möchte, der wegen fehlender Kapazität jedoch abgelehnt werden muß.

Abbildung 180 zeigt diesen Zusammenhang an einem Beispiel. Bei einer Sitzplatzkapazität des Flugzeugs von 100 Plätzen werden 120 Passagiere in drei Buchungsklassen prognostiziert. Vierzehn Wochen vor Abflug wird die niedrigste Buchungsklasse bei 40 Buchungen geschlossen, um die restlichen 60 Plätze in höherwertigen Buchungsklassen vermarkten zu können.

Bevorzugung hochwertiger Nachfrage/Steuerung nach Ertragswertigkeit

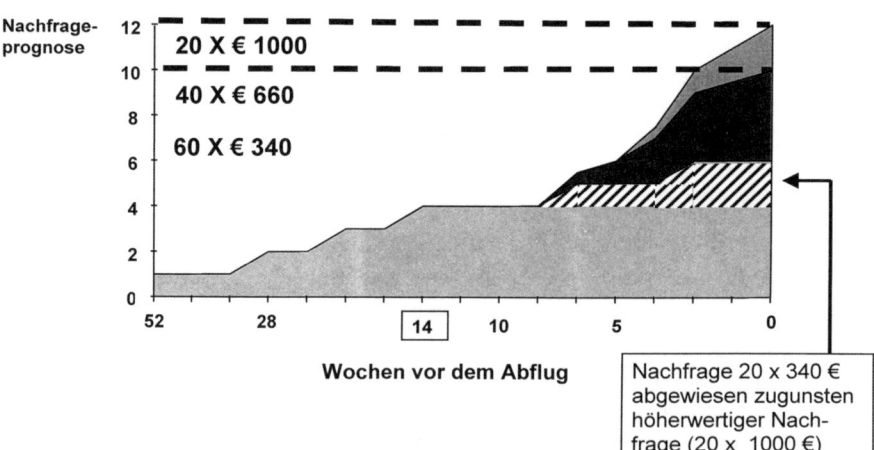

Abb. 180 Buchungssteuerung nach Ertragswertigkeit

11.3.2 Tools von Yieldmanagement-Systemen

Die wichtigsten Funktionen von Yieldmanagement-Systemen sind:

➤ **Preis-/Mengensteurung (Fare and seat mix management)**
➤ **Überbuchungssteuerung (Overbooking management)**

Hierzu sind Tools entwickelt worden, die nachfolgend in ihren Grundzügen dargestellt werden.

11.3.2.1 Preis-/Mengensteuerung (Fare and seat mix management)

Wird ein Flugticket zum Sparpreis verkauft, wird ein Ertrag gesichert, es wird jedoch auf eine Ertragsoptimierung verzichtet. Werden dagegen Buchungen zum Spartarif abgelehnt, sind zwei Entwicklungen möglich:

➤ die erhoffte Nachfrage von Vollzahlern trifft ein, so daß die vorhandenen Sitze mit Vollzahlern gefüllt werden können,
➤ die erhoffte Nachfrage der Vollzahler bleibt aus, durch die Ablehnung des Niedrigpreiskunden wurde ein leerer Sitz erzeugt.

Ist der Kunde, der zum Spartarif buchen wollte und diesen nicht erhalten hat, bereit, einen höheren Preis zu zahlen, wird dies als **Selling-up-probability** bezeichnet.

11.3.2.1.1 Nesting-Verfahren

Um die erforderliche Preis-/Mengensteuerung zu optimieren wurde in Reservierungssystemen das **Seat-Nesting** eingeführt.

Das **Nesting-Verfahren** soll verhindern, daß ein höherwertiger Tarif nicht gebucht werden kann und gleichzeitig ein günstigerer Tarif verkauft wird. Es verknüpft die Kontingente in den einzelnen Buchungsklassen hierarchisch nach der Ertragswertigkeit von „unten (Buchungsklasse mit dem niedrigsten Tarif) nach oben (Buchungsklasse mit dem höchsten Tarif)", so daß bei Bedarf die für niedrigwertige Klassen vorgehaltenen Kontingente für Buchungen aus höherwertigen Klassen zugänglich gemacht werden.

Die Sitze einer niedrigwertigen Klasse werden zu den buchbaren Plätzen der höherwertigen Klasse addiert: solange Supersparpreise angeboten werden, sind auch Spar- und Normaltarife erhältlich. Können keine Spartarife mehr verkauft werden, sind auch keine Superspartarife mehr vorhanden. Normaltarife sind nur dann nicht mehr buchbar, wenn die Kapazität des Fluges erschöpft ist bzw. das Überbuchungsniveau erreicht ist.

Ohne die Gesamtbetrachtung der Kontingente könnte ein Sparticket verkauft und gleichzeitig der Verkauf eines Normaltickets abgelehnt werden, wenn das Kontingent der Normaltarife erschöpft ist und das Sparkontingent freie Sitze ausweist

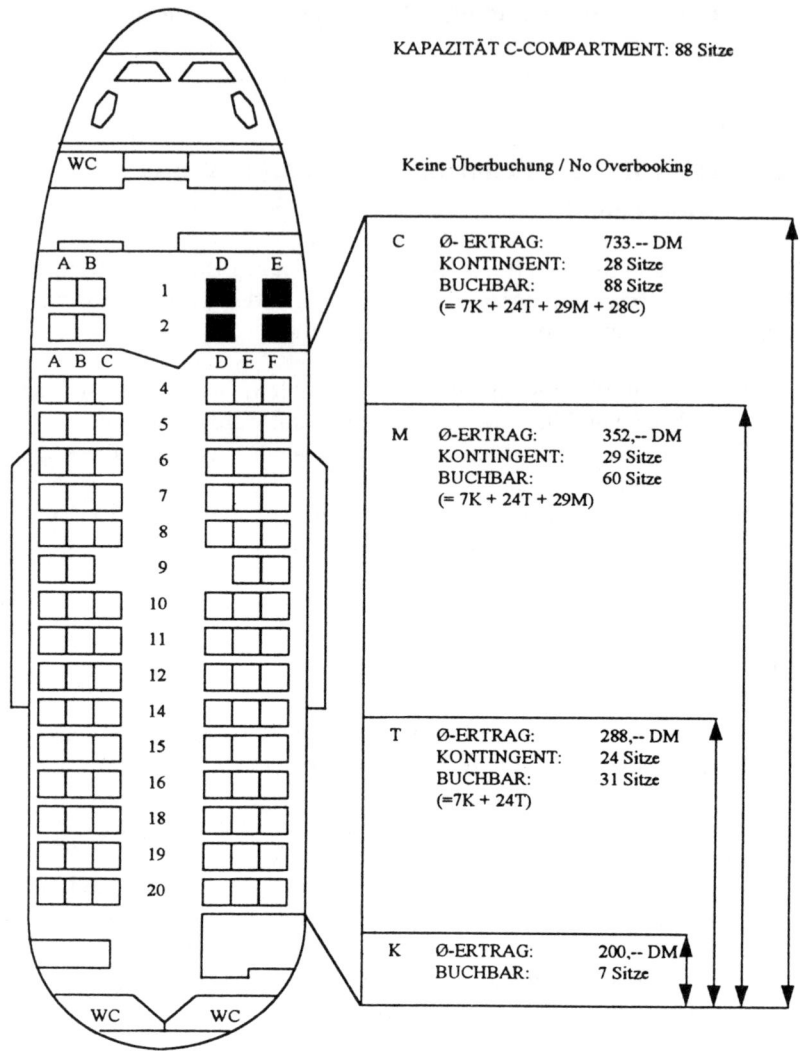

KAPAZITÄT C-COMPARTMENT: 88 Sitze

Keine Überbuchung / No Overbooking

C	Ø- ERTRAG:	733.-- DM
	KONTINGENT:	28 Sitze
	BUCHBAR:	88 Sitze
	(= 7K + 24T + 29M + 28C)	

M	Ø-ERTRAG:	352,-- DM
	KONTINGENT:	29 Sitze
	BUCHBAR:	60 Sitze
	(= 7K + 24T + 29M)	

T	Ø-ERTRAG:	288,-- DM
	KONTINGENT:	24 Sitze
	BUCHBAR:	31 Sitze
	(=7K + 24T)	

| K | Ø-ERTRAG: | 200,-- DM |
| | BUCHBAR: | 7 Sitze |

Abb. 181 Nesting-Struktur
(Quelle: STERZENBACH, R.: Luftverkehr, S. 311)

Beispiel: Der Flug YY 4410 hat eine Kapazität von 100 Sitzen in den Buchungsklassen C/B/L/Y. Das Optimierungssystem PROS hat aufgrund der prognostizierten Nachfrage eine Verteilung der Kapazität von 100 Sitzen vorgenommen: C 40, B 20, L 30, Y 10. Diese Werte nennt man Protected Seats (PRO). Die Protected Seats (protected for later booking high fare passengers) werden mit der für die jeweilige Buchungsklasse anwendbaren Überbuchungsrate (OBM) multipliziert und gemäß Nestingstruktur addiert. Die sich daraus ergebenden Werte werden als Authorized Booking Level (AUL) bezeichnet. Der AU-Level gibt an, wieviele Sitze maximal verkauft werden dürfen.

Class	PRO (Protected Seats)	x OBM (Überbuchungsrate)	= Seat Nesting	= AUL (Authorized Booking Level)
C	40	x 1,1	= 44+(12+30+22)	= 108
B	20	x 1,1	= 22+(12+30)	= 64
L	30	x 1,0	= 30+(12)	= 42
Y	10	x 1,2	= 12	= 12

Abb. 182 Seat Nesting - Beispiel

Auch im **Booking survey (BB)** des Yieldmanagementsystems ist das Seat Nesting in den Spalten BKD (booked) und TTL (total) erkennbar:

```
BB YY463/13APR 7-68
FRA-MIA  16F(FAO)78C(CDZIR)274M(YBMHXQNVEWS)
** BID PRICE CONTROLLED ** FRA*MIA                0226
LT FRA 0950/1330 MIA
FORECAST:  F:019 C:129 M:374   FRA-MIA   DATE: 02FEB
CL  LEG    BKD TTL ST AUL
F FRA MIA  003 013 AS 016
A FRA MIA    0 010 AS 013
O FRA MIA  010 010 NO 010
C FRA MIA  004 071 AS 084
D FRA MIA  049 067 CL 070
Z FRA MIA  004 018 CL 018
I FRA MIA  014 014 NO 014
R FRA MIA    0   0 NO   0
Y FRA MIA  006 299 AS 304
B FRA MIA  011 293 CL 296
M FRA MIA  032 282 CL 279
H FRA MIA  170 250 CL 245
X FRA MIA  021 080 NO 075
Q FRA MIA  027 059 CC 054
N FRA MIA    0 032 NO 028
V FRA MIA  027 032 CC 028
E FRA MIA    0 005 NO 004
W FRA MIA  002 005 CC 004
S FRA MIA  003 003 CL 003
```

Abb. 183 Booking Survey YY463 – vereinfachtes Beispiel

Erläuterungen zum Booking Survey:

1. **Zeile:** Booking Survey (BB) vom 04.02.2003 für YY463, Abflug am 13.04.2003, einem Sonntag (Verkehrstag 7). Der Booking survey ist 68 Tage vor Abflug ausgedruckt.

2. **Zeile:** Flug Frankfurt-Miami, Kapazität 16 Plätze in der First-Class (Buchungsklassen F, A, O), 78 Plätze in der Business-Class (Buchungsklassen C, D, Z, I, R) und 274 Plätze in der Economy-Class (Buchungsklassen Y, B, M, H, X, Q, N, V, E, W, S).

3. **Zeile:** Verfahren der Buchungssteuerung: ★★BID PRICE CONTROLLED★ ★ MIA★FRA bedeutet, daß der Flug Bid Price gesteuert ist (siehe Kapitel 11.3.2.1.2). Die Zahl 0226 am Ende der Zeile gibt die Anzahl der „Data collecting points" (DCP) an, an denen eine Berechnung und Optimierung der Sitzverteilung stattgefunden hat. Dieser Flug ist bisher 226 mal berechnet und optimiert worden. Die Berechnungen zur Sitzverteilung finden im Buchungszeitraum eines jeden Fluges ab dem 361. Tag vor Abflug automatisch mindestens 16 mal statt. Manche Flüge werden im Buchungszeitraum bis zum Abflug mehr als 200 mal neu optimiert. Damit ist eine schnelle Anpassung der Sitzverteilung an aktuelle Nachfrageschwankungen gewährleistet. Extreme Buchungsschwankungen und Sonderereignisse, für die keine verwertbaren historischen Buchungsdaten vorliegen, werden manuell optimiert.

4. **Zeile (LT):** Angabe der Departure- und Arrival-Time (local: in der jeweiligen Ortszeit).

5. **Zeile (Forecast):** enthält eine Buchungsprognose, die angibt, wieviele Passagiere an Bord sein könnten, wenn alle Buchungsklassen geöffnet wären (hier: 19 in der First-, 129 in der Business- und 374 in der Economy-Class). Es handelt sich also um eine Schätzung der potentiellen Nachfrage, die für diesen Flug besteht. Die Prognose stellt nicht die voraussichtliche Auslastung des Fluges dar, sondern sagt aus, wieviele Passagiere mit diesem Flug fliegen würden, wenn es keine Kapazitätsbeschränkung gäbe und jeder potentielle Kunde, der den Flug buchen wollte, eine Buchung bekäme (unconstrained achievable demand). Diese Prognose ist wichtig für die Berechnung der Sitzverteilung auf die einzelnen Buchungsklassen.

6. **Zeile:** CL   = Buchungsklasse,
   LEG = Teilstrecke oder Sektor (Strecke zwischen Start und nächster Landung auf einer durch eine Flugnummer gekennzeichneten Strecke),
   BKD = booked,
   TTL = total (zeigt die Passagiere kumuliert pro Beförderungsklasse, läßt die Nesting-Struktur erkennen),
   ST   = Status im CRS Amadeus (NO: wird im CRS Amadeus nicht angezeigt, AS = available seats, CC = completely closed, CL = closed, Warteliste),
   AUL = authorized overbooking level.

11.3.2.1.2 Bid Pricing

Bei der **konventionellen Ertragssteuerung** haben alle Märkte (Verkaufsagenten) dieselbe Verfügbarkeit bei einem Flug. Es bestehen folgende **Probleme:**

✈ keine Berücksichtigung des gesamten Reiseweges des Passagiers, es wird nur eine Teilstrecke betrachtet und optimiert,

✈ keine Berücksichtigung des Verkaufsortes des Flugtickets (Währungsschwankungen, Preisniveau der Flugtickets im Verkaufsland),

✈ Steuerung der Netzertragswertigkeit eines Kunden erfolgt nur nach Buchungsklasse,

✈ keine Unterscheidungsmöglichkeit zwischen **Lokalpassagier** (der nur eine Teilstrecke fliegt, z. B. Köln - Frankfurt) und **Netzpassagier** (der über mehrere Teilstrecken reist z. B. Köln - Frankfurt - Houston),

✈ die Kurzstreckennachfrage blockiert die Langstreckennachfrage. Wenn z. B. auf der Teilstrecke Köln – Frankfurt alle Plätze mit Lokalpassagieren für Frankfurt besetzt sind, kann kein Ticket für die Strecke Köln – Frankfurt – Houston mehr verkauft werden.

Weiterentwickelte Verfahren der Buchungssteuerung (ab etwa 1995) wie „**Bid Pricing**" von PROS Revenue Management Inc. in Houston berücksichtigen die Netzertragswertigkeit des Kunden und erlauben eine Zuteilung knapper Kapazitäten auf Märkte. Solche Systeme werden auch als **ODRMS (= Origin and destination revenue management systems)** bezeichnet.

Ein **Beispiel** soll das Prinzip, nach dem diese Systeme arbeiten, veranschaulichen:

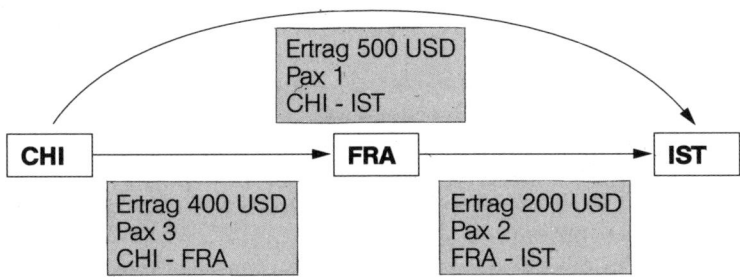

Abb. 184 Steuerungstechnik: Origin & Destination-Steuerung

In der konventionellen Buchungssteuerung konnte man nicht zwischen einem Lokalpassagier (Frankfurt-Istanbul) und einem Netzpassagier (Chicago-Istanbul mit Umsteigen in Frankfurt) unterscheiden. Beide buchen in derselben Buchungsklasse die Strecke Frankfurt-Istanbul. Ihre Ertragswertigkeit im Netz der Fluggesellschaft war aber sehr unterschiedlich. Es konnte also vorkommen, daß ein lokaler Passagier aus Frankfurt den letzten Platz auf dem Flug Frankfurt-Istanbul buchte und danach kein Durchverkauf Chicago-Istanbul (mit einem höheren Netzertrag als Frankfurt-Istanbul) mehr möglich war, obwohl der Flug Chicago-Frankfurt noch genügend freie Sitze hatte.

Bid Pricing bietet nun die Möglichkeit der Unterscheidung nach Ertragswertigkeit bezogen auf das Airline-Netz. Dabei werden der angefragte Reiseweg und der Verkaufsursprung (POS = point of sales) bewertet. Im o. g. Beispiel würde mit Bid Pricing einem Agenten in Frankfurt bei einer Buchungsanfrage Frankfurt-Istanbul keine Verfügbarkeit für den letzten freien Sitz angezeigt werden, während ein Agent in Chicago denselben Flug Frankfurt-Istanbul in der Verbindung Chicago-Frankfurt-Istanbul noch buchen könnte, weil dessen Netzertrag höher ist.

Einer der zentralen Punkte neuerer Yieldmanagement-Systeme ist die Berücksichtigung der **Ertragswertigkeit (customer value)** eines Kunden. Sie ist abhängig von folgenden Faktoren:

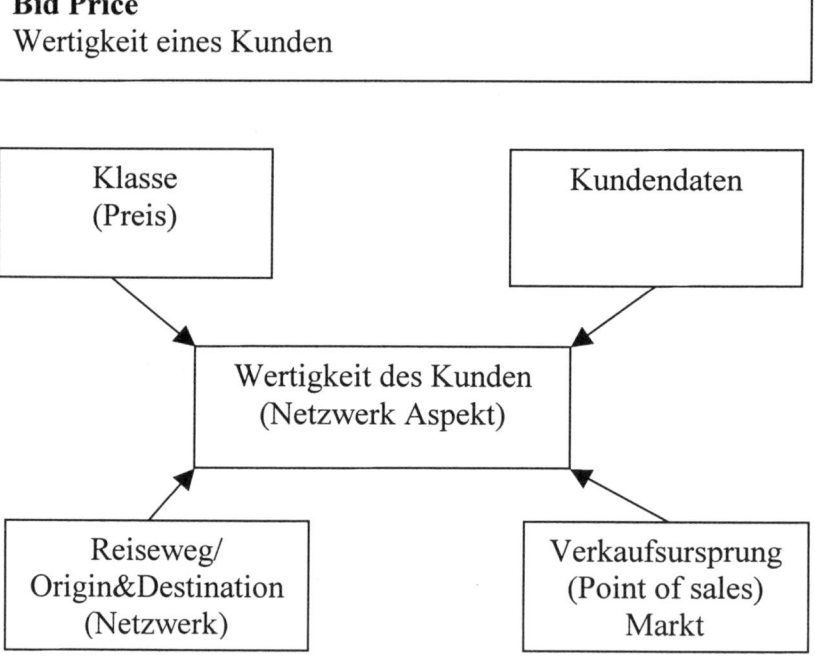

Abb. 185 Wertigkeit des Kunden

Die Netznutzung hängt ab vom gesamten Reiseweg (O&D = Origin and destination) des Kunden, der Verkaufsort beeinflußt den Ertrag durch Wechselkursschwankungen und Preisniveau für Flugtickets und der Vertriebskanal erzeugt unterschiedliche Kosten (z. B. bei Eigenverkauf oder provisionspflichtigem Fremdverkauf). Nicht zuletzt hängt die Kundenwertigkeit davon ab, ob es sich um Stammkunden oder Firmenkunden mit langfristigen Umsätzen handelt. Unter **Key Accounts** versteht man in diesem Zusammenhang Kunden mit hoher Ertragsbedeutung.

Die Anwendung von Bid Pricing bedeutet also die Ausrichtung der Buchungssteuerung auf der Basis von Verkehrsströmen (O&Ds) unter Berücksichtigung des POS (Point of sales, Verkaufsursprung) bei der Buchung. Dabei wird die Netzertragswertigkeit einer Buchungsanfrage (d. h. die Wertigkeit des angefragten Reiseweges und des Verkaufsortes in bezug auf das Airline-Netz) berücksichtigt. Wird der angefragte Flug nach der Bid Price Logik gesteuert, ist die Verfügbarkeit nicht für alle Verkaufsagenturen gleich.

Ein Beispiel (Abb. 186 und 187) soll die Buchungssteuerung über Bid Pricing veranschaulichen:

Verteilung knapper Kapazitäten auf Märkte
Wer erhält den Sitz?

Beispiel: Drei Anfragen für eine Reise nach Chicago. YY140 mit Übernachfrage in der Economy-Class laut Prognose.

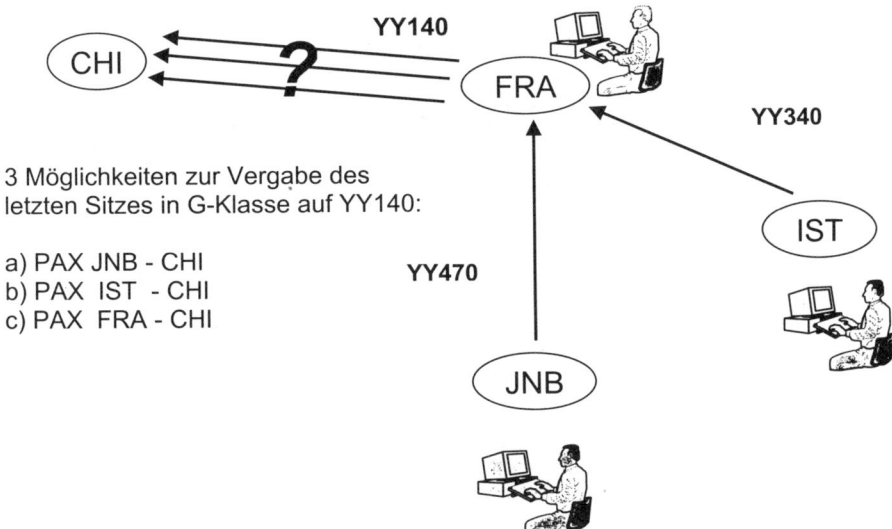

3 Möglichkeiten zur Vergabe des letzten Sitzes in G-Klasse auf YY140:

a) PAX JNB - CHI
b) PAX IST - CHI
c) PAX FRA - CHI

Abb. 186 Buchungssteuerung über Bid Pricing

Drei Kunden fragen die Verfügbarkeit des letzten Sitzes in der G-Buchungsklasse
für den Flug YY140 von Frankfurt nach Chicago ab: ein Kunde aus Frankfurt, ein
Kunde aus Istanbul (Reiseweg: Istanbul – Frankfurt – Chicago) und ein Kunde
aus Johannesburg (Reiseweg: Johannesburg – Frankfurt – Chicago). Im Beispiel
hat der Kunde aus Johannesburg die höchste Wertigkeit, nur bei seiner
Verfügbarkeitsabfrage (AN: availability) würde in der Buchungsklasse G ein Platz
angezeigt. In den Reisebüros in Frankfurt und Istanbul wäre kein Platz in
Buchungsklasse G für den Flug YY140 nach Chicago mehr verfügbar.

Zuteilung knapper Kapazitäten auf Märkte je nach erzielbarem Preis
3 Buchungsanfragen ➡ 3 Verfügbarkeiten

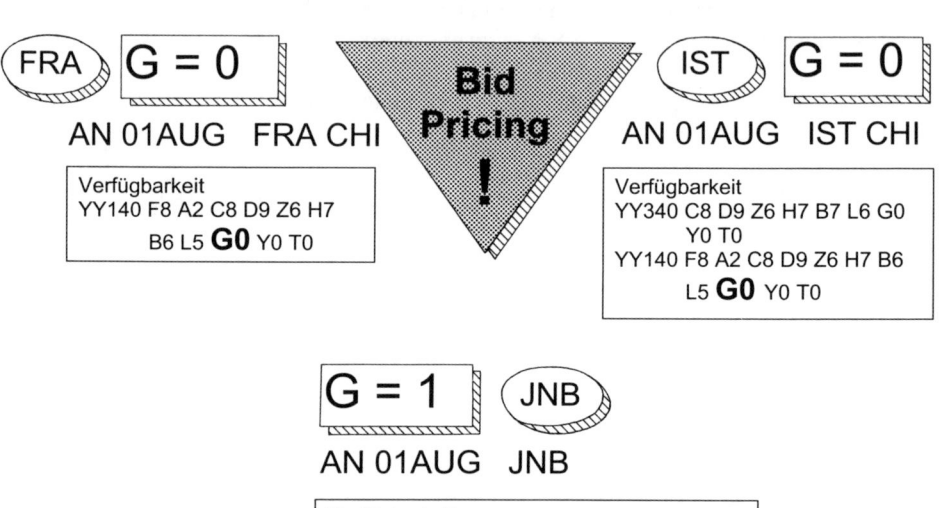

Abb. 187 Zuteilung der Verfügbarkeit mit Bid Pricing

Bid Pricing ist aufwendig und mit Kosten verbunden. Deshalb werden oft nicht
alle Flüge über dieses Verfahren gesteuert. Simulationen haben gezeigt, daß kein
wesentlicher Mehrertrag zu erwarten ist, wenn man die Bid Price Funktionalität
auf Flügen mit einem erwarteten Sitzladefaktor von weniger als 80% anwendet.
Für Flüge, die nicht über Bid Pricing gesteuert werden, ist die Verfügbarkeit für
alle Verkaufsagenturen gleich.

Der **Bid Price ist ein Steuerungswert,** ein **Mindestwert** für die Verfügbarkeit
von Sitzen, der für jeden Flug pro Leg (Teilstrecke) und Compartment berechnet

wird. Unter diesem Wert wird bei Buchungssteuerung mit Bid Pricing kein Sitz verkauft.

Einer der bekanntesten Hersteller von Yieldmanagement-Systemen und Marktführer bei Airline-Anwendungen ist PROS Revenue Management Inc. in Houston/USA (Internetadresse: www.prosweb.com).

PROS-Systeme (Passenger revenue optimization system) sammeln beispielsweise Buchungs- und Check-in-Daten pro Einzelflug heruntergebrochen auf Buchungsklasse und Leg (Teilstrecke) und erstellt daraus Prognosen und Steuerungsempfehlungen für künftige Einzelflugereignisse. Die Sitzzahl, die in einer Klasse buchbar ist, richtet sich nach der prognostizierten Nachfrage (Buchungsverlauf und historische Buchungsdaten). PROS errechnet die Wahrscheinlichkeit des Verkaufs für jeden einzelnen Platz in jeder Buchungsklasse, multipliziert diesen Wert mit dem durchschnittlichen Netzertrag pro Buchungsklasse und erhält eine Wertigkeit für jeden verkauften Sitz auf einem Flug. Haben nach dieser Berechnung viele Sitze eine relativ niedrige Wertigkeit, so werden auch viele Sitze in niedrige Buchungsklassen gestellt und umgekehrt. PROS empfiehlt damit die optimale Sitzverteilung für jeden Flug.

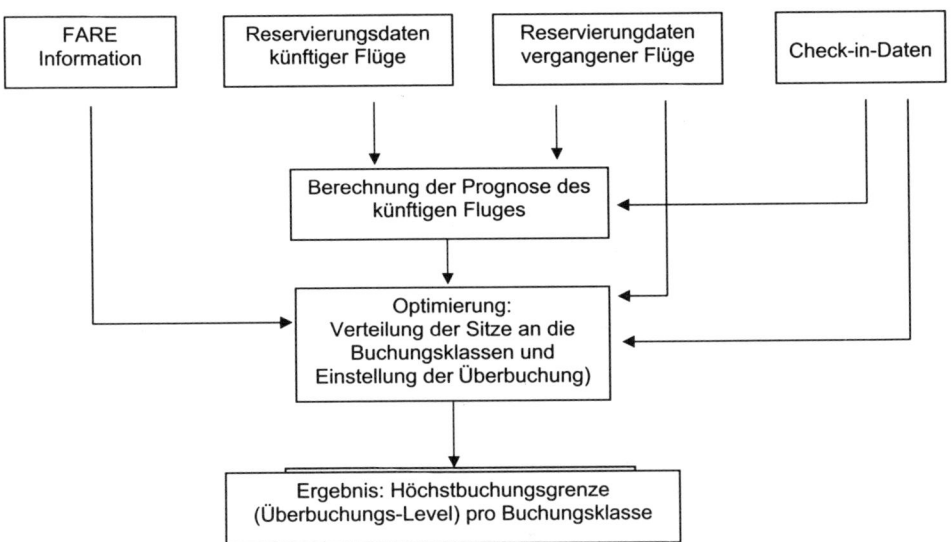

Individuelle Ertragssteuerung für jeden Flug

PROS: Passenger Revenue Optimization System

Abb. 188 PROS Passenger revenue optimization system

11.3.2.2 Overbooking Management

Als Overbooking bezeichnet man Buchungen, die nach Überschreiten der Kapazitätsgrenze akzeptiert werden. Die Einstellung der **optimalen Überbuchungslevel** pro Buchungsklasse ist eine der schwierigsten, aber auch wichtigsten Aufgaben des Yieldmanagements.

11.3.2.2.1 No-shows und Leerkosten

Durch Stornierungen, Umbuchungen oder **Noshows** (gebuchte Fluggäste, die nicht zum bestätigten Flug erscheinen und ihre Reservierung nicht stornieren) startet das Flugzeug mit leeren Sitzplätzen, die an andere Nachfrager hätten verkauft werden können. Der Sitzladefaktor sinkt, es entstehen **Leerkosten (Spoilage cost)** aus nicht genutzter Sitzplatzkapazität.

Individuelle Überbuchung für jeden Flug – Einflußfaktoren:

- Großereignisse (z. B. Messen)
- Saisonalitäten
- Frequenzen
- Zeitenlage (Tagesrand vs Tagesmitte)
- kulturelle Faktoren
- Ablauf von Visa

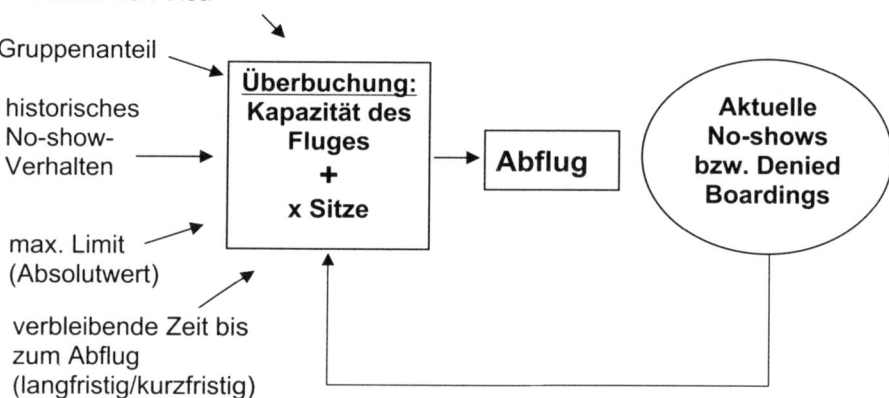

Abb. 189 Einflußfaktoren der Überbuchung

Gründe für Noshow-Raten sind vielfältig: manche Passagiere buchen ohne ernsthafte Reiseabsicht, andere Kunden buchen mehrere Flüge gleichzeitig, oder sie vergessen, eine nicht mehr benötigte Reservierung zu stornieren. Bei langfristig sehr hoch überbuchten Flügen nimmt die Anzahl der Stornierung von Reservierungen zu, je näher der Abflugtermin rückt. In vielen Fällen kommt es sogar zu leeren Sitzen auf Flügen, für die ursprünglich eine Nachfrage in Höhe der dreifachen Sitzkapazität bestand. Durchschnittlich wird in einem voll ausgelasteten Flugzeug jeder Sitzplatz dreimal gebucht und zweimal wieder gestrichen (vgl. Abb. 190). Im Jahr 2001 haben ca. 7 Mio. Fluggäste ihren gebuchten Lufthansa-Flug nicht angetreten; dies entspricht ca. 18.500 vollbesetzten Boeing 747. Durch Überbuchung konnte Lufthansa im selben Jahr über 1 Mio. Passagiere zusätzlich befördern.

Je nach Markt, Strecke, Zeitenlage, Buchungsklasse und Saisonalität kann die Noshow-Rate sehr verschieden sein. Deshalb wird jeder einzelne Flug in jeder Buchungsklasse individuell überbucht. Die historischen Noshow-Daten und die Besonderheiten einzelner Flüge bilden die Grundlage, wobei immer der gleiche Flug am gleichen Wochentag betrachtet wird.

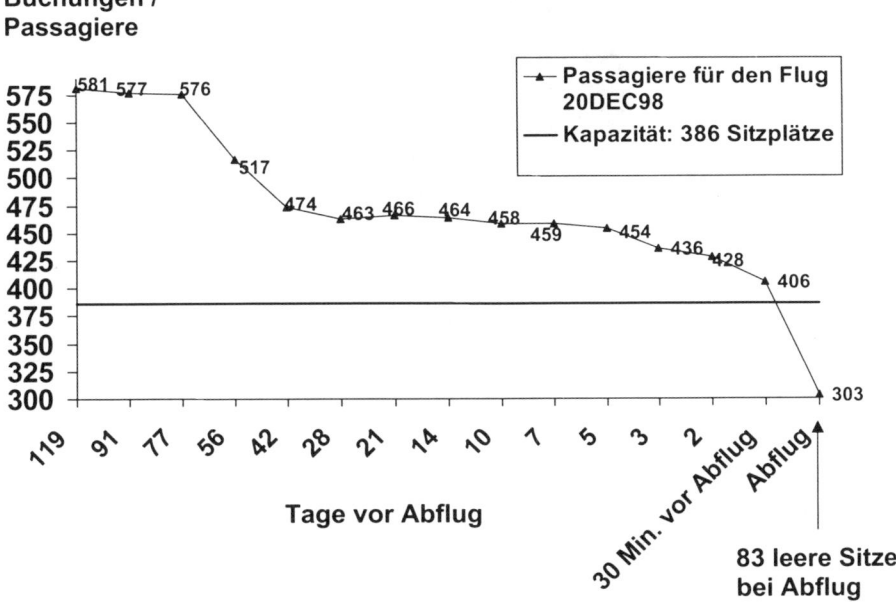

Abb. 190 Typischer Buchungsverlauf für einen Linienflug

11.3.2.2.2 Überverkäufe und Fehlmengenkosten

Auf der anderen Seite erhöht sich durch Overbooking das Risiko von Überverkäufen.
Überverkäufe (Oversale) entstehen, wenn mehr Kunden ihren gebuchten Platz in Anspruch nehmen wollen, als Kapazität vorhanden ist. Am Check-in erscheinen mehr Passagiere als Sitzplätze vorhanden sind; Passagiere müssen abgewiesen werden **(= Denied boarding).**
Neben Unannehmlichkeiten entstehen durch diese Überverkäufe auch erhebliche Kosten, die als Fehlmengenkosten bezeichnet werden. **Fehlmengenkosten (Denied cost)** bestehen aus Telefon-, Verpflegungs- und Übernachtungskosten, Ausgleichszahlungen und Kompensationen oder Kosten für Alternativbeförderung.

Abb. 191 Abweisung (Offloading) von Fluggästen bei Überbuchung

Die aus der Überbuchungspraxis und dem Denied Boarding resultierenden Probleme hat die Europäische Union veranlaßt, in der Verordnung (EWG) Nr. 295/91 des Rates vom 04.02.1991 „Über eine gemeinsame Regelung für ein System von Ausgleichsleistungen bei Nichtbeförderung im Linienflugverkehr" **Mindest**ausgleichszahlungen **(DBC = Denied boarding compensations)** für Fluggäste festzulegen. Danach muß die Fluggesellschaft Regeln festlegen, nach denen sie im Falle überbuchter Flüge bei der Beförderung der Fluggäste verfährt. Diese Regeln müssen an den Check-in-Schaltern und in den Reisebüros eingesehen werden können (Artikel 3).

Artikel 4 legt die Mindestausgleichsleistungen fest. Bei Nichtbeförderung kann der Fluggast wählen zwischen:

✈ der vollständigen Erstattung des Flugscheinpreises für den Teil der Reise, für den keine Beförderung stattfindet,
✈ der schnellstmöglichen Beförderung zum Endziel,
✈ einer späteren Beförderung zu einem dem Fluggast gelegenen Zeitpunkt.

Unabhängig davon, für welche der drei genannten Möglichkeiten sich der Fluggast entscheidet, zahlt die Fluggesellschaft sofort nach Zurückweisung des Passagiers eine Mindestausgleichsleistung in Höhe von:

✈ 150 Euro bei Flügen bis zu 3500 km,
✈ 300 Euro bei Flügen von mehr als 3500 km,

wobei das auf dem Flugschein angegebene Endziel maßgebend ist.
Über diese Mindestausgleichsleistungen hinaus hat die Fluggesellschaft nach Artikel 6 für nichtbeförderte Fluggäste kostenlos zu erbringen:

✈ die Erstattung eines Telefongesprächs und/oder Fernschreibens/ Telefaxes zum Zielort,
✈ Mahlzeiten und Erfrischungen in angemessenem Verhältnis zur Wartezeit,
✈ Hotelkosten, falls zusätzliche Übernachtungen erforderlich sind.
✈
(weitere Regelungen und Sonderfälle siehe VO EWG 295/91).

Zur Zeit wird die Verordnung (EWG) 295/91 „Ausgleichsleistungen für Nichtbeförderung" überarbeitet. Die Änderungsvorschläge der europäischen Kommission erstrecken sich u. a. auf die Erweiterung der Regelungen auf den Charterverkehr, eine Erhöhung der Ausgleichsleistungen und eine Verbesserung der Information der Fluggäste.

Darüberhinaus hat Lufthansa 1995 das **Voluntary denied boarding (VDB)** eingeführt, bei dem die Passagiere am Gate über die Buchungslage informiert und gefragt werden, ob sie freiwillig von ihrem ursprünglich gebuchten Flug zurücktreten und auf einen anderen Flug umbuchen wollen. In diesem Fall erhalten sie eine Entschädigung in bar oder als Voucher, wobei der Wert des Vouchers die doppelte Höhe der Barzahlung hat. Die Voucher können z. B. für Bordeinkauf oder zum Upgrading für Miles and More genutzt werden. Das VDB-Verfahren soll das Ziel unterstützen, hohe Sitzladefaktoren ohne Qualitätsminderung zu erreichen.

Kurz zusammengefaßt gilt, daß die Entschädigungsleistung sich nach der Flugstrecke und der Verspätung, die durch eine Ersatzbeförderung eintritt, richtet:

Deutschland- und Europaflüge

Verspätung bei Ankunft	Voucher Wert	Bar-auszahlung	Wert eines Coupons
bis 2 Stunden	150 €	75 €	37,50 €
über 2 Stunden	300 €	150 €	75 €

Interkontflüge

Verspätung bei Ankunft	Voucher Wert	Bar-auszahlung	Wert eines Coupons
bis 4 Stunden	300 €	150 €	75 €
über 4 Stunden	600 €	300 €	150€

Abb. 192 Leistungen der Deutschen Lufthansa bei Denied Boarding
(Quelle: Lufthansa, Faltblatt „Ein attraktives Angebot für Fluggäste ohne Termindruck")

Wendet sich der Passagier aus Ärger über die Nichtbeförderung der Konkurrenz zu, entstehen dauerhaft Umsatzverluste. Als **Recapture-probability** (Recapture = wieder einfangen, wieder erobern) bezeichnet man in diesem Zusammenhang die Wahrscheinlichkeit, daß ein abgewiesener Passagier sich für einen späteren Flug mit derselben Fluggesellschaft entscheidet.

11.3.2.2.3 Die optimale Überbuchungsrate

Aus betriebswirtschaftlicher Sicht ist die **optimale Überbuchungsrate** dort, wo das Maximum der Nettoertragskurve (Nettoertrag = Ertrag aus zusätzlich verkauften Reservierungen abzüglich prognostizierten Fehlmengenkosten) erreicht wird.

Ist die Überbuchungsrate zu niedrig, entstehen leere Sitzplätze und damit Leerkosten; ist die Überbuchungsrate zu hoch, entstehen Fehlmengenkosten. Ziel ist die Minimierung der Fehlmengen- und der Leerkosten. Eine betriebswirtschaftlich optimale Überbuchungsrate ist nicht mit gutem Service zu vereinbaren, da zu häufig Passagiere nicht befördert würden. Um dies zu vermeiden, liegt in der Praxis die Überbuchungsrate unter ihrem theoretischen Optimum.

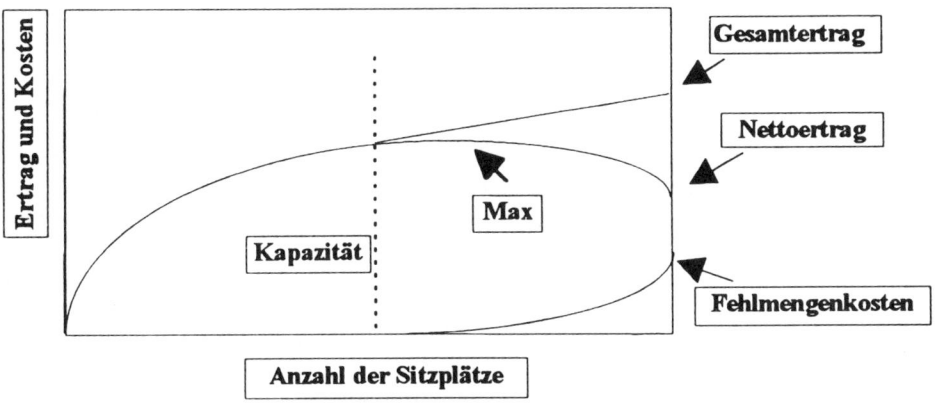

Abb. 193 Festlegung der optimalen Überbuchungsrate
(Quelle: STERZENBACH, R.: Luftverkehr, S. 309)

Die Berechnung und Steuerung der Überbuchung kann ebenfalls mit Systemen von **PROS (Passenger revenue optimization system)** vorgenommen werden. In die Berechnung der optimalen Überbuchung werden die Kosten für Denied Boardings (Denied cost) und die Leerkosten (Spoilage cost) einbezogen. Das Ergebnis der Berechnungen fließt ein in die Ermittlung der optimalen Überbuchung für jede Buchungsklasse auf jedem Leg (Teilstrecke) eines Fluges.

11.3.2.2.4 Maßnahmen zur Kapazitätsanpassung

Zur Steuerung und Optimierung zählt neben der Verteilung der Sitze eines Fluges auf die einzelnen Buchungsklassen auch die Kapazitätsanpassung an die vorhandene Nachfrage .

Mögliche **Maßnahmen zur Kapazitätsanpassung** können sein:

➔ **Fluggerätwechsel**: Einsatz eines größeren (z. B. A321) oder kleineren Flugzeugs (z. B. A318) entsprechend der Nachfrage. Dies wird erleichtert, wenn verschieden große Flugzeugmuster operationell leicht untereinander austauschbar sind (wie z. B. bei der Airbus A320-Familie) und die Cockpit-Crews mit einem Type rating auf der gesamten Familie einsetzbar sind (vgl. Kap. 7.1.2, Airbus Industrie: Mixed fleet flying und Dynamic capacity management). Seitens der Airline erfordert die schnelle Anpassung der Flugzeugkapazität an die Nachfrage eines Fluges die Möglichkeit, Flugzeugumläufe (bei Lufthansa mit dem IT-Tool „Fleet assigner") und Crewumläufe kurzfristig anzupassen. Übersteigt die Nachfrage die Gesamtkapazität des Fluges im Intercont-Bereich, ist eine Anpassung durch Wechsel des Flugzeugmusters (Equipment change z. B. Wechsel von Airbus A340 auf Boeing 747 bei Langstrecken) operationell unter Umständen mit größeren Problemen verbunden.

✈ eine entsprechender **Ausstattung der Passagierkabine** mit Movable class dividers (MCD) und Convertible seats (CVS). Die Position des Movable class dividers (MCD) ermöglicht eine flexible räumliche Abtrennung der Business Class von der Economy Class. Der Convertible seat (CVS) bietet durch mechanisch verstellbare Sitzbreiten unterschiedliche Compartmentgrößen in der Business- und Economy-Class (6- oder 5 -abreast, vgl. Kap. 7.3.7).

✈ ein **Upgrading** (Beförderung eines Passagiers in einer höheren Beförderungsklasse als im Flugticket gebucht) **oder Downgrading der Passagiere**, wenn es aufgrund der Flugzeugumläufe nicht möglich ist, die Sitzkapazität oder Sitzkonfiguration der jeweiligen Nachfrage anzupassen..

✈ **Flight checks.** Hierunter versteht man die (telefonische) Durchführung von Rückbestätigungen der Reservierungen für einen Flug.

11.4 Voraussetzungen von Yieldmanagement-Systemen

Um das Yieldmanagement sinnvoll einsetzen zu können, sollten die folgenden Anwendungsvoraussetzungen erfüllt sein (Meffert, Marketing, S. 558):

✈ die Kapazität des Unternehmens ist zumindest kurzfristig nicht flexibel. Für einen ausgebuchten Flug kann die Sitzplatzkapazität nicht kurzfristig erhöht werden.

✈ hoher Fixkostenanteil bei der Dienstleistungserstellung und damit geringe Grenzkosten für den Verkauf einer zusätzlichen Leistungseinheit (z. B. niedrige variable Kosten für den Verkauf eines ansonsten freien Sitzplatzes im Flugzeug). Hohe Kapazitätsbereithaltungskosten verbunden mit niedrigen Verkaufskosten führen dazu, daß es bei geringer Nachfrage lohnend ist, die Plätze zu Niedrigpreisen auf den Markt zu bringen. Hohe Kapazitätserweiterungskosten veranlassen die Airlines bei hoher Nachfrage, die ertragsstarke Nachfrage auszufiltern, um den Umsatz zu maximieren. Dies geschieht zum Beispiel, indem Spartarife aus dem Markt gezogen werden. Eine Auslastungssteuerung über den Preis ist möglich.

✈ die Nachfrage kann in Segmente mit unterschiedlichen Preisbereitschaften unterteilt werden. Die Segmente lassen sich untereinander z. B. durch Buchungsrestriktionen abschotten: Sparpreise müssen durch Anknüpfung an bestimmte Konditionen für Vollzahler uninteressant bleiben, sollen Tarifaufweichungen vermieden werden.

✈ die Nachfrage tritt zeitlich verteilt auf. Da die gleiche Leistung im Zeitablauf für verschiedene Kunden einen unterschiedlichen Wert hat, können für dieselbe Leistung unterschiedliche Preise existieren.

✈ die Dienstleistung wird bereits vor der tatsächlichen Nutzung zur Buchung angeboten. Es ist ein problemloser Vorverkauf des Produktes möglich.

✈ Bei Nichtabnahme einer Leistungseinheit verfällt deren Wert auf Null. Es handelt sich um ein verderbliches Produkt: Das Produkt verliert seinen Wert, wenn es nicht verkauft wird.

✈ Abruf der aktuellen Verfügbarkeitsdaten und der aktuellen Preise durch die Verkaufsagenturen muß jederzeit möglich sein. Jede vorgenommene Buchung muß den Umsatzwert des dazugehörigen Tickets sofort registrieren und automatisch den Bestand verfügbarer Sitze verringern. Dies erfordert ein hochleistungsfähiges CRS mit weltweit verzweigten Datennetzen und hohem Verbreitungsgrad bei Agenturen.

11.5 Yieldmanagement als Wettbewerbsinstrument

Es ist offensichtlich, daß Yieldmanagement ein wichtiges Instrument zur Erhöhung der Wettbewerbsfähigkeit einer Airline bei wachsendem internationalem Konkurrenzkampf und Yieldverfall ist. Einige Aspekte und Zitate zu Kosten und Erträgen von Yieldmanagement-Systemen verdeutlichen dies:

✈ Yieldmanagement erlaubt das Angebot von kontingentierten Billigtarifen im Kampf gegen Low cost carrier,

✈ Yieldmanagement kann den Yield erhöhen, da durch Kontingentierung die Beförderung ertragsstarker Kunden forciert wird,

✈ aufgrund des Yieldmanagements können unrentable Relationen aus dem Flugplan entfernt werden, um die Gesamtrentabilität des Streckennetzes zu erhöhen,

✈ Yieldmanagement fördert die Optimierung des Kapazitätseinsatzes durch genaue Nachfrageprognosen,

✈ aufgrund genauerer Kenntnis der Nachfragestruktur ist eine zielgerichtete Werbung möglich,

✈ the O&D systems themselves typically cost between $ 100.000 and $ 10 million, depending on the needs of the airline (Airline Business, Nr. 2/95, S. 41),

✈ O&D revenue management systems can increase an airline´s revenues by a valuable 1 per cent (Airline Business, Nr. 1/96; S. 41),

✈ conservatively estimated at a 1 to 2 per cent annual revenue increase..... Bob Salter, vice president and managing director of Pros strategic Solutions, cite the potential revenue increase at between 2 and 5 per cent in situations of extremely high demand and very limited capacity (Airline Business, Nr. 2/95, S. 41),

✈ American Airlines schätzt den Mehrertrag durch Anwendung von Yieldmanagement-Techniken in den Jahren 1989-91 auf 1,4 Milliarden $.

Abbildung 194 faßt die Funktion von Yieldmanagementsystemen kurz zusammen. Wird eine hohe Nachfrage für einen Flug prognostiziert, werden die niedrigwertigen Buchungsklassen geschlossen, um möglichst viele Plätze an Vollzahler in den höherwertigen teureren Buchungsklassen verkaufen zu können. Bei einer niedrigen Nachfrage nach einem Flug wird durch Öffnen der niedrigwertigen preisgünstigen Buchungsklassen versucht, zusätzliche Nachfrage zu generieren und die Passagier-Menge zu steigern, um eine bessere Kapazitätsauslastung zu erreichen. Durch Buchungsrestriktionen soll ein Verkauf dieser Flugtickets an Vollzahler verhindert werden. Das Seat-Nesting gewährleistet dabei, daß Buchungen in höherwertigen Buchungsklassen so lange erfolgen können wie preisgünstige Buchungsklassen geöffnet sind.

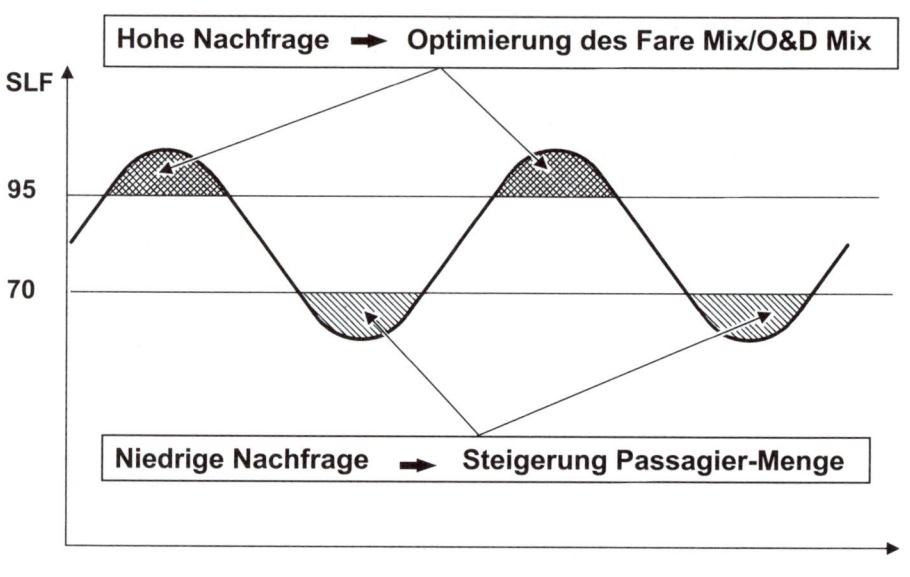

Abb. 194 Reaktion des Yieldmanagements auf Nachfrageschwankungen

Hinweis auf **weitere Informationsquellen:**

✈ BELOBABA, P., WILSON, J.: Cleaning up on yields. In: Airline Business, April 1997, S. 48-51

✈ GALLACHER, J.: Pricing it right, Yieldmanagement. In: Airline Business, February 1995, S. 41-43

✈ HANLON, P.: Global Airlines, S. 183-221

✈ MEFFERT, H.: Marketing, 8. Aufl., S. 553-559

✈ RITTWEGER, A., LAREW, J.: Dig a little deeper, Revenue management. In: Airline Business, October 1996, S. 64-66

✈ STERZENBACH, R.: Luftverkehr, 2. Aufl., S. 302-317

✈ WHITAKER, R.: A system approach, Revenue management. In: Airline Business, January 1996, S. 41-43

✈ Internetseiten von PROS Revenue Management Inc. Houston/USA: www.prosweb.com

12 Netz- und Hubmanagement

Eine der wichtigsten Managementfunktionen jeder Fluggesellschaft stellt das Netzmanagement dar.

Das **Beispiel des Lufthansa Dienstes von Hamburg nach New York** zeigt die Arbeit des Netzmanagements in der Praxis:

Noch im Sommer 1990 gab es täglich eine Direktverbindung von Hamburg nach New York. Doch die Anzahl der Passagiere aus Hamburg und dessen Einzugsgebiet (= **Catchment area**), die nach New York fliegen wollte, war zu gering, um ein Großraumflugzeug zu füllen. Lufthansa reagierte und setzte kleinere Jets auf dieser Route ein, um eine bessere Auslastung (höherer Sitzladefaktor) zu erreichen. Aber auf Interkontinentalflügen bevorzugen Passagiere Großraumflugzeuge (Widebodies). Nun sank die Zahl der Kunden, die sich auf dieser Route für Lufthansa entschieden.

Um wenigstens die Direktverbindung Hamburg - New York aufrecht zu erhalten, war Lufthansa ein Jahr später aus wirtschaftlichen Gründen gezwungen, die Zahl der wöchentlichen Flüge (Flugfrequenz) von sieben auf vier zu verringern. Folge dieser Frequenzabsenkung war nicht etwa, daß die Passagiere auf den angebotenen New York-Flug der Lufthansa warteten. Sie wechselten die Airline, flogen beispielsweise über London oder Paris. Dadurch verlor Lufthansa weitere Kunden und das wirtschaftliche Ergebnis auf dieser Route (Streckenergebnis) verschlechterte sich. Im Sommer 1992 wurde dann der Lufthansa-Nonstopflug von Hamburg nach New York eingestellt.

Im Winterflugplan 2002/2003 kann man von Hamburg aus unter vier täglichen New York-Flügen der Lufthansa auswählen: um 8.10 Uhr über Frankfurt, um 10.15 Uhr über Kopenhagen, um 11.00 Uhr über Frankfurt und um 15.55 Uhr wieder über Kopenhagen. Dank optimierter Umsteigezeiten kommt ein Passagier aus Hamburg also heute öfter und mit günstigeren Ankunftszeiten nach New York und das gleichzeitig mit einem wirtschaftlich besseren Ergebnis für Lufthansa.

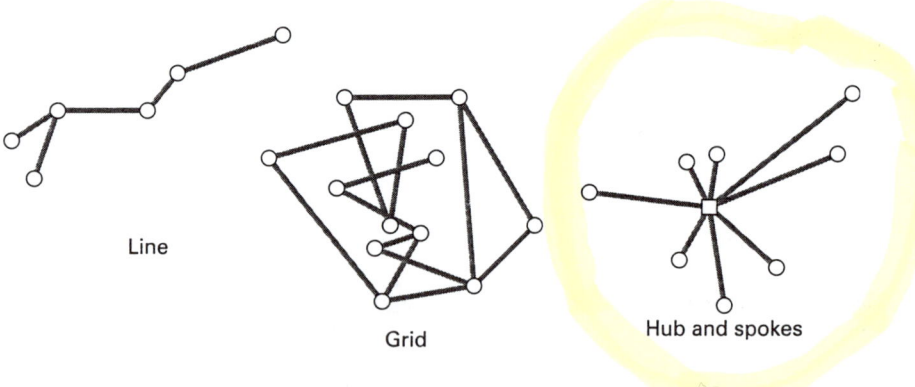

Line

Grid

Hub and spokes

Abb. 195 Netzstrukturen
(Quelle: HANLON, P.: Global Airlines, S. 83)

Das Beispiel zeigt **wichtige Fragestellungen des Netzmanagements:**

- ✈ welche Märkte sollen bedient werden,
- ✈ soll eine Airline Drehkreuze (Hubs) mit Umsteigeverbindungen oder ein dezentrales Flugnetz aufbauen,
- ✈ soll ein Dienst nonstop (dezentrale Verbindung) oder als Umsteigeverbindung über ein Drehkreuz (Hub) angeboten werden,
- ✈ wie oft soll ein Dienst täglich oder wöchentlich angeboten werden (Flugfrequenz),
- ✈ soll ein Dienst, der Verluste bringt, eingestellt oder zum Beispiel als Zubringer zu anderen Flügen trotzdem beibehalten werden,
- ✈ welche Kapazität (Flugzeuggröße und damit Zahl der Sitzplätze) soll angeboten werden,
- ✈ zu welchen Tageszeiten (Startzeit) soll ein Dienst eingerichtet werden,
- ✈ wie soll das eigene Flugnetz mit dem der (Allianz-) Partner verknüpft werden,
- ✈ wie soll das Flugnetz in den nächsten Jahren erweitert werden und welche Flotte ist dazu erforderlich (Flottenplanung),
- ✈ wie entwickelt die Konkurrenz ihre Flugnetze.

Neben dem Service, den eine Fluggesellschaft anbietet, ist das Netz eines der Schlüsselthemen und Erfolgsfaktoren einer Airline, da sich die Unterschiede bei Technik und Sicherheit zwischen den großen Fluggesellschaften annähern. Dabei konkurrieren nicht Strecken aus den Flugplänen einzelner Fluggesellschaften miteinander, sondern ganze Luftverkehrsnetze, die untereinander effizient verknüpft sind.

12.1 Grundformen von Luftverkehrsnetzen

Man kann eine Flugreise **(O&D: Origin and Destination)** durch zwei grundsätzlich unterschiedliche Bedienungsstrukturen zwischen dem Abflugort (= Origin) und dem Zielort (= **Destination)** anbieten:

- ✈ als **dezentralen** oder **Punkt-zu-Punkt-Verkehr** (nonstop) von **O** nach **D,**

- ✈ als **Hub-Verkehr** in Form einer Umsteigeverbindung von **O** über **H** (umsteigen) nach **D.**

Bei **Hubsystemen** sind die einzelnen Fluglinien speichenartig um einen als zentrale Drehscheibe (= Hub; wörtlich: Nabe) fungierenden Flughafen angeordnet, der die Passagierströme bündelt und sie auf Anschlußflüge neu verteilt. In Analogie zum (Fahr-) Rad wird diese Form von Flugnetzen auch **Hub- and spokes-system** genannt. Der zentrale Flughafen stellt die Radnabe dar, die einzelnen Fluglinien die Speichen.

Punkt - zu - Punkt Verkehr   **Hub - Verkehr**

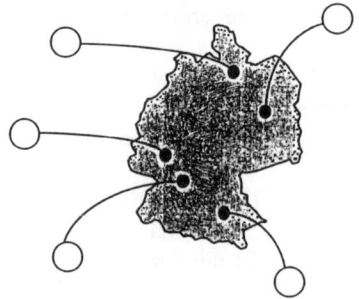   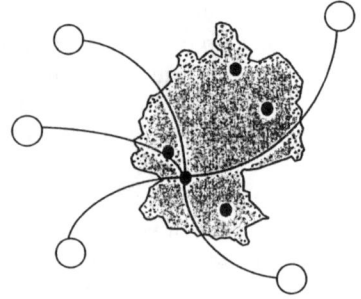

Keine Abstimmung von An- und Abflugzeiten   **Umsteigeverkehr durch Knotenbildung**

Abb. 196 Grundformen von Netzen

Lufthansa beispielsweise betreibt zur Zeit **zwei Hubs: Frankfurt** und **München**.

Große Fluggesellschaften mit einem weiten Streckennetz verfügen über mehrere Hubs sowohl im Heimatland als auch - durch Kooperationen im Rahmen strategischer Allianzen - auf anderen Kontinenten.

Die Einrichtung von Nonstop-Verbindungen ist aus Sicht der Nachfrager durchaus wünschenswert. **Direktverbindungen (Punkt-zu-Punkt)** werden jedoch nur dann angeboten, wenn sie sich entweder selbst wirtschaftlich tragen oder innerhalb des Gesamtkonzeptes mit anderen Strecken sinnvoll zu verknüpfen sind.

Zu den Basisentscheidungen des Netzmanagements gehört die Definition der Bedienungsstruktur. Bei der Entscheidung für eine zentrale oder dezentrale Bedienungsstruktur einzelner Strecken sind u. a. folgende Einflußfaktoren von Bedeutung:

> ✈ die Größe des Verkehrsstroms zwischen einem Origin &Destination,
> ✈ der in diesem Verkehrsstrom erzielbare Yield,
> ✈ das Wettbewerberangebot unterteilt nach Zeitfenstern an einem Tag,
> ✈ der Gesamtreisezeitvergleich bei zentraler oder dezentraler Bedienungsstruktur bzw. bei Konkurrenzangeboten,
> ✈ das maximale Umsteigeumsatzpotential bei Weiterbeförderung der Passagiere über Hubs.

Auch bei der Betrachtung der Kriterien, nach denen Geschäftsreisende eine Fluggesellschaft auswählen, wird die Bedeutung der Netzstruktur deutlich. Die wichtigsten **Auswahlkriterien von Geschäftsreisenden** sind:

- ✈ Gesamtreisezeit,
- ✈ Zeitenlage (im Laufe des Tages),
- ✈ Häufigkeit der Flugverbindungen (Frequenz),
- ✈ kurze Wege bei Umsteigeverbindungen,
- ✈ Attraktivität des Umsteigeflughafens,
- ✈ Preis-/Vielfliegerprogramme.

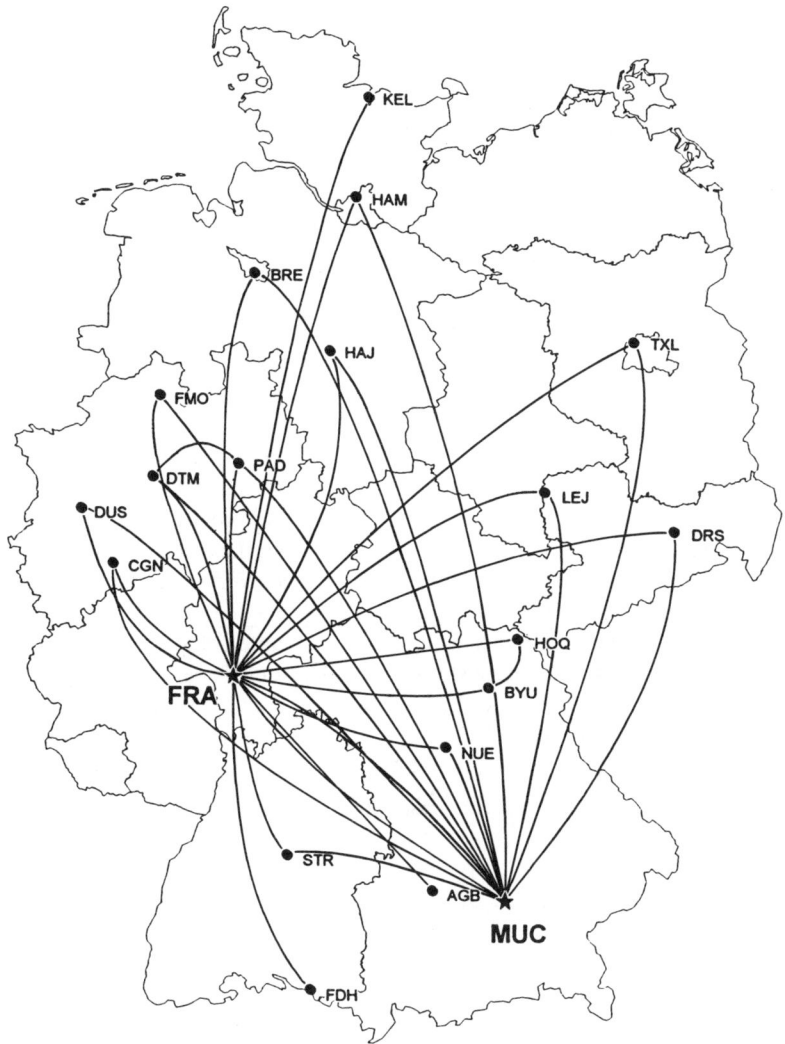

Abb. 197 Beispiel einer zentralen Netzstruktur

12.2 Netzstrukturen in Europa und den USA

Man geht vielfach davon aus, daß sich im liberalisierten **Europa** das in den USA eingeführte Hub- and spokes-system nicht in gleichem Umfang etablieren wird. Hier sind die Entfernungen zwischen den Flughäfen zu gering, als daß sich die Führung aller kontinentalen Routen einer Airline über ihren Hub rentieren würde. Deshalb bleiben Punkt-zu-Punkt-Verbindungen im europäischen Verkehr erhalten. Ein Trend zeichnet sich in der Umgehung von Zentren durch einen stärkeren Interregionalverkehr mit Direktverbindungen ab, der sich im weniger weitläufigen und dichter besiedelten Europa einfacher durchführen läßt als in den USA. Dies schließt nicht aus, daß in Europa der **Hub-Verkehr** durch die Globalisierung insgesamt an Bedeutung gewinnen wird. Neben dem Hub-Verkehr wird in Europa aufgrund der geringeren Entfernungen der **dezentrale Verkehr** immer eine bedeutende Rolle spielen.

Kiterium	USA	Europäische Union
Fläche	9.372.614 km^2	3.233.198 km^2
Bevölkerung	249,2 Mio.	355,1 Mio.
Entfernung/Marktgröße	-Ballungszentren liegen weit voneinander entfernt -durchschnittliche Flugstrecke ca 1300 km	-geographisch kleinerer Markt mit hoher Bevölkerungsdichte und hoher Strukturdichte der Verkehrsverbindungen -durchschnittliche Flugstrecke ca 750 km, nur 20% der europäischen Hauptflugstrecken haben eine Flugzeit über zwei Stunden
Intermodaler Wettbewerb	kaum intermodaler Wettbewerb zu Bahn und Straße	starker intermodaler Wettbewerb zu Bahn und Straße
Flugsicherung	einheitliches Flugsicherungssystem mit einheitlicher Luftraumstruktur	unterschiedliche Flugsicherungssysteme und fragmentierte Luftraumstruktur
Verkehrsverteilung	nationale Flüge: 85% internationale Flüge: 15%	nationale Flüge: 47% internationale Flüge: 53%
Vollständig koordinierte Airports	4	75

Abb. 198 Vergleich der Luftverkehrsmärkte USA - EU

Im Vergleich zu den USA liegen die meisten bedeutenden Geschäfts- und Reise-Zentren in Europa eng zusammen; dies gilt besonders für die Geschäftszentren innerhalb der sogenannten „hot banana", einem Gebiet, das sich von Südostengland bis Norditalien erstreckt.

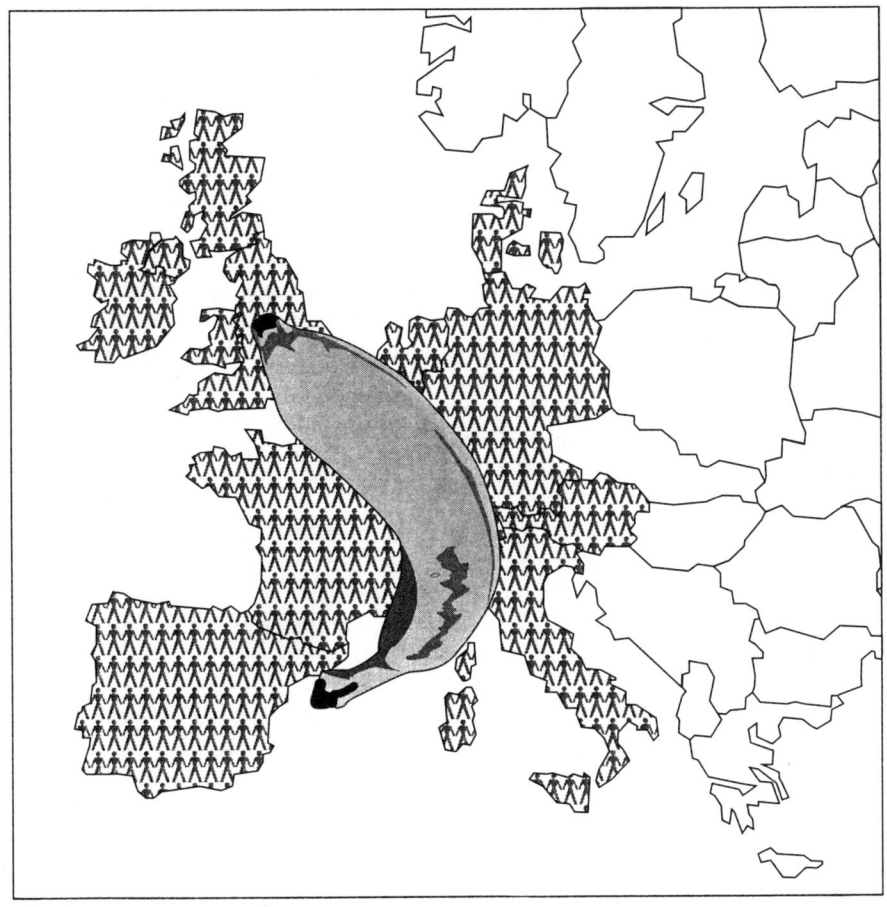

Abb. 199 The European „hot banana"
(Quelle: HANLON, P.: Global Airlines, S. 100)

Die Drehscheiben des Luftverkehrs sind keine neue Erfindung. Das Hub- and
Spokes-System wurde in **Deutschland** bei der **Deutschen Luft Hansa** bereits
Ende der **20er Jahre in Berlin** in ähnlicher Weise angewendet. Nach dem
zweiten Weltkrieg gab es eine andere Entwicklung. Diese wurde durch die
Teilung Deutschlands stark beeinflußt. Besonders der Luftverkehr mit
internationalen Verbindungen konzentrierte sich in der neu entstandenen BRD
dort, wo die Nachfrage am größten war und die entsprechende Infrastruktur zur
Verfügung stand. Dies war neben dem Ruhrgebiet vor allem das Rhein-Main-
Gebiet mit Frankfurt.

In den **USA** verbinden die transkontinentalen, in Ost-West-Richtung ver-
laufenden **Hauptverkehrslinien (Trunk-lines)** die wichtigsten Zentren an der
Atlantik- und Pazifikküste. Von diesen Nachfragezentren führen weitere

Langstrecken in die peripheren Gebiete des amerikanischen Staatsraumes. Untereinander sind die Trunk-lines **durch Zubringerlinien (Feeder-lines)** oder **Regionalinien (Local-lines)** verbunden, die größtenteils in nord-südlicher Richtung verlaufen und den Kurz- und Mittelstreckenverkehr den inländischen oder internationalen Langstrecken zuführen.

Durch die **Deregulierung des Luftverkehrs 1978** wurde der Aufbau von zentralen Flughäfen als Drehscheiben beschleunigt. Das Hub- and spokes-system sieht vor, daß der Verkehr mit Flugzeugen an die Verkehrsdrehscheibe herangeführt und dort durch Umsteigen auf ein anderes Flugzeug an das Ziel gebracht wird. Ein hohes Umsteigeaufkommen versetzt die Fluggesellschaften in die Lage, an Drehkreuzflughäfen Verbindungen anzubieten, die auf der Grundlage des Originäraufkommens aus der Region nicht kostendeckend betrieben werden. In den USA lohnt sich das Hubbing mehr als in Europa, da die Entfernungen teilweise viel größer sind. Die Airlines konzentrieren sich dabei entweder auf Hauptverkehrslinien oder auf eine Stadt und entwickeln diese zu einem Hub.

Inzwischen hat sich vielfach die Erkenntnis durchgesetzt, daß es in den USA zu viele Hubs gibt, die miteinander konkurrieren. Drehkreuze können nur kostengünstig betrieben werden, wenn möglichst viel Verkehr darüber abgewickelt wird. Es dominiert zunehmend die Handlungsmaxime, Direktverbindungen nur auf den „Rennstrecken" mit großem Fluggerät anzubieten.

Auch in den USA geht man deshalb zum Teil wieder auf Direktverbindungen zurück. Hierzu trägt auch die Entwicklung entsprechender Flugzeugtypen (Airbus A340, Boeing 777) bei: „... important is the development of long-range equipment smaller than the Boeing 747-400, such as the Airbus A340 and Boeing 777, which can operate long, thin routes to secondary cities. New ultra long-range aircraft are also allowing the advent of nonstop services between interior US cities..." (Levere, Jane, Hub wars. In: Airline Business, 10/1998, S. 53.)

12.3 Traditioneller Fokus versus O&D-Fokus im Netzmanagement

Aus Sicht der Kunden sind Abflugsort (**O**rigin) und endgültiger Bestimmungsort (**D**estination) entscheidend für die Wahl einer Reiseverbindung. Statt einzelner Flugstrecken müssen also Verkehrsströme (**O&Ds**) die Grundlage für die Netzplanung bilden.

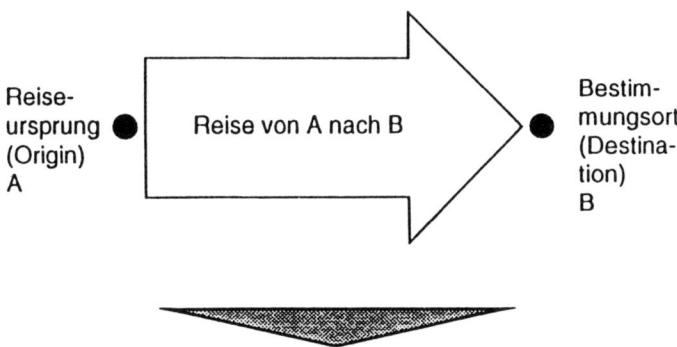

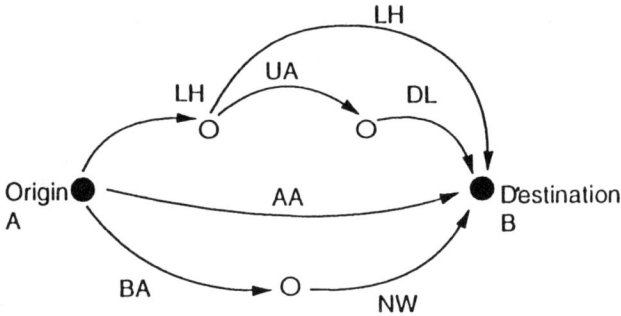

Abb. 200 Verkehrsströme als Ausgangspunkt der Netzplanung

Dabei versteht man unter **O&D-Verkehr** die Anzahl der Passagiere, die ohne Reiseunterbrechung in einer bestimmten Periode (Woche, Jahr) von einem Reiseursprung O zu einem Ziel D fliegen, unabhängig davon, ob sie dies mit einem Nonstop-Flug oder einer Umsteigeverbindung erreichen.

Im Blickpunkt der traditionellen Netzplanung stand dagegen die einzelne Flugstrecke. Die Optimierung einer einzelnen Strecke muß nicht immer von Vorteil sein, es muß auch die Wirkung dieser Strecke im gesamten Streckennetz berücksichtigt werden. Ein Beispiel ist eine Kurzstrecke wie Köln – Frankfurt im Vergleich zu einer Mittelstrecke wie Frankfurt – Malaga. So kann es sein, daß die Strecke Köln – Frankfurt für sich alleine betrachtet keinen Gewinn bringt, aber ihre Bedeutung im gesamten Streckennetz einer Airline als Zubringer für Langstreckenflüge ab Frankfurt kann deutlich höher sein als eine sehr hoch ausgelastete Einzelstrecke wie Frankfurt - Malaga. Denn durch die Betrachtung der O&D-Verkehrsströme erzielt auch die Kurzstrecke einen Anteil der Erlöse für einen Langstreckenflug. Erst bei konsequenter Verkehrsstrombetrachtung wird das Marktpotential vieler Verbindungen ersichtlich. Dies gilt vor allem für die Fälle, wo eine Nonstop-Verbindung unrentabel oder aus rechtlichen Gründen unmöglich ist. Günstige Umsteigeverbindungen können aber auch dann ein hohes Passagierpotential erschließen, wenn bereits ein Nonstop-Angebot anderer Fluggesellschaften existiert.

VERKEHRSSTRÖME ÜBER LH-FLUG ZRH-FRA 11:05-12:15

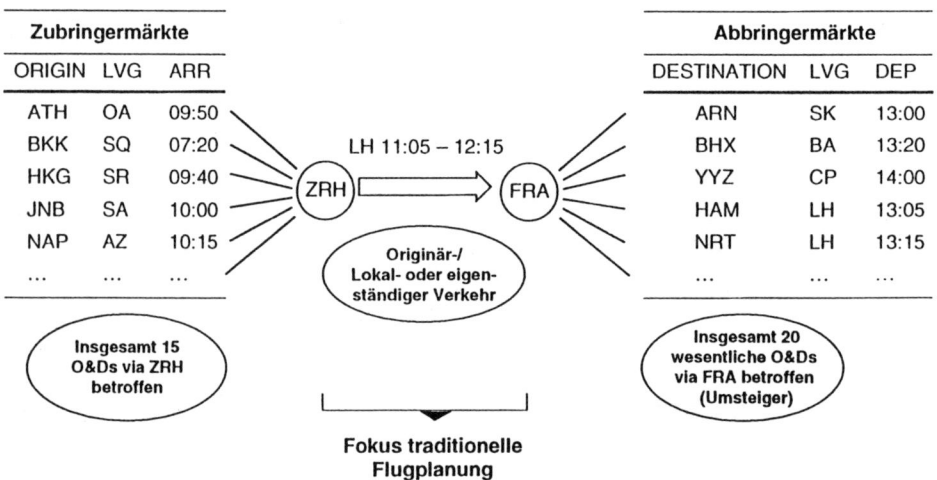

Abb. 201 Fokus der traditionellen Netzplanung im Vergleich zur Verkehrsstrombetrachtung (LVG = Luftverkehrsgesellschaft, ARR = Arrival, DEP = Departure)

Während die traditionelle Flugplanung primär die Strecke ZRH - FRA betrachten würde, analysiert die Verkehrsstrombetrachtung auch die Zu- und Abbringermärkte (O+Ds) und deren Marktpotential. Die **Restrukturierung des**

Netzmanagements einer Fluggesellschaft (bei Lufthansa in der ersten Hälfte der 90er Jahren) kann mehrere Jahre in Anspruch nehmen:
„It can take an airline several years to make the transformation from an organisation founded on traditional route-based processes to one focused on network management......Carriers that have not yet incorporated the concept of network management into the organisation....their main focus is to serve direct traffic flows to and from their home market. Decisions about destinations and schedules are typically done on a route-by-route basis. Information about traffic and market shares by O+D is not available, and internal accounting looks at route profitability not at the contribution of each route to the network". (Rivera, Pompeo, Martin, Network agility. In: Airline Business, 7/1997, S. 58.)

Nicht der einzelne Flug von A nach B, sondern die gesamte Flugreise von O nach D ist Produkt einer Airline; dabei sollte das Angebot an der **Gesamtheit der Reisewege** ausgerichtet werden. Ziel ist es, die größte Passagiermenge mit der höchsten Ertragswertigkeit in der optimalen Zeit von O nach D zu befördern, bei ausreichender Marktgröße nonstop, ansonsten über Umsteigeverbindungen in den Hubs.

Verkehrsströme werden aus der Sichtweise des Kunden von seinem Reisestart bis zum Zielort definiert. Dabei wird ein einzelner Streckenabschnitt (Leg) bezüglich seiner Wirkung im gesamten Netz bewertet. Zwar sind viele Kurzstrecken für sich alleine betrachtet nicht kostendeckend, aber bezüglich ihrer Funktion als Zubringer für Langstreckenflüge können sie profitabel sein.
Die Anzahl der Passagiere, die auf einem Flug befördert wird, setzt sich aus vielen O&Ds zusammen. Die Reiseströme laufen im Hub zusammen. Die Netzplanung versucht durch optimale Flugplangestaltung möglichst viele O&Ds über die eigenen Hubs abzudecken.

Zur exemplarischen Darstellung des O+D-Fokus und der Umsteigefunktion eines Hubs wird der **Flug LH 738** Frankfurt-Hongkong vom 04.10.2002 herangezogen (vgl. Abb. 202).
Insgesamt beförderte Lufthansa auf diesem Flug 364 Passagiere. 224 Passagiere (= 61%) kamen mit Zubringerflügen aus 50 verschiedenen Orten (=Origins) nach Frankfurt, um mit LH 738 weiter nach Honkong zu fliegen (aus Sicht der Netzergebnisrechnung: Upline-Passagiere). Zu diesen 224 Umsteigepassagieren kamen 140 Lokalpassagiere aus Frankfurt (=Origin) hinzu, so dass der Flug LH738   364 Passagiere an Bord hatte (aus Sicht der Netzergebnisrechnung: Onboard-Passagiere). Von diesen 364 Onboard-Passagieren hatten 320 das Reiseziel (=Destination) Honkong, 44 Passagiere reisten zu anderen Zielen (=Destinations) weiter (aus Sicht der Netzergebnisrechnung: Downline-Passagiere). Wie anhand der Passagierzahlen ersichtlich wird, kann der Fokus der Netzplanung nicht nur auf der Strecke Frankfurt-Hongkong liegen; vielmehr muß versucht werden, möglichst viele Passagiere im eigenen Netz zu ihren Reisezielen (Destinations) weiterzubefördern.

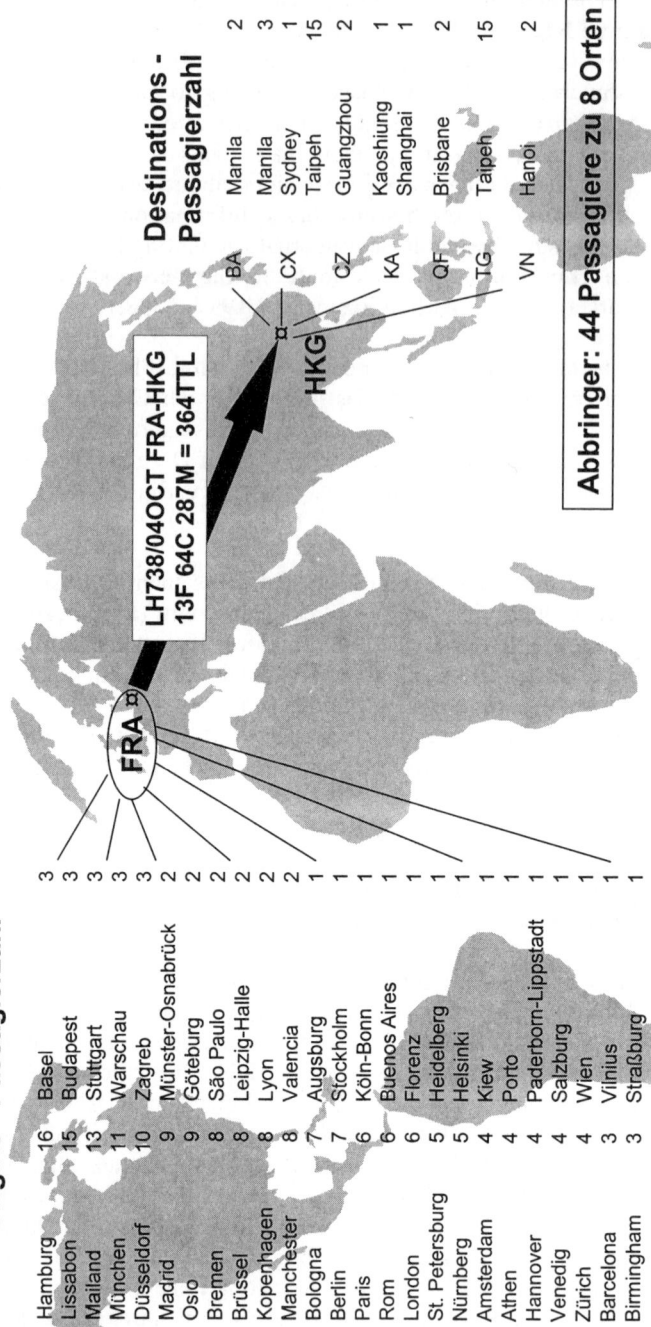

Origins - Passagierzahl

Hamburg	16	Basel	3
Lissabon	15	Budapest	3
Mailand	13	Stuttgart	3
München	11	Warschau	3
Düsseldorf	10	Zagreb	3
Madrid	9	Münster-Osnabrück	2
Oslo	9	Göteburg	2
Bremen	8	São Paulo	2
Brüssel	8	Leipzig-Halle	2
Kopenhagen	8	Lyon	2
Manchester	8	Valencia	2
Bologna	7	Augsburg	1
Berlin	7	Stockholm	1
Paris	6	Köln-Bonn	1
Rom	6	Buenos Aires	1
London	6	Florenz	1
St. Petersburg	5	Heidelberg	1
Nürnberg	5	Helsinki	1
Amsterdam	4	Kiew	1
Athen	4	Porto	1
Hannover	4	Paderborn-Lippstadt	1
Venedig	4	Salzburg	1
Zürich	4	Wien	1
Barcelona	3	Vilnius	1
Birmingham	3	Straßburg	1

Zubringer: 224 Passagiere aus 50 Orten

Destinations - Passagierzahl

BA	Manila	2
	Manila	3
CX	Sydney	1
	Taipeh	15
OZ	Guangzhou	2
	Kaoshiung	1
KA	Shanghai	1
QF	Brisbane	2
TG	Taipeh	15
VN	Hanoi	2

Abbringer: 44 Passagiere zu 8 Orten

LH738/04OCT FRA-HKG
13F 64C 287M = 364TTL

FRA

HKG

Abb. 202 Analyse der Zu- und Abbringerströme der Passagiere von LH 738 Frankfurt-
Hongkong vom 04.10.2002
(Quelle: Deutsche Lufthansa AG, Netzmanagement)

So konkurrieren die Fluggesellschaften heute nicht nur über einzelne Flug-strecken, sondern über ihre Netze, wie das folgende Beispiel zeigt:

Will ein Kunde von Manchester nach Istanbul reisen, bieten sich ihm mehrere Möglichkeiten:

Einerseits kann der Kunde im Lufthansa-Netz von Manchester nach Frankfurt fliegen, umsteigen und weiter nach Istanbul reisen. Andererseits bemühen sich die Wettbewerber ebenfalls, diesen Kunden in ihrem Netz zu befördern und in ihrem jeweiligen Hub (London, Paris, Zürich, Amsterdam) umsteigen zu lassen. So hatte ein Passagier im Sommerflugplan 2002 über das CRS Amadeus die Wahl zwischen 1.115 wöchentlichen Verbindungen, die auf 49 Amadeus-Angebotsseiten dargestellt wurden. Er konnte dabei zwischen 20 Fluggesellschaften und 20 Umsteigeorten wählen (einschl. Double-connex).

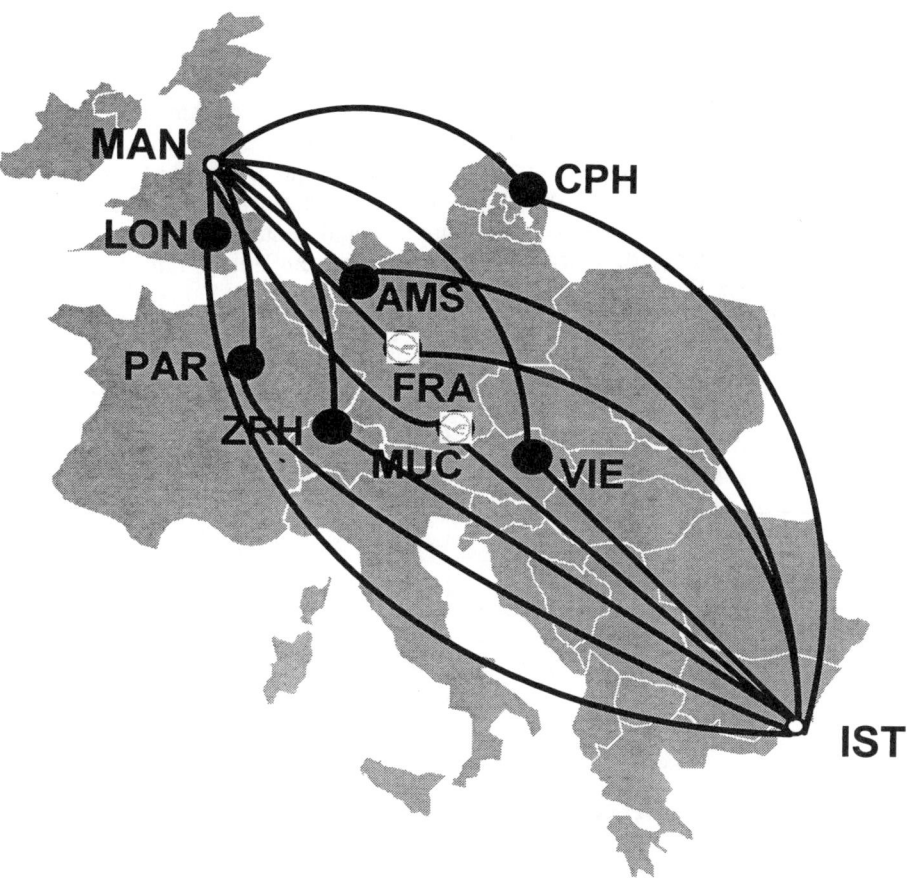

Abb. 203 Reisewege für den O&D: Manchester - Istanbul

Das **optimale Flugplanangebot (Netzqualität)** bemißt sich dabei nach:

- ✈ Reisedauer (maßgeblich durch die Umsteigezeit beeinflußt; wichtig für die Plazierung im Computerreservierungssystem, siehe auch Kapitel 12.5.3, Abb. 221 weiter unten),
- ✈ Zeitenlagen (Zeitpunkt der Starts und Landungen; Zeitenlagenanforderungen sind u.a. abhängig von den Zeitzonen),
- ✈ Hubqualität (Gesamtflugplanangebot, Pünktlichkeit, Lounges, Einkaufsmöglichkeiten, Infrastruktur etc.),
- ✈ Frequenzdichte (Häufigkeit der Flugverbindung täglich oder wöchentlich).

12.4 Hubverkehr versus dezentraler Verkehr - eine Modellbetrachtung

Auch wenn das Hubsystem zunächst ein reines Umsteigesystem zu sein scheint, bietet es darüberhinaus zusätzlichen Nutzen. Durch die Zusammmenführung der Passagierströme auf einem Hub kann das Angebot einer Airline an Zielorten mit erheblich weniger Flugbewegungen als durch jeweilige Direktflüge dargestellt werden. Abbildung 204 zeigt den Vergleich einer dezentralen Punkt-zu-Punkt-Verbindung mit einem Hub-System: während bei dezentraler Verbindung fünf City Pairs darstellbar sind, bietet die Vernetzung über ein Hubsystem bei gleicher Flottengröße bzw. Flugzeugkapazität 55 City Pairs.

Dezentrales Streckennetz
Punkt-zu-Punkt-Verbindungen

Hub-and-spoke-system

5 City Pairs bei gleicher Kapazität   **55 City Pairs bei gleicher Kapazität**

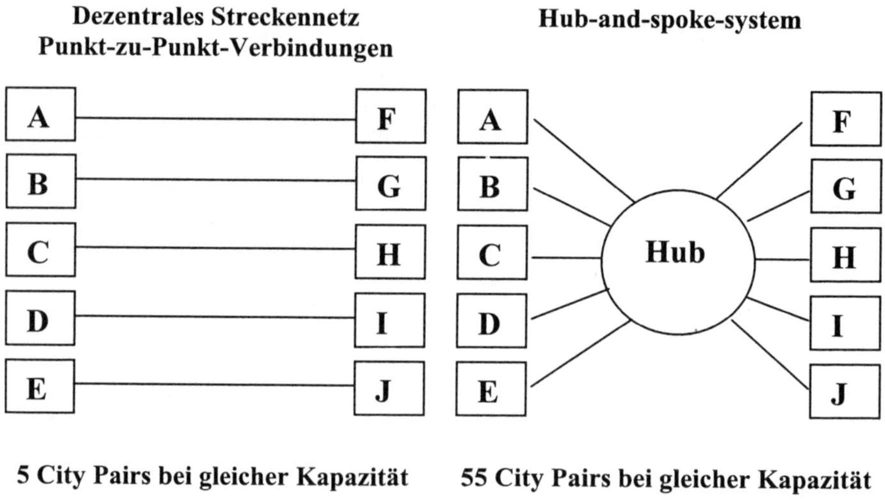

Abb. 204 Wachsende Verbindungsmöglichkeiten durch Umsteigen im Hub
(Quelle: HANLON, P.: Global Airlines, S. 84)

Den aus der Abbildung ableitbaren **mathematischen Zusammenhang** proportional wachsender Verbindungen mit der Zunahme angeschlossener Zielorte zeigt die untenstehende Tabelle. Es ist daraus leicht zu ersehen, daß mit zunehmender Anzahl der an einen Hub angeschlossenen Destinationen N automatisch proportional steigende Verbindungsmöglichkeiten $N(N-1)$ entstehen, die mittels eines Umsteigevorgangs durch die Zu- und Abbringerflüge des Hubs bereits miteinander verbunden sind. Die Möglichkeiten wachsen also mit dem Quadrat (genauer $N^2 - N$) der an den Hub angeschlossenen Destinationen.

Wollte man z. B. N = 50 Zielflughäfen durch Direktflüge netzartig, ohne über einen Hub zu gehen, jeweils unmittelbar miteinander verbinden, dann müßte man $N^2 + N = 2550$ Direktverbindungen anbieten. Im Vergleich dazu benötigt ein Hub nur 2N = 100 Zu- und Abbringerflüge, um über ein einmaliges Umsteigen weitere $N^2 - N = 2450$ Verbindungen in das Flugnetz einzubeziehen.

An den Hub angeschlossene Flughäfen (Anzahl Spokes)	Anzahl Verbindungen in und aus dem Hub	Proportional steigende Verbindungsmög-lichkeiten aus einem Hub	Gesamtzahl der möglichen Verbindungen einschließlich Hub
N	2N	$N(N-1) = N^2 - N$	$N(1+N) = N^2 + N$
1	2	0	2
5	10	20	30
10	20	90	110
50	100	2450	2550
100	200	9900	10100

Abb. 205 Anzahl der Verbindungen aus einem Hub
(Quelle: nach BEDER, H.: Flughafen Frankfurt, S. 18)

Die **theoretisch maximale Zahl von Flügen** ist in der Praxis nicht zu realisieren, da bei einigen dieser Verbindungen der Umweg über den Hub zu von den Passagieren nicht akzeptierten Verbindungen führen würde. Außerdem sind bei stark nachgefragten Verbindungen Nonstop-Flüge die wirtschaftlichere Alternative.

Lufthansa bediente z. B. im Sommerflugplan 2003 aus Frankfurt heraus 163 Destinationen (einschließlich Codeshare); das repräsentiert 26732 $(N^2 + N)$ theoretisch mögliche Verbindungen (Verkehrsströme) weltweit mit einmaligem Umsteigen in Frankfurt.

Der in Abbildung 204 dargestellte Effekt wird verstärkt, wenn im Rahmen von strategischen Allianzen die Hubs der Allianzpartner untereinander vernetzt werden. Bei gleicher Kapazität wie in Abbildung 204 unterstellt sind im Beispiel der Abbildung 206 durch die Vernetzung 141 City Pairs darstellbar.

Netzwerk zwischen Hubs

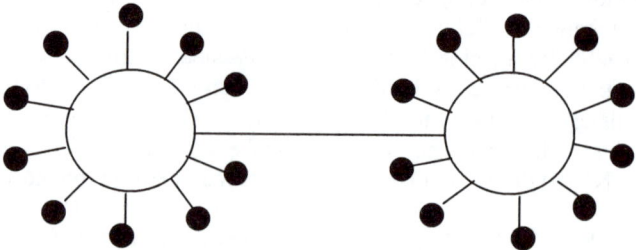

141 City Pairs bei gleicher Kapazität

Abb. 206 Netzwerk zwischen Hubs
        (Quelle: DEUTSCHE LUFTHANSA AG (Hrsg.): Lufthansa Report, Star
        Alliance, Fliegen im Netzwerk, S. 49)

12.5 Hubverkehr

Unter dem Aspekt des Gesamtverkehrs ist ein Hub nach der Definition der AEA „a single airport at which one or several airlines offer an integrated network of connecting services to a wide range of destinations at a high frequency" (AEA, European Airports, Brüssel 1995, S. 23).

Für eine einzelne Fluggesellschaft ist ein Hub in seiner einfachsten Form der als Heimatbasis dienende Flughafen und damit das Zentrum des Streckennetzes.

Die Hub-Bildung führt zu einer Konzentration der Flüge auf die ausgewählten Flughäfen: von den 534 Flughäfen in Europa vereinigen die 16 größten genausoviele Flugsitze pro Woche wie die restlichen 518 Flughäfen. Sie erhöhen dort die Verkehrsspitzen und verstärken so eventuell vorhandene Kapazitätsprobleme. Denn Hubs leben davon, daß kleine Flugzeuge Passagiere in die Knotensysteme der großen Flughäfen bringen und von dort die großen Interkontinentalflugzeuge die Kunden weiter befördern. Um dieses „Zufüttern" (Feederflüge) zu ermöglichen, benötigt man eine Ballung von Ankünften und ca. 1 Std. später eine Häufung von Abflügen.

Diese **zeitliche Konzentration von An- und Abflügen** wird als **(Verkehrs-) Knoten** bezeichnet.

In **Europa** haben sich mit Amsterdam, Frankfurt, London und Paris vier Großflughäfen (Megahubs für den Interkontinentalverkehr in den Ballungszentren) und eine Reihe von Sekundärhubs entwickelt, die entweder die Heimatbasis des jeweiligen National Carriers sind (z. B. Madrid, Kopenhagen oder Wien) oder aufgrund ihrer besonderen Marktausrichtung (z. B. Ferienflugverkehr in Düsseldorf, Cargo-Hubs in Brüssel oder Köln) ein spezielles Verkehrsaufkommen entwickeln.

Aus der Fremdbestimmung durch die Allianzsysteme der Fluggesellschaften, die neue Hub- and Spoke-Systeme aufbauen, ergibt sich eine Veränderung der Wettbewerbsposition einzelner Flughäfen (vgl. Kap. 2.2.3).

Wenn z. B. das Lufthansa-Allianz-System in Deutschland den Flughäfen Frankfurt und München eine Hubfunktion zuweist, werden damit gleichzeitig die anderen deutschen Verkehrsflughäfen mehr oder minder auf eine Feederfunktion verwiesen.

12.5.1 Hub-Arten

Bei einem **Hourglass-hub gleicht** die Netzstruktur einem Stundenglas (Sanduhr). Flüge aus einer Richtung (z. B. Westen) werden am Hub gebündelt und auf Anschlußflüge (in Richtung Osten) neu verteilt.

Über diese Hub-Form werden entgegengesetzte Richtungen verbunden, dabei oft ähnliche Flugzeugmuster eingesetzt.

Beispiel für Hourglass-hubs in den USA zeigt Abbildung 219; aus der Spalte „Directional flow" ist die geographische Bündelung der Verkehrsströme ersichtlich. So betreibt z. B. American Airlines einen größeren Ost-West-Hub in Chicago (ORD). Andere Beispiele für diese Art von Hub sind Damascus, Amman (RJ), Bahrain (GF), Dubai (EK), Wien (OS) oder Madrid (IB) (vgl. Hanlon, Global Airlines, S. 96-98).

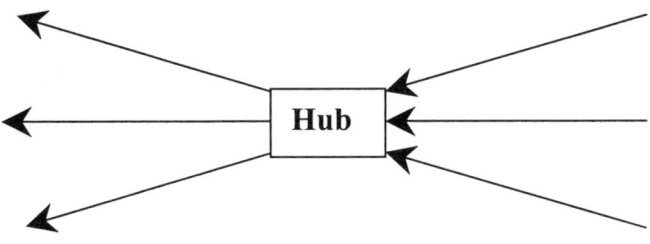

Abb. 207 Hourglass-Hub

Klassisches Beispiel für einen Hourglass-Hub ist Singapur (SQ-Hub), der Europa mit Asien/Australien verbindet, indem er die Verkehrsströme aus Europa in Singapur bündelt und auf andere Flüge nach Asien/Australien verteilt (und umgekehrt). Verkehrsrechtlich führt Singapore Airlines „Sixth freedom traffic"

(6. Freiheit der Luft, vgl. Kap. 6.2) durch, die Passagiere werden von einem Vertragsstaat in das Heimatland und von diesem in einen weiteren Vertragsstaat befördert oder umgekehrt.

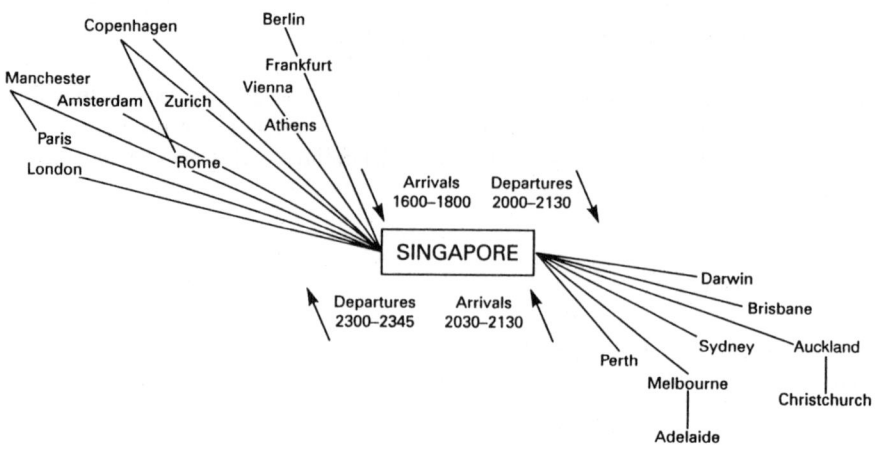

Abb. 208 Verbindungen über Singapur
(Quelle: HANLON,P.: Global Airlines; S. 96)

Ein **Hinterland-Hub** bündelt Kurzstreckenflüge und verteilt die Passagiere auf Langstreckenflüge. Durch Kurzstreckenflüge in Form von Zubringerflügen (Feederflüge) mit kleinerem Fluggerät werden die großen Langstrecken-Flugzeuge mit Umsteige-Passagieren gefüllt. Der Hinterland-Hub dient als Verteilungszentrum für Luftverkehr von dem ihn umgebenden Einzugsgebiet (Catchment area). Während bei Flügen über den Hourglass-Hub ähnliche Flugzeugmuster eingesetzt werden, erfordert der Hinterland-Hub oft einen Wechsel des Fluggeräts z. B. von Regionalflugzeugen zu Langstrecken-flugzeugen. Beispiele für Hinterland-Hubs sind Frankfurt oder London Heathrow.

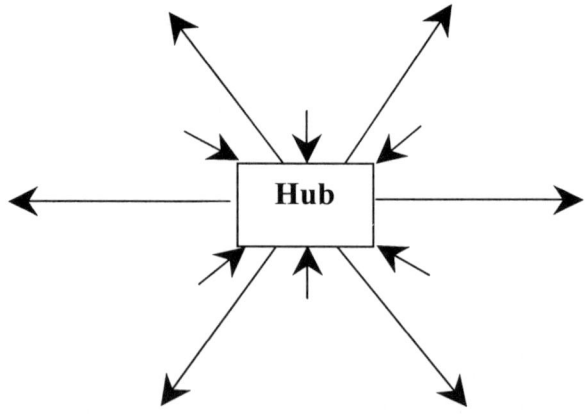

Abb. 209 Hinterland-Hub

Beim **Multi-Hubbing** verfügt eine Fluggesellschaft über mehrere Hubs; im Spezialfall des **Double Hubbing** werden zwei Hubs betrieben (zahlreiche Beispiele hierzu enthält der Artikel „Hub fever" in Airline Business, 12/1997, S. 66 - 71). Oft wird von einer Airline zusätzlich zum zentralen Hub ein weiterer **Sekundärhub** eingerichtet. So betreibt Lufthansa z. B. München als Sekundärhub zusätzlich zum zentralen Hub Frankfurt. Durch die Bildung strategischer Allianzen zwischen Fluggesellschaften und die Abstimmung der Netzstrukturen zwischen den Allianzpartnern hat das Multi-Hubbing innerhalb der Allianzen an Bedeutung gewonnen. Abbildung 210 zeigt die möglichen Verbindungen von Gothenburg und Kansas City, die von den transatlantischen Allianzen im Herbst 1997 angeboten wurden. Die dargestellten Verbindungen führen jeweils über zwei Allianz-Hubs, einen in Europa und einen in den USA.

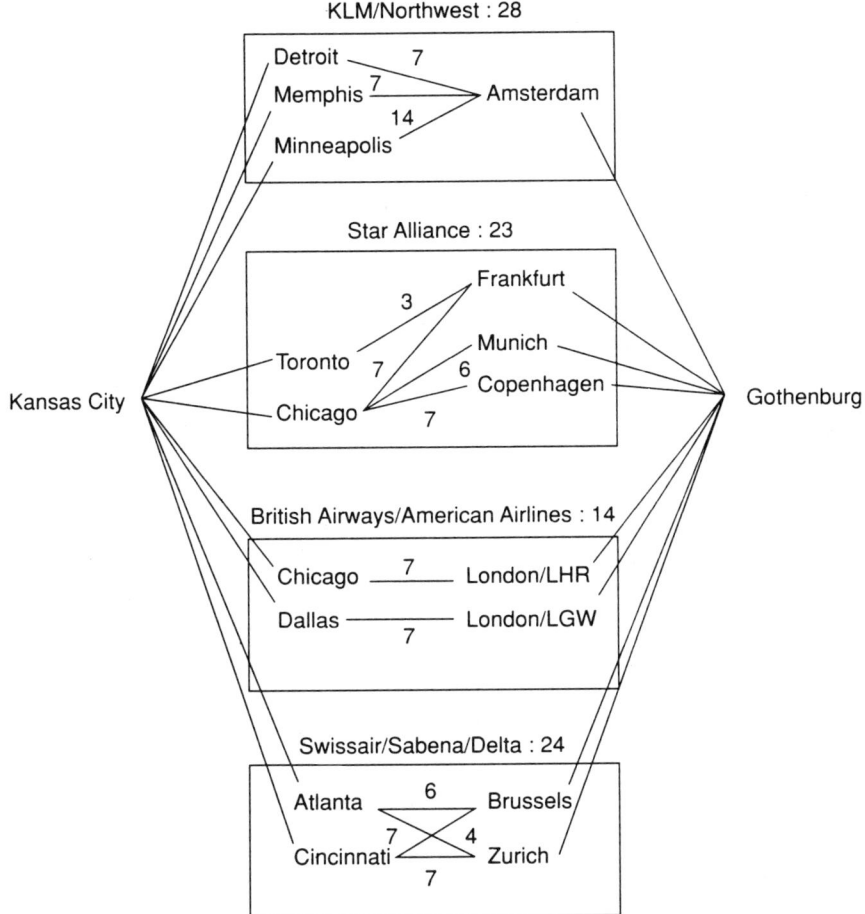

Abb. 210 Double Hubbing auf Flugrouten zwischen Gothenburg und Kansas City im Herbst 1997 (Anzahl der wöchentlichen Frequenzen mit Anschlußzeiten von weniger als zwei Stunden in Hubs)
(Quelle: KUILE, A.: Hub fever. In: Airline Business, December 1997, S. 67)

Mit **Megahub** werden Flughäfen bezeichnet, die von mehreren Fluggesellschaften als zentraler oder Multihub eines Kontinents eingerichtet wurden; in Europa sind dies Amsterdam, Frankfurt, London Heathrow und Paris Charles de Gaulle.

Hat eine Fluggesellschaft durch einen hohen Slotanteil die Dominanz auf einem Hub-Flughafen erreicht, dann wird sie für Mitbewerber schwer angreifbar, der Hub wird zum **Fortress-Hub**, zur Festung (Beispiele siehe Abbildung 36). Die Entwicklung eines hinsichtlich Streckenzahl und Frequenzen konkurrenzfähigen Angebots ist für Wettbewerber nicht möglich, da sie die Verfügbarkeit von Slots voraussetzt. Meist wird die Heimatbasis einer Fluggesellschaft zum Ausgangspunkt der Hub-Bildung, da dort die bereits verfügbaren Slots entscheidende Wettbewerbsvorteile darstellen. Zudem können neue Wettbewerber auf einer Strecke durch eine gezielte Preispolitik (Preisdumping) und Produktpolitik (Erhöhung der Frequenzen) abgewehrt werden.

12.5.2 Aufbau und Aufgabe eines Hubs

Größere Flughäfen haben natürliche, wenn auch häufig schwach ausgebildete Knotenstrukturen. Sie erlangen eine Drehscheibenfunktion bereits aufgrund der hohen Anzahl von Flugbewegungen. Daraus resultiert eine große Anzahl von Verbindungsmöglichkeiten selbst bei fehlender Koordination der Umsteigemöglichkeiten. Die Verkehrsströme konzentrieren sich in Drehscheiben typischerweise zu spezifischen Zeitenlagen und auf bestimmte Zu- und Abbringerdestinationen. Ihre Verknüpfung führte bereits in der Vergangenheit zu Knotenstrukturen. Durch gezielte ertragsoptimale Bündelung der attraktivsten Verkehrsströme lassen sich Drehscheiben zu echten Hub-Systemen weiterentwickeln und Netzsynergien realisieren.

Für die **Auswahl eines Flughafens**, der zu einem Hub ausgebaut werden soll, sind folgende Faktoren von Bedeutung:

- ✈ geographische Lage,
- ✈ Größe des Lokalmarktes/Einzugsbereichs (Catchment area),
- ✈ Nutzungs- und Expansionsmöglichkeiten (hohe Kapazitätsreserven für Passagier- und Flugzeugabfertigung, freie Start-/Landebahnkapazitäten),
- ✈ Wettbewerbssituation,
- ✈ bestehende Eigen- oder Konkurrenzhubs der Airline,
- ✈ Anbindung an bestehende Verkehrsnetze,
- ✈ reibungsloser Gepäckumschlag,
- ✈ problemloses schnelles Umsteigen mit kurzen Wegen (möglichst geringe Minimum connecting times = Mindestumsteigezeiten, Übersichtlichkeit am Flughafen).

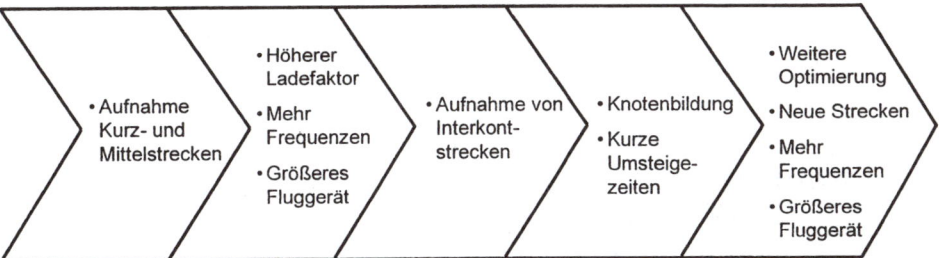

Abb. 211 Aufbau eines Hubs

Aber auch die gegenläufige Entwicklung kann beobachtet werden, wie die Entwicklung der amerikanischen Hubs zeigt: es werden Hubs aufgegeben (Dehubbing):

Die großen amerikanischen Fluggesellschaften haben sich auf wenige, starke Hubs konzentriert, ...

ENTWICKLUNG AMERIKANISCHE HUBS

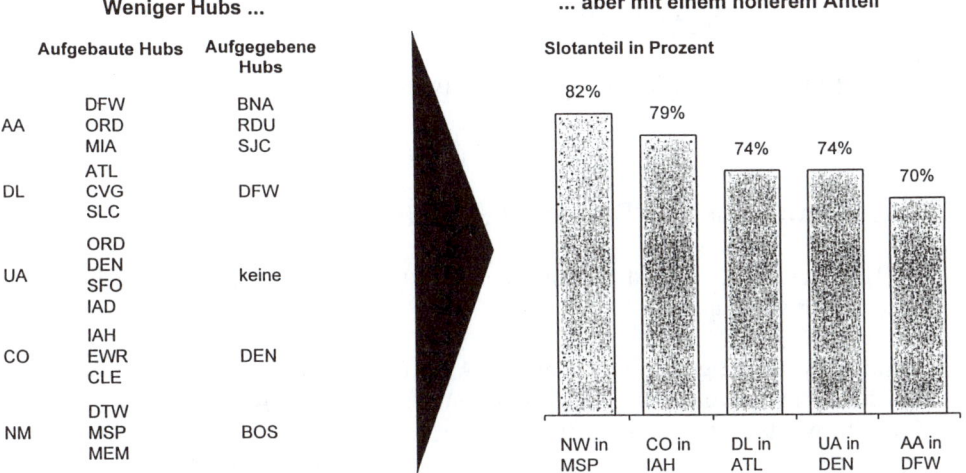

Abb. 212 Entwicklung amerikanischer Hubs bis 1997

Auch in Europa wurden Hubs von Fluggesellschaften aufgegeben, wie die Beispiele Genf (Aufgabe des Swissair-Hubs) oder Paris Orly (Air France) zeigen.

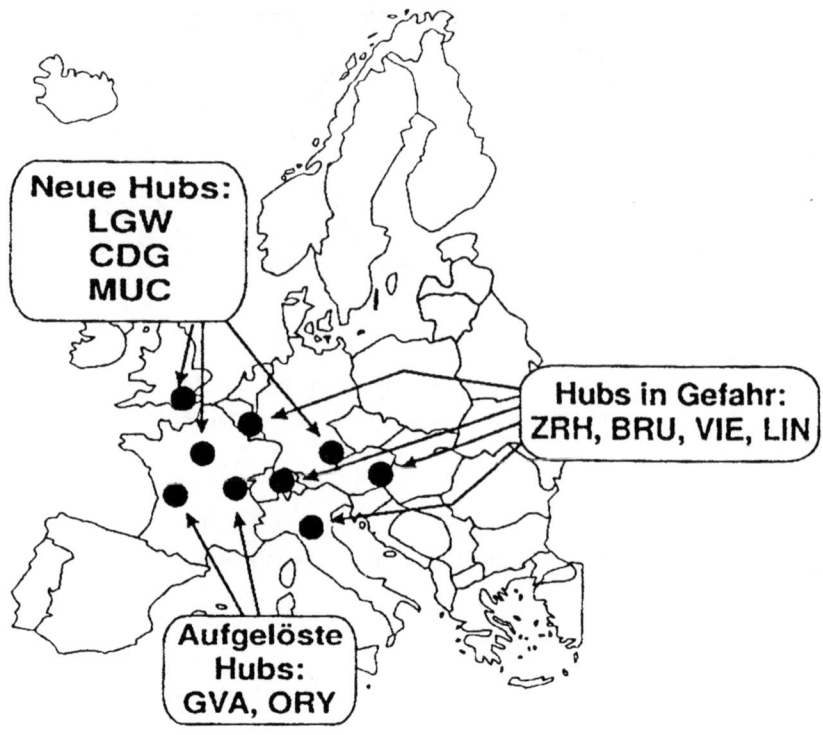

Abb. 213 Hubentwicklung in Europa, Februar 1997

12.5.3 Funktion und Design eines Hubs

Im Hub werden Kurz- und Langstreckenflüge bei möglichst kurzer Umsteigezeit miteinander verknüpft.

Damit das Umsteigen wenig Zeit in Anspruch nimmt, sind die Start- und Landebewegungen auf dem Hub zu sogenannten **(Zeit-) Knoten** gebündelt (in der Literatur werden auch die Begriffe Flugplanknoten, Verkehrsknoten, Wellen bzw. Waves oder Schedule bank bzw. Arrival/ departure bank verwendet).

Die zeitlich eng gestaffelten und phasenverschobenen Ankünfte (Arrivals) und Abflüge (Departures) bilden ein wellenförmiges Grundmuster von Flugzeugbewegungen am Hub-Flughafen.

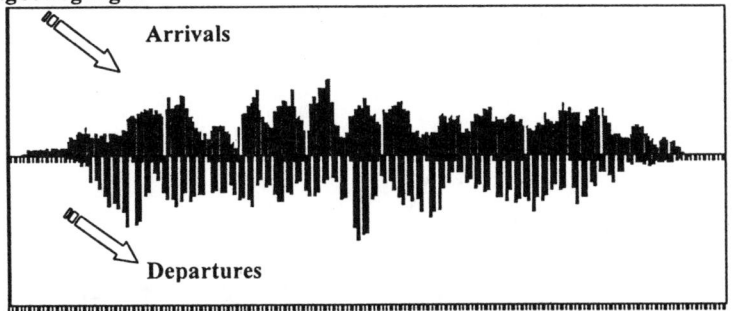

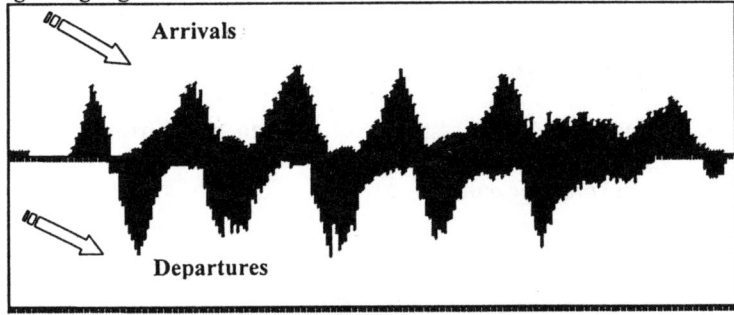

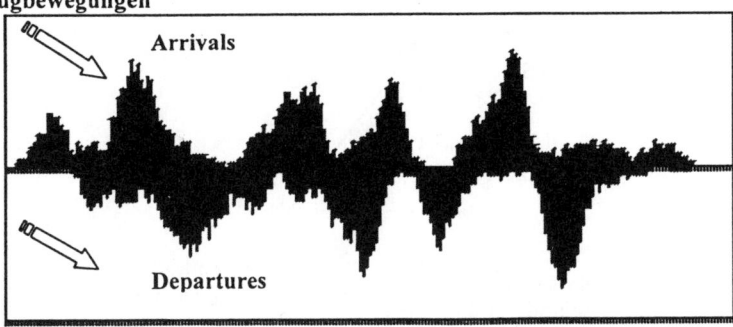

Abb. 214 Phasenverschobene Starts und Landungen als Knotengrundmuster der europäischen Hubs London (LHR), Paris (CDG) und Amsterdam (AMS) im Sommer 2003 (Quelle: Deutsche Lufthansa AG, Netzmanagement)

Beim **Hub-Design** sind **Anzahl, Zeitenlage und Breite der Knoten** von entscheidender Bedeutung. Große Streuung der Interkontinental-Dienste innerhalb der Knoten verhindert eine Verbindungsoptimierung. Die Knotenstrukturen sind so zu gestalten, daß für die wichtigsten Umsteigeverbindungen möglichst kurze Übergangszeiten realisiert werden.

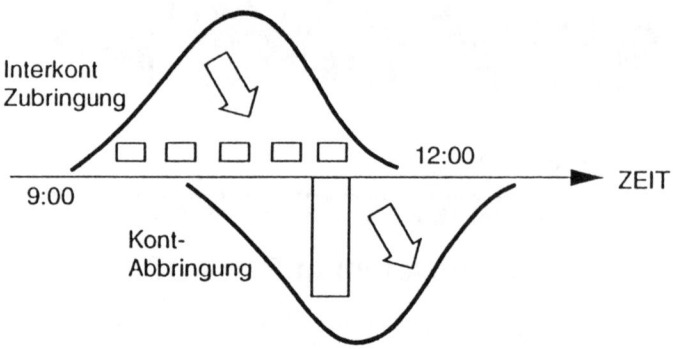

Abb. 215 Knoten mit großer Streuung der Flugdienste

Durch eine Bündelung der Verkehrsströme zu **Knoten mit geringer zeitlicher Streuung** der Zu- und Abbringer-Flüge entstehen attraktive Umsteigeverbindungen mit kurzen Umsteigezeiten.

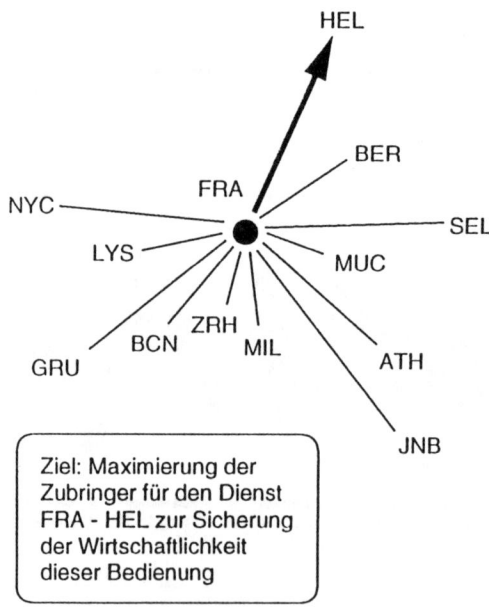

Abb. 216 Bündelung von Verkehrsströmen am Beispiel Frankfurt - Helsinki

FALL 1: Breite Zeitspanne zwischen erstem und letztem Zubringer

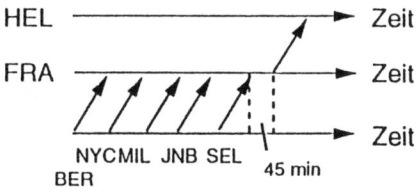

- Lange Übergangszeiten reduzieren Attraktivität der Umsteigeverbindung
- Kunden weichen auf Wettbewerberangebot aus

FALL 2: Zeitlich konzentrierte Zubringer

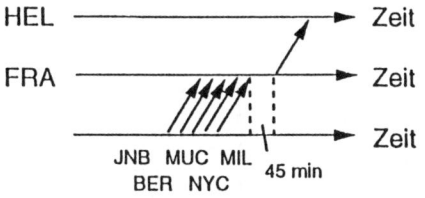

- Kurze Übergangszeiten für viele Zubringer steigern Wettbewerbsfähigkeit der Umsteigeverbindung
- Wichtigste Dienste erhalten kürzeste Umsteigezeiten

Abb. 217 (Fortsetzung) Bündelung von Verkehrsströmen am Beispiel Frankfurt - Helsinki – unterschiedliche Knotenbreite

Während die Lufthansa-Hubs zur Zeit als sechs Knoten-System (Frankfurt) und acht Knoten-System (München) betrieben werden, operieren **amerikanische Airlines** in ihren Hubs überwiegend **mit 7 - 13 Knoten** (vgl. Abb. 219, Spalte Hub banks per day).

United's Denver hub

Schedule bank	Arrivals First	Last	Departures First	Last	Average ground time	Gates required
1	0719	0800	0815	0835	0:45	25
2	0844	0958	1015	1050	1:02	31
3	1025	1100	1115	1150	0:51	26
4	1130	1216	1225	1330	1:02	30
5	1328	1409	1435	1452	0:52	26
6	1421	1457	1515	1545	0:51	25
7	1543	1615	1630	1700	0:44	12
8	1625	1701	1715	1755	0:52	18
9	1721	1745	1805	1845	0:58	30
10	1850	1929	1945	2015	0:50	26
11	2015	2045	2105	2135	0:50	25

Abb. 218 United's Denver Hub (11 Knoten)
(Quelle: TREITEL, D., SMICK, E.: All change, networks. In: Airline Business, July 1996, S. 35)

Abbildung 218 läßt neben der Anzahl der Knoten gut die phasenverschobenen
Wellen von Starts und Landungen erkennen. So landen die Flugzeuge im zweiten
Flugplan-Knoten von 0844 bis 0958 Uhr, während die Starts zwischen 1015 und
1050 Uhr stattfinden.

			Hub Carrier Data			Total Airport Data	
			Scheduled Departures		Hub Banks		Nbr. of
Airline	Hub Airport	Gates Jet	Jet	Com- muter	per day	Directional Flow	Run- ways
AS	Anchorage	9	48	44	0	2 E/W, 1N/S	3
	Portland	10	44	101	0	2 E/W, 1 N/S	3
	Seattle/Tacoma	16	122	197	0	N/S	2
HP	Las Vegas (LAS)	24	85	3	4	E/W, N/S	4
	Phoenix (PHX)	33	223	85	11	E/W, W/E	3
AA	Chicago (ORD)	48	462	24	10	E/W	7
	Dallas (DFW)	67	577	189	11	6 N/S, 1 E/W	7
	Miami	42	160	61	6	E/W	3
CO	Cleveland (CLE)	13	160	104	9	S/W, NE	3
	Houston Int.	45	417	91	11	E/W	4
	Newark	46	286	47	cont.	Omni	3
DL	Atlanta (ATL)	93	649	236	10	E/W	4
	Cincinnati	50	193	304	9	2 N/S, 1 E/W	3
	Salt Lake City	30	149	108	9	3 N/S, 1SE/NW	4
NW	Detroit	60	353	166	10	3 NE/SW, 2 E/W	5
	Memphis	41	121	128	4	N/S	4
	Minneapolis	53	343	148	9	NW/SE, SE/NW	3
WN	Dallas (DAL)	14	124	0	0	NW/SE	3
	Las Vegas (LAS)	16	152	0	0	E/W, N/S	4
	Los Angeles	12	118	0	0	E/W	4
UA	Chicago (ORD)	53	464	129	12	E/W	7
	Denver	52	332	165	13	S/N	5
	Washington (IAD)	38	106	243	6	2 N/S, 1 Omni	3
US	Charl.-Douglas	37	341	136	10	N/S	3
	Philadelphia	37	256	130	7	W/E	4
	Pittsburg	46	273	210	8	3 E/W, 1 N/W/SE	4

Abb. 219 US-Hubstrukturen im September 2000 (Auszug)
    (Quelle: HARRIS, B. D. u.a.: Salomon Smith Barney Hub Factbook, Airline
    Hub Statistics, April 2001, S. 72)

Abbildung 219 erlaubt einen Einblick in die Hubstrukturen amerikanischer Airlines. Wie bereits oben erwähnt, operieren die Fluggesellschaften mit 7 bis 13 täglichen Flugplanknoten, die Spalte „Directional Flow" zeigt die Bündelungsrichtung der Verkehrsströme.

Je mehr Zeitknoten ein Hub besitzt, desto kontinuierlicher können Flugverbindungen dargestellt werden. Doch Zeitknoten lassen sich oft aus operationellen Gründen nicht beliebig vervielfachen, zumal wenn – wie in Frankfurt – Flughafenkapazität fehlt.
Zudem sind die Flüge an die Zeitknoten anderer Hubs gekoppelt und damit auch an die Zeitverschiebungen im Interkontinentalverkehr.
Das Einplanen der Zeitverschiebung ist gerade für Geschäftsreisende wichtig, damit sie möglichst wenig Zeit auf dem Weg zu weltweiten Meetings verlieren. Besonders beliebt sind daher Knoten am frühen Morgen und am Abend. Ein Passagier, der z. B. nach Hongkong fliegen muß, startet in Frankfurt gegen halb sechs Uhr abends, kann im Flugzeug übernachten und landet zur Ortszeit mittags in Hongkong.
Bei den Flügen in die USA ist es umgekehrt. Sie starten am Morgen oder mittags und erreichen die Ostküste der USA zur Mittagszeit oder am späteren Nachmittag. Möchte ein New Yorker am nächsten morgen um 8.00 Uhr in Frankfurt sein, dann wählt er eine Verbindung, die gegen 18.00 Uhr startet.
Die Zeitlage der Flüge ist auch im Europa-Verkehr (Kont-Verkehr) von großer Bedeutung. So sind z. B. für Geschäftsreisende Flugzeiten zu Tagesrandlagen attraktiv, wenn bei einer eintägigen Geschäftsreise der Hinflug möglichst früh morgens und der Rückflug am Abend liegen soll.

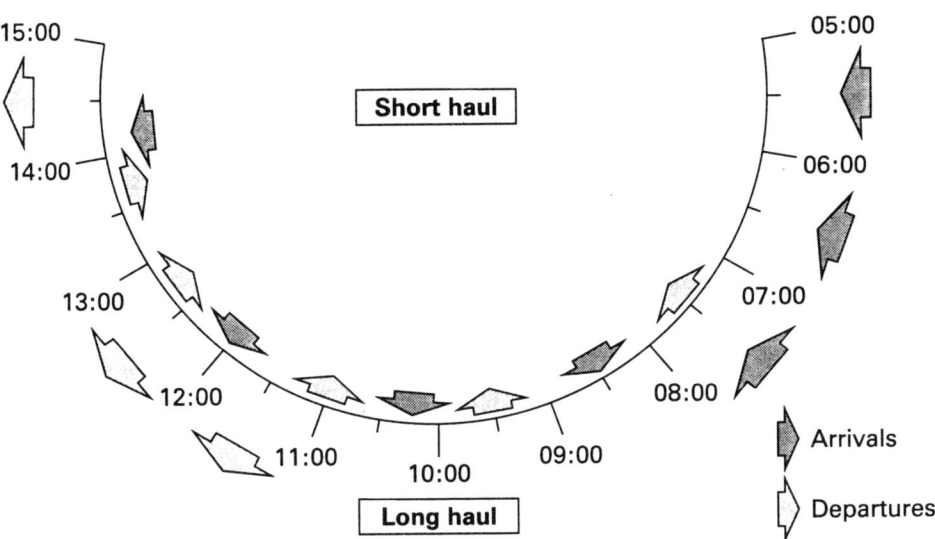

Abb. 220 Typische Verbindungen an europäischen Hubs
(Quelle: HANLON, P.: Global Airlines, S. 136)

Eine wichtige Rolle bei der Planung der Zeitknoten spielen natürlich auch die gesetzlichen Bestimmungen. So sind beispielsweise auf vielen deutschen Flughäfen Starts und Landungen wegen Nachtflugverboten stark eingeschränkt.

Außerdem will jede Airline, die einen Hub anfliegt, möglichst während eines Knotens starten und landen, um die Vorteile des Hubs auch voll nutzen zu können.

Besonderes Augenmerk gilt den Umsteigevorgängen. **Umsteigevorgänge** benötigen Zeit. Diese so gering wie möglich zu halten, ist das Ziel der organisatorischen Anstrengungen der Fluggesellschaften und der beteiligten Flughäfen. Denn die Länge eines Zwischenstops beeinflußt die Gesamtreisedauer. Eine kurze Reisezeit ist aber ein wichtiges Verkaufsargument gegenüber den Kunden. Aus Wettbewerbsgründen werden deshalb von Flughäfen, die die bodenseitige Infrastruktur und in vielen Fällen auch das Abfertigungspersonal stellen, den Fluggesellschaften Mindestübergangszeiten **(Minimum connecting times)** für Umsteigevorgänge garantiert. Kurze Transferzeiten von einem Flugzeug ins nächste machen sowohl den Hubflughafen und seinen Betreiber als auch die dort operierenden Airlines attrakiv für den Fluggast. Die garantierte Umsteigezeit in Frankfurt liegt beispielsweise bei 45 Minuten, in München im Terminal 2 ab Sommer 2003 bei 30 Minuten. Zur Senkung der Mindestumsteigezeiten hat Lufthansa das Konzept „**Short Connex**" eingeführt.

Wie bereits erwähnt, stellt die **Gesamtreisezeit** eines der wichtigsten Auswahlkriterien der Kunden dar. In den Computerreservierungssystemen (CRS) werden Flüge nach dem Verkehrsstromprinzip (O&D) in der Reihenfolge ihrer jeweiligen Gesamtreisezeit aufgeführt. Das bedeutet, daß der Flug mit der kürzesten Gesamtreisezeit auf der ersten Bildschirmseite an erster Stelle steht.

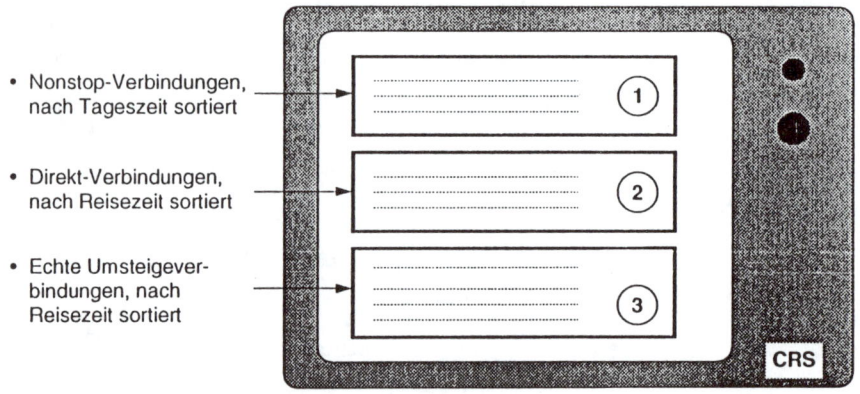

• Nonstop-Verbindungen, nach Tageszeit sortiert

• Direkt-Verbindungen, nach Reisezeit sortiert

• Echte Umsteigeverbindungen, nach Reisezeit sortiert

Abb. 221 Darstellung von Flugverbindungen in Computerreservierungssystemen

Untersuchungen zufolge werden diese Flüge deutlich am häufigsten verkauft, etwa 80% der Buchungen entfallen auf die erste Monitor-Seite. Folglich muß es das Ziel einer Airline sein, möglichst kurze Flug- und Umsteigezeiten zu garantieren, um einen Vorteil gegenüber den Wettbewerbern zu realisieren und Kunden zu gewinnen. Verringern Fluggesellschaften oder Allianzpartner ihre Umsteigezeiten und damit die Gesamtreisezeit, so rutschen ihre Flüge an die vorderen Rangstellen der Umsteigeverbindungen im Reservierungssystem.

```
SN 1A 16JUN MANIST
** AMADEUS SCHEDULES - SN **
1     TK1994    J4 C4 D4 Y4 B4 H4 K4   MAN 1 IST I   1215    1805    0.737        3:50
                M4 S4 N4 Q4 T4
2CL*LH5989      C9 D9 Z9 I9 R9 Y9 B9  /MAN 1 STR 1   0825    1110    E0/CR1
                M9 H9 X9 Q9 N9
      TK1702    J4 C4 D4 Y4 B4 H4 K4   STR 1 IST I   1155    1550    0.738        5:25
                M4 S4 N4 Q4 T4
3LH:BD3385      C4 D4 J4 Y4 B4 S4 M4  /MAN 1 STR 1   0825    1110    0/CR1
                H4 K4 Q4 V4 G4
      TK1702    J4 C4 D4 Y4 B4 H4 K4   STR 1 IST I   1155    1550    0.738        5:25
                M4 S4 N4 Q4 T4
4     LX 387    J9 C9 D9 Y9 S9 M9 L9   MAN 1 ZRH M   0610    0910    E0/ER4
                H9 N9 K9 BR VR
      LX1804    J9 C9 D9 Y9 S9 M9 L9   ZRH M IST I   0955    1340    E0/321       5:30
                H9 N9 K9 B9 VR
5NG*OS3472      C9 D9 J9 I9 R9 Y9 B9  /MAN 1 VIE     0615    0950    E0/CRJ
                M9 H9 Q9 X9 G9
      OS 821    C9 D9 J9 I2 RL Y9 B9  /VIE    IST I  1030    1350    0/320        5:35
                M9 H4 Q4 X4 GL
```

Abb. 222 Display des CRS Amadeus, Verbindungen Manchester – Istanbul für den 16.06.2003 (Die äußerste rechte Spalte, z. B.: 3:50, gibt die Gesamtreisezeit an)

Probleme der Hub- bzw. Knotenbildung entstehen durch das Auftreten von **Spitzenbelastungen (Peaks)** in den einzelnen Knoten. Derartige Spitzenbelastungen reagieren bereits auf geringe Störungen des Betriebsablaufes. Dabei besteht immer die Gefahr, daß es leicht zu beträchtlichen Verspätungen und zu anderen nicht vorhergesehenen Unregelmäßigkeiten kommen kann, wie z. B. beim Gepäck- oder Frachtumschlag. Solche Verspätungen nehmen exponentiell mit dem Grad der Überlastung zu. Sie führen zu Unregelmäßigkeiten in der Flugdurchführung und zu hohen Folgekosten für Passagiere und Fluggesellschaften. Von Kapazitätsengpässen durch Spitzenbelastungen können alle Infrastrukturelemente eines Flughafens betroffen sein, nicht nur das Start- und Landebahnsystem. Genauso gut können das Fluggastgebäude, das Gepäckumschlagsystem, das Vorfeld mit seinen Abstellpositionen, das Frachtlager oder auch die Zufahrtstraßen und andere Elemente als Engpaßfaktor infrage kommen. Zur Optimierung der operativen Entscheidungsprozesse im Hub Frankfurt hat Lufthansa im November 2000 ein **Hub Control Center** eingerichtet, das u. a. Unregelmäßigkeiten, Abflugpünktlichkeit, Anschlußsicherheit bei Umsteigeverbindungen, Gepäcksicherheit, Flugzeugabfertigung, Management von Gate- und Flugzeugpositionen verbessern soll.

Die Wirtschaftlichkeit und Effektivität von Hubs wird beträchtlich gesteigert, wenn im Rahmen von Kooperationsabkommen oder Allianzen eine Fluggesellschaft die Hubs anderer Airlines partnerschaftlich mitbenutzen kann.

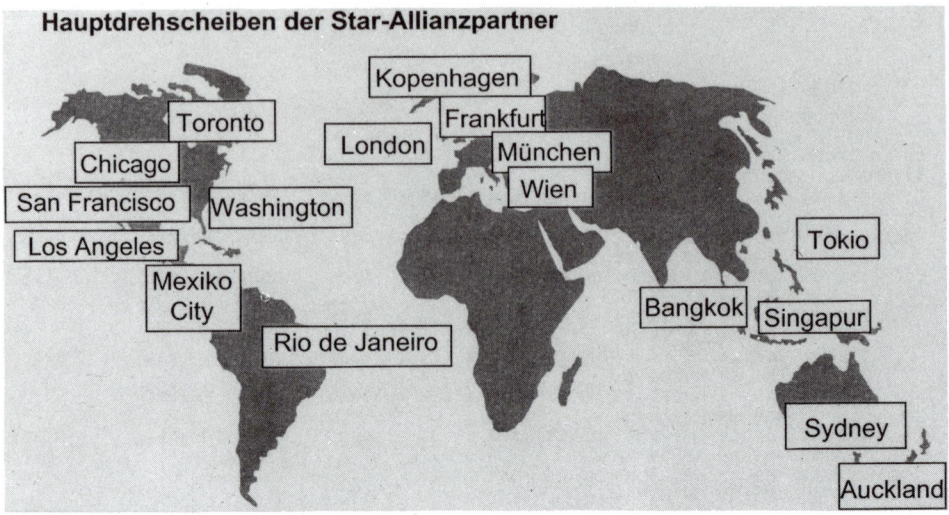

Abb. 223 Hubs der Star Alliance

Dadurch bekommt die Fluggesellschaft auch Zugang zu den „Spokes/Speichen", den regionalen Zu- und Abbringerrouten der anderen Partnergesellschaften und kann damit ihren Fluggästen bessere Anschlußverbindungen auch zu entlegenen Zielorten zur Verfügung stellen. So wird das Hubsystem einer Airline nicht nur für die Kunden des eigenen regionalen oder nationalen Einzugsbereiches interessant; die internationale Verknüpfung von Drehscheiben bringt auch internationalen Fluggästen aus anderen Ländern wesentliche Vorteile.

Die einzelnen Flugverbindungen der Partnergesellschaften werden aufeinander abgestimmt; auf Routen, die zwei oder mehr Partner bedienen, werden die Flüge zeitlich so gestaffelt, daß vor allem Geschäftsreisende die Verbindung nehmen können, die ihnen am besten paßt.

Neben dem Gesamtflugplanangebot wird die **Hubqualität** maßgeblich beeinflußt von Pünktlichkeit, Frequenzdichte, Lounges, Einkaufsmöglichkeiten, Infrastruktur, Passkontrollen, Gate- oder Außenpositionen für Flugzeuge, Wegführung etc.

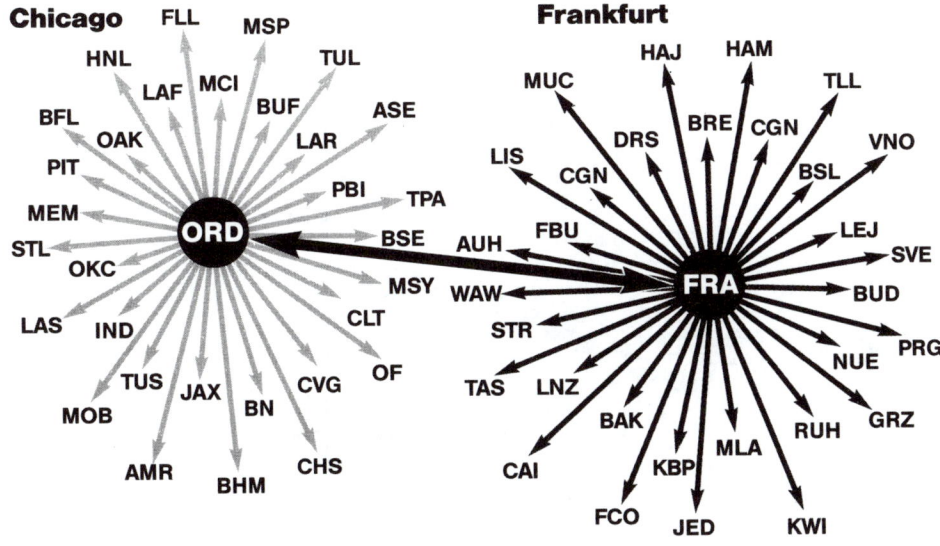

Abb. 224 Verknüpfung des Lufthansa-Hubs Frankfurt mit dem United-Hub Chicago
ORD (Quelle: DEUTSCHE LUFTHANSA AG (Hrsg.): Lufthansa Report,
Star Alliance, Fliegen im Netzwerk, S. 12)

12.5.4 Das Lufthansa Doppel-Hubsystem

Lufthansa betreibt mit Frankfurt und München ein **Doppel-Hubsystem**. Dabei
wird Frankfurt als Interkontinental-Fortress-Hub mit sechs Flugplanknoten
betrieben. München ergänzte ursprünglich als Komplementärhub mit Europa-
Diensten und selektiven Interkontinental-Diensten (z. B. in die Hubs der
Allianzpartner) den Hub Frankfurt.

Die Vorteile von Frankfurt liegen im hohen lokalen Aufkommen bzw. einem
großen Einzugsbereich, in der guten Anbindung an Bodenverkehrsmittel, im
neuen Lufthansa-Terminal und in der Akzeptanz durch den Markt.

Die Nachteile bestehen darin, daß große Engpässe in den Runway- und Terminal-
Kapazitäten vorhanden sind, eine Nachtflugbeschränkung existiert, der Lokal-
markt nur eine begrenzte Anzahl an Frequenzen („Seats in the city") trägt und
starke Konkurrenz vorhanden ist.

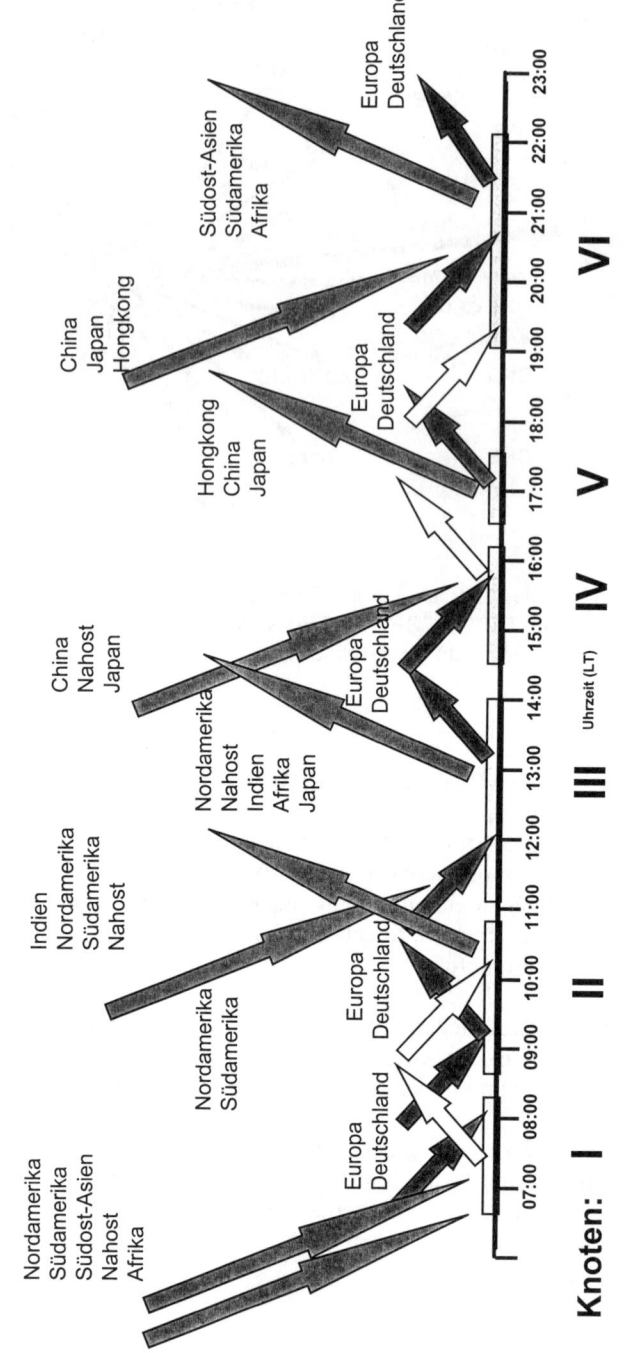

Abb. 225 Knotensystem der Lufthansa in Frankfurt im Sommer 2003
(Quelle: Deutsche Lufthansa AG, Netzmanagement)

Aus diesen Gründen war die Entwicklung eines **komplementären zweiten Hubs** erforderlich. Der Erfolgsfaktor „Bündelung der Verkehrsströme" wird dadurch allerdings teilweise abgeschwächt. So kommt es zu Doppelungen in der Flugplanung: aufkommensstarke Flugziele müssen von beiden Hubs angeboten werden. Doch die Doppelung der Flugplanstruktur kann auch zur Stärke eines Flugnetzes werden. Durch die sinnvolle Kombination der Zeitknoten in Frankfurt und München ist die Ausweitung von Flugfrequenzen zu stark nachgefragten Zeiten möglich.

München stellt als **Europa- und Kontinental-Hub** eine Ergänzung, nicht aber Konkurrenz zu Frankfurt dar. Kannibalisierungseffekte (der Hub München zieht dem Hub Frankfurt Passagiere ab) zwischen Frankfurt und München sollten vermieden werden.

Der Schwerpunkt in München liegt auf europäischen Verbindungen, einem hohen Anteil an Regional-Jets und in der Anbindung an die Hubs der Kooperationspartner durch ausgewählte Interkontinental-Dienste.

Die komplementäre Funktion zum Hub Frankfurt schlägt sich auch in der Knotenlage nieder. Die Knoten in München sind zum Teil zu den Knoten in Frankfurt zeitlich versetzt. Dadurch kann Lufthansa von morgens bis abends durchgehend Flugverbindungen in Zeitknoten zur Verfügung stellen; abwechselnd jeweils in Frankfurt oder München. Betrachtet man die beiden Hubs als eine Einheit, dann bietet dieses aufeinander abgestimmte Flugnetz eine große Dichte an Flugfrequenzen mit vielschichtigen Variationsmöglichkeiten.

Seit Sommer 2001 wurde der Hub München vom drei über ein sechs (Sommer 2002) zum acht Knotensystem (ab Sommer 2003) weiterentwickelt. Hinzu gekommen sind im Sommer 2002 die Flugplanknoten I, II und VI, ab Sommer 2003 werden zusätzliche Knoten mittags (Abb. 226: **m**) und nachmittags (Abb. 226: **n**) entwickelt. Optimierungsbedarf besteht im Interkontinental-Angebot und in den Slotproblemen der Knotenlagen. Als weitere Maßnahmen sind die Einbeziehung der Allianz-Partner in die Hub-Entwicklung und der Ausbau zum Interkont-Hub vorgesehen.

Vorteile des Hubs München sind die Wachstumsperspektiven. Das Parallelbahnsystem ermöglicht eine signifikant höhere Landerate als in Frankfurt, das Terminal 2, das seit Sommer 2003 in Betrieb ist, weist eine zusätzliche Kapazität von 25 Mio. Passagiere auf; es wird ausschließlich von Lufthansa und den Star Alliance-Partnern genutzt, die Mindestumsteigezeit ist auf 30 Minuten gesenkt.

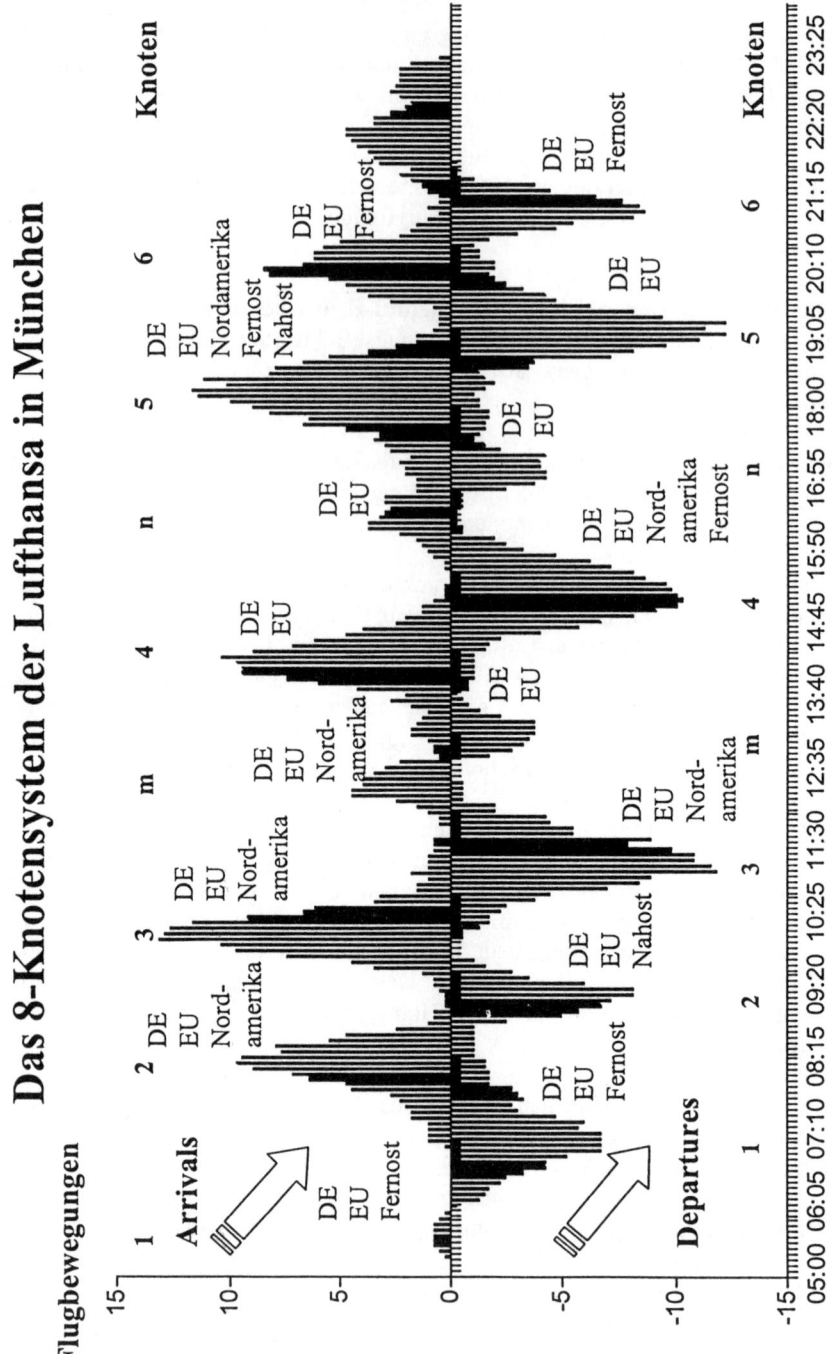

Abb. 226 Knotensystem der Lufthansa in München im Sommer 2003
(Erläuterungen: siehe seite 363 unten)
(Quelle: Deutsche Lufthansa AG, Netzmanagement)

12.5.5 Vor- und Nachteile des Hubverkehrs

Das Hub- and spokes-system bietet folgende **Vorteile:**

↠ Verbundvorteile bei den Kosten (economies of scope). Die Verbundvorteile liegen in den Synergieeffekten durch die gemeinsame Nutzung von Wartung, Flug- und Flugzeugabfertigung,

↠ Angebotserweiterung, da mit der gleichen Anzahl von Flügen eine größere Zahl von Flugmärkten bedient werden kann. Dies erhöht zudem die Attraktivität von Frequent-Flyer-Programmen, da die Passagiere auf mehr Flügen derselben Airline Bonuspunkte sammeln und Freiflüge einlösen können,

↠ leichtere Koordination der Anschlußflüge,

↠ größere Marktausschöpfung, da durch den Einsatz von kleineren Maschinen auch Verbindungen zwischen Städten mit niedrigerem Aufkommen bedient werden können,

↠ bessere Auslastung der Flugzeuge durch die Zusammenführung der Passagierströme,

↠ das Angebot von Destinationen, die sonst aus wirtschaftlichen Gründen nicht direkt bedient werden könnten,

↠ zusätzliches Passagieraufkommen durch Zubringung von Anschluß-fluggästen, das in höheren Sitzladefaktoren und häufigeren Frequenzen resultiert,

↠ Entlastung der Umwelt durch die Bündelung der Verkehrsströme.

Nachteile des Hub- and spokes-systems werden gesehen in:

↠ erhöhter Reisezeit und vermindertem Reisekomfort durch Umsteigen und Zwischenlandung,

↠ Überbelastung der Flughäfen durch die zeitliche Konzentration der Verkehrswellen in den Knoten. Dies erfordert eine hohe Kapazitäts-vorhaltung und führt zu unausgeglichener Kapazitätsauslastung,

↠ höhere Störanfälligkeit der Beförderung durch die zeitweilige Über-belastung der Flughafenkapazität. Problematisch sind insbesondere Verspätungen, die sich durch die Anschlußorientierung des Systems auf das gesamte Streckennetz fortpflanzen,

↠ schlechtere Darstellung in den Computerreservierungssystemen, da die Bildschirmseiten nach Reisedauer sortiert sind,

↠ höhere Streckenkosten bei Umsteigeverbindungen als bei Nonstop-Verbindungen. Zusätzliche Kosten entstehen durch die Start- und Landegebühren am Zwischenlandeplatz, durch die größere Gesamtstreckenlänge bei Umwegen und die größere Streckenlänge der einzelnen Flugsegmente, die zu einer überproportionalen Belastung durch den Treibstoffverbrauch in der zusätzlichen Start- und Landephase führen,

↠ extreme Belastung von Luftraum und Flugverkehrskontrolle (ATC) in den Peaks (Knoten).

12.6 Dezentraler Verkehr

Parallel zum Hubverkehr bieten Fluggesellschaften eine Vielzahl von Direktverbindungen (Punkt-zu-Punkt) an, wenn die Verkehrsnachfrage groß genug ist, um die direkte Flugverbindung wirtschaftlich durchzuführen.

Lufthansa beispielsweise versteht unter eigenständigem Verkehr alle Lufthansa-Strecken, die nicht Frankfurt und München berühren. Diese Strecken müssen sich ausschließlich aus dem erzielbaren Lokalaufkommen tragen, da hier aufgrund fehlender Anschlüsse kein Netzverkehr realisiert werden kann (z. B. Hamburg-Mailand). Bei ausreichender Marktgröße (ausreichend große O+D-Verkehrsströme) werden diese Strecken nonstop bedient, ansonsten erfolgt dies über die Hubs Frankfurt und München. Die Bedienung eines Marktes erfolgt nur dann, wenn mindestens eine CityLine Flugzeug-Frequenz auf einer Strecke profitabel ist.

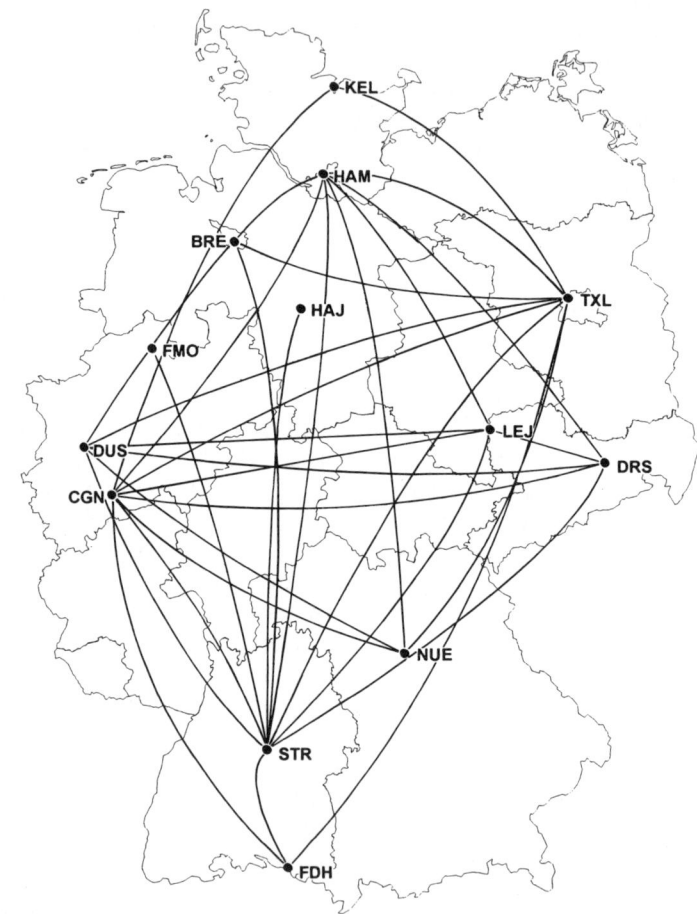

Abb. 227 Beispiel einer dezentralen Netzstruktur

12.7 Ausgewählte Tools und Prozesse des Netzmanagements

Teilprozesse des Netzmanagements sind:

✈ die **Netzentwicklung** mit den Aufgaben: langfristige Planung (10 bis 2 Jahre), strategische Marktplanung/-positionierung, strategische Themen wie z. B. Netz-Strategie, Flottenoptimierung, Kapazitätsdimensionierung,

✈ die **Netzplanung** mit den Aufgabenbereichen: mittelfristige (1 bis 2 Jahre) und kurzfristige Planung (2 Jahre bis 4 Wochen), operative Marktplanung/ -positionierung, Reiseweggestaltung, Kapazitätsoptimierung,

✈ die **Netzsteuerung** mit den Aufgaben: kurzfristige Kapazitäts-, Tarif- und Preisanpassungen, Buchungsklassensteuerung und Preisgestaltung, Netzsteuerung und Yield-Management, Pricing Aktionen.

Ein wichtiger Prozeß der Netzplanung ist die Flugplanerstellung, auf die eine Vielzahl innerer und äußerer Einflüsse einwirkt:

Operations	**Markt und Nachfrage**	**Restriktionen**
-Aircraft- performance -Crew -Technik -Abfertigung -Kostenstruktur	-Strategie -Zielmarktanteil -Passagiervolumen -Yield pro Passagier -Nachfrageverhalten -Wettbewerber -Kooperationen -Frachtnachfrage	-Flotte -Slots -Blockzeiten -Bodenzeiten -Curfews -Verkehrsrechte -Flughafen- infrastruktur

Fluggerät
Frequenzen
Abflugzeit
Hub-Struktur

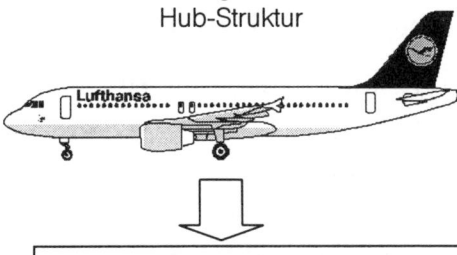

Flugplan/Produktionsplan

Abb. 228 Einflußfaktoren bei der Flugplanerstellung

Mit der Erstellung des Sommer- bzw. Winterflugplans wird dieser Prozeß in der Regel zweimal pro Jahr durchlaufen. Dabei werden die einzelnen Flugstrecken auch auf ihre Deckungsbeiträge hin analysiert.

Den wirtschaftlichen Erfolg einer Airline bildet die **Streckenergebnisrechnung bzw. Netzergebnisrechnung** ab.
Nachfolgend wird primär die Netzergebnisrechnung der internationalen Passage Airlines (Netzwerkcarrier) dargestellt. Bei **Low cost carriern** oder **Touristikcarriern** liegt der Fokus auf der **Streckenergebnisrechnung**, d.h. es werden nur einzelne Flugstrecken betrachtet, da diese Fluggesellschaften in der Regel nur Punkt-zu-Punkt-Verkehre und keine Flugnetze mit aufeinander abgestimmten Umsteigeverbindungen anbieten.
Die Netzergebnisrechnung liefert in der Regel monatlich die Netz- bzw. Streckenergebnisdaten einer Airline. Betriebswirtschaftlich betrachtet, handelt es sich um eine Kostenträgerzeitrechnung, wobei der Kostenträger die Flugnummer eines Kalendertages darstellt. Die Netzergebnisrechnung wird als mehrstufige Deckungsbeitragsrechnung bis hin zum Vollkostenergebnis erstellt. Die ermittelten Leistungsmengen-, Erlös-, Kosten- und Ergebnisdaten ermöglichen für Analysezwecke unterschiedliche Aussagen über das wirtschaftliche Ergebnis einzelner Teilstrecken- oder Teilnetze. Während die Streckenergebnisrechnung den Fokus auf das Ergebnis einer einzelnen Flugstrecke (eines Leg, z. B. Köln-Frankfurt) legt, betrachtet die Netzergebnisrechnung auch die Zu- und Abbringerströme (z. B. Köln-Frankfurt-Hongkong-Shanghai, vgl. hierzu Abb. 202). Dabei wird ein einzelner Streckenabschnitt (Leg) bezüglich seiner Wirkung im gesamten Netz bewertet. Zwar sind viele Kurzstrecken für sich alleine betrachtet nicht kostendeckend, aber bezüglich ihrer Funktion als Zubringer oder Abbringer für Langstreckenflüge können sie profitabel sein.

Für jede Teilstrecke (Leg) eines Fluges (definiert über die Flugnummer) wird ein Onboard-Ergebnis (Streckenergebnis) ermittelt. Die auf einer Teilstrecke beförderten Verkehrsströme, die über die betrachtete Teilstrecke hinausgehen, werden mit sogenannten Upline- (Zubringer)/Downlinemengen, -erlösen und beförderungsabhängigen Kosten dagestellt.

Upline Zubringer Bsp. Köln-Frankfurt	Onboard/Leg Bsp. Frankfurt-Hongkong	Downline Abbringer Bsp. Hongkong-Sydney
Zahlgäste Erlös - Grenzkosten =Deckungsbeitrag	Zahlgäste (Lokalpassagiere) Zahlgäste (Umsteigepassagiere) Onboarderlöse -Onboardkosten =**Onboardergebnis/Streckenergebnis**	Zahlgäste Erlös -Grenzkosten =Deckungsbeitrag
Netzergebnis		

Abb. 229 Struktur der Netzergebnisrechnung

Abbildung 230 zeigt eine mehrstufige Deckungsbeitragsrechnung bis hin zum Netzergebnis auf:

	Bruttoerlöse (Passage, Cargo, Post)	**Erlöse**	
-	Provisionen (Reisebüros, Agenturen)		
+	Sonstige Erlöse		
=	**OnboardGesamterlöse**		

	Bordverpflegung/Bordservice	**Beförderungsabhängige**	**Direkte**
-	Bordverpflegung/Bordservice	**Kosten**	**variable**
-	Fluggastgebühren		**Kosten**
-	Passagierversicherung		
-	Sonstige beförderungsabhängige Kosten		
-	Abfertigungsentgelte Flugzeuge	**Flugabhängige Kosten**	
-	Landegebühren		
-	Flugsicherungsgebühren		
-	Treibstoffkosten		
-	Flugabhängige Borddienste		
-	Variable Technikkosten		
-	Reisekosten Cockpit-/ Kabinenpersonal		
-	Sonstige flugabhängige Kosten		
=	**Onboard Deckungsbeitrag I**		

	Personalkosten Cockpit/Kabine	**Flugzeugmuster-**	**Direkte**
-	Personalkosten Cockpit/Kabine	**fixkosten/**	**Fix-**
-	Trainingskosten Cockpit/Kabine	**Stationsfixkosten**	**kosten**
-	Abschreibung Fluggerät		
-	Zinsen Fluggerät		
-	Versicherung Fluggerät		
-	Ggfs. Charter-/Leasingkosten		
-	Direkte fixe Technikkosten		
-	Stationsfixkosten Flugzeug- /Passagierabfertigung		
=	**Onboard Deckungsbeitrag II**		

	Verkaufsfixkosten Passage	**Verwaltungskosten**	**In-**
-	Verkaufsfixkosten Passage	**(Overhead)**	**direkte**
-	Verwaltungskosten Passage		**Fix-**
-	Verwaltungskosten Konzern- Zentralfunktionen		**kosten**
=	**Onboardergebnis/Streckenergebnis**		

	Uplineerlöse(Zubringerflüge)		
+	Uplineerlöse(Zubringerflüge)		
+	Downlineerlöse (Abbringerflüge)		
-	Upline-/Downline befördabh. Kosten		
=	**Netzergebnis**		

Abb. 230 Netzergebnisrechnung

Die Netz- bzw. Streckenergebnisrechnung dient der wirtschaftlichen Steuerung und Kontrolle des gesamten Flugnetzes einer Airline. Sie ist auch die Basis für Entscheidungsrechnungen zu Streckenänderungen und nicht zuletzt für Flugzeuginvestitionsrechnungen.

Wenn eine Flugstrecke über einen längeren Zeitraum negative oder unzureichende Deckungsbeiträge erzielt, kommen im Netzmanagement eine Vielfalt von Analyse- und Optimierungsprozessen in Betracht, bevor die Strecke aufgegeben wird:

> ✈ Ursachen für eine Streckenaufgabe
> -negatives Onboard-Ergebnis über eine längere Periode
> -unzureichender Netzdeckungsbeitrag über eine längere Periode
> -starker Wettbewerb und Yieldverfall

> ✈ Analyse des eigenen Umfeldes
> -Flugplan (Flugzeugumlauf, Kapazität, Frequenzen, Slots)
> -Nachfrage (Mix Geschäfts-/Privatreisende, Währungseffekte)
> -Verkauf (Marktvolumen, Vertriebskanäle, Vertriebspersonal)
> -Kosten (operative Kosten, Abfertigung, Wartung, Crew)
> -Verkehrsrechtssituation (Strecken- oder Frequenzbeschränkungen)
> -aktuelle politische Entwicklungen (Krisen, Katastrophen, Kriege)
> -Allianzen (Übernahme der Strecke)

> ✈ Entscheidungen
> -Fortführung bzw. Optimierung der Strecke (Monitoring, weitere Maßnahmen)
> -Streichung der einzelnen Strecke (alternative Nutzung der Flugzeugkapazität)
> -Aufgabe des Zielortes/Aufgabe von Märkten

Ein Schlüsselfaktor zum erfolgreichen Netzmanagement ist der **Einsatz von IT-Tools und Managementinformationssystemen;** dazu gehören Computer-Modelle und EDV-Systeme (wie z. B. Hub-Optimizer, Marktmodelle, Netzergebnisrechnung, O&D-Datenbank oder eine Datenbank mit den Flugplandaten der Wettbewerber), ohne die ein effizientes Netzmanagement undenkbar wäre.

Mit der Messung von **Netzüberdeckungsgraden** soll festgestellt werden, inwieweit das eigene Streckennetz die Netze anderer Airlines überdeckt oder von anderen Airlines überdeckt wird. Daraus können Rückschlüsse auf die Markt- und Wettbewerbsposition gezogen werden, wie die Abbildung 231 zeigt:

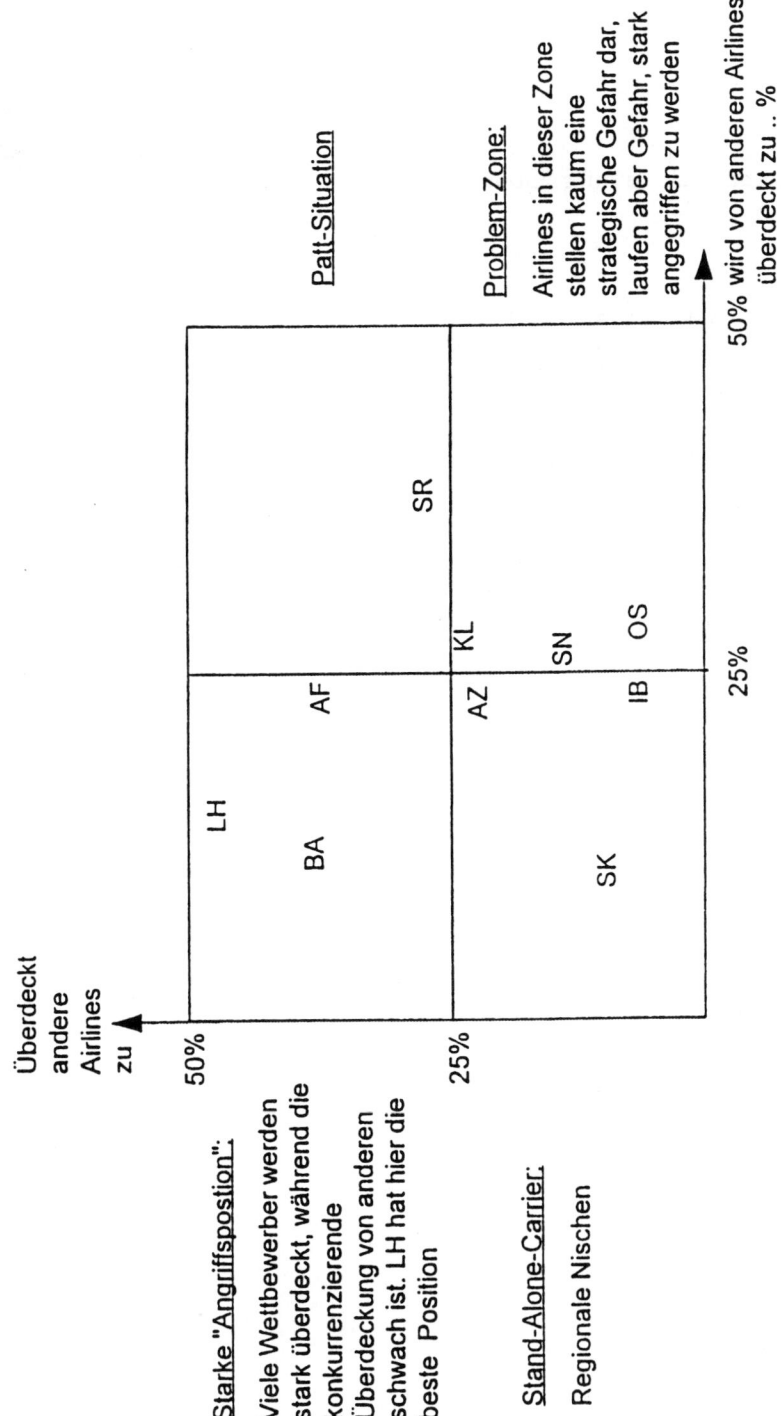

Abb. 231 Netzüberdeckungsgrade intraeuropäisch in Prozent

Hinweis auf **weitere Informationsquellen:**

- ✈ AMSTERDAM AIRPORT SCHIPHOL, Global reach, Strategy, Hub index. In: Airline Business, December 2001, S. 62-64
- ✈ HANLON, P.: Global Airlines, S. 83 – 182
- ✈ HARRIS, B. D.: Salomon Smith Barney Hub Factbook 2001
- ✈ IATA (Hrsg.): Global Airport Connectivity Monitor, Montreal 2000
- ✈ JENKS, C.: Summer shake-up, Strategy Schedules. In: Airline Business, May 2000, S. 88-90
- ✈ KUILE, A.: Hub fever. In: Airline Business, December 1997, S. 66 – 71
- ✈ LEVERE, J.: Hub wars. In: Airline Business, October 1998, S. 53 - 57
- ✈ RIVERA, L., POMPEO, L., MARTIN, A.: Network agility. In: Airline Business, July 1997, S. 56 – 61
- ✈ TREITEL, D., SMICK, E.: All change, Networks. In: Airline Business, July 1996, S. 34 - 36

Staatszugehörigkeitszeichen von Luftfahrzeugen

Kenn-zeichen	Land	Kenn-zeichen	Land
3A	Monaco	OK	Tschechische Rep.
4K	Aserbaidschan	OM	Slowakei
4L	Georgien	OO	Belgien
4X	Israel	OY	Dänemark
5A	Libyen	PH	Niederlande
5B	Zypern	PK	Indonesien
7O	Jemen	PP	Brasilien
7T	Algerien	RP	Philippinen
9A	Kroatien	S5	Slowenien
9H	Malta	SE	Schweden
9V	Singapur	SP	Polen
A6	Ver. Arab. Emirate	SU	Ägypten
AP	Pakistan	SX	Griechenland
B	China, Volksrepub.	T9	Bosnien
C	Kanada	TC	Türkei
CC	Chile	TF	Island
CN	Marokko	TS	Tunesien
CS	Portugal	UK	Usbekistan
D	Deutschland	UN	Kasachstan
EC	Spanien	UR	Ukraine
EI	Irland	V5	Namibia
ES	Estland	V8	Brunei
F	Frankreich	VH	Australien
G	Großbritannien	VN	Vietnam
HA	Ungarn	VP-G	Gibraltar
HB	Schweiz	VR-H	Hongkong
HK	Kolumbien	VT	Indien
HL	Südkorea	XA	Mexiko
HS	Thailand	XB	Mexiko
HZ	Saudi-Arabien	XC	Mexiko
I	Italien	YI	Irak
JA	Japan	YK	Syrien
JY	Jordanien	YL	Lettland
LN	Norwegen	YR	Rumänien
LV	Argentinien	YU	Jugoslawien
LX	Luxemburg	YU	Serbien
LY	Litauen	YV	Venezuela
LZ	Bulgarien	ZA	Albanien
N	USA	ZK	Neuseeland
OD	Libanon	ZS	Südafrika
OE	Österreich		
OH	Finnland		

Flughafencodes (Auswahl)

Flughafenname	Land	IATA (AIRIMP)	ICAO (DOC 7910)
Abidjan Port Bouet	Elfenbeinküste	ABJ	DIAP
Abu Dhabi Int'l	Vereinigte arab. Emirate	AUH	AMAA
Acapulco Alvarez Int'l	Mexiko	ACA	MMAA
Accra Kotoka	Ghana	ACC	DGAA
Addis Ababa Bole	Äthiopien	ADD	HAAB
Agadir Al-Massira	Marokko	AGA	GMAD
Algier Houari Boumediene	Algerien	ALG	DAAG
Alicante	Spanien	ALC	LEAL
Almeria	Spanien	LEI	LEAM
Amman Queen Alia Int'l	Jordanien	AMM	OJAI
Amsterdam Schipol	Niederlande	AMS	EHAM
Anchorage Int'l	Alaska, USA	ANC	PANC
Antalya	Türkei	AYT	LTAI
Apia Faleolo Int'l	Samoa	APW	NSFA
Asuncion Silvio Pettirossi	Paraguay	ASU	SGAS
Athen Hellinikon	Griechenland	ATH	LGAT
Atlanta Hartsfield Int'l	USA	ATL	KATL
Auckland Int'l	Neuseeland	AKL	NZAA
Augsburg Mühlhausen	Deutschland	AGB	EDMA
Baghdad	Irak	BGW	
Baltimore Washington Int'l	USA	BWI	KBWI
Bangkok	Thailand	BKK	VTBD
Basel Mülhausen-Freiburg	Schweiz	BSL	LFSB
Barcelona El Prat	Spanien	BCN	LEBL
Beirut Int'l	Libanon	BEY	OLBA
Berlin	Deutschland	BER	None
-Tegel Otto Lilienthal		TXL	EDDT
-Tempelhof		THF	EDDI
-Schönefeld		SXF	EDDB
Bogota El Dorado	Kolumbien	BOG	SKBO
Bordeaux Merignac	Frankreich	BOD	LFBD
Boston Logan Int'l	USA	BOS	KBOS
Bremen	Deutschland	BRE	EDDW
Bridgetown	Barbados	BGI	TBPB
Brüssel	Belgien	BRU	EBBR
Buenos Aires	Argentinien	BUE	None
- Ministro Pistarini		EZE	SAEZ
Bukarest	Rumänien	BUH	
Calcutta	Indien	CCU	VECC
Casablanca Anfa	Marokko	CAS	GMMC
Charlotte Douglas Int'l	USA	CLT	KCLT
Chicago	USA	CHI	None
-Midway		MDW	KMDW
-O Hare Int'l		ORD	KORD

Flughafenname	Land	IATA (AIRIMP)	ICAO (DOC 7910)
Cleveland Hopkins Int'l	USA	CLE	KCLE
Colombo Bandaranaike Int'l	Sri Lanka	CMB	VCBI
Dakar Leopold Sedarsenghor	Senegal	DKR	GOOY
Dallas Ft. Worth	USA	DFW	KDFW
Damaskus Int'l	Syrien	DAM	OSDI
Dar Es Salaam	Tansania	DAR	HTDA
Darwin	Australien	DRW	YPDN
Dresden	Deutschland	DRS	EDDC
Dubai	Ver. arab. Emirate	DXB	OMDB
Dublin	Irland	DUB	EIDW
Düsseldorf Rhein-Ruhr	Deutschland	DUS	EDDL
Faro	Portugal	FAO	LPFR
Florenz Peretola	Italien	FLR	LIRQ
Frankfurt Rhein-Main	Deutschland	FRA	EDDF
Fuerteventura	Spanien	FUE	GCFV
Genf Cointrin	Schweiz	GVA	LSGG
Genua Sestri Cristoforo Colombo	Italien	GOA	LIMJ
Glasgow Abbotsinch	Großbritannien	GLA	EGPF
Goa	Indien	GOI	VAGO
Göteborg Landvetter	Schweden	GOT	ESGG
Graz Thalerhof	Österreich	GRZ	LOWG
Hamburg Fuhlsbüttel	Deutschland	HAM	EDDH
Hannover Langenhagen	Deutschland	HAJ	EDDV
Hanoi Gia Lam	Vietnam	HAN	VVNB
Havanna Jose Marti Int'l	Kuba	HAV	MUHA
Helsinki Vantaa	Finnland	HEL	EFHK
Ho Chi Minh City Tan-Son-Nhut	Vietnam	SGN	VVTS
Hongkong	China	HKG	VHHH
Houston Intercontinental	USA	IAH	KIAH
Islamabad	Pakistan	ISB	OPRN
Istanbul Atatürk	Türkei	IST	LTBA
Jakarta	Indonesien	JKT	None
-Soekarno-Hatta Int'l		CGK	WIII
Johannesburg Jan Smuts	Südafrika	JNB	FAJS
Kairo Int'l	Ägypten	CAI	HECA
Karachi	Pakistan	KHI	OPKC
Kiel Holtenau	Deutschland	KEL	EDHK
Kiew	Ukraine	IEV	UKKK
Kingston Norman Manley	Jamaika	KIN	MKJP
Kinshasa	Zaire	FIH	FZAA

Flughafenname	Land	IATA (AIRIMP)	ICAO (DOC 7910)
Klagenfurt Wörthersee	Österreich	KLU	LOWK
Köln-Bonn Konrad-Adenauer	Deutschland	CGN	EDDK
Kopenhagen Kastrup	Dänemark	CPH	EKCH
Kuala Lumpur Subang	Malaysia	KUL	WMKK
Kuwait Int'l	Kuwait	KWI	OKBK
Lanzarote Arrecife	Spanien	ACE	GCRR
Las Vegas Mc Carran Int'l	USA	LAS	KLAS
Leipzig-Halle	Deutschland	LEJ	EDDP
Lima Jorge Chavez Int'l	Peru	LIM	SPIM
London	Großbritannien	LON	None
-Heathrow		LHR	EGLL
-Gatwick		LGW	EGKK
-Luton Int'l		LTN	EGGW
-Stansted		STN	EGSS
-City Airport		LCY	EGLC
Los Angeles Int'l	USA	LAX	KLAX
Luxemburg Findel	Luxemburg	LUX	ELLX
Lyon Satolas	Frankreich	LYS	LFLL
Madrid Barajas	Spanien	MAD	LEMD
Mailand	Italien	MIL	None
-Linate		LIN	LIML
-Malpensa		MXP	LIMC
Malaga Garcia Morato	Spanien	AGP	LEMG
Malta Luqa	Malta	MLA	LMML
Manchester Ringway Int'l	Großbritannien	MAN	EGCC
Manila Ninoy Aquino	Philippinen	MNL	RPLL
Melbourne Tullamarine	Australien	MEL	YMML
Mexiko City Juarez Int'l	Mexiko	MEX	MMMX
Miami Int'l	USA	MIA	KMIA
Minneapolis St. Paul Int'l	USA	MSP	KMSP
Mombasa Moi Int'l	Kenia	MBA	HKMO
Monastir Habib Bourguiba	Tunesien	MIR	DTMB
Montreal	Kanada	YMQ	None
-Dorval Int'l		YUL	CYUL
-Mirabel		YMX	CYMX
Moskau	Rußland	MOW	None
-Dormodedowo		DME	UUDD
-Sheremetjewo		SVO	UUEE
-Vnukowo		VKO	UUWW

Flughafenname	Land	IATA (AIRIMP)	ICAO (DOC 7910)
München Franz-Josef-Strauß	Deutschland	MUC	EDDM
Münster-Osnabrück	Deutschland	FMO	EDDG
New Orleans Int'l	USA	MSY	KMSY
New York	USA	NYC	None
-John F. Kennedy Int'l		JFK	KJFK
-La Guardia		LGA	KLGA
-Newark Int'l		EWR	KEWR
Newcastle Int'l	Großbritannien	NCL	EGNT
Nizza Cote d`Àzur	Frankreich	NCE	LFMN
Nürnberg	Deutschland	NUE	EDDN
Oslo	Norwegen	OSL	None
-Fornebu	Norwegen	FBU	ENFB
Ottawa Int'l	Kanada	YOW	CyOW
Palma Mallorca Sont San Juan	Spanien	PMI	LEPA
Panama City Tocumen	Panama	PTY	MPTO
Paris	Frankreich	PAR	None
-Charles De Gaulle		CDG	LFPG
-Orly		ORY	LFPO
Peking	China	BJS	None
-Capital		PEK	ZBAA
Penang	Malaysia	PEN	WMKP
Perth	Australien	PER	APPH
Philadelphia Int'l	USA	PHL	KPHL
Phoenix Sky Harbor Int'l	USA	PHX	KPHX
Phuket Int'l	Thailand	HKT	VTSP
Port Au Prince	Haiti	PAP	MTPP
Port Moresby Jackson Field	Papua Neu Guinea	POM	AYPY
Port of Spain Piarco	Trinidad und Tobago	POS	TTPP
Porto Francisco SA Carneiro	Portugal	OPO	LPPR
Prag Ruzyne	CSSR	PRG	LKPR
Puerto Plata	Dominikanische Republik	POP	MDPP
Quebec	Kanada	YQB	CYQB
Quito Mariscal Sucre	Ecuador	UIO	SEQU
Recife Guararapes Int'l	Brasilien	REC	SBRF
Rio de Janeiro	Brasilien	RIO	None
-Galeao Int'l		GIG	SBGL
Rom	Italien	ROM	None
-Leonardo da Vinci (Fiumicino)		FCO	LIRF

Flughafenname	Land	IATA (AIRIMP)	ICAO (DOC 7910)
San Francisco Int'l	USA	SFO	KSFO
San Jose Juan Santamaria Int'l	Costa Rica	SJO	MROC
San Juan Luis Munoz Marin Int'l	Puerto Rico	SJU	TJSJ
San Salvador EL Salvador Int'l	Salvador	SAL	MSLP
Sankt Petersburg Pulkovo	Rußland	LED	ULLI
Santiago Arturo Merino Benitez	Chile	SCL	SCEL
Santo Domingo Las Americas	Dominikanische Republik	SDQ	MDSD
Sao Paolo	Brasilien	SAO	None
-Guarulhos Int'l		GRU	SBGR
Saarbrücken Ensheim	Deutschland	SCN	EDDR
Seattle Tacoma Int'l	USA	SEA	KSEA
Seoul Kimpo Int'l	Korea	SEL	RKSS
Shannon	Irland	SNN	EINN
Sharjah	Arab.Emirate	SHJ	OMSJ
Singapur Changi	Singapur	SIN	WSSS
Stockholm	Schweden	STO	None
-Arlanda		ARN	ESSA
Stuttgart Echterdingen	Deutschland	STR	EDDS
Taipeh Chiang Kai Shek	Taiwan	TPE	RCTP
Tel Aviv Ben Gurion Int'l	Israel	TLV	LLBG
Thessaloniki Makedonia	Griechenland	SKG	LGTS
Tokio	Japan	TYO	None
-Haneda		HND	RJTT
-Narita		NRT	RJAA
Toronto	Kanada	YTO	None
-Pearson Int'l		YYZ	CYYZ
Toulouse Blangnac	Frankreich	TLS	LFBO
Tripoli	Libyen	TIP	HLLT
Tunis Carthage	Tunesien	TUN	DTTA
Valencia Manises	Spanien	VLC	LEVC
Vancouver Int'l	Kanada	YVR	CYVR
Washington	USA	WAS	None
-Dulles Int'l		IAD	KIAD
Westerland Sylt	Deutschland	GWT	EDXW
Wien Schwechat	Österreich	VIE	LOWW
Windhoek J. G. Strijdom Int'l	Namibia	WDH	FYWH
Zürich Kloten	Schweiz	ZRH	LSZH

Flugzeugtypencodes (Auswahl)

IATA Code	ICAO Code	Flugzeug- bezeichnung	IATA Code	ICAO Code	Flugzeug- bezeichnung
AB2	A30B	Airbus A300-B2	74M	B742	Boeing 747-200 Combi
AB3	A300	Airbus A300 Pax			
AB4	A30B	Airbus A300-B4	100	F100	Fokker 100
AB6	A306	Airbus A300B4-600/600R	146	BA46	BAe 146 (alle)
			310	A310	Airbus A310 (alle)
ABF	A306	Airbus A300B4-600F	312	A310	Airbus A310-200
			313	A310	Airbus A310-300
AR1	RJ1H	Avro RJ100/115	318	A318	Airbus A318
AR7	RJ70	Avro RJ70	319	A319	Airbus A319
AR8	RJ85	Avro RJ85	320	A320	Airbus A320-100/200
AT2	AT43	ATR 42-200/300/320			
			321	A321	Airbus A321-100/200
AT4	AT45	ATR 42-500			
AT7	AT72	ATR72-500	330	A330	Airbus A330 (alle)
CRJ	CARJ	Canadair Jet	332	A332	Airbus A330-200
D1C	DC10	DC-10-30	333	A333	Airbus A330-300
D1F	DC10	DC-10 Frachter	335	A335	Airbus A330-500
D38	D328	Dornier 328	340	A340	Airbus A340 (alle)
D9S	DC9	DC-9 30/40/50 Pax	342	A340	Airbus A340-200
			343	A340	Airbus A340-300
DC9	DC9	DC-9 10/20 Pax	345	A340	Airbus A340-500
DH3	DHC8	Dash 8 300 Serie	346	A340	Airbus A340-600
DH8	DHC8	Dash 8 (alle)	380		Airbus 380
ERJ		Embraer Jet	733	B733	Boeing 737-300
EM7	E170	Embraer 170	734	B734	Boeing 737-400
FRJ		Fairchild Dornier 328JET	735	B735	Boeing 737-500
			736	B736	Boeing 737-600
F50	F50	Fokker 50	737	B737	Boeing 737-700
M11	MD11	MD11 Pax	738	B738	Boeing 737-800
M1F	MD11	MD-11 Frachter	742	B742	Boeing 747-200B
M80	MD80	MD 80 (alle)	743	B743	Boeing 747-300
M81	MD81	MD-81	744	B747	Boeing 747-400 Pax
M82	MD82	MD-82			
M83	MD83	MD-83	747	B747	Boeing 747 (alle)
M87	MD80	MD-87	752	B752	Boeing 757-200
M90	MD90	MD-90	753	B753	Boeing 757-300
S20	SB20	Saab 2000	762	B762	Boeing 767-200/200ER
SSC	CONC	Concorde			
32S	A320	Airbus A318/319/320/321	763	B763	Boeing 767-300/300ER
73G	B737	Boeing 737-700	764	B764	Boeing 767-400/400ER/400ERX
74E	B744	Boeing 747-400 Combi			
			772	B772	Boeing 777-200
74F	B747	Boeing 747 Cargo	773	B773	Boeing 777-300
74L	B74S	Boeing 747SP	777		Boeing 777 (alle)

Fluggesellschaften (Auswahl)

Fluggesellschaft	Land	IATA Code
Aer Lingus	Irland	EI
Aeroflot	Russland	SU
Aero Lloyd	Deutschland	YP
Aerolineas Argentinas	Argentinien	AR
Aeromexico	Mexiko	AM
Air 2000	UK	DP
Air Algerié	Algerien	AH
Air Berlin	Deutschland	AB
Air Canada	Kanada	AC
Air China	China	CA
Air Dolomiti	Italien	EN
Air Engiadina	Schweiz	RQ
Air Europa		UX
Air France	Frankreich	AF
Air India	Indien	AI
Air Littoral	Frankreich	FU
Air Malta	Malta	KM
Air Mauritius	Mauritius	MK
Air Namibia	Namibia	SW
Air New Zealand	Neuseeland	NZ
Air One	Italien	AP
Alitalia	Italien	AZ
All Nippon Airways	Japan	NH
American Airlines	USA	AA
America West Airlines	USA	HP
Ansett Australia	Australien	AN
AOM French Airlines	Frankreich	IW
Atlas Air	USA	5Y
Austrian Airlines	Österreich	OS
Augsburg Airways	Deutschland	IQ
Aviaco	Spanien	AO
Avianca	Kolumbien	AV
Balair	Schweiz	BB
Braathens	Norwegen	BU
Britannia (TUI)	UK	BY
British Airways	UK	BA
British Midland	UK	BD
Canadian	Kanada	CP
Cathay Pacific Airways	Hong Kong	CX
Channel Express	UK	LS
China Airlines	China	CI
Cimber Air	Dänemark	QI
Cirrus Airlines	Deutschland	C9
City Bird	UK	H2
Condor (Thomas Cook)	Deutschland	DE
Continental Airlines	USA	CO
Corsair	Frankreich	SS
CSA Czech Airlines	Tschechien	OK
CUBANA	Kuba	CU

Fluggesellschaft	Land	IATA Code
Cyprus Airways	Zypern	CY
Delta Air Lines	USA	DL
Deutsche BA	Deutschland	DI
EasyJet Airways	UK	U2
Egyptair	Ägypten	MS
EL AL	Israel	LY
Emirates	Ver. Arab. Emirate	EK
Eurowings	Deutschland	EW
EVA Air	Taiwan	BR
Finnair	Finnland	AY
Garuda Indonesia	Indonesien	GA
Germania	Deutschland	ST
Germanwings	Deutschland	4U
Gulf Air	Bahrain	GF
Hapag-Lloyd (TUI)	Deutschland	HF
Hapag-Lloyd Express	Deutschland	3H
Iberia	Spanien	IB
Icelandair	Island	FI
Japan Airlines	Japan	JL
JAT	Jugoslawien	JU
JetBlue	USA	B6
Kenya Airways	Kenia	KQ
KLM	Niederlande	KL
KLM UK	UK	UK
Korean Air	Südkorea	KE
Kuwait Airways	Kuwait	KU
Lan Chile	Chile	LA
Lauda Air	Österreich	NG
LOT Polish Airlines	Polen	LO
LTU International Airways	Deutschland	LT
Lufthansa	Deutschland	LH
Luxair	Luxemburg	LG
Maersk Air	Dänemark	DM
Malaysia Airlines	Malaysia	MH
Malév Hungarian Airlines	Ungarn	MA
Martinair Holland	Niederlande	MP
Meridiana	Italien	IG
Mexicana Airlines	Mexiko	MX
Monarch Airlines	UK	ZB
Northwest Airlines	USA	NW
Olympic Airways	Griechenland	OA
Pakistan International Airlines	Pakistan	PK
Philippine Airlines	Philippinen	PR
Portugalia Airlines	Portugal	NI
Qantas	Australien	QF
Royal Air Maroc	Marokko	AT

Fluggesellschaft	Land	IATA Code
Royal Jordanian	Jordanien	RJ
Ryanair	Irland	FR
SN Brussels Airlines	Belgien	SN
SAS	Schweden	SK
Saudia Arabian Airlines	Saudi-Arabien	SV
Singapore Airlines	Singapur	SQ
South African Airways	Südafrika	SA
Southwest Airlines	USA	WN
Spanair	Spanien	JK
Swissair	Schweiz	SR
TAP Air Portugal	Portugal	TP
Tarom Roumanian Air	Rumänien	RO
Thai Airways International	Thailand	TG
Trans World Airlines	USA	TW
Tunisair	Tunesien	TU
Turkish Airlines THY	Türkei	TK
Tyrolean Airways	Österreich	VO
United Airlines	USA	UA
US Airways	USA	US
Varig	Brasilien	RG
Virgin Atlantic Airways	UK	VS
Virgin Express	UK	TV
VLM	Belgien	VG

Literaturverzeichnis

1 Bücher

ARMBRUSTER, J.: Flugverkehr und Umwelt, Berlin, Heidelberg, New York 1996

BACH, T.: Amadeus, Ein Handbuch für die Praxis, Frankfurt am Main 1999
BACHMANN, P.: Internationale Flughäfen Europas, 2. Aufl., Stuttgart 1997
BARRY, W.S.: The Language of Aviation, London 1969
BASTIAN, H., BORN, K.: Der Touristikkonzern, München, Wien 2003.
BENKÖ, M., KADLETZ, A.: Unfallhaftpflicht in Luftverkehrssachen, Schaden-ersatzansprüche von Passagieren bei der nationalen und internationalen Beförderung, Carl Heymanns Verlag 2001

CALDER, S.: No frills, The truth behind the low-cost revolution in the skies, London 2002
CESCOTTI, R.: Luftfahrt Definitionen, 2. Aufl., Stuttgart 1993
CLAUSING, D.J.: Moderne Flug-Navigation, 2. Aufl., Stuttgart 1993

DAUDEL, S., VIALLE, G.: Yield Management, 2. Aufl., Frankfurt/M. 1996
DAVIS, R. E. G.: Lufthansa, an airline and ist aircraft, New York 1991
DEUTSCHE FLUGSICHERUNG GMBH (Hrsg.): Luftfahrthandbuch Deutsch-land (AIP)
DIERICH, W.: Das große Handbuch der Flieger, Stuttgart 1990
DOGANIS, R.: Flying off Course, 2. Aufl., London 1991
DOGANIS, R.: The Airport Business, London 1992
DOGANIS, R.: The Airline Business in the 21st Century, London 2001

ENDRES, G.: Das große Buch der Passagierflugzeuge, Stuttgart 1998

FEDERAL AVIATION ADMINISTRATION (Hrsg.): Flight Training Hand-book, o. J.
FICHERT, F.: Umweltschutz im zivilen Luftverkehr, Berlin 1999
FÖH, J., KLÖS, F.: Sprechfunk im Sichtflug, 25. Aufl., Egelsbach 2001

GERRESHEIM, H.: Boeing 737, Stuttgart 1995
GIEMULLA, E., SCHMID, R.: Europäisches Luftverkehrsrecht, Neuwied, Kriftel, Berlin
GIEMULLA, E., SCHMID, R.: Frankfurter Kommentar zum Luftverkehrsrecht, Neuwied, Kriftel, Berlin
GIEMULLA, E., SCHMID, R.: Luftverkehrsgesetz, Neuwied, Kriftel, Berlin
GIEMULLA, E., SCHMID, R.: Luftverkehrsverordnungen, Neuwied, Kriftel, Berlin
GIEMULLA, E., SCHMID, R.: Recht der Luftfahrt, Textsammlung, Neuwied, Kriftel, Berlin
GIEMULLA, E., SCHMID, R., van Schyndel, H.: Wörterbuch Luftverkehrsrecht, Neuwied, Kriftel, Berlin 1997
GÖTSCH, E.: Luftfahrzeugtechnik, Einführung, Grundlagen, Luftfahrzeugkunde, Stuttgart 2000
GRUNDMANN, S.: Marktöffnung im Luftverkehr, Baden-Baden 1999

HANLON, P.: Global Airlines, Competition in a transnational industry, 2nd Edition, Oxford 1999

HÜNECKE, K.: Die Technik des modernen Verkehrsflugzeuges, 2. Aufl., Stuttgart 2000

HÜSCHELRATH, K.: Infrastrukturengpässe im Luftverkehr, Wiesbaden 1998

HÜSCHELRATH, K.: Liberalisierung im Luftverkehr, Marburg 1998

IMMENGA, U., SCHWINTOWSKI, H.-P., WEITBRECHT, A.: Airlines und Flughäfen, Liberalisierung und Privatisierung im Luftverkehr, Baden-Baden 1999

KÜHR, W.: Funknavigation, Der Privatflugzeugführer Band 4B, Bergisch Gladbach 1998

KÜHR, W.: Grundlagen der Flugwetterkunde, Der Privatflugzeugführer Band 2, Bergisch Gladbach 2000

KÜHR, W.: Luftrecht, Luftverkehrs- und Flugsicherungsvorschriften, Der Privatflugzeugführer Band 5, Bergisch Gladbach 2001

KÜHR, W.: Technik I, Der Privatflugzeugführer Band 1, Bergisch Gladbach 2000

KÜHR, W.: Technik II, Der Privatflugzeugführer Band 3, Bergisch Gladbach 1999

KUPZOG, J.: Satellitennavigation, Der Privatflugzeugführer Band 4C, Bergisch Gladbach 1999

LAASER, C.-F., SICHELSCHMIDT, R., WOLF, H.: Global Strategic Alliances in Scheduled Air Transport, Kiel, Oktober 2000 (Kieler Diskussionsbeiträge Nr. 370, Institut für Weltwirtschaft Kiel)

LAWTON, T.C.: Cleared for take-off, Structure and strategy in low fare airline business, London 2002

LEIBOLD, K.: Optimierung von Flugplänen, Wiesbaden 2001

LOVEGROVE, K.: Airline, Identity, Design and Culture, London 2000

MEFFERT, H.: Marketing, 8. Aufl., Wiesbaden 1998

MORGENSTERN, K., PLATH, D.: Airbus A320/321, 3. Aufl., Stuttgart 1993

O.V.: Flier`s Handbook, London 1978

POMPL, W.: Luftverkehr, 4. Aufl., Berlin, Heidelberg 2001

REICHE, D.: Privatisierung der internationalen Verkehrsflughäfen in Deutschland, Wiesbaden 1999

REUSS, T. (Hrsg.): Jahrbuch der Luft- und Raumfahrt 2001, Mannheim 2001

SABATHIL, S.: Lehrbuch des Linienflugverkehrs, 3. Aufl., Frankfurt 1998

SCHIAVO, M.: Flying blind, flying safe, New York 1997

SCHMID, R.: Flugdienst- und Ruhezeiten von Besatzungsmitgliedern, 3. Aufl.,
    Neuwied, Kriftel, Berlin 2001
SCHMID, R., ROßMANN, H.-G.: Das Arbeitsverhältnis der Besatzungsmit-
    glieder in Luftfahrtunternehmen, Neuwied, Kriftel, Berlin 1997
SCHMIDT, G.H.E.: Handbuch Airlinemanagement, München, Wien 2000
SCHROEDER, G.: Lexikon der Tourismuswirtschaft, 4. Aufl., Hamburg 2002
SIGMANN, U.: Strategische Allianzen im Regionalluftverkehr, Bergisch
    Gladbach 1999
STARKIE, D.: Slot Trading at United States Airports, London 1992
STERZENBACH, R.: Luftverkehr, Betriebswirtschaftliches Lehr- und Handbuch,
    2. Aufl., München, Wien 1999

VAN BEVEREN, T., HUBACHER, S.: Flug Swissair 111, Zürich, München 1999
VAN BEVEREN, T.: Runter kommen sie immer, Die verschwiegenen Risiken des
    Flugverkehrs, 4. Aufl., Frankfurt/Main, New York 1997

WELLS, A. T.: Airport planning and management, 4th Edition, New York 2000
WIESKE-HARTZ, H. C.: Airline Operation, Praxisbuch für Personal von
    Fluggesellschaften und Flughäfen, Hamburg 2003

ZIELKE, T.: Verkehrsaufteilung in Flughafensystemen, Berlin 1998

2 Aufsätze in Sammelbänden, Nachschlagewerken und Zeitschriften

AMSTERDAM AIRPORT SCHIPHOL, Global reach, Strategy, Hub index. In:
    Airline Business, December 2001, S. 62-64
AUSTERMANN, H.: Der Wettbewerb der Verkehrsträger in der Bundesrepublik
    Deutschland. In: Deutsche Lufthansa AG (Hrsg.): Lufthansa Jahrbuch '89,
    Köln 1989, S. 44-57

BAKER, C. u.a.: Special Report: Airports. In: Airline Business, June 2002, S. 45-
    60
BAKER, C.: Slot reform, Slot machines. In: Airline Business, June 2001, S. 91-93
BAKER, C.: Slot trading revealed in DoT filings. In: Airline Business, October
    2001, S. 18
BAKER, C.: Slow shuffle, Alliance terminals. In: Airline Business, December
    2000, S. 68-69
BAKER, C., u. a., Special Report: Engines. In: Airline Business, March 2003,
    S. 49-59
BAKER, C.: Uncharted waters, Charter markets. In: Airline Business, October
    2001, S. 80-86
BAKER, C.: Vertical shift, Leisure travel. In: Airline Business, October 2002,
    S. 64-68

BAKER, C.: War of independents, Charter markets. In: Airline Business, October 2000, S. 76-81

BELOBABA, P., WILSON, J.: Cleaning up on yields. In: Airline Business, April 1997, S. 48-51

BOND, R.: Designer networks. In: Airline Business, November 1995, S. 78-81

BRÜTZEL, C., WILLIAMS, I.: Managing the cycle. In: Airline Business, December 2000, S. 78-81

BUYCK, C., Emulating Southwest (Ryanair). In: Air Transport World, September 2000, S. 43-47

BUYCK, C., New commissioner, old story (Slot allocation in Europe). In: Air Transport World, January 2001, S. 54-56

CONWAY, P.: Special Report Cargo. In: Airline Business, November 2002, S. 45-59

DESEL, U.: Zehn Jahre Deregulation, Oligopol im US-Luftverkehr. In: Deutsche Lufthansa AG (Hrsg.), Lufthansa Jahrbuch '88, Köln 1988, S. 154-163

DÖRPINGHAUS, R.: Triebwerkstechnologie – Schlüssel zur Zukunft des Luftverkehrs. In: Deutsche Lufthansa AG (Hrsg.), Lufthansa Jahrbuch '91, Köln 1991, S. 84-93

ENDRES, G., u. a., Continental drift, Low-cost Europe. In: Airline Business, November 2001, S. 74-76

ENDRES, G., u. a., Special Report : Regionals. In: Airline Business, May 2002, S. 45-71

EWERS, H-J., u. a., Möglichkeiten der besseren Nutzung von Zeitnischen auf Flughäfen (Slots) in Deutschland und der EU, Studie im Auftrag der Hochtief AirPort GmbH, TU Berlin, Berlin 2001

FELDMAN, D., u. a.: Value judgements, Airports Strategy. In: Airline Business, June 2000, S. 69-73

FELDMAN, J.M.: Airlines: Easy does it on EasyJet. In: Air Transport World, January 1997, S. 64-65

FELDMAN, J.M.: Calling the slots. In: Air Transport World, July 1998, S. 154-156

FELDMAN, J.M.: Connecting the dots (non-hub flying). In: Air Transport World, October 2001, S. 48-52

FIGGEN, A.: Airbus/Boeing, Bestandsaufnahme bei den Großen. In: Aero, Nr. 5, Hamburg 1998

FIGGEN, A.: Adaptiver Flügel. In: Aero, Nr. 9, Hamburg 1998, S. 24-27

FIGGEN, A. u. a.: Extra Regionalflugzeuge. In: Aero, Nr. 7, Hamburg 2002, S. 24-33

FIGGEN, A.: Regionalflugzeuge, Jets verdrängen Turboprops. In: Aero, Nr. 8, Hamburg 1999, S. 26-29

FIGGEN, A. u.a.: Extra: Triebwerke. In: Aero, Nr. 11, Hamburg 2002, S. 28-36

FIGGEN, A. u.a.: Extra: Verkehrsflugzeuge. In: Aero, Nr. 3, Hamburg 2002, S. 22-35

FLOTTAU, J. u. a.: Extra: Ferienflieger. In: Aero, Nr. 2, Hamburg 2003, S. 46-59

GALLACHER, J.: Low costs, Tale of two startups. In: Airline Business, December 1997, S. 60-63

GALLACHER, J.: Pricing it right, Yieldmanagement. In: Airline Business, February 1995, S. 41-43

GEORGE, A.: Brussels has slots issue on hold. In: Airline Business, November 1998, S. 11

GERHARDS, O.: Wann wird der Kapitän Kommandant? In: Deutsche Lufthansa AG (Hrsg.), Flightcrewinfo, Nr. 5, Frankfurt 1998, S. 9

GILL, T.: Ramp up. In: Airline Business, January 2000, S. 46-48

GILL, T.: Slot sale ban challenged. In: Airline Business, September 1998, S. 13

GNEWIKOW, M., DUBBEL, F-O.: Aircraft Performance In: Deutsche Lufthansa AG (Hrsg.), Flightcrewinfo, Nr. 15, Frankfurt 2001, S. 11-12

GRABBE, M., MÜLLER, R.: Take-off für Mobile Crew Services, Einführung des Pilots Workpad in der Passage Airline. In: Deutsche Lufthansa AG (Hrsg.), Flightcrewinfo, Nr. 4, Frankfurt 2001, S. 9-11

GÜNZEL, U.: Airbus A340 im Test. In: Deutsche Lufthansa AG (Hrsg.), Lufthansa Jahrbuch '92, Köln 1992, S. 136-141

HILL, L.: Airlines: City Slicker. In: Air Transport World, May 1998, S. 89-90

HILL, L.: Airlines: Lufthansa's Euroclone. In: Air Transport World, December 1996, S. 41-42

HUHNOLD, M., HULICK, D.: HALS/DTOP. In: Deutsche Lufthansa AG (Hrsg.), Flightcrewinfo, Nr. 1, Frankfurt 1999, S. 9-13

JENKS, C., Summer shake-up, Strategy Schedules. In: Airline Business, May 2000, S. 88-90

JENNINGS, M.: Altered images, US Lites. In: Airline Business, February 1995, S. 34-37

JONES, L.: Competition, Cheap thrills, no frills. In: Airline Business, February 1998, S. 28-31

JURISCH, J.: JAA und JARs. In: Deutsche Lufthansa AG (Hrsg.), Flightcrewinfo, Nr. 2, Frankfurt 1997, S. 6-7

KILIAN, M.: Slotallokation und Slothandel. In: Transportrecht 2000, S. 159-168

KUILE, A.: Hub fever. In: Airline Business, December 1997, S. 66-71

LEVERE, J.: Delta Sunshine Express. In: Airline Business, November 1996, S. 44-49

LEVERE, J.: Hub wars. In: Airline Business, October 1998, S. 53-57

MIKALAUSKI, N.: Operations, Heiß gegen Eis. In: Deutsche Lufthansa AG (Hrsg.), Flightcrewinfo, Nr. 6, Frankfurt 2001, S. 4-5

MOMBERGER, M.: Binnenmarkt und Luftverkehr – Chancen und Risiken. In: Deutsche Lufthansa AG (Hrsg.), Lufthansa Jahrbuch '92, Köln 1992

MORGENSTERN, K.: 75 Jahre Lufthansa. In: Aero, Nr. 1, Hamburg 2001, S. 21-33

MÜLLER, K.: Erster Canadair Jet fliegt für Lufthansa CityLine. In: Deutsche Lufthansa AG (Hrsg.), Lufthansa Jahrbuch '92, Köln 1992, S. 142-145

NELMS, D.W.: Airlines: Orlando Magic. In: Air Transport World, December 1996, S. 59-61

NITTINGER, K.: Damoklesschwert Yield-Verfall. In: Deutsche Lufthansa AG (Hrsg.), Flightcrewinfo, Nr. 5, Frankfurt 1996, S. 2-5

NOLTING, R.: Alles über Flugkraftstoff. In: Deutsche Lufthansa AG (Hrsg.), Lufthansa Jahrbuch '85, Köln 1985, s. 170-185

O'TOOLE, K.: A Renaissance hub. In: Airline Business, November 1998, S. 40-42

O'TOOLE, K. u. a.: Special Report: Information technology. In: Airline Business, August 2002, S. 43-56

O'TOOLE, u. a.: Special Report: Alliances. In: Airline Business, July 2002, S. 39-75

O'TOOLE, K. u. a.: Special Report: The World Airline Rankings, Financial and passenger analysis. In: Airline Business, September 2002, S. 53-83

O.V.:Global Heavy Maintenance Directory. In: Air Transport World, August 2002, S. 50-70

O.V.: Planes, trains and automobiles. In: Aircraft Technology, Issue 25, London, January 1997, S. 46-54

O.V.: Regional Airframes and Engine Directory. In: Air Transport World, March 2002, S. 61-66

O.V.: Strahltriebwerke im Luftverkehr. In: Deutsche Lufthansa AG (Hrsg.), Lufthansa Jahrbuch '84, Köln 1984, S. 137-145

O.V.: The World Airline Report. In: Air Transport World, July 2002, S. 28-113

O.V.: Training Directory. In: Air Transport World, October 2002, S. 68-80

O. V.: World Airline Financial Results. In: Air Transport World, December 2001, S. 75-79

PETERS, H-J., u. a.: Extra: Flughäfen. In: Aero, Nr. 5, Hamburg 2001, S. 31-53

PILLING, M. u. a.: Special Report: Airports. In: Airline Business, June 2001, S. 63-87

PILLING, M. u. a.: Special Report: Airports. In: Airline Business, December 2002, S. 37-53

PILLING, M. u. a.: Special Report: Inflight and ground services. In: Airline Business, January 2003, S. 35-47

PILLING, M. u. a.: Special Report: Maintenance. In: Airline Business, October 2002, S. 45-59

PINAR, E.: The Star hub. In: Airline Business, December 2000, S. 70-71

PINKHAM, R.: The merger puzzle. In: Airline Business, February 2001, S. 28-29

PINKHAM, R. u. a.: Special Report: Aircraft. In: Airline Business, April 2002, S. 45-60

RECK, W., THEIS, G.: Blockzeiten, die Grundlage unserer Produktion. In: Deutsche Lufthansa AG (Hrsg.), Flightcrewinfo, Nr. 4, Frankfurt 2002, S. 10-14

RITTWEGER, A., Larew, J.: Dig a little deeper, Revenue management. In: Airline Business, October 1996, S. 64-66

RIVERA,L., POMPEO, L., MARTIN, A.: Network agility. In: Airline Business, July 1997, S. 56-61

RÖDIG, F.: IATA-Bedeutungswandel durch veränderte Marktbedingungen. In: Deutsche Lufthansa AG (Hrsg.), Lufthansa Jahrbuch '90, Köln 1990, S. 48-55

ROTHMANN, V.: Aircraft in Future ATM System. In: Deutsche Lufthansa AG (Hrsg.), Flightcrewinfo, Nr. 6, Frankfurt 2001, S. 6 - 8

SCHRADER, H. A.: Deregulierung des Luftverkehrs in America – nachahmenswertes Modell? In: Deutsche Lufthansa AG (Hrsg.), Lufthansa Jahrbuch '92, S. 44-53

SCHUELER, H.: Die Pionierleistungen der Lufthansa. In: Deutsche Lufthansa AG (Hrsg.), Lufthansa Jahrbuch '91, Köln 1991, S. 60-72

SCHWENK, R.: CFMU – Die Verteilerstelle der ATC-Kapazität. In: Deutsche Lufthansa AG (Hrsg.), Flightcrewinfo, Nr. 6, Frankfurt 1996, S. 12-13

SIMON, E.: Tragwerkkonstruktionen seit Lilienthal. In: Deutsche Lufthansa AG (Hrsg.), Lufthansa Jahrbuch '91, Köln 1991, S. 72-83

STÜSSEL, R.: Die Rolle der Lufthansa bei der Entwicklung von Flugzeugen. In: Deutsche Lufthansa AG (Hrsg.), Lufthansa Jahrbuch '85, Köln 1985, S. 128-143

STÜSSEL, R.: Die Schlüsselfunktion des Lufthansa-Engineering. In: Deutsche Lufthansa AG (Hrsg.), Lufthansa Jahrbuch '91, Köln 1991, S. 94-103

THOMAS, G.: Airbus, Boeing commonality. In: Air Transport World, April 2002, S. 26-29

THOMAS, G.: The next battlefield, Long range operations (LROPS). In: Air Transport World, December 2001, S. 29-34

TREITEL, D., SMICK, E.: All change, Networks. In: Airline Business, July 1996, S. 34-36

WAGLAND, M., u. a., Special Report: Finance and Leasing. In: Airline Business, February 2003, S. 43-55

WAGNER, H.: DFS – Systemwelt auf einen Blick. In: Deutsche Lufthansa AG (Hrsg.), Flightcrewinfo, Nr. 2, Frankfurt 1998, S. 16-17

WALKER, K.: Bespoke fortunes, Hubs. In: Airline Business, January 1997, S. 32-35

WHITAKER, R.: A system approach, Revenue management. In: Airline Business, January 1996, S. 41-43

WIGGER, B.: AOM – die Bedienungsanleitung für unsere Flugzeuge. In: Deutsche Lufthansa AG (Hrsg.), Flightcrewinfo, Nr. 4, Frankfurt 2000, S. 4-7

WRIGG, N., SCHMIDTKE, V.: LIDO – Lufthansa Integrated Dispatch Operation. In: Deutsche Lufthansa AG (Hrsg.), Flightcrewinfo, Nr. 1, frankfurt 1996, S. 12-16

3 Broschüren, Reports und sonstige Quellen

AEA (Association of European Airlines): Yearbook 2001, Brüssel 2001

AEA (Association of European Airlines): Yearbook 2002, Brüssel 20021

AIRBUS INDUSTRIE (Hrsg.): A318 Briefing, Blagnac 2002

AIRBUS INDUSTRIE (Hrsg.): A320 Family Briefing, Blagnac 2002

AIRBUS INDUSTRIE (Hrsg.): A320 Family for the low-cost market, Blagnac 2002

AIRBUS INDUSTRIE (Hrsg.): A330 Briefing, Blagnac 2002

AIRBUS INDUSTRIE (Hrsg.): A340 Briefing, Blagnac 2002

AIRBUS INDUSTRIE (Hrsg.): A380 Briefing, Blagnac 2002

AIRBUS INDUSTRIE (Hrsg.): Design & Manufacture, Blagnac 2002

AIRBUS INDUSTRIE (Hrsg.): Global Market Forecast 2002, Blagnac 2002

AIRBUS INDUSTRIE (Hrsg.): The airbus Way, Blagnac 2002

AIRBUS INDUSTRIE (Hrsg.): Training, Blagnac 1997

AIRBUS INDUSTRIE (Hrsg.):Training and Flight Operations Support, Balgnac 1997

AIRLINE BUSINESS (Hrsg.): The Airline Industry Guide 2002/03

BEDER, H.: Flughafen Frankfurt a. M., Drehscheibe des Weltluftverkehrs, Frankfurt 1998

BENÖHR, D.: A new level of engine-condition monitoring. In: LUFTHANSA TECHNIK AG (Hrsg.): Lufthansa Technik Connection, Heft 3, Hamburg 2001, S. 14

BIEN, M.: Gepäckabfertigung am Frankfurter Flughafen, FAG Fachthemen, Flughafen Frankfurt, Frankfurt/Main 1996

BOEING COMPANY (Hrsg.): Current Market Outlook, Seattle 2002

BOEING COMPANY (Hrsg.): The Leading Familiy of Passenger Jet Airplanes, Seattle 1998

BOMBARDIER (Hrsg.): Canadair Regional Jet, Airport Planning Manual, Issue 3, Airplane Characteristics for Airport Planning, Ontario 1993

BRITISH AEROSPACE (Hrsg.): Avro-RJ Series, Airplane Characteristics for Airport Planning, 1994

CFMU/EUROCONTROL (Hrsg.): Handbook 1999
CFMU/EUROCONTROL (Hrsg.): Overview of CFMU Operations 1997

DEUTSCHE FLUGSICHERUNG GmbH: Advanced Aeronautical Information Service, Offenbach 1997
DEUTSCHE LUFTHANSA AG (Hrsg.): Airplane Performance, Flugleistungen von Strahlverkehrsflugzeugen, 7. Aufl., Frankfurt 1990
DEUTSCHE LUFTHANSA AG (Hrsg.): Balance, Umweltbericht 2001/2002, Frankfurt 2001
DEUTSCHE LUFTHANSA AG (Hrsg.): Begriffe und Definitionen im Lufthansa-Konzern, Def '90, Köln 1990
DEUTSCHE LUFTHANSA AG (Hrsg.): Geschäftsbericht 2001
DEUTSCHE LUFTHANSA AG (Hrsg.): Geschichte der Deutschen Lufthansa, Köln 1980
DEUTSCHE LUFTHANSA AG (Hrsg.): Ground Operations Manual, Volume 1 - 3, Frankfurt 1999 (Loseblattsammlung mit Ergänzungslieferungen)
DEUTSCHE LUFTHANSA AG (Hrsg.): Konzern-Beteiligungen Deutsche Lufthansa AG 2001, Köln 2002
DEUTSCHE LUFTHANSA AG (Hrsg.): Lufthansa Report, BISAM – Der elektronische Schraubenzieher, Frankfurt, o.J.
DEUTSCHE LUFTHANSA AG (Hrsg.): Lufthansa Report, Fliegende Koffer, Frankfurt, o.J.
DEUTSCHE LUFTHANSA AG (Hrsg.): Lufthansa Report, Flugzeug-Überholung total, D-check „Besser als neu", Frankfurt, o.J.
DEUTSCHE LUFTHANSA AG (Hrsg.): Lufthansa Report, Fly-by-wire, Piloten und ihr Handwerkszeug, Frankfurt, o.J.
DEUTSCHE LUFTHANSA AG (Hrsg.): Lufthansa Report, Großwetterlage, Meteorologie ist immer dabei, Frankfurt, o.J.
DEUTSCHE LUFTHANSA AG (Hrsg.): Lufthansa Report, Hub, Der Knotenpunkt der Luftfahrt, Frankfurt, o.J.
DEUTSCHE LUFTHANSA AG (Hrsg.): Lufthansa Report, Klima an Bord, Frankfurt, o.J.
DEUTSCHE LUFTHANSA AG (Hrsg.): Lufthansa Report, Lufthansa Cargo, Frankfurt, o.J.
DEUTSCHE LUFTHANSA AG (Hrsg.): Lufthansa Report, Per Mausklick um die Welt, Auf dem Infoflyway im Internet unterwegs, Frankfurt, o.J.
DEUTSCHE LUFTHANSA AG (Hrsg.): Lufthansa Report, Star Alliance, Fliegen im Netzwerk, Frankfurt, o.J.
DEUTSCHE LUFTHANSA AG (Hrsg.): Lufthansa Report, TCAS – Sicherheit am Himmel, Frankfurt, o.J.
DEUTSCHE LUFTHANSA AG (Hrsg.): Lufthansa Report, Vom Eise befreit, Frankfurt, o.J.

DEUTSCHE LUFTHANSA AG (Hrsg.): Lufthansa Report, Voraus-Sicht, EGPWS – neues Boden-Warngerät im Cockpit, Frankfurt, o.J.

DEUTSCHE LUFTHANSA AG (Hrsg.): Lufthansa Report, You have control, Der Weg ins Lufthansa-Cockpit, Frankfurt, o.J.

DEUTSCHE LUFTHANSA AG (Hrsg.): Lufthansa Report, Zusammenspiel, Die Produktion eines Linienfluges, Frankfurt, o.J.

DEUTSCHE LUFTHANSA AG (Hrsg.): Netzsteuerung, Ihre Fragen – unsere Antworten, Frankfurt 1997

DEUTSCHE LUFTHANSA AG (Hrsg.): Passenger Service Manual, Frankfurt 1999 (Loseblattsammlung mit Ergänzungslieferungen)

DEUTSCHE LUFTHANSA AG (Hrsg.): Products and Services 2000, Frankfurt

DEUTSCHE LUFTHANSA AG (Hrsg.): Weltluftverkehr, Lufthansa und Konkurrenz, Ausgabe 2002, Köln 2002

DEUTSCHE LUFTHANSA AG (Hrsg.): Zahlen, Daten, Fakten 2000/2001, Frankfurt, Köln 2001

DEUTSCHE LUFTHANSA AG (Hrsg.): Die Zeit im Fluge, Geschichte der Deutschen Lufthansa 1926 bis 1990, Köln 1990

DEUTSCHER WETTERDIENST (Hrsg.): METAR/TAF, Wetterschlüssel für die Luftfahrt, Offenbach 2000

DEUTSCHER WETTERDIENST (Hrsg.): Produkthandbuch Flugwetterdienst, Offenbach 2002

EADS AIRBUS GMBH (Hrsg.): Programme und Projekte, Hamburg o.J.

EADS AIRBUS GMBH (Hrsg.): Unterwegs in die Zukunft, Hamburg o.J.

FLUGHAFEN FRANKFURT/MAIN AG (Hrsg.): Bilder eines Flughafens, FRA, Frankfurt/Main 1996

FLUGHAFEN FRANKFURT/MAIN AG (Hrsg.): Programm FRA 2000 plus, FAA – Kapazitätsstudie: Ergebnisauswertung, Kapazitätsgutachten durch die Zivilluftfahrtbehörde der USA, Frankfurt/Main 1999

FLUGHAFEN FRANKFURT/MAIN AG (Hrsg.): Umwelterklärung 1999

FLUGHAFEN MÜNCHEN GMBH (Hrsg.): Flugbetrieb, Passagierbereich, München 1992

FRAPORT AG (Hrsg.): Geschäftsbericht 2001, Frankfurt/Main 2002

FRAPORT AG (Hrsg.): Zahlen, Daten, Fakten 2002, Frankfurt 2002

HARRIS, B. D., u. a.: Salomon Smith Barney Hub Factbook 2001

HUIJBERS, P.: Total Technical Support – TTS. In: LUFTHANSA TECHNIK AG (Hrsg.): Lufthansa Technik Connection, Heft 1, Hamburg 2001, S. 14-15

IATA (Hrsg.): Airline Coding Directory, 59th Edition, Montreal, Genf 2002.

IATA (Hrsg.): Global Airport Connectivity Monitor, Montreal 2000

IATA (Hrsg.): IATA 1-2-3/IATA Guide, Montreal, Genf 2000

IATA (Hrsg.): Passenger Forecast 2000-2004, Part 1, Montreal October 2000

IATA (Hrsg.): Reservations Interline Message Procedures – Passenger (AIRIMP) Manual, 24. Edition, Montreal, Genf 2000

IATA (Hrsg.): Scheduling Procedures Guide, 25. Edition, Genf 1998

IATA (Hrsg.): World Air Transport Statistics, 46th Edition, Montreal 2002

IATA (Hrsg.):Worldwide Scheduling Guidelines, 3. Edition, Montreal, Genf 2000

KRAHE, C.: Airbus Fly-By-Wire. In: FAST, Airbus Technical Digest, Nr. 20, Blagnac 1996, S. 2-9

LIDO Briefing-Package für LH 3874, Frankfurt – Malta vom 27.01.2003

OBERLIST, W.: Die Start- und Landebahnen des Flughafens Frankfurt, FAG Fachthemen, Flughafen Frankfurt, Frankfurt/Main o. J.

O. V.: Lufthansa Technik: Your next-door neighbour worldwide. In: LUFT-HANSA TECHNIK AG (Hrsg.): Lufthansa Technik Connection, Heft 6, Hamburg 2000, S. 10 - 11

O. V.: Products and Services. In: LUFTHANSA TECHNIK (Hrsg.): Lufthansa Technik Connection, Heft 1, Hamburg 2001, S. 18

SCHALLER, W-D.: Das Zauberwort heißt Slot, FAG Fachthemen, Frankfurt 1995

SITA: Simplifying the Journey, A guide to SITA´s information and telecommunications solutions for the air transport industry 2000

STAR ALLIANCE (Hrsg.): Products and Services, 5th Edition, June 2001

4 Dokumente und Gesetze

BUNDESMINISTERIUM DES INNEREN, Das Schengener Abkommen, Dokumentation

CHICAGOER (ICAO-) ABKOMMEN: Abkommen über die Internationale Zivilluftfahrt vom 7. Dezember 1944 (BGBl. 1956 II, S. 411) in der Fassung des Änderungsprotokolls vom 6. Oktober 1980 (BGBl. 1997 II, S. 1777)

EUROPÄISCHE KOMMISSION: Verordnung (EWG) Nr. 295/91 des Rates vom 04.02.1991 über eine gemeinsame Regelung für ein System von Ausgleichsleistungen bei Nichtbeförderung im Linienflugverkehr. In: Amtsblatt der Europäischen Gemeinschaften L 36 vom 8.2.1991

EUROPÄISCHE KOMMISSION: VERORDNUNG (EWG) NR. 2407/92 des Rates vom 23. Juli 1992 über die Erteilung von Betriebsgenehmigungen an Luftfahrtunternehmen . In: Amtsblatt der Europäischen Gemeinschaften Nr. L 240 vom 24.08.1992 S. 1

EUROPÄISCHE KOMMISSION: Verordnung (EWG) Nr. 95/93 des Rates vom 18.01.1993 über gemeinsame Regeln für die Zuweisung von Zeitnischen auf Flughäfen in der Gemeinschaft. In: Amtsblatt der Europäischen Gemeinschaften L 14 vom 22.1.1993

EUROPÄISCHE KOMMISSION: Verordnung (EG) Nr. 2027/97 des Rates vom 09.10.1997 über die Haftung von Luftfahrtunternehmen bei Unfällen. In: Amtsblatt der Europäischen Gemeinschaften L 285/1 vom 17.10.1997

EUROPÄISCHE KOMMISSION: Verordnung (EWG) Nr. 2408/92 des Rates vom 23.07.1992 über den Zugang von Luftfahrtunternehmen der Gemeinschaft zu Strecken des innergemeinschaftlichen Flugverkehrs. In: Amtsblatt der Europäischen Gemeinschaften L 240 vom 24.08.1992

FÜNFTE DURCHFÜHRUNGSVERORDNUNG ZUR BETRIEBSORDNUNG FÜR LUFTFAHRTGERÄT (Anwendungsbestimmungen zu den JAR-OPS 1, Gewerbsmäßige Beförderung von Personen und Sachen in Flugzeugen, 5. DVLuftBO vom 5. Oktober 1998 (BAnz. S. 14993, 16350), geändert durch Artikel der Verordnung vom 23. November 2000 (BAnz. S. 22801).

GESETZ ÜBER DIE UNTERSUCHUNG VON UNFÄLLEN UND STÖRUNGEN BEI DEM BETRIEB ZIVILER LUFTFAHRZEUGE (Flugunfall-Untersuchungs-Gesetz / FlUUG) vom 26. August 1998 (BGBl. I, S. 2470)

GESETZ ÜBER DAS LUFTFAHRT-BUNDESAMT vom 30. November 1954 (BGBl. I, S. 354), zuletzt geändert durch Artikel 1b des Gesetzes vom 25. August 1998 (BGBl. I, S. 2432)

GESETZ ZUM SCHUTZ GEGEN FLUGLÄRM (FluglärmG) in der Fassung der Bekanntmachung vom 30. März 1971 (BGBl. I, S.282), zuletzt geändert durch das Gesetz vom 25. September 1990 (BGBl. I, S. 2106)

JOINT AVIATION AUTHORITIES: JAR OPS 1, Joint Aviation Requirements Commercial Air Transportation – Aeroplanes, deutsche Übersetzung: Bestimmungen der Joint Aviation Authorities über die gewerbsmäßige Beförderung von Personen und Sachen in Flugzeugen, veröffentlicht im Bundesanzeiger vom 26.09.1998

LUFTVERKEHRSGESETZ (LuftVG), vom 1. August 1922 (RGBl. I, S. 681) in der Fassung der Bekanntmachung vom 27. März 1999 (BGBl. I, S. 550) geändert durch § 58 des Gesetzes vom 16. Februar 2001 (BGBl. I, S. 266)

LUFTVERKEHRSNACHWEISSICHERUNGSGESETZ (LuftNaSiG) vom 5. Juni 1997 (BGBl I, S. 1322)

MONTREALER ABKOMMEN: Convention for the unification of certain rules for international carriage by air, Montreal 1999, Übereinkommen zur Vereinheitlichung bestimmter Vorschriften über die Beförderung im internationalen Luftverkehr (MONTREALER ABKOMMEN vom 28. Mai 1999 in der gemeinsamen deutschen Übersetzung, Endfassung vom 17.03.2000)

WARSCHAUER ABKOMMEN: Abkommen zur Vereinheitlichung von Regeln über die Beförderung im internationalen Luftverkehr vom 12. Oktober 1929 (RGBl. 1933 II, S. 1039) in der Fassung des Änderungsprotokolls vom 28. September 1955 (HAAGER PROTOKOLL – BGBl. 1958 II, S. 2911)

Abbildungsverzeichnis

Stichwortverzeichnis